中国石油和化学工业行业规划教材

"十四五"职业教育国家规划教材

煤化学

第四版

朱银惠　郭立达　主编

杨庆彬　主审

化学工业出版社

·北京·

编者与生产一线的技术专家一起，在行业专家、毕业生工作岗位调研的基础上，跟踪技术发展趋势，同时参照煤化工行业职业技能标准和职业技能鉴定规范，根据煤化工企业的生产实际和岗位群的技能要求编写，侧重于煤的工业应用。本书系统地叙述了煤的特征和生成、工业分析和元素分析，煤的有机质的结构、工艺性质、分类及煤质评价，煤的综合利用等内容，并增加了煤质化验和实训部分，重在培养学生的实际操作能力。

　　本版保持第三版的框架，增加了学习目标和思政目标，将党的二十大精神有机融入教材。对部分内容作了修改，增加了习题答案供教师和学生参考。增加了动画和微课视频资料，为便于教学配有电子课件，国家标准和国际标准可以下载使用。

　　本书可作为高职煤化工、煤炭综合利用专业的教学、成人教育、职业培训教材，也可供从事能源、燃气、煤化工、煤炭综合利用等有关生产技术人员参考。

图书在版编目（CIP）数据

煤化学/朱银惠，郭立达主编. —4 版. —北京：化学
工业出版社，2020.6（2025.1重印）
"十二五"职业教育国家规划教材
ISBN 978-7-122-36495-1

Ⅰ.①煤…　Ⅱ.①朱…②郭…　Ⅲ.①煤-应用化学-
高等职业教育-教材　Ⅳ.①TQ530

中国版本图书馆 CIP 数据核字（2020）第 046883 号

责任编辑：张双进　王海燕　　　　　　　装帧设计：王晓宇
责任校对：王　静

出版发行：化学工业出版社（北京市东城区青年湖南街 13 号　邮政编码 100011）
印　　刷：北京云浩印刷有限责任公司
装　　订：三河市振勇印装有限公司
787mm×1092mm　1/16　印张 16¼　字数 398 千字　2025 年 1 月北京第 4 版第 7 次印刷

购书咨询：010-64518888　　　　　　　售后服务：010-64518899
网　　址：http://www.cip.com.cn
凡购买本书，如有缺损质量问题，本社销售中心负责调换。

定　　价：49.00元

前　言

本教材是根据高职高专教育专业人才的培养目标，为了满足高职院校和企业技术人员需要，由校企合作编写的。第一版自 2005 年出版以来深受广大读者好评，为教育部高职高专规划教材；第二版获得第八届中国石油和化学工业优秀教材一等奖，并被评为普通高等教育"十一五"国家规划教材（高职高专教材）；第三版被评为"十二五"职业教育国家规划教材；第四版被评为"十四五"职业教育国家规划教材，获中国石油和化学工业优秀出版物教材奖一等奖。

本教材思想先进，内容科学。每一章均设有学习目标和思政目标，结合内容，有机融入了党的二十大精神。例如结论中的思政目标提出的"合理开发煤炭资源，保护生态环境，在完成'双碳双控'政策下发展煤炭产业，做到减污降碳、绿色安全"，体现了党的二十大报告中的"实施全面节约战略，推进各类资源节约集约利用""积极稳妥推进碳达峰碳中和"，引导学生树立节能减排、科技创新、自立自强的民族发展观。

教材内容紧跟时代，体现了新方法、新要求。例如"国家在煤炭生产利用方面关于环境保护方面的政策"中引入了最新《煤矿生产能力管理办法》（2021 年）等，体现了党的二十大报告中的"产教融合""深入推进环境污染防治"。反应煤化学的最新进展，对煤质检测标准进行了修改，采用最新的国家和国际标准，并扫描成图片，供读者下载使用。考虑读者的不同侧重，本次修订对部分内容做了修改，本次改版主要特色是增配了动画"煤炭的汽车采样"和"煤样的制备过程"，各章配了微课视频，各章课后复习思考题配了答案，读者可以扫码观看。对原配套的教学课件进行了修改，教师可以通过化工教育网索取其他教学资料。

本版各章的作者没有变化，增加了部分教师参与修改。本次修订由河北工业职业技术大学朱银惠和天津勃海职业技术学院郭立达任主编，河北工业职业技术大学薛士科任副主编。微课视频由朱银惠主讲，第一章、第二章、第四章复习题答案由李刚完成，第三章、第六章习题答案由王家蓉完成，第五章、第七章复习题答案由王荣青完成。国家标准和国际标准由薛士科修改，教学课件由郭立达修改，专家意见回复及部分修改由王兵完成。本书由首钢京唐钢铁西山焦化有限公司总经理杨庆彬主审，并提出了许多宝贵意见，在此谨致衷心的谢意。

鉴于水平和能力所限，本书不妥之处恳请读者指正，以便以后修改。

编者

第一版前言

本教材是根据高职高专教育专业人才的培养目标和规格编写的。全书共分七章和实训部分，介绍了中国的能源和煤炭利用情况，系统阐述了煤的外表特征和生成，煤的一般性质，煤的工业分析和元素分析，煤的有机质的结构，煤的工艺性质，煤的分类及煤质评价，煤的综合利用等内容，着重学生实际操作能力的培养，具有实用性和基础性。

本书由朱银惠任主编，李刚、崔晓立任副主编，第一章、第二章第一节、第三章第六节、第六章、实训部分实验六由山西工业职业技术学院崔晓立编写；第二章第二、三、四节、第四章、第七章由太原科技大学化学与生物工程学院李刚编写；绪论、第五章、实训部分实验八、九、十由吕梁高等专科学校王中慧编写；第三章第一节至第五节和第七节、实训部分实验一至五和实验七由山西工业职业技术学院王家蓉编写；全书由河北工业职业技术学院朱银惠统稿与整理。本书由山西工业职业技术学院郝临山副教授主审，并提出了许多宝贵意见，在此谨致衷心的谢意。

鉴于编者水平和能力所限，本书不妥之处恳请读者指正，以便以后修改。

编者

2004 年 8 月

第二版前言

经过几年的使用，广大读者对《煤化学》第一版提出了很多宝贵意见，《煤化学》第二版在第一版的基础上对某些章节内容进行了增减，将第二章、第六章和实验部分根据最新国家标准、国际标准进行了更新。符合《教育部关于推进高等职业教育改革与发展的若干意见》要求，高等职业院校要将国际化产品标准引入教学内容。

本教材是根据高职高专教育专业人才的培养目标和规格编写的，采用了最新的国家标准和国际标准。全书共分七章和实训部分，介绍了我国的能源和煤炭利用情况，系统阐述了煤的外表特征和生成，煤的一般性质，煤的工业分析和元素分析，煤的有机质的结构，煤的工艺性质，煤的分类及煤质评价，煤的综合利用等内容，着重学生实际操作能力的培养，具有实用性和基础性。

本书由河北工业职业技术学院朱银惠主编，太原科技大学王润平、四川科技职工大学崔晓立任副主编，参加编写的有吕梁学院王中慧、张子锋，大同大学工学院王家蓉，山西煤炭职业技术学院王锐，包头职业技术学院王玉荣，全书由朱银惠统稿与整理。本书由大同大学工学院郝临山教授主审，并提出了许多宝贵意见，在此谨致衷心的谢意。

鉴于水平和能力所限，本书不妥之处在所难免，恳请读者指正，以便以后修改。

编者
2011 年 5 月

第三版前言

  经过几年的使用，广大读者提出了很多宝贵意见，《煤化学》第三版是在第二版的基础上对某些章节内容进行了增减，将第六章的第四节和第五节合并，将第二章、第六章和实验部分根据最新国家标准、国际标准进行了更新。符合《教育部关于推进高等职业教育改革与发展的若干意见》要求，高等职业院校要将国际化产品标准引入教学内容。

  本教材是根据高职高专教育专业人才的培养目标和规格编写的，采用了最新的国家标准和国际标准。全书共分七章和实训部分，介绍了我国的能源和煤炭利用情况，系统阐述了煤的外表特征和生成，煤的一般性质，煤的工业分析和元素分析，煤的有机质的结构，煤的工艺性质，煤的分类及煤质评价，煤的综合利用等内容，着重学生实际操作能力的培养，具有实用性和基础性。为方便读者使用，备有一套电子课件和试题库。欢迎广大师生登录 www.cipedu.com.cn 下载，授课教师可通过 ciphge@163.con 索取其他相关教学资料。

  本书由河北工业职业技术学院朱银惠主编，太原科技大学王润平、晋中职业技术学院米金英任副主编。第一章、第二章第一节、实验一、二、九由朱银惠修改；第二章第二、三、四节、第四章、第七章由王润平修改；绪论、第五章由吕梁高等专科学校王中慧修改；第三章第一节至第五节和第七节、实验三至八和实验十由大同大学工学院王家蓉修改；第三章第六节、第六章由米金英修改；全书由朱银惠统稿与整理。本书由大同大学工学院郝临山教授主审，在此谨致衷心的谢意。

  鉴于水平和能力所限，本书不妥之处恳请读者指正，以便以后修改。

编者

2015 年 5 月

目 录

《煤化学》二维码资源目录

序号	二维码编码	资源名称	资源类型	页码
1	M1-1	成煤条件	微课	18
2	M1-2	腐殖煤的成煤过程	微课	19
3	M2-1	煤的宏观特征	图片	27
4	M2-2	镜质组	图片	31
5	M2-3	惰质组	图片	32
6	M2-4	壳质组	图片	33
7	M2-5	煤岩学的应用	微课	40
8	M3-1	煤炭采样（汽车）	动画	71
9	M3-2	煤样的制备过程	动画	77
10	M3-3	二分器	图片	78
11	M3-4	煤的工业分析-水分测定	微课	88
12	M3-5	煤的工业分析-灰分测定	微课	96
13	M3-6	煤的工业分析-挥发分测定	微课	102
14	M3-7	煤的元素分析-全硫测定	微课	112
15	M4-1	煤的有机质结构	微课	134
16	M5-1	煤的热解	微课	146
17	M5-2	煤的成焦机理	微课	154
18	M5-3	煤的黏结性和结焦性指标（1）	微课	156
19	M5-4	煤的黏结性和结焦性指标（2）	微课	161
20	M6-1	中国煤炭分类	微课	175
21	M6-2	国际煤炭分类	微课	183

绪　论

思政目标：合理开发煤炭资源，保护生态环境，在完成"双碳双控"政策下发展煤炭产业，做到减污降碳、绿色安全。

学习目标：1. 了解世界和中国的能源现状，当前能源政策，我国煤炭的综合利用情况。

2. 熟知煤炭利用存在的环境问题，煤化学的发展，煤化学的内容及研究方法。

中国是世界上开发利用煤最早的国家。地理名著《山海经》中称煤为"石涅"，并记载了几处"石涅"产地，经考证都是现今煤田的所在地。例如书中所指"女床之山"，在华阴西六百里，相当于现今渭北煤田麟游、永寿一带；"女儿之山"，在今四川双流和什邡煤田分布区域内。然而，中国发现和开始用煤的时代还远早于此。在汉代的一些史料中，有现今河南六河沟、登封、洛阳等地采煤的记载。当时煤不仅当作柴烧，而且成了煮盐、炼铁的燃料。现河南巩义市还能见到当时用煤饼炼铁的遗迹。汉朝以后，称煤为"石墨"或"石炭"。可见中国劳动人民不仅有悠久的用煤历史，而且积累了丰富的找煤经验和煤田地质知识。在现代地质学诞生之前，就已经创造出在当时具有一定水平的煤田地质科学技术。

欧洲人用煤的历史比中国晚得多。元朝时，来中国旅行的意大利人马可·波罗，回国后所写的一部《游记》中描写到：中国有一种黑石头，像木柴一样能够燃烧，火力比木柴强，从晚上燃到第二天早上还不熄灭，价钱比木柴便宜，于是欧洲人把煤当作奇闻来传颂。欧洲人到 18 世纪才开始用煤，比中国晚了 500 多年。

一、中国的能源概况及煤炭资源

1. 能源

能提供能量的物质即称之为能源。它在一定条件下可以转换为人们所需的某种形式的能量。比如薪柴和煤炭，把它们加热到一定温度，就能和空气中的氧气化合并放出大量的热能。人们可以用热来取暖或做饭；也可以用热来产生蒸汽，用蒸汽推动汽轮机，使热能变成机械能；也可以用汽轮机带动发电机，使机械能变成电能；如果把电送到工厂、企业、机关、农牧林区和住户，它又可以转换成机械能、光能或热能。

人类社会的历史在发展中经历了三个能源阶段，即柴草时期、煤炭时期和石油时期。从以柴草为主的能源时期一直到 18 世纪以前的数千年中，生产力的发展很低下。到了 18 世纪，煤的开采，蒸汽机的应用，开辟了资本主义的第一次产业革命。19 世纪 70 年代电能的利用，实现了资本主义的工业化，人类才有了现代的物质文明。到了 20 世纪 50 年代，以石油为主的能源时代来临了，不少国家依靠石油实现了现代化。原子能及新能源的利用则使人类进入了高科技时代。

能源的种类很多，包括太阳能、风能、地热能、水能、煤炭、石油、电力、核能、柴薪、沼气、天然气、人工合成煤气等。人们通常把煤炭、石油、电力、柴薪等称之为常规能源；把太阳能、风能、地热能、水能、核能、沼气、天然气、人工合成煤气等称之为非常规能源，也称为新能源。

按能源的形态特征或转换与应用的层次也可以对能源进行分类。如世界能源委员会推荐的能源类型分为：固体燃料、液体燃料、气体燃料、水能、电能、太阳能、生物能、风能、核能、海洋能和地热能等。其中，前三个类型统称化石燃料或化石能源。根据能源产生的方式以及是否可再利用可分为一次能源和二次能源、可再生能源和不可再生能源；根据能源消耗后是否造成环境污染可分为污染型能源和清洁型能源等。

能源和材料、信息构成了近代社会得以繁荣和发展的三大支柱。能源是人类文明进步的先决条件，它的开发和利用是衡量一种社会形态、一个时代、一个国家经济发展、科技水平与民众生活质量的重要标志。人们对能源在人类社会发生与发展史上的重要地位与作用的认识，经历了一个相当长的历史过程。20世纪70年代初与80年代初先后爆发两次世界性石油危机以及90年代的海湾战争以来，大大增强了人们对能源问题重要性的认识，显示了能源在国际政治、经济、军事格局中的战略地位。

2. 世界能源概况

世界能源储量最多的是太阳能，在再生能源中占99.44%，而水能、风能、地热能、生物能等占不到1%。在非再生能源中，利用海水中的氘资源产生的人造太阳能（聚变核能）几乎占100%，煤炭、石油、天然气、裂变核燃料加起来也不足千万分之一。所以，人类使用的能源归根到底要依靠太阳能，太阳能是人类永恒发展的能源保证。

世界能源储量分布是不平衡的。石油储量最多的地区是中东，占56.8%；天然气和煤炭储量最多的是欧洲，分别占54.6%和45%；亚洲、大洋洲除煤炭稍多（占18%）以外，石油、天然气都只占5%多一点。据预测，全世界石油储量只够开采30～40年，天然气约60年。

据2018年《世界石油回顾》数据显示，至2018年底探明石油储藏量约增长0.4%，为16630亿桶（1桶=158.98dm³），这主要是由于美国的增长。排名前几位的有委内瑞拉、沙特阿拉伯、加拿大、伊朗、伊拉克等。全球储藏量，按照2017年的产量水平，这一储量能够满足世界50.2年。世界煤炭储量估计为1.055万亿吨，其中大部分储量为无烟煤和烟煤（储量7349.03亿吨，占比70%）。世界各地的煤炭资源分布并不平衡，主要集中在少数几个国家：美国（24%）、俄罗斯（15%）、澳大利亚（14%）和中国（13%）。按照同样的基准，天然气储量足够可开采62.8年，煤炭为119年。

3. 能源消费趋势

根据英国石油公司（BP）近期发布的《世界能源统计年鉴（2019）》，2018年全球一次能源消费增长2.9%，煤炭消费量增长1.4%，与过去十年的平均增速相比翻了一番。煤炭消费增长主要是受印度和中国的驱动，可再生能源消费增速放缓，2018年，可再生能源消费约占全球能源消费结构的4%，低于化石燃料的85%。碳排放量增加2%。到2040年世界能源需求增长预计为25%～35%。中国石油经济技术研究院（ETRI）发布的《2050年世界与中国能源展望》指出，未来30年，一次能源增速远低于同期经济增速，全球将以36%的能源消费支撑170%的经济增长。

国际能源署（IEA）认为，到2040年，世界范围内，除煤炭外其他燃料消费量均呈增加态势。BP在近三年的展望里大幅上调了风电和太阳能到2035年装机的预估值，上涨达到150%。BP认为，天然气和电力将满足未来工业领域能源增量，2040年成为工业部门主要能源。IEA表示，在全世界各种能源的终端用途中，电力是一股崛起的力量，到2040年时，电力会占到最终能源消费增量的40%。

4. 我国能源概况

我国国土资源丰富，蕴藏的能源品种齐全，储量也比较丰富。从结构上看，煤炭比较丰富，而油气资源总量偏少，与能源需求结构和环境保护需求不相协调，且地区分布也不够均衡。能源资源大部分分布在人口偏少和经济欠发达地区，如煤炭资源偏西偏北，水能资源偏西南，两者大都分布在中西部地区。中国统计年鉴，2019 年中国能源查明储量，煤炭 1145 亿吨，石油 36 亿吨，天然气 8.4 万亿立方米。

《中国能源发展报告 2018》：2018 年能源消费、生产增速双双创新高，全年能源消费总量 46.4 亿吨标准煤，增速创 5 年来新高；能源生产总量为 37.7 亿吨标煤，达到 7 年来最高水平。2018 年，天然气、水电、核电、风电等清洁能源的消费比重达到 22.1%。作为调结构的主力，非化石能源消费占一次能源消费的比重为 14.3%，2020 年占比 15% 的目标完成在即。从品种来看，能源消费表现出"一回暖、一平稳、两快速"的特征，即煤炭消费回暖、石油消费相对平稳、天然气和电力消费快速增长。其中，全年天然气消费超预期增长，年增 422 亿立方米，增量创历史纪录；全社会用电量约 6.8 万亿千瓦时，同比增长 8.5%，增速创 7 年来最快。由此，反映出我国居民消费升级和产业转型发展的空间巨大，不断催生新的用能需求。

5. 中国的煤炭资源

中国的煤炭资源相对丰富，其储量约占全国矿产资源储量的 90%，化石能源的 95%，具有巨大的资源潜力。

（1）煤质　从资源种类的角度看，我国优质煤种资源较少，高变质的贫煤和无烟煤仅占查明资源储量的 17%。我国煤炭资源包括了从褐煤到无烟煤各种不同煤化阶段的煤种，但其数量分布极不均衡。褐煤资源主要分布在内蒙古东部和云南，由于其发热量低，水分含量高，不适于远距离长途运输，在一定程度上制约了这些地区煤炭资源开发。炼焦煤数量较少，且大多为气煤，肥煤、焦煤、瘦煤仅占 15%。高硫煤查明资源储量约 1400 亿吨，占全部查明资源储量的 14%，主要分布在四川、重庆、贵州、山西等省（市）。其中烟煤 75%，无烟煤 12%，褐煤 13%；适于炼焦、造气的原料煤占 25%，动力煤占 75%。我国煤炭保有储量平均硫分为 1.10%，硫分小于 1% 的煤占 63.5%，硫分大于 2% 的煤占 24%；灰分普遍较高，一般在 15%～25%。我国原煤入洗比例不足 40%，而美国、澳大利亚的原煤几乎全部入洗。

（2）我国煤炭分布特点

① 煤炭资源与地区的经济发达程度呈逆向分布。资源主要分布在秦岭-大别山以北地区，比重超过 90%，且集中分布在晋陕蒙三省区（占北方地区的 64%）。

② 煤炭资源与水资源逆向分布。我国水资源较贫乏，全国水资源总量年均 2804 亿立方米，人均占有量相当于世界人均占有量的 1/4。分布极不均衡，秦岭-大别山以北地区，面积占全国 50% 左右，水资源总量年均 600.8 亿立方米，仅占全国水资源总量的 21.4%；而太行山以西煤炭资源富集区水资源总量 45.1 亿立方米，仅占全国水资源总量的 1.6%。西部及北部地区水资源严重短缺，严重制约着煤炭资源的开发。

（3）煤炭调运　由于煤炭分布呈北多南少、西多东少，煤炭调运格局是"北煤南运，西煤东调"。煤炭运输主要是铁路运输和水路运输，小部分煤炭通过公路运输。晋陕蒙的煤炭主要调往华东、中南、京津冀和东北地区，以及用于出口；贵州煤炭主要调往湖南、广西等地。

二、中国煤炭的综合利用情况

煤不只是燃料,它还是多种工业的原料。根据德国的资料,煤中组分多达475种。用煤做原料制成的产品,其经济效益可大幅度提高。以用煤炼焦为例,除主要产品冶金焦炭外,还可获取煤焦油和焦炉煤气。煤焦油可以用来生产化肥、农药、合成纤维、合成橡胶、塑料、油漆、染料、药品、炸药等产品;焦炭除主要用于冶金外,还可用来制造氮肥。焦炉煤气可用于平炉炼钢和焦炉本身的燃料、城市煤气、发电、制取双氧水(H_2O_2),也可作为化肥、合成纤维的原料等。煤的气化、液化在煤的综合利用中更是重要内容。

一般煤炭作为一次性能源直接燃烧利用。据统计,目前世界总发电量的47%来自以煤作为燃料的发电厂。近年来,各国大力开发煤转化的技术,如采用将煤转化为二次洁净能源的煤气化和煤液化工艺,可得到流体燃料(煤气和人造液体燃料)。流体燃料在运输和使用上都非常方便,并可大大减少污染。目前正在开发的气化和液化工艺不下数十种,其中一部分已实现工业化。与此同时,细煤粉与水相混制成水煤浆和细煤粉与石油重油相混制成油煤浆作为能源利用的工作取得了很大的进展,有的已应用于工业。

由煤制取化工产品的方法有:焦化、加氢、液化、气化、氧化制腐殖酸类物质以及煤制电石以生产乙炔。其中,将煤气化制成合成气($CO+H_2$),再通过各种合成方法制造多种化工原料("一碳化学"路线)以及将煤液化制造苯属烃的工艺日益引起人们的重视。

煤炭综合利用包括将煤炭本身作为一次能源,用煤炭制造二次能源、化工原料等几方面。煤炭综合利用途径如图0-1所示。

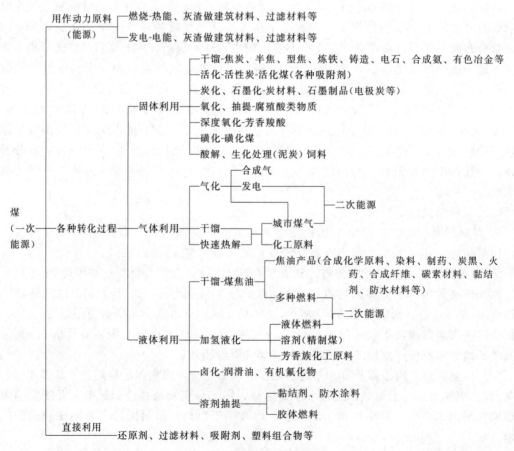

图 0-1 煤炭综合利用途径

煤炭的综合利用可以采取多种方式。

1. 几个煤炭利用部门的联合

① 采煤-电力-建材-化工；

② 采煤-电力-城市煤气-化工；

③ 钢铁-炼焦-化工-煤气-建材；

④ 炼焦-煤气-化工（三联供）。

2. 几个单元过程的联合

① 焦化（或高温快速热解）-气化-液化；

② 热解（或溶剂精制）-气化-发电；

③ 气化-合成；

④ 液化（溶剂精制或超临界萃取）-燃烧-气化；

⑤ 液化（超临界萃取）-加氢气化。

此外，还可以有多种方式的联合，通过联合可以大大提高煤的利用效率，推动煤炭应用科学技术的迅速发展。

中国煤炭综合利用情况与发达国家相比，具有起步晚、规模小、发展速度快等特点。目前，中国在煤的综合利用方面虽然做了大量的工作，取得了很大的成绩，但与世界先进水平相比，差距还是很大的，且煤炭的终端消费结构也很不合理。中国的煤炭利用以燃烧为主，在加工利用方面比较薄弱，原煤入洗率低，只有 1/4 左右，大部分原煤在使用前不经洗选。因而商品煤质量较差，平均灰分为 20.5%，平均硫分为 0.8%。型煤技术虽已有较长发展历史，但目前，技术与设备的改进与提高效果不尽如人意，技术推广速度缓慢，型煤产量仍较低。动力配煤与水煤浆技术的发展可以说还均处于初级发展阶段。高效固硫剂、助燃剂等尚处于开发和试用阶段。因此，作为世界上第一产煤和用煤大国，中国的煤炭洁净加工与高效利用虽然前途光明，然而却任重道远。

三、煤利用存在的环境问题

煤是不洁净能源，在给人类带来光明和温暖的同时，也给人类赖以生存的环境造成了破坏。

煤所造成的污染贯穿于开采、运输、储存、利用和转化等全过程。就开采而言，仅统配煤矿每年矿井酸性涌水约 14 亿立方米；采煤排放的甲烷约占人类活动排放甲烷量的 10%；中国堆积的煤矸石已超过 15 亿吨，占地 86.71km²，矸石堆容易自燃，而且会排放出大量的污染气体和液体；每年约有 6 亿吨煤靠铁路长途运输，使用敞篷车造成约有 300 万吨煤尘排放在铁路沿线，造成污染。储存煤不仅占去大面积土地，而且储存时间长的煤在氧化、风化作用下，炼焦煤会失去黏结性，煤堆会自燃，造成环境污染。

煤在燃烧过程中造成的污染物有烟尘、烟气和炉渣等。烟尘含有由煤中矿物质、伴生元素转化而来的飞灰和未燃烧的炭粒，据统计，我国每年排放到大气中的烟尘量在 1300 万～1400 万吨。每燃烧 1t 煤会排放出 6～11kg 烟尘。烟气含有 SO_2、CO_2、CO、NO_x、蒸气以及多环芳烃等烃类化合物和其他有机化合物。其中 CO_2 在大气中含量增多会造成"温室效应"，使气候变暖；CO 是窒息性气体，量大时能在很短时间内使人的大脑缺氧而死亡；SO_2 对人体健康和植物的生长都有危害，它刺激黏膜、引起呼吸道疾病并能使植物枯死；排放到大气中的 SO_2、SO_3 和 NO_2 与水蒸气化合生成硫酸和硝酸，这两种酸与水分子结合生成硫酸雾，硫酸雾与烟尘接触形成硫酸尘，与降水接触成为酸雨。酸雨使土壤酸化，使建筑物受到腐蚀，并妨碍植物生长。我国中高硫煤和高硫煤占煤总储量的 1/3。炉渣内含有多种有害物质。全国每年排出的炉渣高达 2 亿多吨，不仅占去大面积土地，而且在堆放过程中流出含有多种重金属离子的酸性废水污染环境。

中国煤的利用以燃烧为主，约 90.4% 的煤用于发电、工业锅炉、炉窑、民用炉灶和铁路。由于燃烧技术落后，供煤不合理而造成煤的利用率很低，这样既浪费能源，又污染环境。据估计全国排放到大气中 80% 的烟尘和 90% 的 SO_2 来自燃煤。

炼焦过程由于炉体结构不严密，排烟除尘装置不完善，排散出大量烟气、粉尘、CO、烃类、H_2S、NH_3、SO_x 和 NO_x 等。同时排放出的焦油中含有致癌作用的多环芳烃（如 3,4-苯并[a]芘、二苯并蒽等），严重污染大气和工业用水。

煤的气化和液化工艺的优点是可生产比较洁净的气体燃料和液体燃料，消除燃煤所造成的污染，但气化和液化过程本身仍然有污染问题。气化所得煤气中含有 H_2S、CO、COS、NH_3 和 HCN 等污染物；气化洗涤水中含有酚类、焦油、悬浮固体、氰化物和硫化物等污染物。煤的液化产生浮渣、含油废水及 H_2S、CO、NH_3 和多种有害的多环芳烃气体。

另外，煤中砷燃烧时形成剧毒物质 As_2O_3 进入大气，在人体内累积诱发癌症，因此食品工业用煤的砷含量必须控制在 $8\mu g/m^3$ 以下。大气中 As_2O_3 含量国内外规定应小于 $3\mu g/m^3$，水中应小于 $50\mu g/m^3$，但某些燃煤电厂附近大气中 As_2O_3 含量高达 $100\mu g/m^3$，滇东、黔西一些地方的晚二叠世龙潭组煤经受后期热液影响，砷的含量极高。

经济的发展应与环境资源相互协调发展，不能以牺牲环境为代价来发展经济，因此如何有效地治理因用煤造成的环境污染就成为紧迫的研究任务，务使煤炭资源的开发利用与环境效益结合起来。中国煤炭利用技术的选择标准应该是：减少环境污染——清洁，提高煤炭使用效率和减少无效投入（如高灰分煤的运输）——高效。为此，需尽早开发多种煤炭利用的新技术，以便使中国的煤炭利用技术逐步完成向新技术的转变。

四、煤化学的发展

为了满足不同工业对煤质的要求，使各种煤得到充分合理的利用，人们对煤的组成、性质进行了深入细致的研究，促使了煤化学科学的诞生和发展。煤化学学科诞生于 19 世纪。起初，人们对于煤炭的应用只限于用作燃料，煤化学的研究也主要是在煤的工业分析、元素分析和发热量等简单数据的测定方面。随着煤炭应用日趋广泛，煤化学的研究越来越深入和全面。在科学技术日新月异、飞速发展的当今时代，煤化学的研究已经深入到煤的化学组成、岩石组成、结构及工艺过程机理等一些本质问题及煤炭深加工的新方法和新用途等方面。整个煤化学的发展可以分为以下四个阶段。

1. 萌芽阶段（1780～1830 年）

在这一时期，人们争论的主要问题是煤的起源。在 19 世纪前，人们还不能正确解释煤的形成过程，而只能做种种设想。其主要论点有：

① 煤是由岩石转化而来的；

② 煤是和地球一起形成的，有地球就有煤的出现和存在；

③ 煤是由植物转变而成的。

人们通过长期的生产实践，从不同的角度证明：煤是由植物转变而成的，并且主要是由陆生植物生成的。例如，常常可以看到煤层顶板有植物叶部化石，有时还能看到由直立树干变成的煤，并保留了原来断裂树干的形状；人们应用显微镜来研究成煤的原始物质，将年轻煤制成薄片，放在显微镜下观察，可以清楚看到植物原有构造，如细胞结构、年轮、孢子、角质层和木栓层等；从元素分析得知，煤和植物的主要元素组成相同。于是在 1830 年左右，人们普遍认同了该结论。这时，产生了煤化学和煤岩学两个煤炭科学研究的支柱。因此可以认为，1831 年是煤炭科学研究的诞辰，至今已有 160 年。

2. 启蒙阶段（1831～1912 年）

这个阶段，英国和法国几乎同时开展了用显微镜对煤进行的最早的系统研究。1837 年，在法国展开了对煤的系统化学研究，提出了以元素组成为基础的煤的分类。这些研究为后来的煤岩学和煤化学的发展打下了良好的基础。

3. 经典阶段（1913～1962 年）

在这一时期，煤几乎是唯一的热源和能源，煤炭广泛应用于机车、航行、炼焦、气化、液化、低温干馏和发电等领域。人们对煤的研究不再停留在外部特征、个别性质的研究上，而是逐步深入到组成、岩相、结构及工艺过程机理等一些本质问题的研究，并且以煤的生成过程来探索引起煤性质和组成多样性的原因，力求把外部性质和现象与内在的组成、岩相及结构紧密联系起来。使煤岩学和煤化学这两门学科逐渐发展并成熟起来。

① 在煤岩学方面，美国主要发展了薄片（透射光）技术，德国和法国主要发展了光片（反射光）技术。两种技术都精益求精，日臻完善。后来，德国又开发了薄光片技术，使得两种技术可在同一试样上进行比较。到 1940 年左右，纯定性的煤炭岩石学逐渐向更为定量的煤炭岩相学转化，发展了测定镜质组反射率的显微光度计法，完善了煤岩定量方法，使煤岩学研究达到了相当高的水平。

② 在煤化学方面，德国费舍尔首先开发了 F-T 合成法，同时德国伯吉乌斯开发了煤的直接加氢液化法。这两种具有重大意义的煤的转化方法对煤化学的研究起到了巨大的推动作用。

因此，在这个时期，世界各国涌现出许多著名的煤化学家和煤岩学家；出版了大量的重要出版物，对取得的成果进行了科学的总结；也建立了一大批高水平的煤炭研究机构。他们的研究工作涉及煤化学和煤岩学的各个领域。特别是在煤的性质随煤化程度的统计变化方面进行了大量的经验关联工作。通过这种关联可以从煤的工业分析和元素分析数据来预测煤的多种性质。直到 19 世纪 50 年代，人们对煤的化学和物理结构有了比较全面的了解，可以用一些如 H/C 和 O/C 原子比、芳碳率和芳氢率等无量纲参数来描述煤的结构，并且查明各主要微成分组的各种参数随煤化程度的变化关系。

4. 煤炭研究的衰落和复兴（1963～1990 年）

20 世纪 60 年代中期，中东等地区大量的廉价石油和天然气动摇了煤炭经济，使煤化学的研究几乎停滞不前。到 70 年代以后，由于石油、天然气价格猛涨及国外某些国家和地区的石油资源日趋枯竭，世界各个国家对煤化学和煤化工的研究重新重视起来。许多国家组织起大量人力、财力来进行有计划的系统研究，并采用了最现代化的科学研究仪器和方法来研究煤。例如，煤质检测中使用的数控仪器准确、快速、方便，大大提高了工作效率，加快了信息反馈速度；基础理论研究中使用的色谱仪、红外光谱仪、X 射线衍射仪、核磁共振仪、电子显微镜、电子计算机等仪器，这些技术的相互配合在每个重要的实验室都发挥了重大作用；同时建立了完善的煤化工实验装置和中间实验厂。因此，无论是在煤化学基础理论研究方面，还是在煤的焦化、气化、液化等新技术、新工艺、新产品等的研制方面都获得了重大的突破。这些都将使人们对煤这样复杂的固体的认识更加深刻，更加切合实际，这些新知识还将指导人们对煤进行更有效、更合理的利用。

五、煤化学的内容、特点及研究方法

煤化学是一门独立的学科，但它与许多现代学科如化学、煤田地质学、煤岩学、化学工程学、系统工程学、企业管理学等相互渗透，关系密切。煤化学研究的内容主要包括：

① 煤的生成、组成、结构、分析、性质和分类等；

② 煤的各种转化过程及其机理；

③ 煤的各种加工产物的组成和性质、煤及其加工产品的合理利用。

通过煤化学的理论研究，可以深入了解煤的特性，解决煤炭利用中的各种问题，开发新的加工技术和开拓新的利用途径，使煤炭资源得到更合理和更有效的利用。

煤是一种特殊的沉积岩，是由许多有机化合物和无机化合物组成的混合物。由于成煤原始物质的复杂性和成煤过程中客观条件的多样性，必然导致煤的组成、结构、性质的复杂性和多样性。在组成、结构、性质等方面，不仅不同的煤之间存在着差异，即使来自同一矿区、同一煤层的煤样，仍会因煤岩组成的不同而有明显的差别。在实际研究工作中，只能得出具体的某一组分的化学结构式，而不可能找出一个能代表所有煤或某一煤种的化学结构式。因此，对煤化学的研究必须同时参照煤岩学的原理和方法，才能更全面、更完整地认识煤的组成、结构和性质。

煤化学是煤炭洗选、煤化工等专业的基础课程。煤化学的学习是在高职高专化学知识的基础上，掌握煤化学的基本知识和基本技能；能够从化学角度理解煤的组成、性质及煤质变化规律和影响因素；培养自己分析问题、解决问题的能力和辩证唯物主义观点，并为学好专业课奠定基础。

煤化学是一门实践性很强的学科，处于迅速发展之中，在许多方面仅有定性的描述而无定量的测定，许多理论问题需要进行进一步研究探索，许多新的应用领域尚待开拓。随着科学技术的发展，煤炭资源综合开发利用的途径必将会日趋广泛，人们对煤的研究和认识也会更加深入和全面，因此，应认真学习和总结前人的经验进行学习和研究。要刻苦钻研，勇于创新，使煤化学这一发展中的学科迅速发展和完善起来。

第一章　煤的外表特征和生成

思政目标：根据我国煤田分布情况、煤种特征和用途，因地制宜，合理规划开发煤炭资源。
　　　　　做到"统一规划、合理布局、有序开发、综合利用、保护环境"。

学习目标：1. 掌握煤的种类和外部特征，宏观和微观特征。
　　　　　2. 熟悉成煤的原始物质、煤的生成和主要成煤期。

煤是由许多高分子碳氢化合物和少量无机矿物质组成的可燃有机生物岩石。煤是一种主要的能源，在国民经济中起着举足轻重的作用。煤作为一种商品和工业原料，其性质、质量与煤的价格、煤的利用关系密切，为了有计划地开采和合理利用煤炭资源，就需要对煤质进行研究，在影响煤质的诸多因素中，成煤原始物质和成煤环境至关重要。

第一节　煤的种类和外表特征

一、煤的成因类型

煤是由植物转变而成的，不同类型植物形成的煤的特征、性质都有差异。根据成煤原始物质和堆积环境的不同，可把煤分成腐殖煤、腐泥煤两大类。

1. 腐泥煤

是指由低等植物和浮游生物经腐泥化作用和煤化作用形成的煤。根据植物遗体分解的程度，可分为藻煤和胶泥煤。藻煤中藻类遗体大多未完全分解，显微镜下可见保存完好，轮廓清晰的藻类。胶泥煤中藻类遗体多分解完全，已看不到完整的藻类残骸。腐泥煤中矿物质含量较高，光泽暗淡，常呈褐色，均匀致密，贝壳状断口，硬度和韧性较大，易燃，燃烧时有沥青味。腐泥煤常呈薄层或透镜状夹在腐殖煤中，有时也形成单独的可采煤层。

2. 腐殖煤

是指由高等植物的遗体经过泥炭化作用和煤化作用形成的煤。腐殖煤是因为植物的部分木质纤维组织在成煤过程中变成腐殖酸这一中间产物而得名。腐殖煤在自然界中分布最广、蕴藏量最大、用途最广的煤。绝大多数腐殖煤都是由植物中的木质素和纤维素等主要组分形成的，亦有少量腐殖煤是由高等植物经微生物分解后残留的脂类化合物形成的，称为残殖煤。单独成矿的残殖煤很少，多以薄层或透镜状夹在腐殖煤中。

由于储量、用途和习惯上的原因，除非特别指明，人们通常讲的煤，就是指主要由木质素、纤维素等形成的腐殖煤。

腐殖煤和腐泥煤具有不同的外表特征和性质，其主要特征区别见表1-1。

表1-1　腐殖煤与腐泥煤的主要特征

特　征	腐　泥　煤	腐　殖　煤
颜色	多数为褐色	褐色和黑色,多数为黑色

特　征	腐　泥　煤	腐　殖　煤
光泽	暗	光亮者居多
用火柴点燃	燃烧,有沥青气味	不燃烧
氢含量/ %	一般大于 6	一般小于 6
低温干馏焦油产率/ %	一般大于 25	一般小于 20

二、腐殖煤的外表特征

腐殖煤是近代煤炭综合利用的主要物质基础,也是煤化学的重点研究对象。根据煤化程度的不同,腐殖煤又可分为泥炭、褐煤、烟煤以及无烟煤四个大类。每一种类型的腐殖煤具有不同的特征和性质,因此它们的利用途径也有很大的差异。

1. 泥炭

泥炭呈棕褐色或黑褐色,无光泽,质地柔软且不均匀,水分含量较高,一般可达85%～95%(本书中如无特别说明,均指质量分数,下同)。自然干燥后,水分可降低至25%～35%。风干后的泥炭为棕褐色或黑褐色土状碎块。实际上,泥炭属于植物成煤过程中的过渡产物。

泥炭的有机组成包括以下几个部分。

① 腐殖酸。腐殖酸是由高分子羟基芳香羧酸所组成的复杂混合物,具有酸性,是一种无定形的高分子胶体物质,是泥炭中最主要的成分。

② 沥青质。它是由分解产物经化学合成作用形成的,也可以由树脂、树蜡、孢子等转化而成。

③ 未分解或分解不完全的纤维素、半纤维素、果胶和木质素。

④ 角质、树脂、孢子等稳定组分。

我国泥炭储量约270亿吨,80%属裸露型,20%属埋藏型。主要分布于大小兴安岭、三江平原、长白山、青藏高原东部以及燕山、太行山等山前洼地和长江冲积平原等地。

泥炭有广泛的用途。泥炭的硫含量平均为 0.3%(质量分数),属于低硫燃料,经气化可制成气体燃料或工业原料气,经液化可制成液体洁净燃料;泥炭焦化所得泥炭焦是制造优质活性炭的原料;泥炭通过不同溶剂萃取,可得到苯沥青、碳水化合物等重要的化工原料。泥炭能去除废水中的金属离子,是一种有效的吸附及过滤介质。泥炭还可以作为土壤改良剂和饲料添加剂,以及食用菌培养基。泥炭的开发和利用已引起国内外的广泛重视,近年来发展十分迅速。

2. 褐煤

褐煤是泥炭沉积后经脱水、压实转变为有机生物岩的初期产物。褐煤大多数无光泽,外观呈褐色或黑褐色,真密度为 $1.10\sim1.40g/cm^3$。褐煤含水量较高,达 30%～60%,自然干燥后水分降至 10%～30%。褐煤易风化变质,含原生腐殖酸,含氧高,化学反应性强,热稳定性差。在外观上,褐煤与泥炭的最大区别在于褐煤不含未分解的植物组织残骸,且呈层分布状态。

根据外表特征,可将褐煤分为土状褐煤、暗褐煤、亮褐煤和木褐煤四种。

(1) 土状褐煤　它是泥炭变为褐煤的最初产物,其断面与一般黏土相似,结构较疏松,易碎成粉末,沾污手指。

(2) 暗褐煤　它是典型的褐煤,表面呈暗褐色,有一定的硬度,如将其破碎则碎成块状而不形成粉末。

(3) 亮褐煤　从外表看它与低煤化度烟煤无明显区别,因而有些国家称其为次烟煤。但亮褐煤仍含有腐殖酸，外观呈深褐色或黑色，有的带有丝绢状光泽，有的则如烟煤一样含有暗亮相间的条带。

（4）木褐煤　亦称柴煤。有很明显的木质结构，用显微镜观察可清楚地看到完整的植物细胞组织。它除含有腐殖酸、腐殖质和沥青质外，还含有木质素和纤维素等。显然，木褐煤是由尚未收到充分腐败作用的泥炭形成的一种特殊形态的褐煤。

我国褐煤资源丰富，已探明储量达 1303 亿吨，主要分布在东北、西北、西南、华北等地，集中在内蒙古、云南和黑龙江等省，其中内蒙古的褐煤储量最大，占全国褐煤储量的 77％。

3. 烟煤

烟煤呈黑色，水分含量较低，真相对密度为 1.2～1.45，硬度较大，随着煤化程度的增加，煤的光泽逐渐增强，条带状结构明显。烟煤在自然界中分布最广，储量最大，品种也最多。根据煤化程度中国将烟煤分为长焰煤、不黏煤、弱黏煤、1/2 中黏煤、气煤、气肥煤、1/3 焦煤、肥煤、焦煤、瘦煤、贫瘦煤、贫煤。其中，气煤、肥煤、焦煤、瘦煤具有黏结性，适宜炼焦使用，称为炼焦煤。中国烟煤储量非常丰富，约 4058 亿吨，其中炼焦用煤2264 亿吨，不黏煤 1256 亿吨，弱黏煤 232 亿吨，长焰煤 306 亿吨。

4. 无烟煤

无烟煤呈灰黑色，具有金属光泽，真相对密度为 1.4～1.8，硬度大，燃点高，高达360～410℃以上。因燃烧时无烟而得名。是煤化程度最高的腐殖煤。我国无烟煤预测储量为 4740亿吨，占全国煤炭总资源量的 10％。主要分布于山西省、河南省和贵州省等地。上述四类腐殖煤的主要特征与区分标志如表 1-2 所示。

表 1-2　四类腐殖煤的主要特征与区分标志

特征与标志	泥　炭	褐　煤	烟　煤	无烟煤
颜色	棕褐色	褐色、黑褐色	黑色	灰黑色
光泽	无	大多数无光泽	有一定光泽	金属光泽
外观	有原始植物残体，土状	无原始植物残体，无明显条带	呈条带状	无明显条带
在沸腾的 KOH 中	棕红色－棕黑色	褐色	无色	无色
在稀的 HNO_3 中	棕红色	红色	无色	无色
自然水分	多	较多	较少	少
密度/(g/cm³)	—	1.10～1.40	1.20～1.45	1.35～1.90
硬度	很低	低	较高	高
燃烧现象	有烟	有烟	多烟	无烟

第二节　煤的生成

一、成煤的原始物质

1. 煤是由植物生成的

虽然煤的开采、利用可以追溯到远古时期，但是在 19 世纪以前，对于成煤的原始物质，并没有正确的认识。有人认为煤和地壳中的其他岩石一样，一有地球就存在；有人认为煤是由岩石转变而成。随着煤炭的大规模开采，人们在煤层的顶、底板岩层中发现了大量的树根、树叶、树干等植物化石。有人认为煤可能是由植物形成的，但缺乏直接证据。直到 19

世纪以后，发明了显微镜，人们利用显微镜在煤中观察到许多植物的细胞结构，例如，把煤磨成薄片放在显微镜下观察，可以看到煤中保留着植物的某些原始组分（如木质细胞结构、孢子、木栓质、角质层等)，甚至有时还能观察到植物生长的年轮。最终揭开了成煤原始物质之谜，证实了煤是由植物变成的。

2. 植物的演化

地质历史时期，植物的演化是由单细胞到多细胞，由低级到高级，由简单到复杂，由水生到陆生逐步进化和发展的。其演化发展主要经历以下几个阶段。

（1）菌藻植物时期　中志留世以前，植物界是以水生的菌类、藻类植物为主，如蓝绿藻等。

（2）裸蕨植物时期　晚志留世至中泥盆世，伴随着地壳上升，陆地逐渐扩大，促使那些能适应环境变化的植物由水生转为陆生，产生了最古老的陆生植物群（裸蕨植物为主）。

（3）蕨类植物时期　晚泥盆世至早二叠世，随着原始的裸蕨植物逐渐被淘汰，比它更优越的石松类、真蕨类迅速崛起，节蕨类也重趋繁盛，植物界进入了大发展时期，出现了茂密的森林。当各种蕨类植物演化达到高潮时，由它们又演化出一种新的植物类群，即裸子植物的古老类型。其中，以种子蕨纲和苛达树纲的迅速发展为代表。

（4）裸子植物时期　晚二叠世至早白垩世，气候逐渐干旱，适宜温暖潮湿环境生活的各种蕨类植物，除真蕨纲较能适应这一变化外，其他蕨类植物都逐渐衰退了。这一时期以裸子植物的苏铁类、银杏类、松柏类为主，它们大量繁殖并形成茂密森林。这一时期，被子植物的祖先开始从裸子植物中脱胎而出。

（5）被子植物时期　晚白垩世至现代，随着古地理、古气候的变化，苏铁、银杏等裸子植物逐渐走向衰退和灭绝，松柏类的数量大为减少。这一时期，被子植物迅速繁殖，成为占绝对优势的植物群。

3. 各地质年代的成煤植物及成煤情况

（1）地质年代　地球从形成至今已经历了漫长的45亿年，而且地球始终进行着运动发展和变化，地壳上留下了许多反映地球运动、发展、变化的依据。为了便于开展地质研究及找矿工作，地质学家综合了地层层序、生物演化、地壳运动等因素，把地质历史划分为许多阶段，每个大阶段又可分为次级阶段，这样就产生了地质年代单位。

常用的地质年代单位主要有代、纪、世。其中代是根据生物演化的主要阶段划分的。如古生代的植物主要为孢子植物。中生代的植物主要为裸子植物。纪的划分主要依据地壳节奏运动造成的沉积旋回、古地理特征及生物群的变化。世是根据生物科目的发展演化阶段来划分的，见表1-3。

表 1-3　地质年代与成煤期

代	纪	世	距今年龄/亿年	生物开始繁殖时期		成煤主要牌号
				植　物	动　物	
新生代	第四纪	全新世 更新世	0.03	被子植物大量繁殖为成煤提供原始物质	古人类出现	泥炭
	第三纪	上新世 中新世	0.25	被子植物	哺乳动物	泥炭 褐煤 低变质烟煤
		渐新世 始新世 古新世	0.80			

代	纪	世	距今年龄/亿年	生物开始繁殖时期 植物	生物开始繁殖时期 动物	成煤主要牌号
中生代	白垩纪	晚白垩世 早白垩世	1.40	被子植物 裸子植物极盛为成煤提供原始物质	爬行动物	褐煤 烟煤
中生代	侏罗纪	晚侏罗世 中侏罗世 早侏罗世	1.95	被子植物 裸子植物极盛为成煤提供原始物质	爬行动物	褐煤 烟煤
中生代	三叠纪	晚三叠世 中三叠世 早三叠世	2.30	被子植物 裸子植物极盛为成煤提供原始物质	爬行动物	褐煤 烟煤
古生代 晚古生代	二叠纪	晚二叠世 早二叠世	2.70	裸子植物 孢子植物极盛为成煤提供原始物质	两栖动物	烟煤 无烟煤
古生代 晚古生代	石炭纪	晚石炭世 中石炭世 早石炭世	3.20	裸子植物 孢子植物极盛为成煤提供原始物质	两栖动物	烟煤 无烟煤
古生代 晚古生代	泥盆纪	晚泥盆世 中泥盆世 早泥盆世	3.75	裸子植物 孢子植物极盛为成煤提供原始物质	鱼类	无烟煤
古生代 早古生代	志留纪	晚志留世 中志留世 早志留世	4.40	裸蕨植物 海藻大量繁殖为石煤的形成提供原始物质	鱼类	无烟煤
古生代 早古生代	奥陶纪	晚奥陶世 中奥陶世 早奥陶世	5.00	裸蕨植物 海藻大量繁殖为石煤的形成提供原始物质	无脊椎动物	石煤
古生代 早古生代	寒武纪	晚寒武世 中寒武世 早寒武世	6.20	裸蕨植物 海藻大量繁殖为石煤的形成提供原始物质	无脊椎动物	石煤
元古代	震旦纪	晚震旦世 中震旦世 早震旦世	约16	菌藻类		
元古代	早元古代	早元古代	20	菌藻类		
太古代			45			没有煤

（2）中国主要聚煤期和聚煤作用　中国蕴藏着丰富的煤炭资源，含煤地层遍布全国各地。研究表明，中国的聚煤期主要有八个：早寒武世、早石炭世、晚石炭世-早二叠世、晚二叠世、晚三叠世、早-中侏罗世、晚侏罗世-早白垩世、第三纪。早寒武世是由低等植物成煤，在中国湘、鄂、浙、皖、黔、桂等地形成了一定规模的石煤资源。由陆生高等植物形成的煤，则开始于晚古生代的早石炭世，其中以石炭纪、二叠纪、侏罗纪、第三纪聚煤作用最强。以下简述中国几个主要聚煤期的聚煤作用。

① 晚石炭世的聚煤作用。晚石炭世，中国的绝大部分地区为热带和亚热带气候。高大的鳞木和松柏纲、楔叶纲、真蕨纲高等植物群非常茂盛，许多地区形成了茂密的沼泽森林，为聚煤作用提供了必要的物质基础。当时中国华北、西北部分地区，华东和中南区为滨海平原，普遍沉积了晚石炭世太原组煤系，其中河北的开滦、峰峰；山西的阳泉、晋城、潞安、汾西、西山等矿区都沉积有较厚的太原组煤系。

② 早二叠世的聚煤作用。早二叠世，中国华南、华北地区属热带、亚热带气候。银杏、苏铁和松柏等植物组成的森林十分繁茂，沼泽遍布，具备较好的成煤条件，沉积了以华北为中心的山西组煤系。与此同时，湖北、湖南、四川、贵州、江西、陕西等地也沉积了具有一定经济价值的梁山煤系。早二叠世晚期，中国北方已变成半干旱半潮湿气候，大面积的聚煤作用已停止，仅在安徽、苏北的徐州、河南平顶山沉积了石盒子组煤系。

③ 晚二叠世聚煤作用。晚二叠世，华北、西北东部气候逐渐干旱，没有形成有价值的煤系。在华南及西南一带气候温暖潮湿，科达纲、鳞木类植物繁茂，沉积了巨厚的海陆交替相的龙潭煤系。其中以贵州境内沉积厚度最大。

④ 侏罗纪聚煤作用。早、中侏罗世，中国北方气候温暖、潮湿，银杏、松柏和真蕨类植物大量繁殖，形成大面积的原始森林，为成煤提供了丰富的物质基础，在华北、西北地区的许多内陆聚煤盆地中沉积了早、中侏罗世的陆相煤系。晚侏罗世，中国北方的植物群仍以松柏、银杏、苏铁和真蕨植物为主，在内蒙古东北部、东北地区都沉积有晚侏罗世煤系。

⑤ 第三纪聚煤作用。第三纪早期，中国北方气候温暖，东部及沿海一带为潮湿和半潮湿气候，木本植物茂盛，在抚顺、沈阳、梅河、珲春、舒兰等地沉积了早第三纪煤系。第三纪晚期，中国北方干旱，南方及东南沿海一带气候潮湿，沉积了以云南小龙潭煤系为代表的陆相煤系。

4. 植物的族组成及其成煤性质

(1) 植物的族组成　在生物发展史上，植物经历了由水生到陆生，由低级到高级，由简单到复杂的逐步进化和发展。按其进化顺序可分为菌藻植物、苔藓植物、蕨类植物、裸子植物、被子植物，其中菌藻植物属低等植物，其余为高等植物。

低等植物主要是单细胞植物或者是多细胞构成的丝状体，叶状体植物，它们没有根、茎、叶与器官的分划，大多数生活在水中或阴暗潮湿的环境中，如细菌、蓝藻、绿藻等。

高等植物都是多细胞植物，具有根、茎、叶等器官的划分，其中根为吸收和固着器官；茎能支持植物体和起输导作用；叶进行光合作用。此外，高等植物还具有完善的繁殖器官（孢子、花粉）。所以，高等植物具有很强的陆地适应性，能适应陆地生活。

低等植物和高等植物都是由细胞组成的，细胞由细胞壁和原生质构成。组成细胞壁的主要成分是纤维素、半纤维素、木质素、果胶等，原生质主要由蛋白质和脂类化合物（脂肪、树脂、树蜡、角质、木栓质、孢粉等）组成。研究表明，不同种类植物的有机组成并不相同，而且同一种植物的不同部位其有机组成也存在差异，如表 1-4 所示。

表 1-4　植物的主要有机组分的含量（质量分数）

植物		糖类物质/%	木质素/%	蛋白质/%	脂类化合物/%
细菌		12～18	0	50～80	5～20
绿藻		30～40	0	40～50	10～20
苔藓		30～50	10	15～20	8～10
蕨类		50～60	20～30	10～15	3～5
草类		50～70	20～30	5～10	5～10
松柏及阔叶树		60～70	20～30	1～7	1～3
木本植物的各部分	木质部	60～75	20～30	1	2～3
	叶	65	20	8	5～8
	木栓	60	10	2	25～30
	孢粉质	5	0	5	90
	原生质	20	0	70	10

低等植物主要由蛋白质和糖类物质组成，脂类化合物含量也较高。高等植物的有机组成以糖类物质和木质素为主。在木本植物的各部分中，根、茎、叶以糖类和木质素为主；孢子、花粉和角质层主要由脂类化合物组成；原生质则含有大量的蛋白质。所以，植物有机组成的差异，直接影响它们在成煤过程中的分解与转化，并且影响煤的性质和煤的用途。

① 糖类及其衍生物。糖类及其衍生物含有碳、氢、氧三种元素，常用通式 $C_n(H_2O)_m$ 表示，所以这类化合物常被称为碳水化合物。这类化合物包括纤维素、半纤维素和果胶等。

a. 纤维素。纤维素是组成植物细胞壁的主要成分，是构成植物支持组织的基础。在高等植物的木质部分，纤维素约占 50%。纤维素是一种高分子化合物，属于多糖，分子式可用 $(C_6H_{10}O_5)_n$ 表示，分子结构如图 1-1 所示。

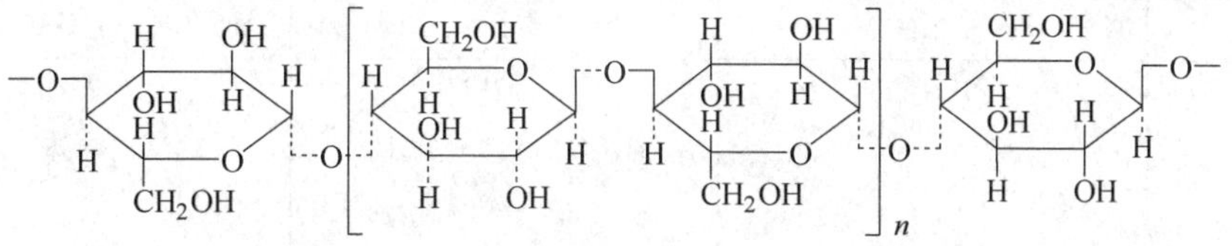

图 1-1 纤维素的分子结构式

纤维素在活着的植物体内很稳定，但植物死亡后，纤维素变得不稳定，需氧细菌通过纤维素水解酶的催化作用可将纤维素水解为单糖，如果这些单糖继续遭受氧化作用，则被分解为 CO_2 和 H_2O。变化过程如下

$$(C_6H_{10}O_5)_n + nH_2O \xrightarrow{\text{细菌水解}} nC_6H_{12}O_6$$

$$C_6H_{12}O_6 + 6O_2 \longrightarrow 6CO_2 + 6H_2O$$

但是，在沼泽环境下，氧化分解常常是不充分的。原因是：首先，随着泥炭沼泽水的覆盖和植物遗体堆积厚度的增加，使正在分解的植物遗体逐渐与空气隔绝而出现弱氧化环境或还原环境；其次，植物遗体转化过程中分解出的气体、液体和细菌新陈代谢的产物促使沼泽中介质的酸度增强，抑制了需氧细菌、真菌的生存和活动。由于上述原因，沼泽水被"毒化"。在缺氧环境下，厌氧细菌使纤维素发酵生成 CH_4、CO_2、C_3H_7COOH 和 CH_3COOH 等。

这些水解产物和发酵产物都可与植物的其他分解产物缩合形成更复杂的物质参与成煤，或成为微生物的营养来源。

b. 半纤维素。半纤维素也是植物细胞壁的组成部分，它在高等植物的木质部中占 17%～41%。半纤维素也属于多糖，其结构多种多样，多维戊糖 $(C_5H_8O_4)_n$ 就是其中之一。与纤维素相比，半纤维素更易水解和发酵，它们也能够在微生物作用下水解成单糖，变化过程如下

$$(C_5H_8O_4)_n + nH_2O \xrightarrow{\text{水解}} nC_5H_{10}O_5$$

这种单糖的后续变化与上述纤维素的情况类似。

c. 果胶。果胶属糖的衍生物，呈果冻状，存在于植物的木质部或集中分布于植物的果实中。果胶分子中含有半乳糖醛酸 $OHC-(CHOH)_4COOH$，呈酸性，其分子结构如图 1-2 所示。

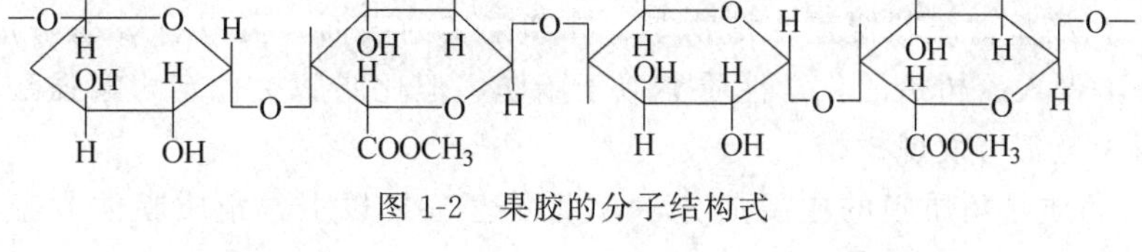

图 1-2 果胶的分子结构式

果胶不稳定，在微生物作用下，可以水解成一系列的单糖和糖醛酸，进一步分解可形成脂肪酸类物质而参与成煤。

② 木质素。木质素主要分布在高等植物茎部的细胞壁中，包围着纤维素并填充其间隙，以增加茎部的坚固性。木质素结构非常复杂，以至于至今还不能用一个结构式来表示，但人们已认识到它具有芳香核，带有侧链，并含有甲氧基（—OCH_3）、羟基（—OH）、醚基（—O—）和醛基等各种官能团。根据弗来格（FLaig）的研究，木质素的组成随植物种类的不同而变化，共有三种不同类型的单体，如表 1-5 所示。

表 1-5　木质素的三种不同类型的单体

植物	针叶树	阔叶树	禾本
单体名称	松柏醇	芥子醇	γ-香豆醇
单体结构式			
单体分子式	$C_{10}H_{12}O_3$	$C_{11}H_{14}O_4$	$C_9H_{10}O_2$

木质素的单体以不同的链相互连接、形成三维空间的大分子，所以，它比纤维素更稳定，很难水解。在多氧的沼泽环境中，经微生物作用可被氧化成芳香酸和脂肪酸而参与成煤。研究表明，木质素是成煤的主要植物成分。

③ 蛋白质。蛋白质是构成植物细胞原生质的主要成分，也是有机体生命起源的最重要物质。在低等植物中，蛋白质含量较高，而在木本植物中，蛋白质含量不高。蛋白质是由氨基酸分子按一定排列方式结合而成的复杂的高分子化合物。植物死亡后，如果处在氧化条件下，蛋白质经微生物作用可全部分解成气态产物（NH_3、CO_2、H_2O、H_2S 等）。在泥炭沼泽中，蛋白质可水解成简单的氨基酸，参与成煤。由于蛋白质的元素组成有碳、氢、氧、氮、硫等元素，有些蛋白中含有磷，所以有人认为煤中的氮和有机硫可能来自成煤植物中的蛋白质。

④ 脂类化合物。脂类化合物通常指不溶于水，而溶于苯、醚和氯仿等有机溶剂的一类有机化合物。存在于植物中的脂类化合物主要有以下几种类型。

a. 脂肪。脂肪属于长链脂肪酸的甘油酯，是植物细胞内原生质的一种成分。低等植物脂肪含量较高，在藻类中可达 20％；高等植物的脂肪含量一般为 1％～2％，主要集中在植物的孢子和种子中。在生物化学作用过程中，脂肪可被水解，生成脂肪酸和甘油，脂肪酸能参与成煤。

b. 树脂。树脂是植物生长过程中产生的分泌物，当植物受到伤害时，就会分泌出胶状的树脂来保护伤口。低等植物没有树脂，高等植物中的针叶植物含树脂最多。树脂的化学性质稳定，不溶于有机酸，也不易被微生物破坏，能完好地保存在煤中，直接参与成煤的作用。中国抚顺第三纪褐煤中的"琥珀"就是由成煤植物中的树脂转变成的。

c. 树蜡。树蜡呈薄膜状覆盖在植物茎、叶和果实的表面，可以有效地防止水分的过度蒸发和微生物的侵入。树蜡的化学性质类似于脂肪，但比脂肪更稳定，遇强酸也不易分解。在泥炭和褐煤中经常可发现树蜡。

d. 角质。角质是角质膜的主要成分，含量可达 50％以上，角质膜常覆盖在植物的叶、嫩枝、幼芽和果实的表皮上，以防止水分的过度蒸发和微生物的侵入。角质是脂肪酸脱水或聚合的产物，其化学性质稳定，在生物化学作用过程中不易分解，能较完整地保存在煤中。

e. 木栓质。木栓质能将植物的木栓组织浸透以提高其抵抗腐烂的能力。在木栓中木栓质的含量可达 25%～50%。木栓质的主要成分是脂肪醇酸、二羧酸等。木栓的化学性质稳定，在煤中常保存着植物的木栓层。

f. 孢粉质。孢粉质是构成植物繁殖器官孢子、花粉外壁的主要有机成分。在孢子中孢粉质的含量达 20%，孢粉质具有脂肪-芳香族网状结构，它的化学性质非常稳定，能耐较高的温度和酸、碱，也不溶于有机溶剂，常完好地保存在煤中。

上述脂类化合物的共同特点是化学性质稳定，因此能较完整地保存在煤中。除上述主要有机化合物外，植物中还有鞣质、色素等成分。鞣质属芳香族化合物，它浸透了老年植物木质部细胞壁、种子外壳。在许多植物的树皮中鞣质高度富集，铁树、漆树、云杉、桦树等现代植物和一些古植物中都含有鞣质。鞣质的抗腐性很强，不易分解。色素是植物体内储存和传递能量的重要因子，含有能与金属原子相结合的吡咯化合物结构。

以上介绍了植物的各种有机组分及在生物化学变化过程中的变化情况，如果按分解的难易程度，由易到难依次为：原生质；叶绿素；脂肪；半纤维素、纤维素；木质素；木栓质；角质；孢子、花粉；树蜡；鞣质；树脂。

（2）成煤原始物质对煤质的影响　地质历史时期，植物的演化、发展经历了几个大的阶段，在不同的地质时期生物群的面貌存在很大差异。由于不同种类的植物，其有机组分的含量相差悬殊，相同植物的不同部分有机组分的含量也不相同（见表 1-4）；而且，不同植物的元素组成有差异，不同类型的有机组分其元素组成也有较大变化（见表 1-6）。

从理论上讲，各种植物、植物的各个部分，分解后的产物及参与分解的微生物都能参与成煤。但是，由于成煤植物及植物的不同部分在有机组成上存在差异，也由于不同有机组分在化学性质、元素组成上的差异，使得不同植物和植物的不同部分的分解、保存和转化存在很大差别，例如，低等植物中蛋白质、脂类化合物含量高，由低等植物形成的煤（腐泥煤）中氢含量较高。导致煤的组成、性质的差异，影响到煤的工业利用。所以，成煤原始物质是影响煤质的重要因素之一。

表 1-6　不同植物及其有机组分的元素组成

植物或植物成分	碳含量 $w(C)/\%$	氢含量 $w(H)/\%$	氧含量 $w(O)/\%$	氮含量 $w(N)/\%$
浮游植物	45.0	7.0	45.0	3.0
陆生植物	54.0	6.0	37.0	2.75
纤维素	44.4	6.2	49.4	
木质素	62.0	6.1	31.9	
蛋白质	53.0	7.0	23.0	16.0
脂肪	77.5	12.0	10.5	
蜡质	81.0	13.5	5.5	
角质	81.5	9.1	9.4	
树脂	80.0	10.5	9.0	
孢粉质	59.3	8.2	32.5	

在高等植物形成的煤中，如果成煤植物是以根、茎等木质纤维组织为主，煤的氢含量较低；如果成煤植物是以角质、木栓质、树脂、孢粉等脂类化合物为主，则煤的氢含量较高。

二、成煤过程

成煤过程是指从植物死亡，遗体堆积直到转变成煤所经历的一系列演变过程。

1. 成煤条件

地质历史时期，存在着大量植物，这些植物是否都能转变成煤呢。研究证实，并不是所有植物都能成煤，要想成煤，必须具备一定的条件。

M1-1
成煤条件

（1）古植物条件　植物是成煤的物质基础，只有植物大量繁殖的时期才是成煤的有利时期。在植物发展史上，早期出现的植物是生活在水中的低等植物，如菌类、藻类。分布于中国南方省份的石煤就是由低等植物演变而成的。随着植物的进化，从晚志留世-早泥盆世植物开始"登陆"，出现了陆生的高等植物（裸蕨），裸蕨只能生活在水盆地的边缘，数量较少且个体矮小，未能形成大规模的煤层。到了石炭、二叠纪，陆生植物飞速发展，不仅数量多，而且发育成高大的木本植物，为成煤提供了大量的物质基础，形成大量具有工业价值的煤层。为了证明植物与成煤的关系，有人曾做过实验估算：5～10m厚的植物遗体能形成1m厚的泥炭，时间需400～500年；而5～10m厚的泥炭能形成约1m厚的褐煤，时间约需上万年。还有人根据成煤过程中的变化，估计10m厚的植物遗体堆积层可形成1m厚的泥炭，进而转变为0.5m厚的褐煤或0.17m厚的烟煤。可见，只有当植物大面积分布，且持续繁殖才能形成储量丰富的煤田。

（2）气候条件　气候与成煤的关系非常密切，它对成煤的影响主要表现在两个方面。首先，气候能影响植物的繁殖，研究表明，干旱的气候环境，不利于植物的生长，植被稀少；寒冷地区，植物生长缓慢，只有温暖、潮湿的气候环境最适宜植物的生长繁殖，植物非常茂盛。其次，气候控制着泥炭沼泽的发育。当年平均降水量小于年平均蒸发量时，只有少数有水源补给的低洼地区可能沼泽化。而当年平均降水量大于年平均蒸发量时，可导致低洼地区大范围沼泽化。所以，温暖、潮湿的气候条件最适宜成煤。

（3）自然地理条件　研究表明，要想形成分布面积广，具有开采价值的煤层，必须有既适宜植物大量繁殖，又能使植物遗体得以保存的良好自然地理环境。自然界中，只有泥炭沼泽具备这种条件。因为沼泽是地表常年积浅水，气候非常湿润的洼地，沼泽环境很适宜植物的生长、繁殖，通常植物丛生，当植物死亡后，又能及时被沼泽中的水掩盖，避免植物全部氧化，所以，泥炭沼泽是发生聚煤作用的良好古地理环境。

（4）地壳运动条件　地壳运动是地球运动、发展、变化的一种表现形式。地壳运动对成煤的影响表现在以下几个方面。

① 地壳运动对自然地理环境起控制作用。当地壳发生沉降运动时，可以使近海平原或内陆洼地积水，引起沼泽化，形成沼泽。而且沼泽的面积大小、覆水深度、演化过程都受地壳运动控制。

② 地壳沉降速度直接影响泥炭层的沉积厚度。当地壳的沉降进度与植物遗体的堆积速度大致相等时，沼泽基底沉降的空间恰好被植物遗体的堆积所充填，沼泽中积水的深度基本保持不变，继续维持沼泽环境，这种平衡持续时间越长，泥炭层的堆积厚度就越大。

当地壳沉降速度小于植物遗体堆积速度时，沼泽基底沉降的空间不足以充填植物遗体，相当于沼泽中积水的深度变浅，这种状况持续一段时间后，沼泽被植物遗体填满，后续植物死亡后不能被水掩盖，遭受氧化而破坏，无法形成较厚的泥炭层。

当地壳沉降速度大于植物遗体堆积速度时，沼泽基底沉降的空间不能被植物遗体填满，相当于沼泽中积水的深度增大，这种状况持续一段时间后，沼泽逐渐演变为湖泊，植物的生长繁殖受到限制，泥炭层的沉积中断，不能形成较厚的泥炭层，转而沉积泥沙物质。

综上所述，在地质历史时期，聚煤盆地只有同时具备植物、气候、古地理和地壳运动这四个条件，且相互配合默契、持续时间长，才能形成煤层多、储量大的重要煤田。

2. 成煤过程

当植物死亡后，遗体堆积在沼泽中，经过复杂的生物化学变化转变为泥炭或腐泥，随着地壳沉降运动，泥炭、腐泥被埋到地下深部，经过物理化学作用、地质作用，逐渐演变成腐殖煤或腐泥煤。

M1-2 腐殖煤的成煤过程

根据成煤过程中影响因素和结果的不同，成煤过程可分为泥炭化作用（或腐泥化作用）和煤化作用两个阶段。

（1）泥炭化作用与腐泥化作用　泥炭化作用是指高等植物的遗体经过复杂的生物化学变化和物理化学变化转变成泥炭的过程。在这个过程中，植物有机组分的变化非常复杂，根据引起变化的微生物类型又可分两个阶段。

第一阶段　植物遗体被沼泽中的水掩盖后，最初是处于泥炭沼泽的表层，由于表层覆水浅、阳光充足、空气流通，又有大量的有机质提供养料，很适宜微生物的生存，水中含有大量的需氧细菌，植物遗体在需氧细菌的作用下发生氧化分解和水解作用，转化成结构简单、化学性质活泼的有机化合物。例如，纤维素经需氧细菌水解后形成单糖，木质素被氧化分解成芳香酸和脂肪酸，蛋白质被分解为氨基酸。

第二阶段　随着地壳的沉降和植物遗体堆积，分解产物和未分解的植物遗体被埋到泥炭沼泽的中层和底层，氧化环境逐渐被还原环境取代，这时需氧细菌的数量不断减少，厌氧细菌的数量显著增多，在厌氧细菌的作用下，植物有机组分发生厌氧分解，其中纤维素、果胶经厌氧分解生成丁酸、乙酸等产物，蛋白质分解产生氨基酸，脂肪分解成脂肪酸，在厌氧细菌的作用下分解产物之间，分解产物与植物残体之间又不断发生一系列复杂的生物化学变化，逐渐化合形成腐殖酸、腐殖酸盐、沥青质、硫化氢、二氧化碳、甲烷、氢等，其中一部分不稳定的气体逸出后，剩下的物质沉积成泥炭。

研究表明，由植物转变成泥炭后，其化学组成发生了明显的变化，其中，植物中所含的蛋白质全部消失了，在植物中占主要地位的纤维素、木质素也所剩无几；而植物中原本没有的腐殖酸在泥炭中的含量却相当高。元素组成上，泥炭的碳含量比植物高，氢、氮的含量有所增高，而氧、硫的含量降低较多（见表1-7）。

表1-7　植物与泥炭化学组成的比较

植物或泥炭	元素组成/%				有机成分/%				
	$w(C)$	$w(H)$	$w(N)$	$w(S+O)$	纤维素和半纤维素	木质素	蛋白质	沥青	腐殖酸
莎草	47.90	5.51	1.64	44.95	50	20～30	5～10	5～10	0
木本植物	50.15	5.20	1.05	43.60	50～60	20～30	1～7	1～3	0
桦川草本泥炭	55.87	6.35	2.90	34.98	19.69	0.75	0	3.56	43.58
合浦木本泥炭	65.46	6.53	1.26	26.75	0.89	0.39	0	0	42.88

泥炭一般为棕褐色或黑褐色，无光泽，质软且富含水分及腐殖酸。

我国泥炭储量约270亿吨，80%属裸露型，20%属埋藏型。主要分布于大小兴安岭、三江平原、长白山、青藏高原东部以及燕山、太行山等山前洼地和长江冲积平原等地。埋藏浅、易开采，具有很高的利用价值。干燥后可作燃料，泥炭中的腐殖酸可做腐殖酸肥料，可进行低温干馏制取化工原料等。近年来，泥炭的开发和利用受到有关国家的高度重视。

腐泥化作用是指低等植物的遗体经复杂的生物化学变化转变成腐泥的过程。

在湖泊、积水较深的沼泽及潟湖中，菌类、藻类等低等植物及浮游生物大量繁殖，它们死亡后沉积下来，在缺氧的还原环境中，经过厌氧细菌的作用，蛋白质、脂肪等遭受分解，再经过聚合、缩合等作用，逐渐形成一种含水很多且富含沥青质的棉絮状胶体物质，这种物质经脱水致密，逐渐形成腐泥。

腐泥常呈黄褐色、暗褐色、黑灰色等，水分含量可达70%～90%，是一种粥状流动的或冻胶淤泥状物质；干燥后水分降低至18%～20%，为具有弹性的橡皮状物质。

腐泥干燥后也可做燃料或肥料使用；干馏时腐泥的焦油产率很高。

（2）煤化作用　是指由泥炭转变为腐殖煤的过程，或由腐泥转变为腐泥煤的过程。

煤化作用中，主要发生物理化学变化和化学变化。根据作用条件的不同，煤化作用可分为成岩作用和变质作用两个阶段。

① 成岩作用。泥炭层沉积之后，由于地壳持续沉降，泥炭层被埋到地下一定深度，泥炭在以压力、温度为主的物理化学作用下，逐渐被压紧，失去水分，密度增大。当生物化学作用减弱以至消失后，泥炭中碳元素的含量逐渐增加，氧、氢元素的含量逐渐减少，腐殖酸的含量不断降低直至完全消失，经过这一系列的复杂变化，泥炭变成了褐煤，这种由泥炭变成褐煤的过程称为煤的成岩作用。泥炭变成褐煤后，化学组成发生了明显变化（见表1-8）。

表1-8　成煤过程的化学组成变化

物　料		$w(C)/\%$	$w(O)/\%$	腐殖酸(daf)[1]/%	挥发分 $V_{daf}/\%$	水分 M_{ad}[2]/%
植物	草本植物	48	39			
	木本植物	39	42			
泥炭	草本泥炭	56	34	43	70	>40
	木本泥炭	66	26	53	70	>40
褐煤	低煤化度褐煤	67	25	68	58	
	典型褐煤	71	23	22	50	10～30
	高煤化度褐煤	73	17	3	45	
烟煤	长焰煤	77	13	0	43	10
	气煤	82	10	0	41	3
	肥煤	85	5	0	33	1.5
	焦煤	88	4	0	25	0.9
	瘦煤	90	3.8	0	16	0.9
	贫煤	91	2.8	0	15	1.3
无烟煤		93	2.7	0	10	2.3

① 干燥无灰基。

② 空气干燥基。

注：1. $w(C)$，$w(O)$ 分别为煤中碳含量和氧含量的质量分数；下同。

2. V_{ad}，M_{ad} 分别为煤的干煤无灰基挥发分和空气干煤基水分质量分数，下同。

一般认为泥炭化作用和成岩作用是逐步过渡的，随着泥炭的不断堆积泥炭层底部已开始了成岩作用。

腐泥经过成岩作用可转变为腐泥煤。其变化过程也是受压力、温度为主的物理化学作用。

② 变质作用。褐煤形成后，由于地壳继续沉降，使褐煤层被埋到地下更深的地方，褐煤继续受到深部不断增高的温度和压力的作用，进一步引起煤中有机质分子的重新排列，聚合程度增高，使煤的结构、物理性质和化学性质发生变化；同时元素组成和含量也在改变，其中碳含量进一步增加，氧和氢的含量逐渐减少；挥发分和水分的含量减少，腐殖酸完全消

失，煤的光泽增强，密度进一步增大，褐煤逐渐演变成烟煤、无烟煤。这个变化过程称为煤的变质作用。

褐煤变成烟煤、无烟煤后，化学组成也发生了明显变化（见表1-8）。

腐泥煤经过变质作用后，煤化程度进一步增高。

③ 影响煤变质的因素。影响煤变质的因素主要有温度、压力和时间。

温度。温度是影响煤变质的主要因素。在煤田地质勘探过程中，穿过煤系的深孔钻探提示了随煤层的埋藏深度增加，煤化程度增高这一事实，说明地温增高，煤化程度增高。

另外，为了研究温度与煤化程度的关系，人们做了一系列的煤化实验，例如1930年，格罗普（W. Gropp）曾将泥炭置于密闭的高压容器内进行加热实验，在100MPa的压力条件下加热到200℃时，试样在很长时间内并无变化，当温度超过200℃时，试样开始发生变化，泥炭转变成褐煤；当压力升高到180MPa，而温度低于320℃时，褐煤一直无明显变化，当温度升到320℃时，褐煤转变成具有长焰煤性质的产物；继续升温到345℃，可得到具有典型烟煤性质的产物，当温度升至500℃时，产物具有无烟煤的性质。可见温度是促使煤变质的重要因素。

根据变质条件和变质特征的不同，煤的变质作用可以分为深成变质作用、岩浆变质作用和动力变质作用三种类型。

深成变质作用是指煤在地下较深处，受到地热和上覆岩层静压力的影响而引起的变质作用。这种变质作用与大规模的地壳升降运动直接相关。煤的变质作用具有垂直分布规律，即在同一煤田大致相同的构造条件下，随着埋藏深度的增加，变质程度逐渐增高。一般地深度每增加100m，煤的干燥无灰基挥发分 V_{daf} 减少 2.3% 左右。这个规律称为希尔特（Hilt）定律。煤的变质程度还具有水平分布规律，在同一煤田中，同一煤层沉积时沉降幅度可能不同，按照希尔特定律，这一煤层在不同的深度上变质程度也就不同，反映到平面上可以造成变质程度呈带状或环状分布的规律。

岩浆变质作用是指煤层受到岩浆带来的高温、挥发性气体和压力的影响使煤发生异常变质的作用，属于局部变质现象。主要由浅层浸入的岩浆直接浸入、穿过或接近煤层而使煤变质程度增高叫做接触变质作用；煤层下部巨大的浸入岩浆引起煤变质程度增高叫做区域热变质作用。

动力变质作用是指由于地壳构造变化所产生的动压力和热量使煤发生的变质作用，也属于局部变质现象。

压力。压力也是引起煤变质的因素之一。由于上覆岩层沉积厚度不断增大，使地下的岩层、煤层受到很大的静压力，导致煤和岩石的体积收缩，在体积收缩过程中，发生内摩擦而放出热量，使地温升高，间接地促进煤的变质。此外在地壳运动的过程中，还会产生一定方向的构造应力，在构造应力的作用下，形成断裂构造，断裂两侧岩块相对位移时，放出热量，也可引起煤变质。

压力可以使成煤物质在形态上发生变化，使煤压实、孔隙率降低、水分减少，还可以使煤的岩相组分沿垂直压力的方向定向排列和促使煤的芳香族稠环平行层面作有规则的排列。一般认为压力是煤变质的次要因素。

时间。时间是影响煤变质的另一重要因素。在温度、压力大致相同的条件下，煤化程度取决于受热时间的长短，受热时间越长，煤化程度越高，受热时间短，煤化程度低。例如，某地的石炭二叠纪煤系，形成于距今二亿七千万年前，煤系沉降深度约5100m，受热温度约为147℃，经取样化验，煤种属焦煤；另一地区从钻进深度约5400m的第三纪中新统地层中获取了煤的包裹体，包裹体所在位置温度约 141℃，第三纪中新世距今 1300 万年～1900 万年，经分析，煤包裹体属低煤化程度烟煤。另外，有人将长焰煤置于密闭的条件下加热，在温度、压力不变的情况下，加热 96h 后，得到具有肥煤特征的产物；加热 150h 后则得到具有肥煤过渡到焦煤特征的产物。可见，时间在变质过程中具有重要意义。

（3）成煤环境和过程对煤质的影响 根据沼泽水的补给来源，沼泽分为低位沼泽、中位沼泽和高位沼泽。低位沼泽的水源主要靠地下水和地表水补给，水质为微酸性到中性，富含矿物质和无机盐类。由于低位沼泽的水中矿物质、无机盐丰富，且有地表水携带的泥沙沉积，所以低位沼泽中形成的泥炭灰分含量较高，干燥基灰分一般大于 7%。高位沼泽的水源主要靠大气降水补给，水中矿物质含量低，形成的泥炭灰分含量低，干燥基灰分一般低于 5%。中位沼泽的水源一部分靠地下水补给，一部分靠大气降水补给，形成的泥炭灰分介于以上两者之间，干燥基灰分一般为 5%～7%。

根据古地理环境，沼泽可分为滨海沼泽和内陆沼泽两类。滨海沼泽是由于地壳沉降使由近海平原积水、沼泽化而形成的沼泽。内陆沼泽是由于湖泊中沉积物不断堆积，湖泊淤塞演变成沼泽，或由于地壳沉降使内陆洼地积水、沼泽化而形成沼泽。

首先，由于滨海沼泽的植物多生长在盐碱土上，植物本身的硫含量就较高，另外，滨海沼泽中水介质呈弱碱性，有利于硫酸盐还原菌的活动，硫酸盐还原菌利用植物有机质提供氢使海水中的 SO_4^{2-} 还原为 H_2S。H_2S 可与铁离子结合形成 FeS_2（黄铁矿），或者与植物分解产物反应形成有机硫化物转变成煤中的有机硫。所以，在滨海沼泽中形成的煤硫含量通常较高，有时可高达 8%～12%。而内陆沼泽形成的煤硫含量一般较低，大多在 1% 左右。其次，受沼泽中水的深度、酸碱度、流动性、微生物的类型等因素的影响，滨海沼泽中形成的煤镜质组含量高，壳质组也占相当比例；内陆沼泽形成的煤，惰质组和树脂含量高。

三、世界煤炭分布及特性

在世界煤资源中，各类煤的分布不均衡。褐煤占 1/3 以上。在硬煤（包括烟煤和无烟煤）资源中，炼焦煤不足资源量的 10%，其中肥煤、焦煤和瘦煤约占 1/2。在世界炼焦煤资源中，约有 1/2 分布在亚洲地区，1/4 分布在北美洲地区，其余分散在世界其他地区。世界无烟煤资源量不多，优质无烟煤的可采储量很少，主要有中国的太西无烟煤、内蒙古拉本无烟煤和越南的鸿基无烟煤。其他国家和地区的优质无烟煤资源更少。

1. 美国

美国已探明煤炭储量约 2383.08 亿吨，其中烟煤占 51%，次烟煤占 38.5%，无烟煤占 1.5%，褐煤占 9%，其中烟煤和无烟煤合计为 1089.50 亿吨，次烟煤和褐煤 1293.58 亿吨。美国煤炭资源赋存广泛，地区分布比较均衡。全美 50 个州中，有 38 个州赋存煤炭，分为三大地区，即东部阿巴拉契亚地区占 21%，中部地区占 32% 和西部地区占 47%。煤炭储量主要集中在科罗拉多州、伊利诺依州、蒙大拿、宾夕法尼亚州、俄亥俄州、西弗吉尼亚州、怀俄明州和肯塔基州 8 个州，这 8 个州的煤炭储量占全美的 84%。

煤炭资源特征：东部多优质炼焦煤、动力煤和无烟煤，热值较高（28.842MJ/kg），灰分低，不过含硫量高（2%～3%）；西部煤质相对较差，多为次烟煤和褐煤，热值低（25.572MJ/kg），但含硫量较低（1% 左右）。

2. 俄罗斯

俄罗斯煤炭种类齐全，有褐煤、烟煤（长焰煤、气煤、肥煤、焦煤、瘦煤等）及无烟煤等。储量大，探明储量仅次于美国，居世界第二位。探明储量为 1933 亿吨。其中 1012 亿吨为褐煤，853 亿吨为烟煤（其中焦煤为 398 亿吨），68 亿吨无烟煤。

俄罗斯煤特征：俄罗斯煤普遍标号高，热量大。炼焦煤质量好，含灰量低（平均8%～14%），含硫量（1%）和含磷量低（0.005%），热值高（29.26～38.08MJ/kg）；褐煤含硫低，含灰量7%～14%，湿度高，易于氧化和自燃，不便于长途运输。

3. 澳大利亚

澳大利亚煤炭储量762亿吨，其中烟煤392亿吨，褐煤370亿吨。95%以上富集于新南威尔士和昆士兰。新南威尔士储量占全澳的34.2%，昆士兰储量占全澳的62%。优质炼焦煤主要分布在新南威尔士州的悉尼煤田和昆士兰州的鲍恩煤田及克拉伦斯-莫尔顿煤田。褐煤主要分布在维多利亚。

澳大利亚炼焦煤煤质较好，一般具有低灰、低硫的特点，黏结性虽然不高，但单独炼焦所得焦炭热强度非常好，成为世界上最大的炼焦煤出口国。

4. 印度

印度煤炭资源探明储量586亿吨，其中无烟煤和烟煤540亿吨，次烟煤和褐煤46亿吨，印度煤炭开采以露天矿开采为主，露天矿约占到印度煤矿总数的80%。印度主要产煤区：贾里亚矿区、拉尼甘杰矿区、东、西波卡罗矿区、辛格劳利矿区、奈维利褐煤矿区。其中贾里亚和拉尼甘杰矿区生产炼焦煤和动力煤，煤质较优，产量约占全印度产煤量的3/5，褐煤主要产自奈维利矿区。

印度烟煤多，灰分含量20%～35%，硫分0.7%左右，含磷0.1%左右。

四、我国主要煤田分布及煤的特性

1. 无烟煤资源分布情况及煤质特征

中国无烟煤的探明保有储量1130.79亿吨，地区分布广泛，在全国有20多个省（直辖市、自治区）都不同程度地赋存有无烟煤资源。主要分布在山西省和贵州省，其次是河南省、四川省。保有资源储量分别为：山西448亿吨，占39.6%；贵州326.80亿吨，占28.9%；河南70亿吨，占6.2%；四川54.12亿吨，占4.8%，其他省份231.87t，占中国无烟煤保有储量的20.5%。

2. 无烟煤煤质分布及煤质特征

无烟煤的煤质特征与成煤时代密切相关，山西省的无烟煤，只有产于山西组中的灰分和硫分一般较低，硫分多在1%以下，而产于太原组中的则多为中高硫至特高硫煤，硫分多在2%～4%；贵州省和四川省的无烟煤多属高硫至特高硫煤；河南省的无烟煤灰分、硫分均较低，但多属粉状构造煤，其应用范围较小。我国宁夏汝箕沟的无烟煤，灰分、硫分都很低，在国际市场上享有盛誉；湖南湘中金竹山的无烟煤，灰分为3%～7.5%，硫分0.6%；宁夏碱沟山的无烟煤，灰分小于7%，硫分0.6%～2.9%，都是少有的优质无烟煤，但这些矿区规模不大，储量有限。

无烟煤的干燥无灰基高位发热量以年轻无烟煤最高，达35.50～36.00MJ/kg；年老无烟煤最低，为31.80～34.30MJ/kg。可磨性也以年轻无烟煤最高，其哈氏可磨性指数（HGI）一般可达60～70；年老无烟煤最低，一般不超过50。但也有HGI高达120～140的特殊情况。内在水分（Mad）普遍较高，其中年老无烟煤最高，大部分在3%～9%；年轻无烟煤最低，一般在1%左右；典型无烟煤多在1%～2%。

3. 烟煤资源分布情况及煤质特征

烟煤分为12个小类，其分布情况及煤质特征如下。

（1）贫煤　主要产于山西潞安。煤烟中煤级最高的煤，它的特征是：较高的着火点（350～360℃），高发热量，弱黏结性或不黏结。贫煤主要用于发电和电站锅炉燃料。使用贫煤时，将其与其他一些高挥发分煤配合使用也不失为一个好的途径。

（2）贫瘦煤　典型的贫瘦煤产于山西省西山煤电公司。挥发分低，黏结性较差，可以单独用来炼焦。当与其他适合炼焦的煤种混合时，贫瘦煤的掺入将使焦炭产品的块度增大。贫瘦煤也可用于发电、电站锅炉和民用燃料等方面。

（3）瘦煤　主要产于河北峰峰四矿。中度的挥发分和黏结性，主要用于炼焦。在炼焦过程中可能会产生一些胶质物，胶质层的厚度为 6～10mm。由瘦煤单独炼焦产生的焦炭，机械强度较高但耐磨强度相对较差。除了那部分高灰高硫的瘦煤，瘦煤经常与其他煤种混合炼焦。

（4）焦煤　焦煤主要产于山西省和河北省。有很强的炼焦性，中等的挥发分（16%～28%），焦煤是国内主要用于炼焦的煤种。由焦煤炼成的焦炭具有非常优良的性质。

（5）肥煤　主要产于河北开滦、山东枣庄。中等或较高的挥发分（25%～35%）和很强的黏结性，主要用于炼焦（一些高灰高硫的肥煤用来发电）。与其他煤级的煤相比，肥煤一般具有较高的硫含量。

（6）1/3 焦煤　主要产于吉林通化。介于焦煤、气煤和肥煤之间，具有较高的挥发分（类似于气煤），较强的黏结性（类似于肥煤）和很好的炼焦性（类似于焦煤），这也是它被称为 1/3 焦煤的原因。1/3 焦煤由于其产量高而主要用于炼焦和发电。

（7）气肥煤　江西乐平、浙江长广。高挥发分（接近于气煤）和强的黏结性（接近于肥煤），它适用于焦化作用产生的城市燃气和与其他煤种混合炼焦以增加煤气、焦油等副产品的产量。气肥煤的显微组成与其他煤种有很大的差异，壳质组的含量相对较高。

（8）气煤　典型的气煤产于辽宁省。很高的挥发分和中度的黏结性，主要用于炼焦和发电。

（9）1/2 中黏煤　过度煤级的煤，在中国它只有很小一部分的储量和产量。其特征与一些气煤和弱黏煤类似。怀仁、平鲁、朔县、保德和兴县有零星产出。

（10）弱黏煤　典型的弱黏煤产于山西省大同市。煤化程度较低或中等煤化程度的煤，其黏结性很差，不能单独用于炼焦。由于其特殊的成因，黏粘煤具有较高的惰性组含量。

（11）不粘煤　主要产于中国的西北部地区，陕西的神府、新疆哈密、甘肃靖远。早期煤化阶段曾被氧化过，因此它具有低发热量的特点。主要用于发电、气化和民用燃料等。

（12）长焰煤　主要产于辽宁阜新、新疆的准格尔。煤化程度是所有烟煤中最低的。由于其燃烧时火焰较长而被称为长焰煤。主要用于发电、电站锅炉燃料等。

4. 褐煤资源分布情况及煤质特征

我国已探明的褐煤保有储量达 1303 亿吨，主要分布在内蒙古自治区东部和西南部的云南省境内。中生代侏罗纪褐煤储量的比例最多，约占全国褐煤储量的 4/5，主要分布在内蒙古东部与东北三省紧密相连的东三盟地区。新生代第三纪褐煤资源约占全国褐煤储量的 1/5 左右，主要在云南省境内。四川、广东、广西、海南等省（区）也有少量第三纪褐煤，华东区的第三纪褐煤主要分布在山东省境内，东北三省也有部分第三纪褐煤。在侏罗纪褐煤中极少有早中侏罗纪褐煤，一般均属晚侏罗纪褐煤。

我国侏罗纪褐煤资源的特点是含煤面积大，煤层厚。如内蒙古东部的胜利煤田，其煤层总厚度达 20～100m 以上。最厚处可达 237m。晚第三纪褐煤资源的特点是除云南省境内的昭通煤田和小龙潭煤田等煤层厚度大，其可采总厚度可达 50m 以上外，其余绝大多数煤田的煤层厚度不超过 10m 且矿点多而分散、煤层埋藏浅，适合于小型露天开采。早第三纪褐煤资源主要分布在东北三省和山东省境内，分布面积少，多为中小型煤田，煤层埋藏相对较深。大多适宜井工开采。

5. 泥炭资源分布情况及煤质特征

我国泥炭资源相对稀缺，总储量 46.87 亿吨，不到俄罗斯的 4%，空间分布的不均衡，整体呈西多东少，北多南少的特点，主要分布在若尔盖高原、云贵高原、三江平原，东北山地、雷州半岛和东部长江中下游平原等地区。泥炭主要形成于第四纪全新世，其次是晚更新世晚期，少数形成于早、中更新世及其以前的地质时期。泥炭资源总面积为 415.9 万公顷，70.72% 属于裸露泥炭，埋藏泥炭占 29.28%。

我国泥炭的总体特征是，裸露泥炭明显多于埋藏泥炭；富营养型泥炭占绝对优势；泥炭残体类型以草本泥炭为主；泥炭的基本理化性质为微酸性、中分解度、中有机质和高腐殖酸。

复习思考题

1. 植物有机组成主要包括哪几类？它们在成煤过程中怎样变化并参与成煤？

2. 成煤必须具备的条件有哪些？

3. 成煤过程包括哪几个阶段？每一个阶段的主要作用是什么？

4. 根据成因可将煤分成哪几类？

5. 影响煤变质的因素有哪些？它们对煤的变质作用有哪些影响？

6. 简述泥炭、褐煤、烟煤及无烟煤在组成和煤质上的差异？

7. 简述成煤原始物质对煤质的影响？

8. 中国的主要聚煤期有哪些？

第二章 煤的一般性质

思政目标：树立技术创新意识，节能减排意识。

学习目标：1. 了解煤的物理和化学性质。

2. 了解煤的宏观煤岩组成和煤的显微组成。

3. 掌握煤岩学在焦化行业的应用。

煤作为一种重要的能源和工业原料，它的加工和利用直接关系到国民经济的发展。研究煤的岩石组成、物理性质、化学性质、固态胶体性质对煤的加工、利用及技术创新、新产品的开发具有重要的实际意义。

第一节　煤的宏观特征和微观特征

一、煤岩学的概念

煤是一种可燃有机岩。煤岩学是把煤作为一种有机岩石，用岩石学方法研究煤的物质组成、性质和工艺用途，进而确定其成因及合理用途的科学。煤岩学研究始于 1830 年，英国人赫顿（Hutton）发展了在显微镜下观察煤薄片的技术，发现了煤中保存着大量植物结构，提出了煤是由植物生成的论断。1919 年英国人斯托普斯（M. Stopes）提出将宏观煤岩成分分为镜煤、亮煤、暗煤和丝炭，并详细描述了它们的特征和它们性质的差别。1924 年波托涅编写了《普通煤岩学概论》一书，第一次出现了"煤岩学"这个术语。1925 年斯塔赫（E. Stach）介绍了煤的光片技术，并使用了油浸物镜研究方法。1928 年斯塔赫和屈耳魏恩提出制备粉煤光片的研究方法。1935 年斯托普斯建议使用煤岩显微组分这一术语，使煤岩学的研究向微观方向前进了一步。

1953 年国际煤岩学委员会（ICCP）的成立是煤岩学发展史上的一个里程碑。1957 年和1963 年，ICCP 分别出版了《国际煤岩学手册》第 1 版和第 2 版，使煤岩术语和研究方法趋向标准化。荧光性的研究，保证了低煤化度煤的煤级准确测定。反射率测定方法和装置的逐渐完善，对煤岩学的发展起了重大作用，尤其是光电倍增管及各种型号的反射率自动测定装置的研制成功，加上电子计算机的应用，使 20 世纪 70 年代以来煤岩学得到更加迅速的发展和广泛的应用。

反射率测定方法使煤岩学研究如虎添翼，随着各种型号反射率自动测定仪的研制成功及电子计算机的广泛使用，使煤岩学的发展更加迅速且应用范围更加广阔。

煤岩学的研究内容主要包括：各种煤的有机组分、无机组分的来源，转变条件，种类和数量；煤中各组分的分布特征、结构和构造；煤的有机组分的性质、形态、分类及工艺用途；煤中有机组分的变质程度和氧化程度等。

煤岩学的研究方法有两种：宏观研究法和微观研究法。

宏观研究法是用肉眼或放大镜来观察煤，根据煤的颜色、条痕、光泽、硬度、密度、断口等物理性质，确定宏观煤岩成分和宏观煤岩类型，判断煤化程度，初步评定煤的性质和用途。这种方法是煤岩学研究的基础，具有简便易行等优点，缺点是较粗略。

微观研究法是利用显微镜来观察煤片，识别并研究煤的显微组分的方法。常用的方法有两种：一种是在透射光下观察煤的薄片（0.02mm），根据颜色、形态、结构、轮廓等特征鉴别煤的显微组分；另一种方法是在反射光下观察煤的光片（1.5～2cm），根据颜色、形态、结构、轮廓、突起等特征鉴别煤的显微组分。反射光又分普通反射光和油浸反射光，油浸反射光能削弱光线折射的影响，使显微组分的特征更清晰可辨。

二、煤的宏观特征

1. 宏观煤岩成分

宏观煤岩成分指用肉眼可以区分的煤的基本组成单位。腐殖煤的宏观煤岩成分可分为镜煤、亮煤、暗煤和丝炭四种。它们具有不同的性质和特征。

M2-1 煤的
宏观特征

（1）镜煤　煤中颜色最黑、光泽最亮的宏观煤岩成分。质地均匀，性脆，以具贝壳状断口和垂直于条带的内生裂隙为特征。在煤层中镜煤呈透镜状或条带状，厚度一般不超过 20mm，有时呈线理状夹杂在亮煤或暗煤中，但有明显的分界线。镜煤的内生裂隙发育，裂隙面呈眼球状，有时裂隙面上有方解石或黄铁矿薄膜。在成煤过程中，镜煤是由成煤植物的木质纤维组织经过凝胶化作用形成的均质镜质体或结构镜质体。随煤化度加深，镜煤的颜色由深变浅，光泽变强，内生裂隙增多。在中等变质阶段，镜煤具有强黏结性和膨胀性。

（2）亮煤　光泽次于镜煤、具有微细层理、最常见的宏观煤岩成分。不少煤层以亮煤为主组成较厚的分层，甚至整个煤层全由亮煤组成。亮煤呈黑色，其光泽、脆性、密度、结构均匀性和内生裂隙发育程度等均逊于镜煤。断口有时呈贝壳状，表面隐约可见微细纹理。在显微镜下观察，亮煤是一种复杂、非均一、以镜质组组分为主，并含有不同数量的惰质组组分和壳质组组分的宏观煤岩成分。在中等变质阶段，亮煤具有较强黏结性和膨胀性。

（3）暗煤　光泽暗淡、坚硬、表面粗糙的宏观煤岩成分。暗煤呈灰黑色，内生裂隙不发育、密度大、坚硬且具有韧性。它的层理不清晰，呈粒状结构，断口粗糙。常以较厚的分层出现，甚至单独成层。在显微镜下可以观察到暗煤是一种复杂、非均一、镜质组组分较少、矿物质含量较高的宏观煤岩成分。暗煤由于组成不同，其性质差异很大。如富含惰质组的暗煤，略带丝绢光泽，挥发分低，黏结性弱；富含树皮的暗煤，略带油脂光泽，挥发分和氢含量较高，黏结性较好；含大量黏土矿物的暗煤密度大，灰分高。

（4）丝炭　有丝绢光泽、纤维状结构、性脆的、单一的宏观煤岩成分。在成煤过程中，丝炭是由成煤植物的木质纤维组织经丝炭化作用而形成的。在煤层中丝炭呈扁平透镜体或不连续小夹层，沿煤的层面分布，厚度约为几毫米。丝炭外观像木炭，灰黑色，质地疏松多孔，性脆、易碎，故在煤粉中含量较多。有些丝炭的孔腔被矿物质填充，成为矿化丝炭。矿化丝炭质地坚硬、致密、密度大。在显微镜下观察，具有明显植物细胞结构的丝炭化组织——丝质体和半丝质体，有时还能看到年轮结构。丝炭含氢量低，含碳量高，没有黏结性。由于丝炭孔隙率高，易于吸氧而发生氧化和自燃。

2. 宏观煤岩类型

宏观煤岩成分在煤层中的自然共生组合称为宏观煤岩类型。在宏观煤岩成分中，镜煤和丝炭一般仅以细小的透镜体或不连续的薄层出现，难以形成独立的分层；亮煤和暗煤虽然分层较厚，但常常又有互相过渡的现象，分界线不太明显。所以，在了解煤层的岩相组成和性质时，如以上述四种宏观煤岩成分为单位，则不便进行定量分析，也不易了解煤层的全貌。

因此，常采用宏观煤岩类型代替宏观煤岩成分作为肉眼观察研究煤层的单位，共划分为光亮煤、半亮煤、半暗煤和暗淡煤四种基本类型。由于宏观类型是根据相对光泽划分的，而组分的光泽强度又是随煤化程度的增高而增强，因此，只有煤化程度相同的煤才能相互比较，划分宏观类型，并应先以相同煤化程度的镜煤为标准进行划分。煤的宏观类型通常以5cm为最小分层厚度。各种宏观煤岩类型特点如下：

（1）光亮煤 煤层中总体相对光泽最强的类型，它含有大于80%的镜煤和亮煤，只含有少量的暗煤和丝炭。光亮煤成分较均一，通常条带状结构不明显，具有贝壳状断口。内生裂隙发育，较脆，易破碎。中变质阶段光亮煤的黏结性强，是最好的炼焦用煤。

（2）半亮煤 煤层中总体相对光泽较强的类型，其中镜煤和亮煤的含量大于50%～80%，其余为暗煤，也可能夹有丝炭。半亮煤的条带状结构明显，内生裂隙较发育，常具有棱角状或阶梯状断口。半亮煤是最常见的宏观煤岩类型。中变质程度的半亮煤黏结性较好。

（3）半暗煤 煤层中总体相对光泽较弱的类型，其中镜煤和亮煤含量仅为20%～50%，其余的为暗煤，也夹有丝炭。有时镜煤和亮煤含量虽大于50%，但因矿物质含量高而使煤相对光泽减弱，也成为半暗煤。半暗煤的内生裂隙不发育，断口参差不齐；硬度、韧性和密度较大。

（4）暗淡煤 煤层中总体相对光泽最弱的类型，其中镜煤和亮煤含量在20%以下，其余的多为暗煤，有时夹有少量其他煤岩组分，也有个别煤田存在以丝炭为主的暗淡煤。暗淡煤通常呈块状构造，层理不明显，煤质坚硬，韧性大，密度大，内生裂隙不发育。与其他宏观煤岩类型相比，暗淡煤的矿物质含量往往最高。

在煤层中，各种宏观煤岩类型的分层，往往多次交替出现。逐层进行观察、描述和记录，并分层取样，是研究煤层的基础工作。

表2-1示出大同矿区9号煤层的宏观煤岩类型。

表2-1 大同矿区9号煤层的宏观煤岩类型

井田	煤厚/m	宏观煤岩类型				
		光亮煤/%	半亮煤/%	半暗煤/%	暗淡煤/%	夹石/%
忻州窑	1.37	54.74	19.21	25.55	0	0
王村	1.42	20.42	23.94	12.68	24.63	18.31

三、煤的微观特征

煤的微观特征是指利用显微镜观察到的煤的各种特征。人们把在显微镜下能够识别的煤的基本组成成分叫作煤的显微组分。煤的显微组分可分为有机显微组分和无机显微组分两大类。

1. 煤的有机显微组分

有机显微组分是指在显微镜下能识别的有机质的基本单位。国内外关于有机显微组分的分类方案很多，国际煤岩学会对褐煤和硬煤分别制定了显微组分的分类方案（见表2-2、表2-3）。

表2-2 国际褐煤显微组分分类

显微组分组 （Maceral Group）	显微组分亚组 （Subgroup Maceral）	显微组分 （Maceral）	显微亚组分 （Submaceral）
腐殖组 （Huminite）	结构腐殖体 （Humotelinite）	结构木质体（Textinite）	
		腐木质体（Ulminite）	结构腐木质体 （Texto-ulminite） 充分分解腐木质体 （Eu-ulminite）

显微组分组 （Maceral Group）	显微组分亚组 （Subgroup Maceral）	显微组分 （Maceral）	显微亚组分 （Submaceral）
腐殖组 （Huminite）	碎屑腐殖体 （Humodetrinite）	细屑体（Attrinite） 密屑体（Densinite）	
	无结构腐殖体 （Humocollinite）	凝胶体（Gelinite）	多孔凝胶体（Porigelinite） 均匀凝胶体（Levigelinite）
		团块腐殖体 （Corpohuminite）	鞣质体（Phlobaphinite） 假鞣质体 （Pseudo-phlobaphinite）
稳定组 （Liptinite）		孢粉体（Sporinite） 角质体（Cutinite） 树脂体（Resinite） 木栓质体（Suberinite） 藻类体（Alginite） 碎屑稳定体（Liptodetinite） 叶绿素体（Chlorophyllinite） 沥青质体（Bituminite）	
惰质组 （Inertinite）		丝质体（Fusinite） 半丝质体（Semifusinite） 粗粒体（Macrinite） 菌类体（Sclerotinite） 碎屑惰质体（Inertodetrinite）	

表 2-3 国际硬煤显微组分分类

显微组分组 （Maceral Group）	显微组分 （Maceral）	显微亚组分 （Submaceral）	显微组分 （Maceral）
镜质组 （Vitrinite）	结构镜质体（Telinite）	结构镜质体 1（Telinite 1） 结构镜质体 2（Telinite 2）	科达树结构镜质体（Cordaitelinite） 真菌结构镜质体（Fungotelinite） 木质结构镜质体（Xylotelinite） 鳞木结构镜质体（Lepidophytotelinite） 封印木结构镜质体（Sigillariotelinite）
	无结构镜质体（Collinite）	均质镜质体（Telocollinite） 基质镜质体（Desmocollinite） 团块镜质体（Corpocollinite） 胶质镜质体（Gelocollinite）	
	碎屑镜质体（Vitrodetrinite）		
惰质组 （Inertinite）	丝质体（Fusinite）	火焚丝质体（Pyrofusinite） 氧化丝质体（Degradofusinite）	
	半丝质体（Sernifusinite）		
	菌类体（Selerotinite）	真菌菌类体（Fungosclerotinite）	密丝组织体（Mississippiorganism） 团块组织体（Corposcletotonite） 假团块组织体（Pseudoeorposclerotinite）
	粗粒体（Macrmite）		
	微粒体（Micrinite）		
	碎屑惰质体（Inertodetrinite）		

显微组分组 （Maceral Group）	显微组分 （Maceral）	显微亚组分 （Submaceral）	显微组分 （Maceral）
壳质组 （Exinite）	孢子体（Sporinite）		薄壁孢子体（Tenuisporinite） 厚壁孢子体（Crassisporinite） 小孢子体（Microsporinite） 大孢子体（Macrosporinite）
	角质体（Cutinite）		
	树脂体（Resinite）		
	木栓质体（Suberinite）		
	沥青质体（Bituminite）		
	渗出沥青体（Exsudatinite）		
	荧光体（Fluorinite）		
	藻类体（Alginite）	结构藻类体（Telalginite）	皮拉藻类体（Pila-alginite） 轮奇藻类体（Reinschia-alginite）
		层状藻类体（Lamalginite）	
	碎屑壳质体（Liptodetrinite）		

中国煤岩显微组分分类方案是以国际煤岩显微组分分类方案为基础，结合中国煤炭资源特征和煤岩工作实践而制定的。中国烟煤的显微组分分类方案自从 1988 年制定以来，经历了两次较大的修订，主要是围绕是否将半镜质组单独划出而展开，由于国际标准中没有划分出过渡组分，致使我国煤岩资料和学术论文在国际交流中出现困难，在显微煤岩类型及煤分类上应用时也有诸多不便。因此现行分类方案《烟煤显微组分分类》（GB/T 15588—2013）放弃了划分出半镜质组的方案，采用镜质组、惰质组和壳质组的三组分划分方案，粗粒体划分为粗粒体 1 和粗粒体 2，如表 2-4 所示。

表 2-4　中国烟煤显微组分分类（GB/T 15588—2013）

显微组分组 （Maceral Group）	代号 （Symbol）	显微组分 （Maceral）	代号 （Symbol）	显微亚组分 （Submaceral）	代号 （Symbol）
镜质组 （Vitrinite）	V	结构镜质体（Telinire）	T	结构镜质体 1（Telinite 1） 结构镜质体 2（Telinite 2）	T1 T2
		无结构镜质体（Collinite）	C	均质镜质体（Telocollinite） 基质镜质体（Desmocollinite） 团块镜质体（CorpocollinitO） 胶质镜质体（Gelocollinite）	TC DC CC GC
		碎屑镜质体（Vitrodetrinite）	VD		
惰质组 （Inertinite）	I	丝质体（Fusinite）	F	火焚丝质体（Pyrofusinite） 氧化丝质体（Degradofusinite）	F1 F2
		半丝质体（Sernifusinite）	Sf	—	—
		真菌体（Funginite）	Fu	—	—
		分泌体（Secretinite）	Se	—	—
		粗粒体（Macrmite）	Ma	粗粒体 1（Macrinite 1） 粗粒体 2（Macrinite 2）	Ma 1 Ma 2
		微粒体（Micrinite）	Mi	—	—
		碎屑惰质体（Inertodetrinite）	ID		

显微组分组 （Maceral Group）	代号 （Symbol）	显微组分 （Maceral）	代号 （Symbol）	显微亚组分 （Submaceral）	代号 （Symbol）
壳质组 （Exinite）	E	孢子体（Sporinite）	Sp	大孢子体（Macrosporinite）	MaS
				小孢子体（Microsporinite）	MiS
		角质体（Cutinite）	Cu	—	—
		树脂体（Resinite）	Re	—	—
		木栓质体（Suberinite）	Sub	—	—
		树皮体（Barkinite）	Ba	—	—
		沥青质体（Bituminite）	Bt	—	—
		渗出沥青体（Exsudatinite）	Ex	—	—
		荧光体（Fluorinite）	Fl	—	—
		藻类体（Alginite）	Alg	结构藻类体（Telalginite）	TA
				层状藻类体（Lamalginite）	LA
		碎屑壳质体（Liptodetrinite）	LD	—	—

　　腐殖煤的有机显微组分可分为三类，即镜质组（凝胶化组分）、惰质组（丝炭化组分）和壳质组（稳定组）。各类显微组分按其镜下特征，可以进一步分为若干组分或亚组分。

　　（1）镜质组

　　① 镜质组特征。镜质组是煤中最主要的显微组分，我国多数地区煤中镜质组的含量为 $60\%\sim80\%$。镜质组是由成煤植物的木质纤维组织，在泥炭化阶段经腐殖化作用和凝胶化作用而形成的显微组分组。在低煤化烟煤中，镜质组的透光色为橙色—橙红色，油浸反射光下呈深灰色，无突起。随煤化程度增加，反射力增大，反射色变浅，可由深灰色变为白色；透光色变深，可由橙红色变为棕色，直至不透明；正交偏光下光学各向异性明显增强。

M2-2 镜质组

　　在油浸反射光下，镜质组中颜色稍浅、反射力稍强，略显突起的显微组分，在早期分类中曾命名为半镜质组，我国烟煤显微组分分类 GB/T 15588—2001 中归并为镜质组。镜质组有时具弱荧光性。

　　根据细胞结构保存程度及形态、大小等特征，分为 3 个显微组分和若干个显微亚组分。

　　② 结构镜质体。显微镜下显示植物细胞结构的镜质组显微组分（指细胞壁部分）。根据细胞结构保存的完好程度，又分为 2 个亚组分。

　　a. 结构镜质体 1。细胞结构保存完好的结构镜质体。细胞壁未膨胀或微膨胀，细胞腔清晰可见，细胞排列规则。细胞腔中空，或为矿物和其他显微组分充填。

　　b. 结构镜质体 2。细胞壁强烈膨胀，细胞腔完全变形或几乎消失，但可见细胞结构残迹。细胞腔闭合后常呈线条状结构。由树叶形成的结构镜质体 2，常具角质体镶边，有时显示团块状结构。

　　③ 无结构镜质体。显微镜下不显示植物细胞结构的镜质组。根据形态特征，无结构镜质体又分为 4 个亚组分。

　　a. 均质镜质体。在垂直层理切面中呈宽窄不等的条带状或透镜状，均一、纯净，常见垂直层理方向的裂纹。低煤级烟煤中有时可见不清晰隐结构，经氧化腐蚀，可见清晰的细胞结构，该组分为镜质组反射率测定的标准组分之一。

　　b. 基质镜质体。没有固定形态，胶结其他显微组分或共生矿物均匀，基质镜质体显示均一结构，颜色均匀；不均匀基质镜质体为大小不一、形态各异、颜色略有深浅变化的团块状或斑点状集合体。与均质镜质体相比，反射率略低，透光色略浅。该组分也为反射率测定标准组分之一。

c. 团块镜质体。多呈圆形、椭圆形、纺锤形或略带棱角状、轮廓清晰的均质块体。常充填细胞腔，其大小与细胞腔一致；也可单独出现，最大者可达 $300\mu m$。油浸反射光下呈深灰色或浅灰色，透射光下为红色—红褐色。

d. 胶质镜质体。均一纯净，无确定形态，常充填在细胞腔、裂隙及真菌体和孢粉体的空腔中。镜下其他光性特征与均质镜质体相似。

④ 碎屑镜质体。粒径小于 $10\mu m$ 的镜质组碎屑，多呈粒状或不规则状，偶见棱角状。常被基质镜质体胶结，并且不易与基质镜质体区分。

（2）惰质组

惰质组是煤中常见的一种显微组分，但在煤中的含量比镜质组少，我国多数煤田的丝质组含量为 10%～20%。惰质组是主要由成煤植物的木质纤维组织受丝炭化作用转化形成的显微组分组。少数惰质组分来源于真菌遗体，或是在热演化过程中次生的显微组分。油浸反射光下呈灰白色—亮白色或亮黄白色，反射力强，中高突起。透射光下呈棕黑色—黑色，微透明或不透明，一般不发荧光。惰质组在煤化作用过程中的光性变化不及镜质组明显。根据细胞结构和形态特征等惰质组分为以下若干组分。

M2-3 惰质组

① 丝质体。油浸反光下为亮白色或亮黄白色，中高突起，具细胞结构，呈条带状、透镜状或不规则状。常见细胞结构保存完好，甚至可见清晰的年轮及分节的管胞。细胞腔一般中空或被矿物、有机质充填。根据成因和反射色不同分为 2 个亚组分。

a. 火焚丝质体。植物或泥炭在泥炭沼泽发生火灾时，受高温碳化热解作用转变形成的丝质体。火焚丝质体的细胞结构清晰，细胞壁薄，反射率和突起很高，油浸反光下为亮黄白色。

b. 氧化丝质体。与火焚丝质体相比，细胞结构保存较差，反射率和突起稍低，油浸反光下为亮白色或白色。

② 半丝质体。油浸反光下为灰白色，中突起，呈条带状、透镜状或不规则状。具细胞结构，有的呈现较清晰的、排列规则的木质细胞结构，有的细胞壁膨胀或仅显示细胞腔的残迹。

③ 真菌体。来源于真菌菌孢子、菌丝、菌核和密丝组织。油浸反射光下呈现灰白色、亮白色或亮黄白色，中高突起，显示真菌的形态和结构特征。来源于真菌菌孢的真菌体，外形呈椭圆形、纺锤形，内部显示单细胞、双细胞或多细胞结构。形成于真菌菌核的真菌体，外形呈近圆形，内部显示蜂窝状或网状的多细胞结构。

④ 分泌体。由树脂、丹宁等分泌物经丝炭化作用形成，因而常被称为氧化树脂体，但它也可能起源于腐殖凝胶。油浸反射光下为灰白色、白色至亮黄白色，中高突起。形态多呈圆形、椭圆形或不规则形状，大小不一，轮廓清晰。一般致密、均匀。根据结构不同可分为无气孔、有气孔和具裂隙的三种。无气孔的多为较小的浑圆状，表面光滑，轮廓清晰。有气孔的往往具有大小相近的圆形小孔。第三种则呈现出方向大约一致或不一致的氧化裂纹。

⑤ 粗粒体。油浸反光下为灰白色、白色、淡黄白色，中高突起，基本上不呈现细胞结构。有的完全均一，有的隐约可见残余的细胞结构。通常为不规则的浑圆状单体或不定形基质。一般大于 $30\mu m$。

⑥ 微粒体。油浸反光下呈白灰色—灰白色至黄白色的细小圆形或似圆形的颗粒，粒径一般在 $1\mu m$ 以下。常聚集成小条带，小透镜体或细分散在无结构镜质体中。也常充填于结

构镜质体的胞腔内或呈不定形基质状出现。反射力明显高于镜质组，微突起或无突起。主要为煤化作用过程中的次生显微组分。

⑦ 碎屑惰质体。为惰质组的碎屑成分，粒径小于 $30\mu m$，形态极不规则。

（3）壳质组

① 壳质组特征。壳质组在煤中的含量不多，主要来源于高等植物的繁殖器官、保护组织、分泌物和菌藻类，以及与这些物质相关的降解物。

M2-4 壳质组

从低煤级烟煤到中煤级烟煤，壳质组在透射光下呈柠檬黄色—黄色—橘黄色—红色，大多轮廓清楚，外形特征明显；在油浸反射光下呈灰黑色到深灰色，反射率比煤中其他显微组分都低，突起由中高突起降到微突起。随煤化程度增高，壳质组反射率等光学特征比共生的镜质组变化快，光镜质组反射率达 1.4％左右时，壳质组的颜色和突起与镜质组趋于一致；当镜质组反射率大于 2.1％以后，壳质组的反射率变得比镜质组还要高，常具强烈的光学各向异性。

壳质组具有明显的荧光性。从低煤级烟煤到中煤级烟煤，壳质组在蓝光激发下发绿黄色—亮黄色—橙黄色—褐色荧光，随煤化程度增高，荧光强度减弱，直至消失。

② 孢粉体。孢粉体是由成煤植物的繁殖器官大孢子、小孢子和花粉形成的，分为 2 个显微亚组分。由大孢子形成的孢粉体称为大孢子体。由于小孢子和花粉在煤垂直层理切片中非常相似，很难区分，故将小孢子和花粉形成的孢粉体统称为小孢子体。

a. 大孢子体。长轴一般大于 $100\mu m$，最大可达 $5000\sim10000\mu m$。在垂直层理的煤片中，常呈封闭的扁环状。常有大的褶曲，转折处呈钝圆形。大孢子体的内缘平滑，外缘一般平整光滑，有时可见瘤状、刺状等纹饰。

b. 小孢子体。长轴小于 $100\mu m$。在垂直层理的煤片中，多呈扁环状、蠕虫状、细短的线条状或似三角形状。外缘一般平整光滑，有时可见刺状纹饰。常呈分散状单个个体出现，有时可见小孢子体堆或囊堆。

③ 角质体。来源于植物的叶和嫩枝、果实表皮的角质层。显微镜下角质体呈厚度不等的细长条带。外缘平滑，而内缘大多呈锯齿状，叶的角质体保存完好时，为上下两片锯齿相对，且末端褶曲处呈尖角状。一般顺层理分布，有时密集呈薄层状。角质体可以镶边的形式与镜质组伴生。根据厚度，可将角质体分为厚壁角质体和薄壁角质体两种。

④ 树脂体。来源于植物的树脂以及树胶、脂肪和蜡质分泌物。树脂体主要呈细胞充填物出现，有时也呈分散状或层状出现。在垂直层理的煤片中，树脂体常呈圆形、卵形、纺锤形等，或呈小杆状。在透射光下，树脂体多呈淡黄白色、柠檬黄色，也呈橙红色。油浸反射色深于孢粉体和角质体，多为深灰色，有时可见带红色色调的内反射现象。一般不显示突起。

⑤ 木栓质体。来源于植物的木栓组织的栓质化细胞壁。细胞腔有时中空，有时为团块状镜质体充填。常显示叠瓦状构造。栓质化细胞壁在油浸反射光下呈均一的深灰色，低突起到微突起，在低煤级烟煤中可发较弱的荧光。

⑥ 树皮体。可能来源于植物茎和根的皮层组织，细胞壁和细胞腔的充填物皆栓质化。在油浸反射光下呈灰黑色至深灰色，低突起或微突起。树皮体有多种保存形态，常为多层状、有时为多层环状或单层状等。在纵切面上，由扁平长方形细胞叠瓦状排列而成，呈轮廓清晰的块体。水平切面上呈不规则的多边形。透射光下呈柠檬黄、金黄、橙红及红色。具有明显的亮绿黄色、亮黄色至黄褐色荧光，各层细胞的荧光强度不同，荧光色差异较大。

⑦ 沥青质体。沥青质体是藻类、浮游生物、细菌等强烈降解的产物油浸反射光下呈棕

黑色或灰黑色。没有一定的形态和结构，分布在其他显微组分之间，也见有充填于细小裂隙中或呈微细条带状出现。微突起或无突起，反射率较低，荧光性弱，呈暗褐色。

⑧ 渗出沥青体。渗出沥青体是各种壳质组分及富氢的镜质体，在煤化作用的沥青化阶段渗出的次生物质呈楔形或沿一定方向延伸，充填于裂隙或孔隙中，并常与母体相连，其光性特征与母体基本一致或略有差别。透射光下呈金黄色或橙黄色；蓝光激发下荧光色变化较大，多为亮黄色或暗黄色，多与母体的荧光色相似。

⑨ 荧光体。由植物分泌的油脂等转化而成的具强荧光的壳质组分。在蓝光激发下发很强的亮黄色或亮绿色荧光。荧光体常呈单体或成群的粒状、油滴状及小透镜状，主要分布于叶肉组织间隙或细胞腔内。油浸反射光下为灰黑色或黑灰色，微突起，透射光下为柠檬黄色或黄色。

⑩ 藻类体。藻类体是由低等植物藻类形成的显微组分，它是腐泥煤的主要组分。根据结构和形态特征分为 2 个亚组分。

a. 结构藻类体。普通反射光下为灰色，结构和形态清晰，低-中突起。油浸反射光下呈灰黑色或黑色，反射率很低。透射光下色调不均一，多呈柠檬黄色，橙黄色。蓝光激发下发强荧光，结构更加清晰，随煤化程度增高，荧光色由柠檬黄色变化为橙黄色至红褐色。

煤中常见的是由皮拉藻形成的结构藻类体，呈不规则的椭圆形和纺锤形等形状。在垂直层理切片中，表面呈斑点状、海绵状，边缘呈放射状、似菊花状的群体细胞结构特征。由轮奇藻形成的结构藻类体较少见，水平切面为中空的环带，边缘呈齿状，在垂直切面上中空部分压实后呈线性。

b. 层状藻类体。细胞结构和形态保存不好，在垂直层理的切面中呈纹层状、短线条状。油浸反射光下呈黑色至暗灰色，反射率很低。蓝光激发下荧光色为黄色，橘黄色至褐色。

⑪ 碎屑壳质体。粒径小于 $3\mu m$ 的碎屑状壳质体，常成群出现，在油浸反射光下呈深灰色，反射率低，在蓝光激发下发亮黄色荧光。

研究表明，煤的有机显微组分与煤的宏观煤岩成分关系非常密切。其中镜煤由单一成分组成，镜煤基本上全部由镜质组组成；丝炭基本上全由惰质组组成；亮煤和暗煤由三种显微组分以不同的比例组合而成，亮煤中镜质组含量较多，暗煤中惰质组和壳质组含量较高。煤岩有机显微组分与宏观煤岩成分之间的关系见图 2-1。

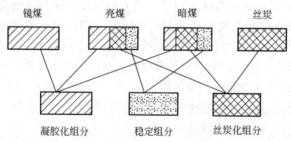

图 2-1　煤岩有机显微组分与宏观煤岩成分之间的关系

2. 煤的无机显微组分

煤的无机显微组分是指在显微镜下可以观察到的煤中矿物质。煤的无机显微组分（矿物质）主要来自于成煤过程中混入煤中的矿物质；另外成煤植物体内的无机成分也可转入煤中成为无机显微组分，但数量很少。

反射光下能辨认的煤中常见矿物，按成分分为 5 类，见表 2-5。

表 2-5　煤中常见矿物种类

种类	代号	常见矿物	种类	代号	常见矿物
黏土类	CM	黏土矿物	氧化硅类	SiM	石英
硫化物类	SM	黄铁矿、白铁矿	其他矿物类	OM	金红石、长石、石膏
碳酸盐类	CaM	方解石、菱铁矿			

反射光下鉴定特征如下。

(1) 黏土类　黏土矿物是煤中最主要的矿物，一般可占煤中矿物总量的70%左右。普通反射光下为暗灰色、土灰色，油浸反射光下为灰黑色、黑色，低突起或微突起，表面不光滑，常呈微粒状、团块状、透镜状、薄层状产出，或充填于细胞腔中。

(2) 硫化物类　煤中常见的硫化物矿物，主要是黄铁矿，其次是白铁矿等。黄铁矿在普通反射光下为黄白色，油浸反射光下为亮黄白色，突起很高，表面平整，有时不易磨光呈蜂窝状。常呈结核状、浸染状或毒粒状集合体产出，或充填于裂隙和细胞腔中。黄铁矿为均质，在正交偏光下全消光，而白铁矿具有强非均质性，偏光色为黄-绿-紫色，双反射显著。常呈放射状、同心圆状集合体。

(3) 碳酸盐类　煤中常见的碳酸盐类矿物主要有方解石和菱铁矿。方解石在普通反射光下为灰色，低突起，油浸反射光下为灰棕色，表面平整光滑，强非均质性，偏光色为浅灰-暗灰色，内反射显乳白色-棕色，双反射显著。多呈脉状充填裂隙或胞腔中，常见双晶纹及菱形解理纹。菱铁矿的突起比方解石高，常呈结核状、球粒状集合体产出，有时呈脉状。其他特征与方解石相似。

(4) 氧化硅类　煤中氧化硅类矿物以石英为主。普通反射光下为深灰色，有时呈浅紫灰色，油浸反射光下为黑色。一般表面平整，由于磨损硬度大，突起很高，周围常有暗色环。呈棱角状、半棱角状碎屑为主。自生石英呈自形晶或半自形晶，也有充填细胞腔的，热液石英多呈脉状充填在显微组分的裂隙中。

3. 显微煤岩类型

显微煤岩类型是显微镜下所见各组显微组分的典型组合。国际煤岩学会将显微煤岩类型组别分为微镜煤、微稳定煤、微惰性煤、微亮煤、微镜惰煤、微暗煤和微三组混合煤（见表 2-6）。1966 年中国地质科学院地质矿物研究所张毓爽等提出了中国腐殖煤的显微煤岩类型分类方案（见表 2-7）。

表 2-6　国际显微煤岩类型分类

显微组分组成(不包括矿物)		显微煤岩类型	各组显微组分组成(不包括矿物质)	显微煤岩类型组别
	无结构镜质体 >95%	(微无结构镜煤)[①]	V>95%	微镜煤
	结构镜质体 >95%	(微结构镜煤)[①]		
	碎屑镜质体 >95%			
单 组 分	孢子体 >95%	微孢子煤	E>95%	微稳定煤
	角质体 >95%	(微角质煤)[①]		
	树脂体 >95%	(微树脂煤)[①]		
	藻类体 >95%	微藻类煤		
	碎屑壳质体 >95%			
	半丝质体 >95%	微半丝煤	I>95%	微惰性煤
	丝质体 >95%	微丝煤		
	菌类体 >95%	(微菌类煤)[①]		
	碎屑惰性体 >95%	微碎屑惰性煤		
	粗粒体 >95%	(微粗粒煤)[①]		

续表

显微组分组成（不包括矿物）		显微煤岩类型	各组显微组分组成（不包括矿物质）	显微煤岩类型组别
双组分	镜质组＋孢子体 ＞95% 镜质组＋角质体 ＞95% 镜质组＋树脂体 ＞95% 镜质组＋碎屑壳质体 ＞95%	微孢子亮煤 微角质亮煤 （微树脂亮煤）①	V＋E(L)＞95%	微亮煤(L)
	镜质组＋粗粒体 ＞95% 镜质组＋半丝质体 ＞95% 镜质组＋丝质体 ＞95% 镜质组＋菌类体 ＞95% 镜质组＋碎屑惰性体 ＞95%		V＋I＞95%	微镜惰煤
	惰性组＋孢子体 ＞95% 惰性组＋角质体 ＞95% 惰性组＋树脂体 ＞95% 惰性组＋碎屑壳质体 ＞95%	微孢子暗煤 （微角质暗煤）① （微树脂暗煤）①	I＋E(L)＞95%	微暗煤(L)
三组分	镜质组、惰性组、壳质组 ＞95%	微暗亮煤 微镜惰壳质煤 微亮暗煤	V＞I,E(L) E＞I,V I＞V,E(L)	微三组混合煤 E(L)

① 括号中术语尚未通用。

注：V—镜质组；E(L)—壳质组；I—惰性组。

表 2-7　腐殖煤的显微煤岩类型分类

类	型	亚　型	种
腐殖煤	亮煤 (N＋BN)＞80%	纯亮煤(N＋BN)＞95%	结构纯亮煤 无结构纯亮煤
		丝质亮煤(BS＋S)＜20% 角质亮煤 J＜20% 混合亮煤	丝炭亮煤 角质亮煤 混合亮煤
	暗亮煤 (N＋BN)65%～80%	丝质暗亮煤(BS＋S)＜35%	丝炭暗亮煤 丝炭矿化暗亮煤
		角质暗亮煤 J＜35%	角质暗亮煤 角质矿化暗亮煤
		混合暗亮煤	混合暗亮煤 混合矿化暗亮煤
	亮暗煤 (N＋BN)35%～65%	丝质亮暗煤(BS＋S)＜65%	丝炭亮暗煤 丝炭矿化亮暗煤
		角质亮暗煤 J＜65%	角质层亮暗煤 树皮亮暗煤 V 孢子亮暗煤 E 角质矿化亮暗煤
		混合亮暗煤	混合亮暗煤 混合矿化亮暗煤

类	型	亚 型	种
腐殖煤	暗煤 （N+BN）<35%	纯丝煤（BS+S）>90%	纯丝煤 V 纯丝煤 I
		富丝质暗煤（BS+S）65%～90%	富丝炭暗煤 富丝炭矿化暗煤
		丝质暗煤（BS+S）35%～65%	丝炭暗煤 I 丝炭矿化暗煤 E
		混合暗煤	混合暗煤 混合矿化暗煤
		纯角质煤 J>90%	角质层煤 V 树皮煤 I
		富角质暗煤 J 65%～90%	富角质层暗煤 富树皮暗煤 富角质矿化暗煤
		角质暗煤 J 35%～65%	角质层暗煤 树皮暗煤 孢子暗煤 角质矿化暗煤

注：N—凝胶化组分；BN—半凝胶化组分；S—丝质化组分；BS—半丝质化组分；J—角质化组分。

另据资料显示，中国晚石炭世和二叠纪的煤以亮煤型和暗亮煤型为主。其中丝质亮煤和丝质暗亮煤占大多数。中生代煤以亮煤型为主，其中纯亮煤和角质亮煤多见。第三纪绝大部分为亮煤型，其中以角质亮煤和纯亮煤为主。

4. 各种显微组分的镜下特征

镜质组的显微镜下特征主要表现为：在透射光下的颜色由橙色到红色，随煤化程度的增高逐渐加深；透明度随煤化程度的增高而减弱，由透明到半透明；质地均匀，有明显的垂直裂纹。在普通反射光下，镜质组呈灰色，在油浸反射光下为深灰色，无突起。

惰质组的镜下特征主要表现为：在透射光下，惰质组呈黑色，不透明。在普通反射光下呈白色，突起高；在油浸反射光下，为白色到亮黄色。

壳质组的镜下特征主要表现为：在透射光下，壳质组呈黄色至棕黄色，透明到半透明，外形特殊，轮廓清楚，容易识别。在普通反射光下，呈深灰色，稍有突起；在油浸反射光下为灰黑色至黑灰色。镜质组、惰质组、壳质组中各种显微组分的镜下鉴定特征见表2-8。

表2-8 主要显微组分在显微镜下的特征

类	组	组 分	显微结构及形态	颜 色		分布状态
				透射光下	反射光下（油浸）	
镜质类	镜质组	结构镜质体	有或多或少的细胞结构	橙红～红色	深灰色	透镜体、碎片、团块等
		无结构镜质体	质地均一	橙红色	深灰色	透镜体、碎片、团块等
		碎屑镜质体	碎屑<30μm	红色	深灰色	
	半镜质组	结构半镜质体	同结构镜质体	棕红～红棕色	灰色	
		无结构半镜质体	同无结构镜质体		灰色、微突起	
		碎屑半镜质体	同碎屑镜质体		灰色	

续表

类	组	组 分	显微结构及形态	颜 色		分布状态
				透射光下	反射光下(油浸)	
丝质类	丝质组	结构丝质体	保存良好的细胞结构	黑色,不透明	白色～亮黄白色,高突起	透镜体、碎片状
		无结构丝质体	无细胞结构	黑色,不透明	白色	透镜体,条带状,碎片等
		碎屑丝质体	<30μm,无细胞结构	黑色,不透明	白色	
		微粒体	极细粒状,<2μm	黑色,不透明	白色	
	半丝质组	结构半丝质体	有细胞结构	棕～棕黑色	白灰～灰白色	
		半丝基质体	无细胞结构	棕～棕黑色	白灰～灰白色	
		碎屑丝质体	<30μm	棕～棕黑色	白灰～灰白色	
稳定类	稳定组	孢粉体	大孢子为扁环或透镜状,小孢子为小扁环或蛆虫状	黄色	黑灰色	大孢子分散小孢子多呈群体
		角质体	厚度不同的狭长条带内缘呈锯齿状	黄色	黑灰色	平行堆积
		树脂体	椭圆,纺锤形,无结构	黄色	黑灰色	分散
		树皮体	平行条状,叠瓦状或鳞片状	黄色～橙黄色	黑灰色	密集或分散
		不定形体	轮廓清晰,不规则	黄色	黑灰色	分散
腐泥类	腐泥组	藻类体	有群体细胞结构	黄色、黄褐色或绿黄色	深灰色～黑色	群体
		腐泥基质体	无结构	黄色、黄褐色或绿黄色	深灰色～黑色	

煤中常见矿物的鉴定特征见表2-9。

表2-9 反射光下煤中常见矿物的鉴定特征

矿物	普通反射光下			油浸反射光下颜色	其他特征	主要性状
	颜 色	突 起	表面特征			
黏土矿物	暗灰色	不显突起	微粒状蠕虫状	黑色		透镜状、团块状、微粒状充填于胞腔
石英	深灰色	突起很高	平整	黑色	轮廓清晰	棱角状、半棱角状碎屑,自生石英外形不规则,个别呈自形品
黄铁矿	浅黄白色	突起很高	平整或蜂窝状	亮黄白色	轮廓清楚	透镜状、结核状、浸染状、球粒状或具晶形,有时充填胞腔
方解石	乳白色	微突起	光滑平整	灰棕色带有珍珠色彩	非均质性明显,常见解理	呈脉状充填于煤的裂隙中
菱铁矿	深灰色	突起	平整或放射状	灰棕色带有珍珠色彩	非均质性明显	粒状、结核状

5. 显微组分的定量分析

因为划分显微煤岩类型要依据各种显微组分在煤中的含量,所以需要详细统计各种显微组分的数量,即进行显微组分的定量分析。煤岩定量分析的基本要求是:采用颗粒小于1mm的粉煤光片;使用油浸物镜,放大500倍左右;使用国产电动求积仪用数点法统计;行间距为1mm,点间距为0.3mm;统计的总点数不少于600个。为了避免颗粒偏析的影响，必须将整个光片统计完毕。

测定煤岩显微组分常用的方法是计点法。该方法使用电动求积仪测定。电动求积仪主要由两个部分组成，一个部分是机械台，用来夹持薄片或光片，另一个部分是自动记录器（电磁计数器）。记录器上有 8～10 个键，最多为 14 个键。操作时，需设定用哪个键统计哪一种显微组分，在视域中见到那种组分落在十字丝中心时，就按相当于该组分之键，每个键都有相应的数字累计显示，每按一次键，数字显示就增加 1，并通过电子管传递的信号控制机械台使煤片移动一定距离（一般为 0.3mm），然后再统计出现在新视域中十字丝中心的显微组分，如此进行下去直到光片的尽头。然后，用手移动 1mm 行间距，再开始统计这一行，直到将整个光片统计完毕。最后根据各种显微组分统计的点数，就可计算各种显微组分质量分数，计算公式为

$$w(x) = \frac{n}{N} \times 100\% \tag{2-1}$$

式中　$w(x)$——某种显微组分的质量分数，%；

　　　n——某种显微组分统计出的总点数；

　　　N——煤片中各种显微组分点数的总和。

山西平朔矿区部分煤层的煤岩显微组分定量统计见表 2-10。

表 2-10　山西平朔矿区部分煤层煤岩显微组分定量统计表

煤层	有机质质量分数/%					(有机质＋无机质)质量分数/%			
	镜质组	半镜质组	半惰质组	惰质组	壳质组	有机总量	黏土	碳酸盐	硫化物
4-1	46.1	11.0	27.5	10.0	5.4	74.1	25.3	0.2	0.4
5	75.1	3.7	9.2	7.1	4.9	80.1	15.8	0.5	3.6
7	71.9	7.0	12.0	4.4	4.7	87.9	9.8	—	2.3
9-1	55.3	9.9	20.2	8.8	5.8	87.0	11.7	0.8	0.7
11	49.5	14.7	23.7	6.4	5.7	82.2	16.5	0.6	1.1

因为不同显微组分的元素组成，化学性质和工艺性质存在差异，所以根据显微组分的定量分析数据，可以预测煤的工艺性质，为煤的加工、利用提供技术依据。另外，通过对高灰、高硫煤的定量统计，可了解煤中矿物质的成分、数量及存在状态，为评价煤的可选性提供资料。

6. 煤岩显微组分的化学组成和工艺性质

(1) 化学组成　研究表明，同一种煤中各种显微组分（镜质组、惰质组、壳质组）的化学组成、物理性质都有较大差异，呈规律性变化；另外，随煤化程度的增高，同一种显微组分（镜质组或惰质组或壳质组）的化学组成、物理性质也发生规律性变化。三种显微组分的化学组成和其他性质见表 2-11。

从表 2-11 中可见，在同一煤化程度的煤中，惰质组碳含量最高，壳质组次之，镜质组最低；壳质组氢含量最高，镜质组次之，惰质组最低；密度是惰质组最高，镜质组次之，壳质组最低；壳质组的挥发分最高，镜质组次之，惰质组最低；反射率是惰质组最大，镜质组次之，壳质组最小。

在不同煤化程度的煤中，随着煤化程度增高，各种显微组分（镜质组、惰质组、壳质组）的碳含量增加，氢含量和挥发分减少，密度和反射率增大。另外还可看出，随着煤化程度的增高，各种显微组分的化学组成，物理性质的差异在逐渐缩小。

表 2-11　三种显微组分的化学组成和其他性质

镜质组含碳量/%	显微组分	元素组成/%					H/C原子比	相对密度	挥发分/%	$R_{\max}$①/%	
		$w(C)$	$w(H)$	$w(O)$	$w(N)$	$w(S)$				油浸	干镜
81.5	V	81.5	5.15	11.7	1.25	0.4	0.753	1.259	39	0.67	7.91
	E	82.2	7.40	8.5	1.3	0.6	1.073	1.120	79	0.13	5.71
	M	83.6	3.95	10.5	1.5	0.6	0.563	1.380	30	1.27	9.70
85.0	V	85.0	5.4	8.0	1.2	0.4	0.757	1.240	34	0.92	8.52
	E	85.7	6.5	5.8	1.4	0.6	0.905	1.168	55	0.24	6.32
	M	87.2	4.15	6.7	1.35	0.6	0.566	1.357	24	1.50	10.31
89.0	V	89.0	5.1	4.0	1.3	0.6	0.683	1.262	26	1.26	9.62
	E	89.6	5.2	3.3	1.3	0.6	0.691	1.255	29	0.82	8.30
	M	90.8	4.1	3.2	1.3	0.6	0.537	1.363	16	1.90	11.15
91.2	V	91.2	4.55	2.6	1.15	0.5	0.594	1.314	18	1.64	10.63
	E	91.5	4.5	2.3	1.2	0.5	0.586	1.320	18	1.64	10.63
	M	92.2	3.65	2.2	1.35	0.5	0.471	1.416	11	2.44	11.81

① 镜质组最大反射率。

注：V—镜质类；E—稳定类；M—丝质类中的微粒体。

（2）工艺性质　黏结性是炼焦煤的一个重要工艺性质。在煤热解过程中，不同的显微组分性质各异。镜质组的黏结性和膨胀性良好，且随煤化程度增高黏结性逐渐增强，到烟煤阶段达到最大值，之后黏结性不断减弱。壳质组表现出良好的流动性，而且软化温度低，也是炼焦过程中的活性组分；惰质组在热解过程中既不软化，也不产生胶质体，属于惰性组分。所以，当煤化程度相同时，煤中镜质组、壳质组含量越高，煤的黏结性越好，煤中惰质组含量越高煤的黏结性越差。

煤中各种显微组分工艺性质的差异在其他一些方面也有体现。例如，干馏时，壳质组的煤气产率和焦油产率最高，镜质组次之，惰质组的煤气、焦油产率最低；对煤进行加氢液化时，壳质组和镜质组属于活性组分较容易液化，而惰质组属惰性组分，很难液化，所以用于液化的煤，应选择惰质组含量低的煤。

四、煤岩学的应用

煤岩学自创立以来，在生产中的应用日益广泛，已在煤田地质、选煤、炼焦、煤质评价和煤分类方面发挥了重要作用。

M2-5
煤岩学的应用

1. 在选煤中的应用

选煤是煤炭加工的一种重要方法，其目的是力求排除煤中的矿物杂质，使洗后精煤的灰分、硫、磷等有害杂质含量降到能满足各种工业用煤的质量要求。要达到上述目的，需要选择适宜的选煤方法并制定科学的工艺流程。选煤方法、工艺流程的确定要依据煤的可选性评价结果（实验数据），可选性曲线和中煤含量是目前常用的可选性评价方法，由于这些方法没有考虑到煤的成因因素（煤岩组成，矿化特征等），使得这些方法只能评定已开采煤的可选性，而不能预测未采煤的可选性。实际上，煤岩组成、煤中矿物质的性质、赋存状态及数量对选择选煤方法有显著的影响，同时还决定了选煤效果的好坏。所以，利用煤岩学方法评定煤的可选性是非常重要的。

实验表明，煤的可选性与煤中矿物质的成因、成分、粒度、数量及赋存状态关系密切，如果煤中矿物质的粒度大、数量少、分布集中、与煤中有机质的密度差异大，经破碎后，矿物质与煤中有机质就容易分离，则煤的可选性就好。相反，如果煤中的矿物质粒度小，数量多，均匀分布于煤的有机质中或充填于有机质细胞腔中，虽经破碎，矿物质与煤中有机质也难以分离开，则煤的可选性差。

所以，利用显微镜观察煤的光片，能直观地了解煤中矿物质的种类、数量、粒度大小和赋存状态等，根据观察到的"信息"可对煤的可选性做出评价，并为选择合理的破碎粒度、制定选煤工艺和流程提供技术依据。

2. 在配煤炼焦方面的应用

用煤岩学方法预测焦炭质量指导配煤炼焦是煤岩学发展史上的一个重大成就。这种方法被公认是比较好的配煤方法，在世界各国被广泛采用。

(1) 配煤炼焦的理论基础

① 煤是不均一的物质，煤中各种有机显微组分的性质不同，其中镜质组和壳质组属于活性物质，在热解过程中能熔融并产生活性键成分，具有黏结性；而惰质组为惰性成分，在热解过程中不能熔融，不产生活性键成分，不具备黏结性。

② 活性成分的质量差别很大，不仅不同煤化程度的煤差别大，即使同一种煤，所含的活性成分的质量也有差别。

③ 惰性成分也是不可缺少的，缺少或过剩都对配煤炼焦不利，都会导致焦炭质量下降。

所以说，一个比较好的配煤方案，实际上是各种活性组分和一定质量的惰性组分比例恰当的组合。

(2) 应用实例

① 煤种鉴别。现行煤炭分类标准 GB/T 5751—2009 是按煤的煤化程度及工艺性能进行分类的，对焦化厂煤种的判定，一般是采用 V_{daf}、G、Y、b 参数为标准（见表 6-4）。在生产中为了能准确及时地了解来煤质量，在煤质判定中，采用煤岩分析与常规工业分析相结合的方法，结合煤岩分析情况进行合理判定。

在煤岩分析过程中，根据《商品煤混煤类型的判别方法》（GB/T 15591—2013）的规定，结合焦化厂的日常检测情况，对测定中的方差进行调整，同时根据 HD 型显微光度计具有对混煤情况进行自动划分的功能，在制定煤岩分析指标中增加了主要煤种组成的指标，煤岩分析指标见表 2-12。

表 2-12　煤岩分析指标

煤种	级别	煤岩分析指标		
		标准方差	主要煤种	主要煤种含量/%
肥煤	一级	≤0.2	肥煤＋焦煤	≥85
	二级	0.2～0.3	肥煤＋焦煤	≥80
1/3 焦煤	一级	≤0.2	肥煤＋焦煤＋1/3 焦煤	≥90
	二级	0.2～0.3	肥煤＋焦煤＋1/3 焦煤	≥80
焦 1 煤	一级	≤0.2	肥煤＋焦煤＋焦瘦煤	≥90
	二级	0.2～0.3	肥煤＋焦煤＋焦瘦煤	≥80
焦 2 煤		≤0.3	肥煤＋焦煤＋焦瘦煤	≥70
瘦煤		≤0.3	弱黏煤＋贫煤＋（无烟煤<5%）	≤20
贫瘦煤			弱黏煤＋贫煤＋无烟煤	≤25

② 混煤的鉴定。V_{daf}、G、Y、b 等常规工艺指标无法鉴别煤样是否已"混配"，所以已不能完全满足焦化生产需要。煤岩分析手段是目前鉴别"掺混煤"的唯一有效手段，通过镜质组反射率的测定可区分出煤样是否已"混配"及混入的煤种。一般以反射率间隔 0.05% 为半阶，分别统计各间隔的测点数并计算出频率（f）。以频率为纵坐标，随机反射率为横坐标绘制出反射率分布图。如某厂进厂煤 1 工业分析指标，见表 2-13，根据挥发分和黏结指数指标判定，属于肥煤；镜质组反射率直方图（见图 2-2），根据镜质组反射率判断，该煤是肥煤与少量 1/3 焦煤混合而成的混煤。

表 2-13　进厂煤 1 工业分析指标

指标	A_d	V_{daf}	$S_{t,ad}$	G	Y	煤种
含量/%	12.34	28.50	0.74	100	26.0	肥煤

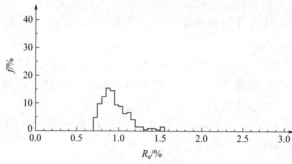

图 2-2　进厂煤 1 镜质组随机反射率分布图

来煤名称	自动测定参数				结果判别
进厂煤 1	点行间距	100	R_e 平均值/%	0.869	肥煤与 1/3 焦煤
	总测定点数	10000	R_{max} 平均值/%	0.928	（简单无凹口混煤）
	镜质组点数	1163	标准偏差	0.168	
备注	依据《煤的镜质体反射率显微镜测定方法》(GB/T 6948—2008)和《商品煤混煤类型的判别方法》(GB/T 15591—2013)				

　　进厂煤 2 工业分析指标，见表 2-14，该煤属于焦煤；为了进一步验证，测定镜质组随机反射率分布直方图，见图 2-3，该煤是一种具有 2 个凹口的复杂混煤，是由肥煤、焦煤、瘦焦煤 3 种变质程度不同的煤混合而成。

表 2-14　进厂煤 2 工业分析指标

指标	A_d	V_{daf}	$S_{t,ad}$	G	Y	煤种
含量/%	9.60	25.04	0.68	80	18.0	焦煤

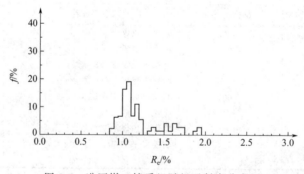

图 2-3　进厂煤 2 镜质组随机反射率分布图

来煤名称	自动测定参数				结果判别
进厂煤 2	点行间距	100	R_e 平均值/%	1.107	肥煤、焦煤、瘦焦煤
	总测定点数	10000	R_{max} 平均值/%	1.183	（复杂无凹口混煤）
	镜质组点数	802	标准偏差	0.264	
备注	依据《煤的镜质体反射率显微镜测定方法》(GB/T 6948—2008)和《商品煤混煤类型的判别方法》(GB/T 15591—2013)				

③ 煤岩分析指导配煤。煤炭资源日益紧张的情况下，以混煤充当单种炼焦煤的现象十分普遍，但混煤不同于单种煤，在炼焦中不能起到相应牌号的单种煤的作用，因此在进行配煤方案制定时要参考反射率分布图中各种煤所占实际比例，制定合理的配煤方案。如某厂进厂焦煤工业分析指标见表 2-15，该煤属于焦煤；但根据镜质组反射率直方图，见图 2-4，该煤实际上是气煤、1/3 焦煤、肥煤和焦煤混合而成，镜质组最大反射率为 1.008％，远低于焦煤镜质组最大反射率的分布范围，该煤在使用时应严格控制配入量。

表 2-15　某厂进厂焦煤工业分析指标

指标	A_d	V_{daf}	$S_{t,ad}$	G	Y
含量/％	9.47	27.60	0.62	87	15.0

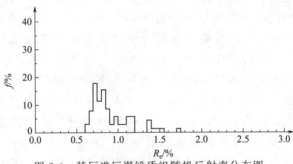

图 2-4　某厂进厂煤镜质组随机反射率分布图

理想的配煤方案反射率分布图是连续的，平滑斜降的，不应有明显的凹口，特别是 1.0％～1.2％附近。分布范围不能太宽，尤其是小于 0.6％和大于 2.1％的量不在占太大的比例。见图 2-5。

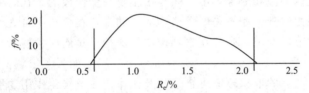

图 2-5　理想的配煤方案反射率分布图

3. 在煤质评价方面的应用

从煤岩学的观点考虑，影响煤质的因素主要有煤岩组成和煤化程度。研究表明，同一煤系煤化程度相同的煤层，由于煤岩组成不同，煤的工艺性质出现明显差异。例如，鹤岗煤田兴山矿处于不同埋藏深度的上、下部煤层的挥发分值出现一定异常，呈现上部挥发分值低于下部的情况，与正常规律相背离（见表 2-16）。为了查明异常的原因，测定了煤岩岩相组成及镜质组反射率，表明上、下部煤层的煤化程度基本相同，但是下部煤层镜煤含量高，而暗煤、丝炭、半丝炭较上部明显偏低，所以说正是岩相组成的不同造成了上、下部煤层化学性质、工艺性质的差异。

表 2-16　鹤岗煤田平均煤层煤样分析结果（质量分数）

矿，坑，区	原煤平均煤层样的岩相定量分析/％							原煤工业分析/％		
	镜煤	亮煤	暗煤	半丝炭	丝炭	煤页岩	矿物质	M_{ad}	A_d	V_{daf}
兴山二坑一层	54.7	14.5	8.3	8.2	7.4	5.2	1.7	2.46	17.00	36.66
兴山二坑二层	55.0	18.8	4.2	5.7	4.4	7.1	4.8	2.09	19.81	36.14
兴山五坑三层	55.5	24.7	3.2	5.3	3.5	4.7	3.1	1.91	18.58	35.22
兴山三坑四层	54.3	23.0	4.7	5.3	3.2	6.7	2.8	2.15	23.05	37.13
兴山三坑五层	70.5	15.8	0.4	0.3	1.8	9.8	1.4	1.96	18.09	39.85
兴山四坑六层	62.1	18.0	2.0	0.7	1.5	12.0	3.7	1.45	25.71	40.10

4. 在煤炭分类中的应用

长期以来，煤炭分类问题备受人们瞩目，国内外现有的煤炭分类方案大多使用反映煤化程度和反映煤工艺性质的指标作为分类依据，比如，使用挥发分、碳含量、氢含量、发热量等表示煤化程度；使用黏结指数、胶质层厚度、奥亚膨胀度、罗加指数、自由膨胀序数、葛金焦型等表示煤的工艺性质（黏结性、结焦性）。随着科学技术的不断发展，人们对煤的研究逐渐深化，对煤的认识更加深刻，而且煤的加工、利用途径更加广阔，各种工业用煤对煤质的要求更加严格，现有分类已不能完全满足工业应用的需要，所以，不断有人提出新的分类指标和新的分类方法，其中比较有影响、已形成趋势的是工业-成因分类。这种分类以煤的成因因素作为基础，认为煤的性质主要取决于成煤前期的生物化学作用和后期的物理化学及化学作用。对于相同成煤原始物料来说，成煤前期的生物化学作用决定其煤岩组成，成煤后期的物理化学及化学作用决定其煤化程度。如果能得到准确反映这两个性质的指标，煤的性质应该基本上能确定下来。目前工业-成因分类采用镜质组反射率和惰性组分（或活性成分）总和作为分类指标。镜质组反射率随着煤化程度的增高而增大，故可作为反映煤化程度的指标，它的优点是不受煤的组成干扰，被公认是反映煤化程度的最佳指标。惰性组分（或活性组分）总和能反映成煤的性质，特别是煤的工艺性质。20世纪70年代以来，俄罗斯、美国、澳大利亚、加拿大、印度等国都分别提出了以煤岩学参数为分类指标的煤炭分类方案，可见，煤的成因因素已被公认是煤分类中必须重点考虑的因素。

5. 在煤田地质方面的应用

(1) 研究煤的成因类型和成煤环境　煤是由植物演变而成的，在煤中保存着许多植物的细胞结构和植物的原始组分。如果是低等植物形成的煤，在煤片中可观察到藻类体等显微组分；如果是高等植物形成的煤，则可观察到孢子、花粉、角质层、树脂等显微组分，进而可确定煤的成因类型。

在沼泽中，植物遗体的堆积环境决定了凝胶化作用或丝炭化作用的形式，所以根据煤中各种显微组分的含量可推测成煤环境。例如，美国伊利诺斯煤田宾夕法尼亚系的 Springfield 和 Herrin 煤层的成煤环境就可用镜质组和惰质组的比值加以说明。研究表明，这两层煤的镜质组和惰质组的比值与沼泽距古河道的远近有关。在靠近古河道处，沼泽水位高，氧气不充足，泥炭不易暴露和氧化，主要发生凝胶化作用，所以煤中的镜质组与惰质组比值较高（12～27）；在远离河道处（10～20km），沼泽水位低，氧气充足，泥炭易暴露和氧化，丝炭化作用显著，煤的镜质组与惰质组比值较小（5～11）。

(2) 确定煤化程度　研究表明，镜质组反射率随煤化程度的增高而增大，而且镜质组反射率与挥发分、碳含量等可反映煤化程度的指标相比较，它受煤的岩相组成的影响小，是判定煤化程度的比较理想的指标。用于判定中、高煤化程度的烟煤效果最好，无烟煤的判定效果也较好（见图2-6）。

(3) 在地质勘探中的应用　煤和石油都是生物遗体形成的沉积矿产。研究发现，油气形成的阶段与煤中镜质组反射率存在对应关系。例如，在中国，当镜质组反射率为0.3%～0.7%时，常能发现石油；反射率为0.7%～1.0%时，不常有石油；反射率为1.0%～1.3%时，很少出现石油；反射率为1.3%～2.0%时，没有石油，但常出现天然气；反射率大于2.0%时，天然气也消失了。

(4) 进行煤层对比　煤层对比是开展地质研究的一种基本方法。煤岩学方法是诸多煤层

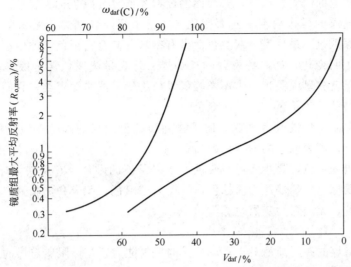

图 2-6　中国煤的镜质组反射率与干燥无灰基挥发分 V_{daf} 和碳含量 $w_{daf}(C)$ 的关系

对比方法中的一种。其基本原理是：同一个煤层的宏观煤岩类型、显微煤岩类型的组合特征基本相同；而不同煤层的宏观煤岩类型、显微煤岩类型往往存在差异。所以，根据煤的宏观煤岩类型、显微煤岩类型的组合特征可以进行煤层对比。

6. 富集煤中的稀散元素

研究发现在煤中伴生着很多种稀散元素，锗就是其中之一。锗是优质的半导体材料，在工业上的用途非常广泛，锗的提取和回收也是煤综合利用的一个方面。中国曾用煤岩学和化学相结合的方法，研究含锗煤层中锗的富集规律，结果发现锗是富集在镜质组中，而不是富集在矿物质中，并且在靠近煤层顶板和底板的镜质组中锗的含量更高。由于锗主要富集在镜质组中，可以通过煤炭洗选或筛选等方法，使镜质组与其他成分分离，达到富集锗的目的。

7. 预测煤的液化性能

对某些煤进行加氢反应，可使煤的一部分转化为液体燃料。煤加氢液化的转化率与煤化程度和煤岩组成密切相关。研究发现在煤的有机显微组分中，加氢的活性顺序为：镜质组＞壳质组＞惰质组，所以加氢反应的活性组分是指低煤化程度煤中的镜质组和壳质组。一般认为煤的碳含量超过 89％时，即使是活性组分，加氢液化也很困难。而碳含量在 82％～84％时，加氢液化的转化率最高，在中国镜质组最大反射率为 0.35％～0.89％的低煤化程度煤是最好的液化用煤。

第二节　煤的物理性质

煤的物理性质是指煤不需要发生化学变化就能表现出来的性质。主要讨论煤的颜色、光泽、断口、裂隙、密度、机械性质、热性质、电性质和光性质，分析和研究这些性质与煤的煤化程度的关系，为煤炭综合利用提供重要信息，为研究煤的成因、组成、结构提供重要信息。

一、煤的颜色和光泽

1. 煤的颜色

煤的颜色是指新鲜（未被氧化）的煤块表面的天然色彩，它是煤对不同波长的可见光吸收的结果。煤在普通的白光照射下,其表面的反射光所显的颜色称为表色。由高等植物形成的腐殖煤的表色随煤的煤化程度不同而变化。通常由褐煤到烟煤、无烟煤,其颜色由棕褐色、黑褐色变为深黑色,最后变为灰黑色而带有钢灰色甚至古铜色。即使在烟煤阶段,颜色也随挥发分的变化而变化,如高挥发分的长焰煤,外观呈浅黑色甚至褐黑色,而到低挥发分、高变质的贫煤就多呈深黑色。由藻类等低等植物形成的腐泥煤类,它们的表色有的呈深灰色,有的呈棕褐色、浅黄色甚至呈灰绿色。

煤中的水分常能使煤的颜色加深,但矿物杂质却能使煤的颜色变浅。所以同一矿井的煤,如其颜色越浅,则表明它的灰分也越高。

煤的粉色又叫条痕色,是指将煤在磁板上划出条痕的颜色,它反映了煤的真正的颜色,褐煤的条痕色为浅棕色,长焰煤为深棕色,气煤为棕黑色,肥煤和焦煤为黑色(略带棕色),瘦煤和贫煤为黑色,无烟煤为灰黑色。

2. 煤的光泽

煤的光泽是指煤的新鲜断面对正常可见光的反射能力,是肉眼鉴定煤的标志之一。腐殖煤的光泽通常可分为沥青光泽、玻璃光泽、金刚石光泽和似金属光泽等几种类型。常见的油脂光泽属玻璃光泽的一种,它是由于表面不平而引起的变种。此外,还有因集合方式不同所造成的光泽变种,如由于纤维状集合方式引起的丝绢光泽,又由于松散状集合方式所引起的土状光泽等。腐泥煤的光泽多较暗淡。

除了煤化程度与煤的光泽有密切相关外,煤中矿物成分和矿物质的含量以及煤岩组分、煤的表面性质、断口和裂隙等也都会影响煤的光泽。此外,风化或氧化以后,对煤的光泽影响也很大,通常使之变为暗淡无光泽。所以在判断煤的光泽时一定要用未氧化的煤为标准。表 2-17 列出了八种不同煤化程度煤的光泽、颜色和条痕色。

表 2-17 不同煤化程度煤的光泽、颜色和条痕色

煤化程度	光 泽	颜 色	条 痕 色
褐煤	无光泽或暗淡的沥青光泽	褐色、深褐色或黑褐色	浅棕色、深棕色
长焰煤	沥青光泽	黑色、带褐色	深棕色
气煤	沥青光泽或弱玻璃光泽	黑色	棕黑色
肥煤	玻璃光泽	黑色	黑色,带棕色
焦煤	强玻璃光泽	黑色	黑色,带棕色
瘦煤	强玻璃光泽	黑色	黑色
贫煤	金属光泽	黑色,有时带灰色	黑色
无烟煤	似金属光泽	灰黑色,带有古铜色	灰黑色

从不同煤岩显微组分来看,由于镜质组质地均一,所以光泽也最强、最亮,丝质组和半丝质组以及稳定组的光泽多弱而暗淡。半镜质组的光泽介于以上两者之间。煤中的矿物组分含量越高,光泽就越暗淡。

二、煤的断口和裂隙

(一)煤的断口

煤块受到外力打击后不沿层理面或裂隙面断开,成为凹凸不平的表面,称为煤的断口。人们根据断口表面的形状和性质可分为贝壳状断口、参差状断口、阶梯状断口、棱角状断口、粒状断口和针状断口等。根据煤的断口即可大致判断煤的物质组成的均一性和方向性。

例如贝壳状断口可作为腐泥煤或腐殖煤中的光亮煤以及某些无烟煤类的特性，同时它也是表征煤的物质组成均一性的重要标志。不规则状断口常是一些暗淡煤或高矿物质煤的特征。

（二）煤的裂隙

煤的裂隙是指在成煤过程中煤受到自然界的各种应力的影响而产生的裂开现象。按裂隙的成因不同，可分为内生裂隙和外生裂隙两种。

1. 煤的内生裂隙的特点

内生裂隙是在煤化作用过程中，煤中的凝胶化物质受到地温和地压等因素的影响，使其体积均匀收缩，产生内张力而形成的一种裂隙。内生裂隙的发育情况与煤化程度和煤岩显微组分有密切关系。通常以浮煤挥发分在25%左右的焦煤、肥煤类内生裂隙最为发育，随着挥发分的降低，煤的内生裂隙也逐渐减少，到无烟煤阶段达到最低值。挥发分大于25%的煤，其内生裂隙随挥发分的增高不断降低，所以内生裂隙数常以焦煤类最多，肥煤类次之，1/3焦煤、气煤和长焰煤类依次减少，到褐煤阶段几乎没有内生裂隙。其特点如下。

① 出现在较为均匀致密的光亮煤分层中，特别是在镜煤的凸镜质或条带中最为发育。

② 一般垂直于层理面。

③ 裂隙面常较平坦光滑，且常伴生眼球状的张力痕迹。

④ 裂隙的方向有大致互相垂直或斜交的两组、交叉呈四方形或菱形，其中裂隙较发育的一组为主要裂隙组，裂隙较稀疏的一组为次要裂隙组。

⑤ 由于光亮煤中的内生裂隙在相同煤化阶段煤中的数目较为稳定，因此常以光亮煤的内生裂隙作为煤的煤化程度的标准。

有人根据煤的内生裂隙方向的规则性而认为煤的内生裂隙是在褶皱运动以前形成的。

2. 煤的外生裂隙的特点

一般认为煤的外生裂隙是在煤层形成以后，受构造应力的作用而产生的。其特点如下。

① 可以出现在煤层的任何部位，通常以光亮煤分层为最发育，并往往同时穿过几个煤岩分层。

② 常以不同的角度与煤层的层理面相交。

③ 裂隙面上常有波状、羽毛状或光滑的滑动痕迹，有时还可见到次生矿物或破碎煤屑的充填。

由于外生裂隙组的方向常与附近的断层方向一致，因此研究煤的外生裂隙有助于确定断层的方向。此外，研究煤的外生裂隙还对提高采煤率和判断是否会发生煤尘爆炸和瓦斯爆炸具有一定的实际意义。

三、煤的密度

密度是反映物质性质和结构的重要参数，密度的大小取决于分子结构和分子排列的紧密程度。煤的密度随煤化程度的变化有一定的规律，利用密度数值还可以用统计法对煤进行结构解析。由于煤具有高度的不均一性，煤的体积在不同的情况下有不同的含义，因而煤的密度也有不同的定义。

（一）煤的密度的四种表示方法

1. 煤的真相对密度（TRD）

煤的真相对密度是指在20℃时，单位体积（不包括煤的所有孔隙）煤的质量与同体积水的质量之比，用符号 TRD 来表示。

煤的真相对密度测定国家标准（GB/T 217—2008）中用的是密度瓶法，以水做置换介质，根据阿基米德定律进行计算。该法的基本要点是在 20℃下，以十二烷基硫酸钠溶液为浸润剂，在一定容积的密度瓶中盛满水（加入少量浸润剂）放入一定质量的煤样，使煤样在密度瓶中润湿、沉降并排出吸附的气体，根据煤样的质量和它排出的同体积的水的质量计算煤的真相对密度。

计算公式如下

$$TRD_{20}^{20} = \frac{m_d}{m_2 + m_d - m_1} \qquad (2-2)$$

式中　　TRD_{20}^{20}——干燥煤的真相对密度；

$\quad m_d$——干燥煤样的质量，g；

$\quad m_1$——密度瓶加煤样、浸润剂和水的质量，g；

$\quad m_2$——密度瓶加浸润剂和水的质量，g。

干燥煤样的质量

$$m_d = m \times \frac{100 - M_{ad}}{100} \qquad (2-3)$$

式中　　m——空气干燥煤样的质量，g；

$\quad M_{ad}$——空气干燥煤样的水分，%。

在室温下真相对密度的计算

$$TRD_{20}^{20} = \frac{m_d}{m_2 + m_d - m_1} \times K_t \qquad (2-4)$$

式中　　K_t——t℃下温度校正系数。

$$K_t = \frac{d_t}{d_{20}} \qquad (2-5)$$

式中　　d_t——水在 t℃时的真相对密度；

$\quad d_{20}$——水在 20℃时的真相对密度。

TRD 是煤的主要物理性质之一。在研究煤的煤化程度、确定煤的类别、选定煤在减灰时的重液分选密度等都要涉及煤的真相对密度这个指标。

2. 煤的视相对密度（ARD）

煤的视相对密度是指在 20℃时，单位体积（不包括煤粒间的空隙，但包括煤粒内的孔隙）的质量与同体积水的质量之比，用符号 ARD 表示。

测定煤的视相对密度的要点是，称取一定粒度的煤样，表面用蜡涂封后（防止水渗入煤样内的孔隙）放入密度瓶中，以十二烷基硫酸钠溶液为浸润剂，测出涂蜡煤粒所排开同体积水的溶液的质量，再计算出蜡煤粒的视相对密度，减去蜡的密度后，求出煤的视相对密度。

在计算煤的埋藏量时和对储煤仓的设计以及在煤的运输、磨碎、燃烧等过程的有关计算时，都需要用煤的视相对密度这项指标。

3. 煤的堆密度（散密度）

煤的堆密度是指单位体积（包括煤粒间的空隙也包括煤粒内的孔隙）煤的质量，即单位体积散装煤的质量，又叫煤的散密度。在设计煤仓、计算焦炉装煤量和火车、汽车、轮船装载量时要用这个指标。

4. 纯煤真密度

纯煤真密度是指除去矿物质和水分后煤中有机质的真密度，它在高变质煤中可作为煤分类的一项参数，在国外已经有用来作为划分无烟煤类的依据。

（二）影响煤的密度的因素

1. 煤的成因类型的影响

不同成因类型的煤，其密度是不同的。腐殖煤的真密度大于腐泥煤的真密度。如腐殖煤的真相对密度最小的为 1.25，而腐泥煤的真相对密度为 1.00。这主要是由于成煤的原始物质不同及煤有机质的分子结构不同引起的。

2. 煤化程度的影响

随着煤化程度的增高，煤的真密度逐渐增大。煤化程度较低时真密度增加较慢，当接近无烟煤时，真密度增加很快。各类型煤的真相对密度范围大致如下。

泥炭	0.72	烟煤	1.2～1.5
褐煤	0.8～1.4	无烟煤	1.4～1.8

3. 煤岩成分的影响

对于同一煤化程度的煤，煤岩成分不同其真密度也不同。在同一煤化程度的四种宏观煤岩成分中，以丝炭的真密度最大，暗煤次之，亮煤和镜煤最小。

4. 矿物质的影响

煤中矿物质对煤的密度影响很大，因为矿物质的密度比煤中的有机质的密度大得多。例如，常见的黏土密度为 $2.4～2.6g/cm^3$，石英为 $2.65g/cm^3$，黄铁矿为 $5.0g/cm^3$。所以，煤中矿物质含量越多，煤的密度越大。一般认为，煤的灰分产率每增加 1%，煤的真相对密度要增加 0.01。

四、煤的机械性质

煤的机械性质是指煤在机械力作用下所表现出的各种特性，这里重点介绍煤的硬度、可磨性和抗碎强度。

（一）煤的硬度

煤的硬度是指煤抵抗外来机械作用的能力。

根据测定原理和方法不同可分为划痕硬度、压痕硬度和耐磨硬度。常用的是前面的两种。

1. 煤的划痕硬度（又称莫氏硬度）

它是用一套标准矿物刻划煤来判定煤的相对硬度。标准矿物的莫氏硬度见表 2-18。

表 2-18 标准矿物的莫氏硬度

级别	1	2	3	4	5	6	7	8	9	10
矿物	滑石	石膏	方解石	萤石	磷灰石	长石	石英	黄玉	刚玉	金刚石

煤的莫氏硬度在 2～4 之间，煤化程度低的褐煤和中变质阶段的烟煤-焦煤的硬度最小，为 2～2.5，无烟煤的硬度最大，接近于 4。从焦煤向肥煤、气煤、长焰煤方向，煤的硬度逐渐增加，但到褐煤阶段又明显下降。各种煤岩成分的硬度也不同。同一煤化程度的煤，以惰质组硬度为最大，壳质组最小。镜质组居中。

2. 煤的显微硬度（即压痕硬度）

煤的显微硬度是指煤对坚硬物体压入的对抗能力。它是用规定形状的金刚石压锥在 20g 静载荷下压入煤样并持续 15s，然后撤去荷重，在显微镜下放大 487 倍观测压痕大小后求出的显微硬度。以压锥与煤实际接触的单位面积上的荷重来表示（kg/mm^2）。

本方法测定煤的显微硬度常在煤化学研究中应用。由于只要求很小的一块表面，并能在脆性煤上留下压痕，因而可避免煤质不均以及脆性破裂引起的误差。此外，还可用来直接测定不同显微组分的硬度。

煤炭科学研究总院北京煤化工研究分院曾对中国主要煤矿采样测定显微硬度，发现它与煤化程度之间的关系是靠背椅式的变化规律，如图 2-7 所示。"椅背"是无烟煤，"椅面"是烟煤，"椅腿"是褐煤。褐煤阶段显微硬度随煤化程度加深而增加，在附近有一最大值；烟煤阶段显微硬度不断降低，在 $w_{daf}(C)=90\%$ 附近则有一最低值，以后又迅速升高；至无烟煤阶段几乎呈直线上升，变化幅度很大（$30\sim200kg/mm^2$），因此显微硬度可作为详细划分无烟煤的指标。

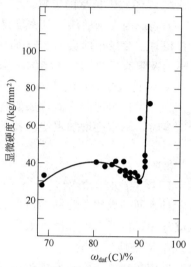

图 2-7　显微硬度和煤化程度的关系

上述变化规律可从煤的组成和结构上加以解释。煤化程度低的褐煤由于富含塑性高的腐殖酸和沥青质（含量达 50%），结构疏松，因此硬度较低；随着煤化程度的加深，使分子间结合力得到加强，硬度逐渐加大，到高变质程度的烟煤时，又因氧含量不断减少，主要是煤化学分子结构中氧键（—O—）减少，使分子间结合力减弱，硬度又有所下降；无烟煤具有高度缩合芳香结构，碳网及其排列的整齐程度剧增，因此硬度几乎是直线升高。

对不同煤岩组分而言，丝质组的显微硬度比镜质组高，稳定组最低。由于各种组分的硬度不同，所以磨制煤的光片在抛光时，丝质组突起要高一些。

煤中的矿物质对硬度有影响，因为黄铁矿的硬度远比煤高得多。当煤遭受风化或氧化时，硬度就会不断降低。

（二）煤的可磨性（HGI）

煤的可磨性是指煤被磨碎成粉的难易程度。这是一个与标准煤比较而得出的相对指标。可磨性指数越大，煤越易被粉碎，反之则较难粉碎。

1. 煤的可磨性指数的测定方法

煤的可磨性指数的测定方法很多，但其原理都是根据破碎定律建立的，即在研磨煤粉时所消耗的功与煤所产生的新表面积成正比。目前，国际上广泛采用哈德格罗夫法。该法操作简便，具有一定的准确性，实验的规范性较强，并于 1980 年被国际标准化组织采用，列入国际标准。中国也采用此法作为煤的可磨性指标测定的标准（GB/T 2565—2014）。

哈德格罗夫法的基本方法是：采用美国某矿区易磨碎的烟煤作为标准，其可磨性作为 100。测定时，称取粒度为 0.63～1.25mm 的一般分析试验煤样（50±0.01）g，在规定条件下，经过一定破碎功的研磨，用筛分方法测定新增的表面积，由此算出煤的可磨性指数值。

计算公式如下

$$HGI=13+6.93m \tag{2-6}$$

式中　HGI——煤样的哈氏可磨性指数；

　　　m——通过 0.071mm 筛孔（200 目）的试样质量，g。

从式(2-6) 中可知，HGI 值越大，煤样越易被粉碎。

哈氏可磨性指数还可采用标准曲线法求得。其方法是采用 4 个一组已知可磨性指数的标准煤样，将煤样经哈氏可磨性测定仪研磨，然后绘制出可磨性指数与通过 0.071mm 筛孔的筛下物平均质量之间的标准关系曲线，按规定测出空气干燥煤样的 0.071mm 筛下物质量，从而从标准关系曲线图中查出煤的可磨性指数。

2. 可磨性指数和煤化程度的关系

随着煤化程度增高，煤的可磨性指数呈抛物线变化（见图 2-8），在碳含量 90% 处出现最大值。

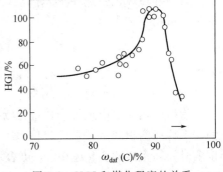

图 2-8　HGI 和煤化程度的关系

（三）煤的落下强度

煤的落下强度是指一定粒度的煤样自由落下后破碎的能力。煤在运输装卸过程中，由于煤块的碰撞常使原来的大块破裂成小块甚至产生一些煤粉，这对需要使用块煤的用户很不利。因此，使用块煤的用户对煤的抗碎强度有一定的要求。

1. 煤的落下强度的测定原理（GB/T 15459—2006）

取一定粒度、一定质量（或一定块数）的煤块，将其从规定的高度落下，然后用筛孔为 25mm 的筛子筛分，称出大于 25mm 的筛上质量。按式(2-7)计算煤的落下强度

$$S_{25} = \frac{m_1}{m} \times 100\% \tag{2-7}$$

式中　S_{25}——煤的落下强度，%；

　　　m——煤样质量，g；

　　　m_1——实验后大于 25mm 的筛上物质量，g。

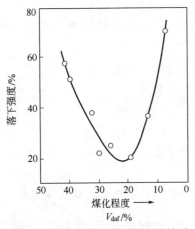

图 2-9　落下强度和煤化程度的关系

2. 落下强度与煤质的关系

煤的落下强度与煤化程度、煤岩成分、矿物含量以及风化、氧化等因素有关。煤的落下强度随煤化程度的变化规律如图 2-9 所示。由图可见，中等煤化程度的煤落下强度较低。

在不同的煤岩成分中，暗煤的落下强度最高，镜煤次之，丝炭最低；矿物质含量较高时落下强度较高；煤受到风化和氧化后落下强度降低。

五、煤的热性质

煤的热性质包括煤的比热容、导热性和热稳定性，研究煤的热性质，不仅对煤的热加工（煤的干馏、气化和液化等）过程及其传热计算有很大的意义，而且某些热性质还与煤的结构密切相关。如煤的导热性，能反映煤的一些重要结构特点，煤中分子的定向程度。

（一）煤的比热容

在一定温度范围内，单位质量的煤，温度升高 1℃ 所需要的热量，称为煤的比热容，也叫煤的热容量，单位为 kJ/(kg·℃)或 J/(g·℃)。

煤的比热容与煤化程度、水分、灰分和温度的变化等因素有关。一般随煤化程度的加深而减少，比热容随着水分升高而增大；随着灰分的增加而减少。煤的比热容随温度的升高，而呈抛物线形变化，当温度低于 350℃ 时，煤的比热容随着温度的升高而增大；如温度超过 350℃，煤的比热容反而随着温度的增高有所下降，当温度增加到 1000℃ 时，则比热容降至

与石墨的比热容相接近。

（二）煤的导热性

煤的导热性包括热导率 λ [W/(m·K)]和导温系数 α(m²/h)两个基本常数，它们之间的关系可用下式表示

$$\alpha = \frac{\lambda}{C\rho} \tag{2-8}$$

式中　C ——煤的比热容，kJ/(kg·K)；

　　　ρ ——煤的密度，kg/m³。

物质的热导率应理解为热量在物体中直接传导的速度。而物质的导温系数是不稳定导热的一个特征的物理量，它代表物体所具有的温度变化（加热或冷却）的能力。α 值越大，温度随时间和距离的变化越快。λ 可表示煤的散热能力，$C\rho$ 表示单位体积物体温度变化 1K 时吸收或放出的热量，即物体的储热能力，所以导温系数 α 为物体散热和蓄热能力之比，是物体在温度变化时显示出的物理量。常用于煤料的导热计算。

煤的热导率与煤的煤化程度、水分、灰分、粒度和温度有关。

实验表明：泥炭的热导率最低，烟煤的热导率明显的比泥炭高，烟煤中焦煤和肥煤的热导率最小，而无烟煤有更高的热导率。

同一种煤，其热导率随煤中水分的增高而增大。同样，煤的热导率随矿物质含量的升高而增大。

煤的热导率随着温度的升高而增大。

$$\lambda = 0.003 + \frac{\alpha t}{1000} + \frac{\beta t^2}{1000^2} \tag{2-9}$$

式中　α，β ——特定常数（对强黏结性煤 $\alpha = \beta = 0.0016$；对弱黏结性煤 $\alpha = 0.0013$，
　　　　　　$\beta = 0.0010$）。

煤的导温系数有与煤的热导率相似的影响因素，也因水分的增加而提高。

对中等煤化程度的烟煤，煤的导温系数可用下列经验公式计算

温度 20～400℃时　　　　$\alpha = 4.4 \times 10^{-4}[1 + 0.0003(t - 20)]$m²/h $\tag{2-10}$

温度 >400℃时　　　　$\alpha = 5.0 \times 10^{-4}[1 + 0.0033(t - 400)]$m²/h $\tag{2-11}$

一般块煤或型煤、煤饼的热导率比同种煤的粉末煤和粉煤大。

（三）煤的热稳定性

煤的热稳定性是指块煤在高温下，燃烧和气化过程中对热的稳定程度，即块煤在高温下保持原来粒度的性能。

热稳定性好的煤，在燃烧和气化过程中能保持原来的粒度进行燃烧和气化，或者只有少量的破碎。热稳定性差的煤常常在加热时破碎成小的、厚薄不等的大小碎片或粉末，从而阻碍气流的畅通，降低煤的燃烧或气化效率。粉煤量积到一定程度后，就会在炉壁上结渣，甚至停产。

通常热稳定性是在 850℃下加热煤样，筛取大于 6mm 煤粒的量来量度，以 TS_{+6} 表示之。显然 TS_{+6} 的值越大，表示煤的热稳定性越好。

一般褐煤和变质程度深的无烟煤的热稳定性差。煤的热稳定性和成煤过程中的地质条件有关，也和煤中矿物质的组成及其化学成分有关。例如含碳酸盐类矿物多的煤，受热后析出大量二氧化碳而使煤块破裂。孔隙度较大、含水分较多的煤，由于剧烈升温而使其水分突然析出，也会使块煤破裂而降低煤的热稳定性。

六、煤的电性质与磁性质

煤的电、磁性质，主要包括导电性、介电常数、抗磁性、磁化率等。煤的电、磁性质，对于煤的结构研究及其工业应用具有很大的意义。

（一）煤的导电性

煤的导电性是指煤传导电流的能力。导电性常用电阻率（比电阻）、电导率表示。

1. 电阻率

电阻率是一个仅与材料的性质、形状和大小有关的物理量，在数值上等于电流沿长度为1cm，截面积为 1cm^2 的圆柱形材料轴线方向通过时的电阻。

2. 电导率

电导率等于电阻率的倒数。煤是一种导体和半导体。根据煤导电性质的不同，可分为电子导电性和离子导电性两种。煤的电子导电性是依靠组成煤的基本物质成分中的自由电子导电，如无烟煤具有电子导电性。离子导电性是依靠煤的孔隙中水溶液的离子导电，如褐煤就属于离子导电性。煤的电导率随着煤化程度的加深而增加，煤的含碳量达到87％以后，电导率急剧增加。

在自然条件下，不同煤的电阻率变化范围很大，可由 $10^{-4}\Omega \cdot m$ 到大于 $10^4\Omega \cdot m$。这是由于煤的电阻率受煤化程度、煤岩成分、矿物质的数量和组成、煤的水分、孔隙度和煤的构造等因素影响的结果。

（二）煤的介电常数

煤的介电常数，是指当煤介于电容器两板间的蓄电量和两板间为真空时的蓄电量之比。

$$\varepsilon = \frac{C}{C_0} \tag{2-12}$$

式中　C_0——真空时的电容量；

　　　C——加入煤后的电容量。

水分对介电常数的影响极大，测定煤的介电常数时必须采用十分干燥的煤样。

煤的介电常数随煤化程度的增加而减少，在含碳量为87％处出现极小值，然后又急剧增大。

（三）煤的磁性质

1. 煤的抗磁性

将物质放于磁场强度为 H 的磁场中，则其磁感应强度为 $B = H + H'$，H' 为物质磁化产生的附加磁场强度。如 H' 和 H 方向相同，则该物质具有顺磁性；若方向相反，则具有抗磁性。煤的有机质具有抗磁性。

2. 磁化率

是指磁化强度 M（抗磁性物质是附加磁场强度）和外磁场强度 H 之比，用 K 表示，为物质的单位体积磁化率，是物质的一种宏观磁性质。

$$K = \frac{M}{H} \tag{2-13}$$

顺磁性物质，M 和 H 方向相同，$K > 0$；而抗磁性物质，则方向相反，$K < 0$。

3. 比磁化率

化学上常用比磁化率 x，表示物质磁性的大小。比磁化率是在 10^{-4} T 磁场下，1g 物质所呈现的磁化率（即单位质量的磁化率）。

煤大部分具有抗磁性。无烟煤的磁性质显示出各向异性。

煤的比磁化率随着煤化程度加深呈直线的增加，在含碳量 79％～91％阶段，直线的斜率减小。煤的比磁化率在烟煤阶段增加最慢，而在无烟煤阶段增加最快，在褐煤阶段增加速度居中。利用比磁化率可计算煤的结构参数。

七、煤的光学性质

（一）煤的反射率

煤的反光性随着变质程度的增高而增强。在反射光下，显微组分表面的反射光强度与入射光强度的百分数称为反射率，以 R（％）表示，各组显微组分的反射率不同，镜质组反射率的变化幅度大，规律明显，而且大多数煤层的显微组成都以镜质组为主，因此通常以镜质组的反射率作为确定变质程度的标准。惰质组的反射率在变质过程中变化幅度很小，壳质组的反射率变化虽然大，但在高变质煤中已很少见，都不宜作为鉴定标准。在确定煤的变质程度（煤阶）时，以用油浸物镜测得的镜质组的平均随机反射率 R_{ran} 作为主要鉴定指标。

测定反射率应用的是光电效应原理。目前使用的反射率测试装置是光电倍增管显微光度计，测定煤的反射率时需要和已知反射率的标准片对比。

褐煤的平均反射率为 0.40％～0.50％，长焰煤为 0.50％～0.65％，气煤为 0.65％～0.80％，气肥煤为 0.80％～0.90％，肥煤为 0.90％～1.20％，焦煤为 1.20％～1.50％，瘦焦煤为 1.50％～1.69％，瘦煤为 1.69％～1.90％，贫煤为 1.90％～2.50％，无烟煤为 2.50％～4.00％。

一般来说，褐煤在光学上是各向同性的。随着煤化程度的增加，煤由烟煤向无烟煤阶段过渡，分子结构中芳香核层状结构不断增大，排列趋向规则化，在平行或垂直于芳香层片的两个方向上光学性质的各向异性逐渐明显，反射率即能反映这一变化，这是由煤的内部结构决定的。

（二）煤的荧光性

荧光是一种有机物和矿物的发光现象，它是用蓝光、紫外光、X射线或阴极射线激发而产生的。利用荧光显微镜在20世纪初才开始，自20世纪70年代以来，随着可定量显微镜光度计的出现，使荧光光度方法在煤岩学方面得到广泛应用，它不仅可以直接用以鉴定显微组分，同时显微荧光光度参数可以用来确定煤级。

煤的荧光性研究可使用光片、薄片和光薄片，可进行单色荧光强度测量、荧光变化测量、荧光光谱测量等。

（三）煤的透光率

1. 煤的透光率的表示

煤的透光率是指煤样和稀硝酸溶液，在100℃（沸腾）的温度下，加热90min后，所产生的有色溶液，对一定波长的光（475nm）透过的百分数。透光率能较好地区分低煤化程度的煤，是区分褐煤和长焰煤的指标。

2. 煤的透光率测定方法

煤的透光率测定方法是，将低变质程度煤与硝酸和磷酸的混合酸在规定条件下反应产生的有色溶液。根据溶液颜色深浅，以不同浓度的重铬酸钾硫酸溶液作为标准，用目视比色法测定煤样的透光率，以符号 P_M 表示。

混合酸是由1体积含量65％～68％硝酸，1体积含量不低于85％的磷酸和9体积水混合配制而成的。其中的磷酸主要起隐蔽三价铁的干扰作用，呈黄色的硝酸不能用。

第三节　煤的固态胶体性质

一、煤的润湿性及润湿热

1. 煤的润湿性

当固体与液体接触时，可以用润湿程度表示它们之间的关系。如果固体分子与液体分子

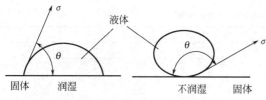

图 2-10　液体和固体间的润湿情况

的作用力大于液体分子间的作用力，则固体可以被液体润湿；反之，则不能润湿。通常用液体的表面张力 σ 和固体表面之间的夹角 θ 来判断液体对固体的润湿程度，接触角为锐角时能润湿，接触角为钝角则不能润湿（见图 2-10）。

煤与液体的接触角大小与反映煤化程度的指标 $w(C)$ 和液体种类有关（见表 2-19）。

煤粉加压成型测定接触角时，对氮-水系统年轻煤的 $\cos\theta$ 小，难润湿；对氮-苯系统（煤样先以水润湿再加苯）情况相反，$\cos\theta$ 随煤化程度增加而增加，即年老煤比年轻煤容易被润湿。

表 2-19　粉末测定法求出的不同煤的接触角

$w(C)/\%$	$\cos\theta$		$w(C)/\%$	$\cos\theta$	
	氮-水	氮-苯		氮-水	氮-苯
91.3	0.416	0.900	81.1	0.443	0.841
89.7	0.453	0.863	79.1	0.562	0.736
83.9	0.341	0.886	78.1	0.604	0.738
83.1	0.432	0.813	74.0	0.610	0.726
81.9	0.508	0.706			

2. 煤的润湿热

当煤被液体润湿时，由于煤分子和液体分子之间的作用力大于液体分子间的作用力，故有热量放出，称为润湿热。它的大小与液体种类和煤的表面积有关。常用的溶剂是甲醇，它的润湿力强，作用快，几分钟内润湿热基本上可全部释放出来。年轻煤的润湿热很高，随着 $w(C)$ 增加而急剧下降，在 $w(C)$ 接近 90% 时达到最低点，以后又逐渐回升。

导致热量释放的原因除表面润湿外还有一些其他因素，如年轻煤由于氧含量高，能与甲醇分子产生强烈的极化作用和氢键结合能放出热量，一部分矿物质与甲醇作用也能放热。此外也有吸热现象，如树脂的溶解、煤的体积膨胀和部分矿物质的作用等。所以用润湿热计算表面积不太准确，尤其对很年轻的煤误差更大。

二、煤的表面积

煤的表面积包括外表面积和内表面积两部分，但外表面所占比例极小，主要是内表面积。煤的表面积大小与煤的微观结构和化学反应性有密切关系，是重要的物理指标之一。煤表面积的大小通常用比表面积来表示，即单位质量的煤所具有的总表面积。

1. 煤的比表面积（m^2/g）测定方法

（1）B.E.T. 法　由三位物理化学家所开发，原理是一定条件下测定被煤吸附的气体质量。假定被吸附的气体分子在煤表面成单分子层分布，这样根据吸附的气体质量和气体分子的截面积就可计算出煤的比表面积。供吸附的气体有氮、二氧化碳和惰性气体氖、氩、氦、氙等。这是经典方法。

（2）孔体积法（P.D. 法）　根据微孔体积和直径进行计算，测煤的比表面积。

（3）气相色谱法　把一定量煤样放在色谱柱内，在动态下测定柱后吸附气体的浓度随时间的变化，根据实验结果进行换算。这是新的测定方法。

2. 煤的比表面积与煤化程度的关系

随着煤化程度的变化，煤的比表面积具有一定的变化规律。煤化程度低的煤和煤化程度高的煤其比表面积大，而中等煤化程度的煤，比表面积小，反映了煤化过程中，分子空间结构的变化。

对不同煤种用 B. E. T. 法测定所得比表面积数据列表 2-20。

表 2-20　煤的比表面积（B. E. T. 法测定）

$w(C)/\%$	比 表 面 积/（m^2/g）				
	$N_2(-196℃)$	$Kr(-78℃)$	$CO_2(-78℃)$	$Xe(0℃)$	$CO_2(25℃)$
95.2	34	176	246	226	224
90.0	0	96	146	141	146
86.2	0	34	107	109	125
83.6	0	20	80	62	104
79.2	11	17	92	84	132
72.7	12	84	198	149	139

由表 2-20 可见，N_2 测得的比表面积最低，因为氮分子进入煤的内孔是活性扩散过程，在 $-196℃$ 下只能进入较大的孔隙。不同气体和不同温度所得结果都不相同，大多无可比性。一般认为 $CO_2(-78℃)$ 和 $Xe(0℃)$ 可测得煤的总面积，只是对含碳量为 80% 左右的煤需要用 CO_2（25℃）。

三、孔隙度和孔径分布

（一）煤的孔隙度

1. 煤的孔隙度的计算

煤粒内部存在一定的孔隙，孔隙体积与煤的总体积之比称为孔隙度或气孔率，也可用单位质量煤包含的孔隙体积（cm^3/g）表示。因为氦分子能充满煤的全部孔隙，而水银在不加压的条件下完全不能进入煤的孔隙，所以用式（2-14）可求出煤的孔隙度

$$孔隙度 = \frac{d_{氦} - d_{汞}}{d_{氦}} \times 100\% \tag{2-14}$$

式中　$d_{氦}$，$d_{汞}$——用氦和汞测定的煤的密度，g/cm^3。

也可以用真相对密度和视相对密度来计算煤的孔隙度

$$孔隙度 = \frac{TRD - ARD}{TRD} \times 100\% \tag{2-15}$$

2. 孔隙度与煤化程度关系

孔隙度与煤化程度的关系可见图 2-11，曲线形状是两边高，中间低。年轻烟煤的孔隙度基本在 10% 以上；随煤化度的提高孔隙率减少，这是由于煤化度的增加，煤在变质作用下结构渐趋紧密；$w(C) = 90\%$ 附近的煤孔隙度最低，约为 3%；$w(C) = 90\%$ 以上，孔隙度随煤化程度增加而增加，这是由于煤化度增加后，煤的紧密程度增加产生体积收缩而裂隙增加所致。不过影响孔隙度的因素除含碳量外还受成煤条件、煤岩显微结构等因素的影响，所以同一含碳量，特别是年轻煤其孔隙度有一个相当大的波动范围。

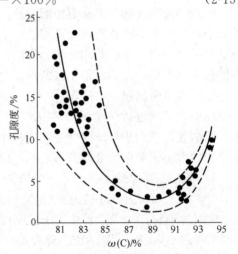

图 2-11　孔隙度与煤化程度的关系

（二）孔径分布

煤的孔径大小并不是均一的，按霍多特分级有：微孔，其直径小于 100×10^{-10} m；过渡孔，孔径为 $(100 \sim 1000) \times 10^{-10}$ m；中孔，孔径为 $(1000 \sim 10000) \times 10^{-10}$ m；大孔，孔的直径大于 10000×10^{-10} m。

1. 孔径分布的测定

（1）压汞法　水银在无外压条件下不能进入煤的孔隙，若施加压力克服了表面张力产生的阻力，情况就发生变化。水银压力 p 和能进入的内孔半径 r 之间的关系

$$r = -\frac{2\sigma}{p}\cos\theta \qquad (2\text{-}16)$$

式中　σ —— 水银的表面张力，0.48N/m；

$\qquad$ θ —— 水银与煤的接触角，140°。

r 的单位为 10×10^{-10} m，p 的单位为 MPa。用此法可求得中孔孔径分布。因为煤有可压缩性，水银压力高时要加以校正。

（2）氮气（$-196℃$）等温吸附法　此法的特点是只能测过渡孔的孔隙体积，再换算到孔径。

直径小于 1.2nm 的微孔不能直接测定，而是用差减法求出微孔隙体积，即 $V_3 = V_总 - (V_1 + V_2)$。$V_总$ 为孔隙体积总和，根据氮和水银测定的密度计算，V_1 为粗孔体积，V_2 为过渡孔体积。已知 V_3 可估算出微孔的孔径。

2. 孔隙体积的分布和煤化程度的关系

不同煤化程度煤的孔隙体积分布可见表 2-21。由表可见对不同煤化程度的煤各种孔的分布有一定规律。

① $w(C)$ 低于 75％ 的褐煤粗孔占优势，过渡孔基本没有。

② $w(C)$ 75％～82％ 之间的煤过渡孔特别发达，孔隙总体积主要由过渡孔和微孔所决定。

③ $w(C)$ 在 88％～91％ 的煤微孔占优势，其体积占总体积 70％ 以上。过渡孔一般很少。

可见，随煤化程度的逐渐提高，煤的孔径渐小，且孔体积中微孔体积所占的比例渐大，反映了煤的物理结构渐趋紧密化。

表 2-21　孔隙体积分布和煤化程度的关系

煤样 $w(C)$/%	孔隙体积/(cm³/g)				$(V_1/V_总)$/%	$(V_2/V_总)$/%	$(V_3/V_总)$/%
	$V_总$	V_1	V_2	V_3			
90.8	0.076	0.009	0.010	0.057	11.9	13.1	75.0
89.5	0.052	0.014	0.000	0.038	27.0	0	73.0
88.3	0.042	0.016	0.000	0.026	38.1	0	61.9
83.8	0.038	0.017	0.000	0.016	51.5	0	48.5
81.36	0.144	0.036	0.065	0.043	25.0	45.1	29.9
79.9	0.083	0.017	0.027	0.039	20.5	32.5	47.0
77.2	0.158	0.031	0.061	0.066	19.6	38.6	41.1
76.5	0.105	0.022	0.013	0.070	20.9	12.4	66.7
75.5	0.232	0.040	0.122	0.070	17.2	52.6	30.2
71.1	0.114	0.088	0.004	0.022	77.2	3.5	19.3
71.2	0.105	0.062	0.000	0.043	59.1	0	40.9
63.3	0.073	0.064	0.000	0.009	87.7	0	12.3

第四节　煤的化学性质

煤的化学性质是指煤与各种化学试剂在一定条件下发生不同化学反应的性质。煤的化学性质的研究一向是研究煤的化学结构的主要方法，同时也是煤的转化技术和直接化学加工利用的基础。煤的化学反应种类很多，有氧化、加氢、卤化、磺化、水解和烷基化等。本章主要讨论煤的氧化、加氢、氯化和磺化。

一、煤的氧化

煤在氧化中同时伴随着结构从复杂到简单的降解过程，所以也称氧解。煤的氧化是常见的现象，在储存较久的煤堆中可以看到与空气接触的表层煤逐渐失去光泽，从大块碎裂成小块，结构变得疏松，甚至可用手指把它捻碎，这就是一种轻度氧化。若把煤粉与臭氧、双氧水和硝酸等氧化剂反应，会很快生成各种有机芳香羧酸和脂肪酸，这是深度氧化。氧化产品的分析鉴定对煤结构研究可提供重要信息，芳香羧酸的产生是煤具有芳香结构的有力证明。煤的氧化可以制取具有广泛用途的腐殖酸和芳香羧酸。所以研究煤的氧化不论在理论上还是实践上都有重要意义。

（一）煤的氧化阶段

煤的氧化可以按其进行的深度或主要产品分为 5 个阶段（见表 2-22）。

表 2-22　煤氧化的阶段

氧化阶段	主要氧化条件	主要氧化产物
Ⅰ	从常温到 100℃ 左右，空气或氧气氧化	表面碳氧配合物
Ⅱ	100～300℃ 空气或氧气所氧化 100～200℃ 碱溶液中，空气或氧气氧化 80～100℃ 硝酸氧化等	可溶于碱的高分子有机酸（再生腐殖酸）
Ⅲ	200～300℃ 碱溶液中空气或氧气加压氧化，碱性介质中 $KMnO_4$ 氧化，双氧水氧化等	可溶于水的复杂有机酸（次生腐殖酸）
Ⅳ	与Ⅲ同，增加氧化剂用量，延长反应时间	可溶于水的苯甲酸
Ⅴ	高温，完全氧化	二氧化碳和水

第Ⅰ阶段属于煤的表面氧化，氧化过程发生在煤的表面（内、外表面）。首先形成碳氧配合物，而碳氧配合物是不稳定化合物，易分解生成一氧化碳、二氧化碳和水等。由于配合物分解而煤被粉碎，增加表面积，氧又与煤表面接触，使其氧化作用反复循环进行。

第Ⅱ阶段是煤的轻度氧化，氧化结果生成可溶于碱的再生腐殖酸。

第Ⅲ阶段属于煤的深度氧化，生成可溶于水的较复杂的次生腐殖酸。

第Ⅳ阶段氧化剂与第三阶段相同，但增加用量，延长反应时间，可生成溶于水的有机酸（如苯羧酸）。第Ⅱ、第Ⅲ、第Ⅳ阶段为控制氧化，采用合适的氧化条件，可以控制氧解的深度。

第Ⅴ阶段是最深的氧化，称为彻底氧化，即燃烧。生成 CO_2 和 H_2O，以及少量的 NO_x、SO_x 等化合物。

为简化起见，一般不考虑第Ⅴ阶段，同时将第Ⅲ阶段和第Ⅳ阶段合并，这就成为三个阶段：

① 表面氧化阶段；

② 再生腐殖酸阶段；

③ 苯羧酸阶段。

第Ⅰ、Ⅱ阶段属轻度氧化，第Ⅲ阶段为深度氧化。

由上可见，氧化过程中包括顺序反应和平行反应，如何提高反应的选择性显然是十分重要的。液相氧化与气相氧化相比，一般反应速率较快，选择性好，所以研究较多。根据氧化剂的不同，煤的液相氧化有硝酸氧化、碱溶液中高锰酸钾氧化、过氧化氢氧化和碱溶液中空气或氧气氧化等。

（二）煤的风化、自燃及预防

1. 煤的风化

靠近地表的煤层受大气和雨水中氧长时间的渗透、氧化和水解，性质发生很大变化，这个过程称为煤的风化，经过风化的煤称为风化煤。风化煤一般都是露头煤，外观黑色无光泽，质酥软，可用手指捻碎。碎后呈褐色或黑褐色，阳光下略带棕红色。

风化煤与原煤比较在化学组成、物理性质、化学性质和工艺性质等方面都有明显不同。

（1）化学组成　风化后，$w(C)$ 和 $w(H)$ 下降，$w(O)$ 上升，含氧酸性官能团增加。

（2）物理性质　风化煤的强度和硬度降低，吸湿性增加。

（3）化学性质　风化煤中含有再生腐殖酸，发热量减少，着火点降低。

（4）工艺性质　风化后黏结性下降；干馏时焦油产率下降，气体中 CO_2 和 CO 增加，氢气和烃类减少。

风化煤中的腐殖酸常与钙、镁、铁和铝离子结合形成不溶性的腐殖酸盐，所以用碱溶液不能直接抽出，而要先进行酸洗。有些风化煤因风化程度较深，生成了相对分子质量更低的黄腐酸，可以溶于酸并能用丙酮抽提出来。

2. 煤的自燃

煤的氧化是放热反应。如果煤在堆放中因氧化放出的热量不能及时散去，而不断积累起来，煤的温度就会升高。温度的升高反过来又促进氧化反应更激烈地进行，放出的热量更多。在有空气存在的情况下，煤的温度一旦达到着火点就会燃烧，因为这是由于煤的低温氧化、自热而燃烧，故称为自燃。

（1）煤风化和自燃的影响因素

① 煤的类型和煤化程度。同类型的煤煤化程度不同，其风化和自燃的趋势也不同：腐泥煤和残殖煤较难风化和自燃，腐殖煤比较容易；腐殖煤随煤化程度加深，着火点升高，风化和自燃的趋势下降。各种煤中以年轻褐煤最易风化和自燃。

② 岩相组成。岩相组分的氧化活性一般按下面的次序递减：镜煤＞亮煤＞暗煤＞丝炭。但丝炭有较大的内表面，低温下能吸附更多的氧，丝炭内又常夹杂着黄铁矿，故能放出较多热量从而促进周围煤质和自身的氧化。

③ 黄铁矿含量。黄铁矿含量高能促进氧化和自燃，因为在有水分存在时黄铁矿极易氧化并放出大量热量。

④ 散热与通风条件。大量煤堆积，热量不易散失；自然堆放时，煤堆比较疏松，与空气接触面大，容易引起自燃。

（2）风化和自燃的防止　针对上述因素，采取以下措施可以减少和防止煤的风化和自燃。

① 隔断空气。在水中或惰性气体中储存（适合于实验室保存试样）；储煤槽密闭；煤堆

尽量压紧，上面盖以煤粉、煤泥、黏土或重油。

② 通风散热。不能隔断空气时可以采用换气筒等使煤堆通风散热，不让煤堆温度升高，这是消极办法。

③ 通过洗选减少黄铁矿含量。

④ 不要储存太久，尤其是年轻煤应尽可能缩短储存期。

二、煤的加氢

煤与液体烃类的主要差别在于，煤的 H/C 原子比比石油原油、汽油低很多，而比沥青低一些。因此，要使煤液化转变为石油等，需要深度加氢，而转变为沥青质类物质使用轻度加氢。煤的加氢需要供氢溶剂、高压下的氢气及催化剂等。因此，工艺和设备比较复杂。通过煤的加氢可以对煤的结构进行研究，并且可使煤液化，制取液体燃料或增加黏结性、脱灰、脱硫，制取溶剂精制煤，以及制取结构复杂和有特殊性质的化工中间物。从煤的加氢能得到产率很高的芳香性油状物，已分离鉴定出 150 种以上的化合物。

煤的加氢分为轻度加氢和深度加氢两种。

① 轻度加氢是在反应条件温和的条件下，与少量氢结合。煤的外形没有发生变化，元素组成变化不大但很多性质发生了明显的变化，如低变质程度烟煤和高变质程度烟煤的黏结性、在蒽油中的溶解度大大增加，接近于中等变质程度烟煤。

② 深度加氢是煤在激烈的反应条件下与更多的氢反应，转化为液体产物和少量气态烃。

煤加氢中包括一系列的非常复杂的反应，有平行反应也有顺序反应，到目前为止还不能够完整地描述。其中有热解反应、供氢反应、脱杂原子反应、脱氧反应、脱硫反应、脱氮反应、加氢裂解反应、缩聚反应等。

1. 热解反应

现在已经公认，煤热解生成的自由基，是加氢液化的第一步。根据对煤的结构研究和模型物质实验证明煤中易受热裂解的主要是以下桥键：

次甲基键：$-CH_2-$，$-CH_2-CH_2-$，$-CH_2-CH_2-CH_2-$ 等；

含氧桥键：$-O-$，$-CH_2-O-$ 等；

含硫桥键：$-S-$，$-S-S-$，$-S-CH_2-$ 等。

热解反应式可示意为：

$$R-CH_2-CH_2-R' \longrightarrow RCH_2 \cdot + R'CH_2 \cdot$$

热解温度要求在煤的开始软化温度以上。热解生成的自由基在有足够的氢存在时便能得到饱和而稳定下来，没有氢供应就要重新缩合。

2. 供氢反应

煤加氢时一般都用溶剂作介质，溶剂的供氢性能对反应影响很大。研究证明，反应初期使自由基稳定的氢主要来自溶剂而不是来自氢气。煤在热解过程中，生成的自由基从供氢溶剂中取得氢，而生成相对分子质量低的产品，稳定下来。

$$H(供氢溶剂) + R \cdot \longrightarrow RH$$

当供氢溶剂不足时，煤热解生成带有自由基的碎片缩聚而形成半焦。

$$n(R \cdot) \xrightarrow{\text{缩聚}} 半焦(R)_n$$

供氢反应可以认为是纯粹的热过程，供氢溶剂很可能迅速扩散到煤粒内部或将一部分煤溶解，在煤粒本身内部的溶剂和自由基之间发生氢转移反应。所以，供氢溶剂的作用在于进入煤粒和为煤体内部热解产生的自由基提供氢源。四氢萘或类似四氢萘的分子都是良好的供氢溶剂，因为自由基中间体都是比较稳定的苄基型自由基，产品失去四个氢原子后形成稳定的芳香烃。供氢溶剂给出氢后，又能从气相吸收氢，起到反复传递氢的作用。

3. 脱杂原子反应

从煤的元素组成可知，构成煤有机质的元素除 C 和 H 之外还有 O、N 和 S 等元素。后三种元素也称为煤中的杂原子。煤的含氧量随煤化程度的增加而减少，年轻褐煤含氧量在20％以上，中等变质程度的烟煤含氧量在 5％左右，无烟煤含氧更少。煤的含氮量变化不大，多为 1％～2％。煤的硫含量与煤化度无直接关系，而与生成条件和产地有关。煤中总的硫含量为 1％～5％。杂原子在加氢条件下与氢反应，生成 H_2O、H_2S、NH_3 等低分子化合物，使杂原子从煤中脱出。杂原子的脱除情况与液化转化率直接有关，同时对煤加氢液化产品的质量和环境保护十分重要，所以应特别加以重视。

4. 加氢裂解反应

这是主要反应，包括多环芳香结构饱和加氢，环破裂和脱烷基等。随着这一反应进行，产品相对分子质量逐步降低，结构从复杂到简单。

5. 缩聚反应

在加氢反应中如温度太高，供氢则不足和反应时间过长也会发生逆方向的反应即缩聚反应，生成分子量更大的产物，例如：

$$2 \quad \longrightarrow \quad \xrightarrow{-2H} \quad \longrightarrow \quad \xrightarrow{-4H} \quad$$

综上所述，煤加氢液化反应使煤的氢含量增加，氧、硫含量降低，生成分子量较低的液化产品和少量气态产物。煤加氢时发生的各种反应，因原料煤的性质、反应温度、反应压力、氢量、溶剂和催化剂的种类等不同而异。因此，所得产物的产率、组成和性质也不同。如果氢分压很低，氢量又不足时，在生成含量较低的高分子化合物的同时，还可能发生脱氢反应，并伴随发生缩聚反应和生成半焦；如果氢分压较高，氢量富裕时，将促进煤裂解和氢化反应的进行，并能生成较多的低分子化合物。所以加氢时，除了原料煤的性质外，合理地选择反应条件是十分重要的。

三、煤的氯化

煤在≤100℃下水介质中氯化。由于水的强离子化作用，氯化反应速率很快，煤的转化深度加大。

1. 水介质中的煤氯化反应（R—表示煤基）

(1) 取代反应　氯化反应前期主要是芳环和脂肪侧链上的氢被氯取代，析出 HCl。

$$RH + Cl_2 \longrightarrow RCl + HCl$$

(2) 加成反应　反应后期当煤中氢含量大为降低后也有加成反应产生。

芳环　　　　　　芳环

所以，煤在氯化过程中氯含量大幅度上升，有时可达 30％以上。

（3）氧化反应 因为氯与水反应生成盐酸和氧化能力很强的次氯酸。

$$Cl_2 + H_2O \Longrightarrow HCl + HClO$$

次氯酸可将煤氧化产生碱可溶性腐殖酸和水溶性有机酸。煤的氯化反应不断生成盐酸能抑制氧化作用，所以氧化与氯化相比，一般不是主要的。

（4）盐酸生成反应 盐酸一部分来自氯取代反应，一部分来自氯与水的反应。鉴于煤的氯化可产生大量 HCl，故曾有人设想用此法生产盐酸。

（5）脱矿物质和脱硫 煤氯化可以大量减少矿物质和硫的含量，脱硫反应如下。

$$\begin{cases} R-S-R' + Cl_2 \longrightarrow RSCl + R'Cl \\ RSCl + 3Cl_2 + 4H_2O \longrightarrow RSCl + H_2SO_4 + 6HCl \\ 2FeS_2 + 5Cl_2 \longrightarrow 2FeCl_3 + 2S_2Cl_2 \\ S_2Cl_2 + 5Cl_2 + 8H_2O \longrightarrow 2H_2SO_4 + 12HCl \end{cases}$$

脱矿物质的反应主要是盐酸与矿物质中碱性成分的中和反应。

氯化煤是棕褐色固体，不溶于水。

2. 煤发生氯化反应的条件

原料煤可用褐煤和年轻烟煤。煤粉悬浮于水中，反应温度 80℃左右，时间几个小时，氯气流量大小以尾气中含氯量低为条件。

氯化煤为棕褐色固体，不溶于水，对原料煤计算的产率一般大于 100％。

3. 氯化煤的组成和性质

（1）元素组成 某褐煤的元素组成（无水无灰基）$w(C) = 71.10\%$，$w(H) = 5.01\%$，$w(O)（差减）= 22.0\%$，氯化后的元素组成（在一种反应条件下），$w(C) = 44.60\%$，$w(H) = 2.40\%$，$w(Cl) = 30.9\%$，$w(O)（差减）= 22.1\%$。可见氯化后 $w(C)$ 和 $w(H)$ 急剧下降，$w(Cl)$ 大幅度增加。

（2）有机溶剂中的溶解度 煤经氯化后由于结构降解，使它在普通有机溶剂中的溶解度大大提高。某褐煤氯化后丙酮抽提率可比原煤增加 48 倍，乙醇抽提率增加 46 倍，苯-乙醇抽率增加 30 倍。若用有机胺抽提，因为抽提物与溶剂发生聚合反应，故得到的抽提物比氯化煤要重几倍。苯-乙醇的抽提物平均相对分子质量 350 左右，外观为褐色树脂状物质。

（3）氯化煤的热解性质 把氯化煤在隔绝空气情况下加热，从 200℃开始放出 Cl_2 和 HCl，一直持续到 500～600℃结束，不过焦炭中仍有少量氯存在。热解时基本没有焦油生成。原煤若有黏结性，氯化后则失去黏结性。

（4）氯化煤中氯的稳定性 氯化煤中的氯一部分与煤结合得很牢固，另一部分则很易脱除。实验发现加水煮沸可除去氯化煤含氯量的 13％，用 1％NaOH 水溶液 100℃下加热 2h 可除去 50％。热解时加热到 400℃可除去 90％的氯。

4. 氯化煤的用途

① 氯化煤的溶剂抽提物可做涂料和塑料的原料。

② 氯化煤可做水泥分散剂、鞣革剂和活性炭等。

③ 利用氯化时副产的盐酸可以分解磷矿粉，生产腐殖酸-磷肥。

④ 煤在高温下气相氯化可制取四氯化碳。

四、煤的磺化

煤的磺化是煤与浓硫酸或发烟硫酸作用的反应，已在工业上得到应用，生产磺化煤。

1. 磺化反应

煤与浓硫酸或者发烟硫酸进行磺化反应，反应结果可使煤的缩合芳香环和侧链上引入磺酸基（—SO_3H），生成磺化煤。煤的磺化反应如下：

$$RH + HOSO_3H \longrightarrow R—SO_3H + H_2O$$

进行磺化反应时，浓硫酸是一种氧化剂，在加热条件下可把煤分子结构中的甲基（—CH_3）、乙基（—C_2H_5）氧化，生成羧基（—COOH），并使碳氢键（C—H）氧化成酚

羟基（—OH）。故磺化煤的示性式可表示为 $R—SO_3H \begin{smallmatrix} COOH \\ \\ OH \end{smallmatrix}$，简化式为 RH。

由于煤经磺化反应后，增加—SO_3H、—COOH 和—OH 等官能团，这些官能团上的氢离子能被其他金属离子（如 Ca^{2+}、Mg^{2+} 等）所取代。当磺化煤遇到含金属离子的溶液，就以 H^+ 和金属离子进行交换。

$$2RH + Ca^{2+} \longrightarrow R_2Ca + 2H^+$$
$$2RH + Mg^{2+} \longrightarrow R_2Mg + 2H^+$$

因此，磺化煤是一种多官能团的阳离子交换剂。

2. 工艺条件

（1）原料煤　采用挥发分大于20％的中等变质程度烟煤。为了确保磺化煤具有较好的机械强度，最好选用暗煤较多的煤种；灰分6％左右，不能太高；煤粒度2～4mm，粒度太大磺化不易完全，粒度过小使用时阻力大。

（2）硫酸浓度和用量　硫酸浓度大于90％，发烟硫酸反应效果更好。硫酸对煤的质量比一般为(3～5)∶1。

（3）反应温度　110～160℃较适宜。

（4）反应时间　反应开始需要加热。因磺化为放热反应，所以反应进行后就不需供热。包括升温在内总的反应时间一般在9h左右。

3. 磺化煤的用途

上述磺化产物经洗涤、干燥、过筛即得氢型磺化煤，与 Na^+ 交换制成钠盐即为钠型磺化煤。主要用途如下。

① 锅炉水软化剂，除去 Ca^{2+} 和 Mg^{2+}。

② 有机反应催化剂，用于烯酮反应、烷基化或脱烷基反应、酯化反应和水解反应等。

③ 钻井泥浆添加剂。

④ 处理工业废水（含酚和重金属废水）。

⑤ 湿法冶金中回收金属，如 Ni、Ga、Li 等。

⑥ 制备活性炭。

复习思考题

1. 研究煤的岩石组成通常采用哪两种方法？

2. 什么是宏观煤岩成分？宏观煤岩成分有哪几种？

3. 宏观煤岩类型是根据什么划分的？共分哪几种？

4. 什么是煤的显微组分？什么是煤的显微组分组？

5. 煤的有机显微组分可分哪几组？

6. 什么是凝胶化作用和丝炭化作用？

7. 列表比较镜质组、惰质组、壳质组的镜下特征。

8. 煤中的矿物质主要有哪几类？它们的赋存状态与煤的可选性有何关系？

9. 煤岩学主要可应用于哪些方面？

10. 什么是煤的真密度、视密度、堆密度和纯煤真密度？它们有什么区别？与煤质的关系如何？

11. 影响煤密度的因素有哪些？

12. 什么是煤的显微硬度？与煤化程度的关系如何？为什么？

13. 什么是煤的透光率？如何测定？为什么说用煤的透光率可以区分年轻煤？

14. 什么叫接触角？什么叫润湿性？接触角和润湿性有什么关系？

15. 什么是煤的孔隙度？它与煤化程度有何关系？

16. 什么是煤的热稳定性？

17. 什么是煤的可磨性？煤的可磨性指数如何测定？它和煤化程度关系如何？

18. 什么叫煤的抗碎强度？简述其测定原理。

19. 什么是煤的颜色和光泽？两者有何区别？

20. 什么叫煤的断口？有哪些类型？

21. 什么是煤的氧化？可分为哪几个阶段？各阶段有哪些主要产物？

22. 什么是煤的氢化？煤的氢化发生哪些主要反应？

23. 煤加氢液化有哪几种方法？

24. 什么是煤的磺化？煤发生磺化反应的条件有哪些？

25. 磺化煤有哪些主要用途？

26. 氯化煤有哪些主要用途？

27. 什么叫煤的风化？什么叫煤的自燃？

28. 影响煤的风化和自燃的因素有哪些？如何预防煤的风化和自燃？

第三章　煤的工业分析和元素分析

思政目标：培养认真负责，精益求精，遵守岗位操作标准、职业技能标准的职业精神。

学习目标：1. 掌握煤样的采集和制备方法。

2. 煤质分析中的常用基准和基准换算。

3. 煤的水分、灰分、挥发分和固定碳的分析原理、方法和计算。

4. 煤的元素分析的原理、测定方法；煤的发热量的测定原理和方法。

　　煤既是重要的燃料，又是珍贵的冶金和化工原料。为了确定煤的各种性质，合理利用煤炭资源，通常先对大批量的煤进行采样和制备，获得具有代表性的煤样，然后再进行煤质分析。

　　工业上最简单和最重要的分析方法就是煤的工业分析和元素分析。煤的工业分析包括水分、灰分、挥发分和固定碳四项。广义上说工业分析还应包括发热量和硫的测定，但一般将这两个项目单独列出，元素分析主要用于了解煤的有机质组成，包括碳、氢、氧、氮、硫等元素的测定。

　　工业分析和元素分析的结果与煤的成因、煤化程度和煤岩组成等关系密切。加之对煤的物理性质、化学性质和工艺性质做进一步的研究，就可综合科学地评价煤质，确定各种煤的加工利用途径。

第一节　煤样的采集

　　煤样是指为确定某些特性而从煤中采取的具有代表性的一部分煤。煤样的采集是制样与分析的前提。采样的目的就是为了获得具有代表性的样品，通过其后的制样与分析，掌握其煤质特性，从而鉴定煤炭质量，指导煤炭生产和综合加工利用，同时为煤炭销售提供依据。煤是粒度组成与化学组成都极不均匀的混合物，为使煤的分析结果总误差不超过一定的限度，必须正确地掌握煤样的采集和制备方法。

一、采样基础知识

　　煤样的采集是指从大量煤中采取具有代表性的一部分煤的过程，简称采样。当采集的样品精密度合格，且又不存在系统误差时，说明所采样品具有代表性。煤样的采集应该符合国家标准的规定。

　　1. 采样中常用的基本概念

　　（1）批　批是指需要进行整体性质测定的一个独立煤量。例如一列火车运进 1800t 原煤进某厂，此厂按标准规定对其采样、制样与分析，作为煤质验收的依据，此 1800t 原煤就是一批。

　　（2）采样单元　采样单元是指从一批煤中采取一个总样的煤量，其单位为 t。一批煤可以是一个或多个采样单元。例如一海轮有 6 个舱，其中 3 个舱装原煤共计 3500t，另 3 个舱装精煤共计 1800t，则此一批煤中就包括 3500t 原煤和 1800t 精煤两个采样单元，应对它们分别采样。

（3）子样　子样是指应用采样器具操作一次或截取一次煤流全横截断所采取的一份煤样。其质量取决于被采煤的最大粒度。子样必须符合标准规定要求才能采集，不是随意在运输工具、煤堆上或煤流中采集一份样就称为子样。在不同地方采集子样时，对采样量、采样点的位置及采样工具或机械的开口宽度都有相应的规定。

（4）总样　总样是指从一个采样单元取出的全部子样合并成的煤样。一个总样的子样数决定于煤的品种、采样单元的大小和要求的采样精确度。

（5）分样　分样是由均匀分布于整个采样单元的若干初级子样组成的煤样。分样应保持与总样一致的性质。有时为了进行仲裁或对比实验，需将总样充分混合均匀后，分成 2 份或 3 份，这样的每一份样品也称之为分样。

2. 采样的基本原理

采样的方法是基于煤质的不均一性而制定的。煤炭采样和制样的目的，是为了获得一个其试验结果能代表整批被采样煤的试验煤样。采样的基本要求，是被采样批煤的所有颗粒都可能进入采样设备，每一个颗粒都有相等的概率被采入试样中。采样和制样的基本过程，是首先从分布于整批煤的许多点收集相当数量的一份煤，即初级子样，然后将各初级子样直接合并或缩分后合并成一个总样，最后将此总样经过一系列制样程序制成所要求数目和类型的试验煤样。

子样的份数是由煤的不均匀程度和采样的精密度所决定，子样质量达到一定限度之后，再增加质量就不能显著提高采样的精密度。

采样精密度是在规定条件下所得独立试验结果间的符合程度。它经常用一精密度指数，如两倍的标准差来表示。煤炭采样精密度为单次采样测定结果与对同一煤（同一来源、相同性质）进行无数次采样的测定结果的平均值的差值（在 95％概率下）的极限值。

煤是极不均匀的混合物，因此要采到质量同该批煤绝对相同的煤样是不可能的。只要所采取的煤样性质与整批煤的性质相比无系统偏差，但仍有高低之差，其偏差不超过一定限度即采样精度时，就说该煤样具有代表性。采样精密度通常用煤的灰分进行评定，也可以用煤的全水分、发热量和全硫进行评定。例如采样精密度为±1％（灰分），它意味着经过采样、制样和分析所得的灰分值与被采煤样的总体平均值（真值）之间的差值，有 95％的概率不超过±1％。

为了保证所得试样的试验结果的精密度符合要求，采样时应考虑煤的变异性（一般以初级子样方差衡量）、从该批煤中采取的总样数目、每个总样的子样数目、与标称最大粒度相应的试样质量等因素。

二、商品煤样人工采取方法

商品煤样是代表商品煤平均性质的煤样。商品煤样的分析实验结果是确定商品煤质量的根据，并以此作为计价的依据。商品煤样可在煤流中、运输工具顶部及煤堆上采取。本方法采用国家标准《商品煤样人工采取方法》（GB 475—2008）。

（一）采用方案

1. 采取商品煤样对采样工具的要求

通常采样的工具包括采样斗、采样铲、探管、手工螺旋钻、人工切割斗、停带采样框等。采样器具的开口宽度应满足式(3-1) 要求且不小于 30mm。

$$W \geqslant 3d \tag{3-1}$$

式中　W——采样器具开口端横截面的最小宽度，mm；

　　　d——煤的标称最大粒度，mm。

器具的容量应至少能容纳 1 个子样的煤量，且不被试样充满，煤不会从器具中溢出或泄漏；如果用于落流采样，采样器开口的长度大于截取煤流的全宽度（前后移动截取时）或全厚度（左右移动截取时）；子样抽取过程中，不会将大块的煤或矸石等推到一旁；黏附在器具上的湿煤应尽量少且易除去。

2. 采样精密度

通常，煤炭本身越均匀、子样数目越多、子样质量越大、子样点分布越均匀、采样工具尺寸越大，采样的精密度就越高。国家标准《商品煤样人工采取方法》（GB 475—2008）中，根据煤炭品种和灰分来规定采样精密度，原煤、筛选煤、精煤和其他洗煤（包括中煤）的采样、制样和化验总精密度（灰分，A_d）规定的具体数值如表 3-1 所示。

表 3-1 商品煤采样精密度（灰分，A_d）

原煤、筛选煤		精煤	其他洗煤（包括中煤）
$A_d \leqslant 20\%$	$A_d > 20\%$		
$\pm\frac{1}{10}A_d$ 但不小于 $\pm1\%$	$\pm2\%$	$\pm1\%$	$\pm1.5\%$
（绝对值）	（绝对值）	（绝对值）	（绝对值）

假定一个被采样原煤的灰分总体平均值为 18%，则其采样精密度应为 $18\times(\pm1/10)=\pm1.8\%$；而对于灰分小于 10% 的煤，不管其灰分为多少，其采样精密度都应为 $\pm1\%$，而不能按灰分值 $\times(\pm1/10)$ 来计算。

3. 采样单元

商品煤分品种以 1000t 为一基本采样单元。当批煤量不足 1000t 或大于 1000t 时，可根据实际情况，以一列火车装载的煤、一船装载的煤、一车或一船舱装载的煤、一段时间内发送或接收的煤为一采样单元。如需进行单批煤质量核对，应对同一采样单元进行采样、制样和化验。

4. 每个采样单元子样数

采取子样的数目视分析化验单位和煤的品种等的不同而不同。

（1）基本采样单元子样数 原煤、筛选煤、精煤及其他洗煤（包括中煤）的基本采样单元子样数见表 3-2。

表 3-2 基本采样单元最少子样数

品 种	灰分范围 $A_d/\%$	采样个数				
		煤流	火车	汽车	煤堆	船舶
原煤、筛选煤	>20	60	60	60	60	60
	$\leqslant20$	30	60	60	60	60
精煤	—	15	20	20	20	20
其他洗煤（包括中煤）	—	20	20	20	20	20

（2）采样单元煤量少于 1000t 时的子样数 采样单元煤量少于 1000t 时子样数根据表3-2规定子样数按比例递减，但最少不应少于表 3-3 规定数。

表 3-3 采样单元煤量少于 1000t 时的最少子样数

品 种	灰分范围 $A_d/\%$	采样个数				
		煤流	火车	汽车	煤堆	船舶
原煤、筛选煤	>20	18	18	18	30	30
	$\leqslant20$	10	18	18	30	30
精煤	—	10	10	10	10	10
其他洗煤（包括中煤）	—	10	10	10	10	10

（3）采样单元煤量大于 1000t 时的子样数　采样单元煤量大于 1000t 时的子样数按式（3-2）计算：

$$N = n\sqrt{\frac{M}{1000}} \tag{3-2}$$

式中　N——实际应采子样数，个；

　　　　n——表 3-2 规定的子样数，个；

　　　　M——实际被采样煤量，t；

　　　1000——基本采样单元煤量，t。

（4）批煤采样单元数的确定　一批煤可作为一个采样单元，也可按式（3-3）划分为 m 个采样单元。

$$m = \sqrt{\frac{M}{1000}} \tag{3-3}$$

式中　M——被采样煤批量，t。

将一批煤分为若干个采样单元时，采样精密度优于作为一个采样单元时的采样精密度。

5. 试样质量

（1）总样的最小质量　表 3-4 和表 3-5 分别列出了一般煤样（共用煤样）、全水分煤样和粒度分析煤样的总样或缩分后总样的最小质量。表 3-4 给出的一般煤样的最小质量可使由于颗粒特性导致的灰分方差减小到 0.01，相当于精密度为 0.2%。

表 3-4　一般煤样总样、全水分总样/缩分后总样最小质量

标称最大粒度[①]/mm	一般煤样和共用煤样/kg	全水分煤样/kg	标称最大粒度[①]/mm	一般煤样和共用煤样/kg	全水分煤样/kg
150	2600	500	13	15	3
100	1025	190	6	3.75	1.25
80	565	105	3	0.7	0.65
50	170	35	1.0	0.10	—
25	40	8			

① 标称最大粒度 50mm 的精煤，一般分析和共用试样总样最小质量可为 60kg。

表 3-5　粒度分析总样的最小质量

标称最大粒度/mm	精密度 1% 的质量/kg	精密度 2% 的质量/kg	标称最大粒度/mm	精密度 1% 的质量/kg	精密度 2% 的质量/kg
150	6750	1700	25	36	9
100	2215	570	13	5	1.25
80	1070	275	6	0.65	0.25
50	280	70	3	0.25	0.25

注：表中精密度为测定筛上物产率的精密度，即粒度大于标称最大粒度的煤的产率的精密度，对其他粒度组分的精密度一般会更好。

为保证采样精密度符合要求，当按式（3-4）计算的子样质量和表 3-2、表 3-3 给出的子样数采样但总样质量达不到表 3-4 和表 3-5 规定值时，应增加子样数或子样质量直至总样质量符合要求。否则，采样精密度很可能会下降。

（2）子样质量

① 子样最小质量。子样最小质量按式（3-4）计算，但最少为 0.5kg。

$$m_a = 0.06d \tag{3-4}$$

式中　m_a——子样最小质量，kg；

d——被采样煤标称最大粒度，mm。

表 3-6 给出了部分粒度的初级子样或缩分后子样最小质量。

表 3-6　部分粒度的初级子样最小质量

标称最大粒度/mm	子样质量参考值/kg	标称最大粒度/mm	子样质量参考值/kg
100	6.0	13	0.8
50	3.0	≤6	0.5
25	1.5		

② 子样平均质量。当按表 3-2 和表 3-3 规定的子样数和按式（3-4）规定的最小子样质量采取的总样质量达不到表 3-4 和表 3-5 规定的总样最小质量时，应将子样质量增加到按式（3-5）计算的子样平均质量，以保证采样精密度符合要求。

$$\overline{m} = \frac{m_g}{n} \tag{3-5}$$

式中　$\overline{m}$——子样平均质量，kg；

$\quad\quad m_g$——总样最小质量，kg；

$\quad\quad n$——子样数目。

（二）采样方法

1. 移动煤流中采样

移动煤流采样可在煤流落流中或皮带上的煤流中进行。为安全起见，不推荐在皮带上的煤流中进行。移动煤流采样包括落流采样法和停皮带采样法，落流采样法较为常用，停皮带采样法一般只在偏倚试验时作为参比方法使用。

采样可按时间基或质量基采样进行。从操作方便和经济的角度出发，时间基采样较好。

采样时，应尽量截取一完整煤流横截段作为一子样，子样不能充满采样器或从采样器中溢出。试样应尽可能从流速和负荷都较均匀的煤流中采取。应尽量避免煤流的负荷和品质变化周期与采样器的运行周期重合，以免导致采样偏倚。如果避免不了，则应采用分层随机采样方式。

（1）落流采样法　落流采样法的煤样在传送皮带转输点的下落煤流中采取，该法不适用于煤流量在 400t/h 以上的系统。采样时，采样装置应尽可能地以恒定的小于 0.6m/s 的速度横向切过煤流。采样器的开口应当至少是煤标称最大粒度的 3 倍并不小于 30mm，采样器容量应足够大，子样不会充满采样器。采出的子样应没有不适当的物理损失。采样时，使采样斗沿煤流长度或厚度方向一次通过煤流截取一个子样。为安全和方便，可将采样斗置于一支架上，并可沿支架横杆从左至右（或相反）或从前至后（或相反）移动采样。

① 系统采样。按相同的时间、空间或质量间隔采取子样，但第一个子样在第一间隔内随机采取，其余的子样按选定的间隔采取。

a. 子样分布。初级子样应均匀分布于整个采样单元中。子样按预先设定的时间间隔（时间基采样）或质量间隔（质量基采样）采取，第 1 个子样在第 1 个时间/质量间隔内随机采取，其余子样按相等的时间/质量间隔采取。在整个采样过程中，采样器横过煤流的速度应保持恒定。如果预先计算的子样数已采够，但该采样单元煤尚未流完，则应以相同的时间/质量间隔继续采样，直至煤流结束。

b. 子样间隔。为保证实际采取的子样数不少于规定的最少子样数，实际子样时间/质量间隔应等于或小于计算的子样间隔。

● 时间基采样。从煤流中采取子样，每个子样的位置用一时间间隔来确定，子样质量与采样时的煤流量成正比。

采取子样的时间间隔 Δt（h）按式（3-6）计算：

$$\Delta t \leqslant \frac{60 m_{sl}}{Gn} \tag{3-6}$$

式中　m_{sl}——采样单元煤量，t；

　　　G——煤最大流量，t/h；

　　　n——总样的初级子样数目。

● 质量基采样。从煤流或静止煤中采取子样，每个子样的位置用一质量间隔来确定，子样质量固定。

采取子样的质量间隔 Δm（t）按式（3-7）计算：

$$\Delta m \leqslant \frac{m_{sl}}{n} \tag{3-7}$$

式中　m_{sl}——采样单元煤量，t；

　　　n——总样的初级子样数目。

子样质量与煤的流量成正比，初级子样质量应大于式（3-4）的计算值。

② 分层随机采样。分层随机采样不是以相等的时间或质量间隔采取子样，而是在质量基采样和时间基采样划分的时间或质量间隔内以随机采取一个子样。

采样过程中煤的品质可能会发生周期性的变化，应避免其变化周期与子样采取周期重合，否则将会带来不可接受的采样偏倚。为此可采用分层随机采样方法。

分层随机采样中，两个分属于不同的时间或质量间隔的子样很可能非常靠近，因此初级采样器的卸煤箱应该至少能容纳两个子样。

a. 子样分布。子样在预先设定的每一时间间隔（时间基采样）或质量间隔（质量基采样）内随机采取。

b. 子样间隔。时间和质量间隔仍然按式（3-6）和式（3-7）分别计算，然后将每一时间/质量间隔从 0 到该间隔结束的时间（s 或 min）/质量（t）数划分成若干段，用随机的方法（如抽签等），决定各个时间/质量间隔内的采样时间/质量段，并到此时间/质量数时抽取子样。

（2）停皮带采样法　有些采样方法趋向于采集过多的大块或小粒度煤，因此很有可能引入偏倚。最理想的采样方法是停皮带采样法。它是从停止的皮带上取出一全横截段作为一子样，是唯一能够确保所有颗粒都能采到的、从而不存在偏倚的方法，是核对其他方法的参比方法。但在大多数常规采样情况下，停皮带采样操作是不实际的，故该方法只在偏倚试验时作为参比方法使用。

停皮带子样在固定位置、用专用采样框采取，采样框由两块平行的边板组成，板间距离至少为被采样煤标称最大粒度的 3 倍且不小于 30mm，边板底缘弧度与皮带弧度相近。采样时，将采样框放在静止皮带的煤流上，并使两边板与皮带中心线垂直。将边板插入煤流至底缘与皮带接触，然后将两边板间煤全部收集。阻挡边板插入的煤粒按左取右舍或者相反的方式处理，即阻挡左边板插入的煤粒收入煤样，阻挡右边板插入的煤粒弃去，或者相反。开始采样怎样取舍，在整个采样过程中也怎样取舍。粘在采样框上的煤应刮入试样中。

2. 静止煤采样方法

静止煤采样方法适用于火车、汽车、驳船、轮船等载煤和煤堆的采样。

静止煤采样应首选在装/堆煤或卸煤过程中进行，如不具备在装煤或卸煤过程中采样的条件，也可以对静止煤直接采样。在从火车、汽车和驳船顶部采样的情况下，在装车（船后应立即采样；在经过运输后采样时，应挖坑至 $0.4\sim0.5m$ 采样，取样前应将滚落在坑底的煤块和矸石清除干净。采样时，采样器应不被试样充满或从中溢出，而且子样应一次采出，多不扔，少不补。

采取子样时，探管/钻取器或铲子应从采样表面垂直（或成一定倾角）插入。采取子样时不应有意地将大块物料（煤或矸石）推到一旁。

(1) 子样位置的选择　子样位置可按照系统采样法和随机采样法选择。

① 系统采样法。系统采样法是将采样车厢/驳船表面分成若干个面积相等的小块并编号，然后依次轮流从各车/船的各个小块中采取 1 个子样，第 1 个子样从第一车/船的小块中随机采取，其余子样顺序从后继车/船中轮流采取。

② 随机采样法。随机采样法是将采样车厢/驳船表面分成若干面积相等的小块并编号。制作数量与小块相等的牌子并编号，一个牌子对应于一个小块，将牌子放入一个袋子中。决定第 1 个采样车/船的子样位置时，从袋中取出数量与需从该车/船采取的子样数相等的牌子，并从与牌子号相应的小块中采取子样，然后将抽出的牌子放入另一个袋子中；决定第 2 个采样车/船子样位置时，从原袋剩余的牌子中，抽取数量与需从该车/船采取的子样数相等的牌子，并从与牌子号相应的小块中采取子样。以同样的方法，决定其他各车/船的子样位置。当原袋中牌子取完时，反过来从另一袋子中抽取牌子，再放回原袋。如此交替，直到采样完毕。

(2) 子样的采取

① 火车采样。当要求的子样数等于或少于一采样单元的车厢数时，每一车厢采取一个子样；当要求的子样数多于一采样单元的车厢数时，每一车厢应采的子样数等于总子样数除以车厢数，如除后有余数，则余数子样应分布于整个采样单元，分布余数子样的车厢可用系统或随机方法选择。子样位置应逐个车厢不同，以使车厢各部分的煤都有相同的机会被采出。

a. 子样数目和子样的质量确定。子样数目和子样的质量按规定确定，精煤、其他洗煤和粒度大于 100mm 的块煤每车至少取 1 个子样。

b. 子样点布置。

● 系统采样法。本法仅适用于每车采取的子样相等的情况。将车厢分成若干个边长为 $1\sim2m$ 的小块并编上号（如图 3-1 所示），在每车子样数超过 2 个时，还要将相继的、数量与欲采子样数相等的号编成一组并编号。如每车采 3 个子样时，则将 1、2、3 号编为第一组，4、5、6 号编为第二组，依此类推。先用随机方法决定第一个车厢采样点位置或组位置，然后顺着与其相继的点或组的数字顺序、从后继的车厢中依次轮流采取子样。

● 随机采样法。将车厢分成若干个边长为 $1\sim2m$ 的小块并编上号（一般为 15 块或 18 块，图 3-1 为 18 块示例），然后以随机方法依次选择各车厢的采样点位置。

② 汽车和其他小型运载工具采样。载重 20t 以上的汽车，按火车采样方法选择车厢。载重 20t 以下的汽车，当要求的子样数等于一采样单元的车厢数时，每一车厢采取

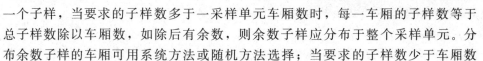

1	4	7	10	13	16
2	5	8	11	14	17
3	6	9	12	15	18

图 3-1　火车采样子样分布示意

一个子样，当要求的子样数多于一采样单元车厢数时，每一车厢的子样数等于总子样数除以车厢数，如除后有余数，则余数子样应分布于整个采样单元。分布余数子样的车厢可用系统方法或随机方法选择；当要求的子样数少于车厢数

M3-1 煤炭
采样（汽车）

时，应将整个采样单元均匀分成若干段，然后用系统采样或随机采样方法，从每一段采取 1 个或数个子样。

子样位置选择与火车采样原则相同。

③ 驳船采样。轮船采样应在装船或卸船时，在其装（卸）的煤流中或小型运输工具如汽车上进行。驳船采样的子样分布原则上与火车采样相同，因此驳船采样可按火车采样方法进行。

④ 煤堆采样。煤堆的采样应当在堆/卸煤过程中，或在迁移煤堆过程中，于皮带输送煤流上、小型运输工具如汽车上、堆/卸过程中的各层新工作表面上，斗式装载机卸下的煤上以及刚卸下并未与主堆合并的小煤堆上采取子样。不要直接在静止的、高度超过 2m 的大煤堆上采样。当必须从静止大煤堆采样时，必须按照规定程序进行，但其结果可能存在较大偏倚，精密度也比较差。此外，从静止大煤堆，不能采取仲裁煤样。

在堆/卸煤新工作面、刚卸下的小煤堆采样时，根据煤堆的形状和大小，将工作面或煤堆表面划分成若干区，再将区分成若干面积相等的小块（煤堆底部的小块应距地面 0.5m），然后用系统采样法或随机采样法决定采样区和每区采样点（小块）的位置，从每一小块采取 1 个全深度或深部或顶部煤样，在非新工作面情况下，采样时应先除去 0.2m 的表面层。在斗式装载机卸下煤中采样时，将煤样卸在一干净表面上，然后按系统采样法采取子样。

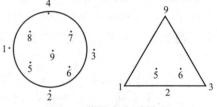

煤堆采样按九点采样法采取（见图 3-2），每点采样不可少于 2kg，采样深度不可小于 0.5m，各点要按顶、腰、底分布均匀，底的部位距地面 0.5mm。

图 3-2　煤堆九点采样法

3. 其他用途煤样的采取

煤炭分析用煤样有一般分析用试样（用于煤的一般物理、化学特性测定的试样），全水分试样（专门用于全水分测定的试样），共用试样（为了多种用途，如全水分和一般物理、化学特性测定而采取的试样），物理试样（专门为特种物理特性，如物理强度指数或粒度分析而采取的试样）。

用于全水分测定的样品可以单独采取，也可以从共用试样中抽取. 在从共用试样中分取水分试样的情况下，采取的初级子样数目应当是灰分或水分所需的数目中较大的那个数目，如果在取出水分试样后，剩余试样不够其余测试所需要的质量，则应增加子样数目至总样质量满足要求。

在必要的情况下（如煤非常湿），可单独采取水分试样. 在单独采取水分试样时，应考虑以下几点：

① 煤在贮存中由于泄水而逐渐失去水分；

② 如果批煤中存在游离水，它将沉到底部，因此随着煤深度的增加，水分含量也逐渐增加；

③ 如在长时间内从若干批中采取水分试样，则有必要限制试样放置时间。

因此，最好的方法是在限制时间内从不同水分水平的各个采样单元中采取子样。

三、生产煤样采取方法

生产煤样是煤矿在正常生产情况下，在一个整班的采煤过程中采出的能代表生产煤的物理、化学性质和工艺特性的煤样。生产煤样经分析试验后，可了解生产矿井的煤炭质量指标，掌握煤炭的洗选性能，确定煤炭的合理利用途径。

1. 采取生产煤样的总则

生产矿井的生产煤样必须在煤层正常生产作业条件下采取，能代表该煤层在本采样周期内的毛煤质量。

在采取生产煤样的同时，必须按《煤层煤样采取方法》（GB/T 482—2008）的规定采取煤层煤样。

2. 生产煤样的采样要点

按国家煤炭行业标准《生产煤样采取方法》（MT/T 1034—2006）的要求，生产煤样的采样要点如下。

① 生产煤样的子样个数不得少于 30 个；子样质量不得少于 90kg。生产煤样总质量可根据不同用途按照《煤炭筛分试验方法》（GB/T 477—2008）的规定确定。即设计用煤样不少于 10t；矿井生产用煤样不少于 5t；不做浮沉试验时不少于 2.7t；选煤厂原料煤及其产品煤样按粒度上限确定：300mm 不少于 6t，100mm 不少于 2t，50mm 不少于 1t。

② 生产煤样的采样时间必须以一个生产日（循环班）为单位，将应采取的子样个数按产量比例分配到各个生产班。生产煤样每年采取一次（即采样周期为一年）。对生产期不足三个月的采煤工作面，可不采取生产煤样。

③ 采样前应仔细清除前一班遗留在底板上的浮煤、矸石和杂物。

④ 生产煤样应在确定采样点的输送机煤流中采取，并以截取煤流全横断面的煤作为一个子样。采出的煤样应单独装运。对采样点没有输送机的生产矿井，可采用其他方法采样，但需在报告中注明。

⑤ 同一矿井的同一煤层各采煤工作面的煤层性质、结构、储存条件和采煤方法基本相同时，选择一个采煤工作面采取生产煤样。如果差别较大时，生产煤样应在不同采煤工作面分别采取。

⑥ 每次过秤的煤样质量，不得少于增铊磅秤最大称量的 1/5。磅秤最大称量为 500kg，感量 0.2kg。

3. 采取生产煤样时应注意的问题

① 生产煤样采取、运输和存放时，应谨慎小心，避免煤样破碎、污染、日晒、雨淋和损失。

② 生产煤样不得在贮煤场、煤仓或船舱内采取，也不得在煤车内挖取。

③ 生产煤样放置时间不得超过 3 天，对于易风化煤的放置时间应尽量缩短。

④ 生产煤样采取后，应立即填写报告表，报告表格式见表 3-7。

表 3-7　采取生产煤样报告表

煤层煤样编号：_____ 填表日期：_____ 年____ 月____ 日
生产煤样编号：_____ 采样日期：_____ 年____ 月____ 日
1. _____ 矿务局 _____ 矿____ 井____ 层
2. 本煤层年产量占全矿(井)年产量百分数：_____
3. 采样地点：_____ 水平 _____ 翼 _____ 采区 _____ 工作面
4. 采样工作面的产量占煤层年产量的百分数：_____
5. 采样方法：_____
6. 总样质量：_____ kg；子样个数：_____
7. 煤层倾斜和走向：_____
8. 煤层厚度和开采厚度：_____
9. 采煤方法：_____
10. 井下运输情况：_____
11. 采煤工作面支持情况和顶板管理：_____
12. 井下拣矸情况：_____
13. 煤质检查部门负责人：_____ 采样人：_____

四、煤层煤样采取方法

1. 煤层煤样及其采取目的

按规定在矿井的采掘工作面，探巷或坑道中从一个煤层采取的煤样称为煤层煤样。煤层煤样可以代表该煤层的性质、特征，用以确定该煤层的开采及使用价值。煤层煤样的分析试验结果，既是煤质资料汇编的重要内容，又是生产矿井编制毛煤质量计划和提高产煤质量的重要依据。煤层煤样包括分层煤样和可采煤样两种。

分层煤样指按规定从煤和夹石层的每一自然分层中分别采取的试样。当夹石层厚度大于0.03m时，作为自然分层采取。采取分层煤样的目的在于鉴定各煤分层和夹石层的性质及核对可采煤样的代表性。

可采煤样是指按采煤规定的厚度应采取的全部试样（包括煤分层和夹石层）。其采取范围包括应开采的全部煤分层和厚度小于0.30m的夹石层；对于分层开采的厚煤层，则按分层开采厚度采取。采取可采煤样的目的在于确定应开采的全部煤分层及夹石层的平均性质。

2. 采取煤层煤样的总则

按国家标准《煤层煤样采取方法》（GB/T 482—2008）的要求，采取煤层煤样应遵循以下要点。

① 煤层煤样包括分层煤样和可采煤样。分层煤样和可采煤样应同时采取。在采样前，必须剥去煤层表面氧化层。

② 对露天矿，开采台阶高度在3.00m以下的煤层按本方法采取，台阶高度超过3.00m用本方法采取确有困难时，可用回转式钻机取出煤芯，作为可采煤样。

③ 煤层煤样应在矿井掘进巷道中和回采工作面上采取。对主要巷道的掘进工作面，每前进100～500m至少采取一个煤层煤样；对回采工作面每季至少采取一次煤层煤样，采取数目按回采工作面长度确定。小于100m的采1个，100～200m的采2个，200m以上的采3个。如煤层结构复杂，煤质变化很大时，应适当增采煤层煤样。

④ 煤层煤样应在地质构造正常的地点采取，但如果地质构造对煤层破坏范围很大而又必须采样时，也应进行采样。

⑤ 煤层煤样由煤质管理部门负责采取，具体采样地点须按本标准规定，如遇特殊情况可和地质部门共同确定。

⑥ 采样工作应严格遵守《煤矿安全规程》，确保人身安全。

3. 煤层煤样采取方法

（1）采取煤层煤样的准备工作　首先剥去煤层表面氧化层，并仔细平整煤层表面，平整后的煤层表面必须垂直顶、底板。然后在平整过的煤层表面上，由顶至底画四条垂直顶、底板的直线，直线之间的距离当煤层厚度大于或等于1.30m时，为0.10m；当煤层厚度小于1.30m时，为0.15m；若煤层松软，第二、三条线之间的距离可适当放宽。在第一、二条线之间采取分层煤样，在第三、四条线之间采取可采煤样，刻槽深度均为0.05m。

（2）分层煤样的采取方法　在第一、二条线间标出煤和夹石的各个自然分层，量出各个自然分层的厚度和总厚度，并加以核实。详细记录各个自然分层的岩性、厚度及其他与煤层有关事项。

在采样点的底板上放好一块铺布，使采下来的煤样都能落在铺布上，按自然分层分别采取。每采下一个自然分层即全部装入煤样袋内，并将袋口扎紧，铺布清理干净，接着再采取另一个自然分层，直到采完为止。对于厚度不大于0.3m的夹石层应归入到相邻的煤分层中采取，采样时，线内分层中的煤或夹石层都得采下，且不得采取线外的煤或夹石。

每个煤样袋均需附有按规定填好的标签。标签规定格式如表 3-8 所示。

表 3-8 标签[①]规定格式

a. 煤层煤样报告表编号：_____
b. 工作面编号：_____
c. _____煤样编号：_____
d. 采样人：_____
e. 采样时间：_____年_____月_____日

① 标签填好后装入标签塑料袋。

分层煤样编号：×-分-×。例，2-分-4 表示第二号煤层的第四个分层煤样。

（3）可采煤样的采取方法　在采样点的底板上放好一块铺布，使采下的煤样都能落在铺布上，将开采时应采的煤分层及夹石层一起采取，所采煤样全部装入煤样袋内，每个煤样袋均需附有按规定填好的标签（见表 3-8）。采样时，线内应采的煤和夹石都得采下，且不得采取线外的煤和夹石。

可采煤样编号：×-可-1、2、3…例，2-可-1、2、3…表示第二号煤层的可采煤样，包括 1、2、3…分层。

4. 样品制备与可采煤样代表性核对

① 样品制备。采完煤层煤样以后应及时送到制样室按 GB 474—2008 规定制备。分层煤样制备成一般分析试验煤样，可采煤样根据化验项目要求进行制样，通常应制备出全水分煤样和一般分析试验煤样。不得在井下处理煤样。

② 分层煤样的加权平均灰分。按 GB/T 217—2008 真相对密度测定方法和 GB/T 212—2008 工业分析和 GB/T 217—2008 真相对密度测定方法测定每一分层煤样的水分、真相对密度和灰分。根据测定结果，分别计算全部分层煤样、应开采部分分层煤样和煤分层煤样的加权平均灰分，其计算公式如下：

$$\overline{A}_d = \frac{A_{d1}t_1 \mathrm{TRD}_1 + A_{d2}t_2 \mathrm{TRD}_2 + \cdots + A_{dn}t_n \mathrm{TRD}_n}{t_1 \mathrm{TRD}_1 + t_2 \mathrm{TRD}_2 + \cdots + t_n \mathrm{TRD}_n} \tag{3-8}$$

式中　　　　　$\overline{A}_d$——煤样的加权平均灰分（干燥基）质量分数，%；

A_{d1}，A_{d2}，…，A_{dn}——第 1，2，…，n 个煤分层或夹石层的灰分（干燥基）质量分数，%；

t_1，t_2，…，t_n——第 1，2，…，n 个煤分层或夹石层的厚度，m；

TRD_1，TRD_2，…，TRD_n——第 1，2，…，n 个煤分层或夹石层的真相对密度。

③ 可采煤样代表性核对。按 GB/T 212—2008 测定可采煤样的水分和灰分，比较应开采部分各分层煤样的加权平均灰分与可采煤样灰分，它们之间的相对差值 Δ 不得超过 10%，可采煤样的代表性符合要求；否则，可采的煤样缺乏代表性，应作废，重新采取。

其相对差值 Δ 按下式计算：

$$\Delta = \frac{\overline{A}_{d,\mathrm{开}} - \overline{A}_{d,\mathrm{可}}}{(A_{d,\mathrm{开}} + A_{d,\mathrm{可}})/2} \times 100 \tag{3-9}$$

式中　$\overline{A}_{d,\mathrm{开}}$——应开采部分分层煤样的加权平均灰分（干燥基）质量分数，%；

$\overline{A}_{d,\mathrm{可}}$——可采煤样灰分（干燥基）质量分数，%。

5. 煤层煤样的化验

① 分层煤样应进行水分、灰分和真相对密度的测定。

② 可采煤样代表性经核对合格后进行工业分析和全水分、全硫、发热量、真相对密度

等项目的测定。每个煤层每年至少选两个代表性的煤层煤样根据需要按 GB/T 474—2008 规定制原煤和浮煤试样（原煤试样为按 GB/T 474—2008 规定进行煤样减灰后的试样）并做有关项目分析。

③ 厚度的测量及灰分、真相对密度的计算结果取小数点后两位报告。

④ 按表 3-9 的格式填写煤层煤样报告表，并且绘制柱状图（包括伪顶、伪底的厚度）。

表 3-9　煤层煤样报告表

第___号　　　　　采样日期_____年___月___日

　　　　　　　　　填表日期_____年___月___日

1. _____矿务局_____矿___井___层

2. 采样地点：_____

3. 工作面情况（顶板、底板和出水情况）：_____

4. 煤层厚度与灰分（按分层煤样计算）

① （全部）分层厚度_____m，灰分 $\overline{A}_d$ _____%

② 应开采部分分层厚度_____m，灰分 $\overline{A}_d$ _____%

③ 煤分层厚度_____m，灰分 $\overline{A}_d$ _____%

5. 可采煤样的编号：_____可_____

6. 可采煤样的分析试验结果

项目	M_t/%	M_{ad}/%	A_d/%	V_{daf}/%	焦渣特性/(1~8)	w_d(FC)/%	w_d(St)/%	$Q_{gr,d}$/(MJ/kg)	…
原煤									
浮煤									

【例题 3-1】 有一个煤层，总厚度为 1.62m，由三个煤分层和两个夹石层组成。该煤分层和夹石层的厚度、灰分和真相对密度如表 3-10 所示，可采煤样灰分（干燥基）为 19.37%。计算其全部分层样、应开采部分分层样和煤分层样的加权平均灰分，并判断所采煤样代表性是否符合要求。

表 3-10　某矿煤分层和夹石层的厚度、灰分和真相对密度

煤 层 结 构	厚度/m	灰分 A_d/%	真相对密度 TRD_d
第一分层（煤）	0.30	10.00	1.31
每二分层（单独采除的夹石）	0.30	80.00	2.15
第三分层（煤）	0.40	8.00	1.30
第四分层（夹石）	0.12	85.00	2.20
第五分层（煤）	0.50	12.00	1.32

解　① 全部分层样的加权平均灰分（%）

$$\frac{10.00\times0.30\times1.31+80.00\times0.30\times2.15+8.00\times0.40\times1.30+85.00\times0.12\times2.20+12.00\times0.50\times1.32}{0.30\times1.31+0.30\times2.15+0.40\times1.30+0.12\times2.20+0.50\times1.32}$$

$=36.28$

② 应开采部分分层样的加权平均灰分（%）

$$\frac{10.00\times0.30\times1.31+8.00\times0.40\times1.30+85.00\times0.12\times2.20+12.00\times0.50\times1.32}{0.30\times1.31+0.40\times1.30+0.12\times2.20+0.50\times1.32}$$

$=20.93$

③ 煤分层样的加权平均灰分（%）

$$\frac{10.00\times0.30\times1.31+8.00\times0.40\times1.30+12.00\times0.50\times1.32}{0.30\times1.31+0.40\times1.30+0.50\times1.32}=10.18$$

④ 应开采部分分层煤样的加权平均灰分与可采煤样灰分之间的相对差值（％）

$$\Delta=\frac{20.93-19.37}{(20.93+19.37)/2}\times100=7.74$$

此 Δ 值小于 10％，所采煤样符合要求。

答：此煤层全部分层样、应开采部分分层样和煤分层样的加权平均灰分分别为 36.28％、20.93％和 10.18％，由分析可知所采煤样代表性符合要求。

第二节　煤样的制备

煤炭是一种化学组成和粒度组成都很不均匀的混合物，采样量一般较大。例如煤层煤样，约有 100kg；商品煤样，若从火车顶部采集，一般为几十千克至几百千克；生产煤样，少则 3～5t，多则 10t 以上。而煤质分析所需要的试样，根据测试项目的要求，一般只需几克到几百克。由此可见，煤样采集之后，不可能直接进行分析检验，还需经过制样过程，由大量的总样中分取出很少一部分组成和总样基本一致的试样。

M3-2 煤样的
制备过程

制样就是使煤样达到分析或试验状态的过程，制样时按一定方法将原始煤样的质量逐渐减少到分析煤样所需要的质量，而使其化学组成和物理性质与原始煤样保持一致。制样的目的是将采集煤样，经过破碎、混合和缩分等程序，制备成能代表原来煤样的分析用煤，即必须使保留和弃去的两部分品质很接近。如果保留下来的试验用煤不能代表原始煤样的特性，下步进行的分析试验再准确，其结果也毫无意义。因此，对于已采集到的煤样而言，制样是关系到分析试验是否准确和具有实际意义的最重要的环节。

一、煤样制备的程序

煤样的制备包括破碎、混合和缩分过程，有时还包括筛分和空气干燥过程，可分成几个阶段进行。

1. 破碎

试样破碎是用破碎和研磨的方法减小试样粒度的制样过程，是保持煤样代表性并减少其质量的准备工作，其目的是增加试样颗粒数，减小缩分误差。同样质量的试样，粒度越小，颗粒数越多，缩分误差越小。但破碎耗时间、耗体力、耗能量，而且会产生试样特别是水分损失。因此，制样时不应将大量大粒度试样一次破碎到试验试样所要求的粒度，而应采用多阶段破碎缩分的方法来逐渐减小粒度和试样量，但缩分阶段也不宜多。破碎的方法有两种：即机械方法和人工方法，破碎最好用机械设备，但允许用人工方法将大块试样破碎到第一破碎阶段的最大供料粒度。

煤炭制样室通常把破碎分为粗碎、中碎和细碎，以区别不同的制样阶段。粗碎是指将较大块度的煤样破碎至小于 25～6mm，主要设备有颚式破碎机、较大的锤式破碎机、圆锥式联合破碎缩分联合机等；中碎是指将小于 13mm（或小于 6mm）的煤样破碎至 3mm（或小于 1mm），中碎机主要包括光面对辊破碎机、小型锤式破碎机等；细碎是指将 3mm（或小于 1mm）的煤样破碎至小于 0.2mm。细碎机目前主要有钢制球（棒）磨机和振动式密封粉碎机等。

破碎机的出料粒度取决于机械的类型及破碎口尺寸（颚式、对辊式）或速度（锤式、球式）。破碎机要求破碎粒度准确，破碎时试样损失和残留少；用于制备全水分、发热量和黏结性等煤样的破碎机，更要求破碎机生热和空气流动程度尽可能小。因此，不宜使用圆盘磨和转速大于 950r/min 的锤碎机和高速球磨机（大于 20Hz）。制备有粒度范围要求的特殊试验样时应采用逐级破碎法。破碎设备经常用筛分法来检验其出料标称最大粒度。

2. 混合

混合是将煤样混合均匀的过程。从理论上讲，缩分前进行充分混合会减小制样误差，但实际并非如此。如在使用机械缩分器时，缩分前的混合对保证缩分精密度没有多大必要，而且混合还会导致水分损失。一种可行的混合方法，是使试样多次（3次以上）通过二分器，每次通过后，把试样收集起来，再供入缩分器。在制样最后阶段，用机械方法对试样进行混合能提高分样精密度。

3. 缩分

缩分是将试样分成具有代表性的几部分，使一份或多份留下来的操作过程。目的在于从大量煤样中取出一部分煤样，而不改变物料平均组成，缩分是制样最关键的程序。缩分可在任意阶段进行，缩分后试样的最小质量应满足表3-4、表3-5的要求。煤样缩分可分为人工缩分法和机械缩分法。为减少人为误差，应尽量使用机械方法缩分。当机械缩分使试样完整性破坏，如水分损失、粒度离析等时，或煤的粒度过大无法使用机械缩分时，应该用人工方法缩分。人工方法本身可能会造成偏倚，特别是当缩分煤量较大时。

（1）人工缩分法　人工缩分法包括二分器法、条带截取法、堆锥四分法、棋盘式缩分法和九点取样法。

① 二分器法。二分器是一种简单而有效的缩分器，具有混合和缩分的双重功能，故使用二分器缩分煤样，缩分前可不混合。二分器是由两组相对交叉排列的格槽及接收器组成，两侧格槽数相等，每侧至少8个（如图3-3所示），格槽对水平面的倾斜度至少为60°，格槽开口尺寸至少为试样标称最大粒度的3倍，但不能小于5mm。缩分时，应使试样呈柱状沿二分器长度来回摆动供入格槽，供料要均匀并控制供

M3-3 二分器

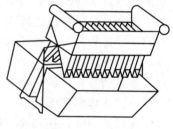

图 3-3　二分器

料速度，勿使试样集中于某一端，勿发生格槽阻塞。当缩分需分几步或几次通过二分器时，各步或各次通过后，应交替的从两侧接收器中收取留样。

② 堆锥四分法。此法是一种比较方便的方法，兼有混合和缩分的操作，但有粒度离析，操作不当会产生偏倚。为保证缩分精密度，堆锥时，应将试样一小份、一小份地从样堆顶部撒下，使之从顶到底、从中心到外沿形成有规律的粒度分布，并至少倒堆3次。摊饼时，应从上到下逐渐拍平或摊平成厚度适当的扁平体。分样时，将十字分样板放在扁平体的正中间，向下压至底部，煤样被分成四个相等的扇形体，如图3-4所示。将相对的两个扇形体弃去，另两个扇形体留下继续下一步制样。为减少水分损失，操作要快。

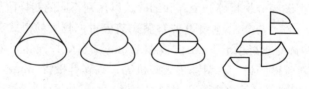

图 3-4　堆锥四分法缩分示意

③ 棋盘式缩分法。将试样充分混合后，铺成一厚度不大于试样标称最大粒度3倍且均匀的长方块。如试样量大，铺成的长方块大于$2m×2.5m$，则应铺2个或2个以上质量相等的长方块，并将各长方块分成20个以上的小块，再从各小块中部分别取样。取样应使用平底取样

小铲和插板，小铲的开口尺寸至少为试样标称最大粒度的 3 倍，边高应大于试样堆厚度。取样时，先将插板垂直插入试样层至底部，再插入铲至样层底部，将铲向插板方向水平移动至两者合拢，提起取样铲和插板，取出试样（如图 3-5 所示）。为保证缩分精密度和防止水分损失，混合和取样操作要迅速，取样时样品不要撒落，从各小方块中取出的子样量要相等。

④ 条带截取法。将试样充分混合后，顺着一个方向随机铺放成一长带状，带长至少为宽度的 10 倍。铺带时，在带的两端堵上挡板，使带的离析只在带的两侧产生。然后用一宽度至少为试样标称最大粒度 3 倍、边高大于试样带厚度的取样框，沿样带长度，每隔一定距离截取一段试样为子样，如图 3-6 所示，将所有子样合并为缩分后试样。每一试样一般至少截取 20 个子样。

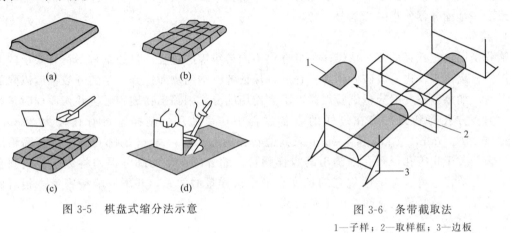

图 3-5 棋盘式缩分法示意

图 3-6 条带截取法
1—子样；2—取样框；3—边板

⑤ 九点取样法。此法只适合全水分煤样的缩分。用堆锥法将试样掺和一次后摊开成厚度不大于标称最大粒度 3 倍的圆饼状，然后用与棋盘式缩分法类似的取样铲和操作从图 3-7 所示的 9 点中取 9 个子样，合成一全水分试样。

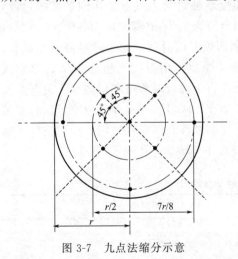

图 3-7 九点法缩分示意

（2）机械缩分法 机械缩分法可对未经破碎的单个子样、多个子样或总样进行，也可对破碎到一定粒度的试样进行，可采用定质量缩分或定比缩分的方式。定质量缩分是指保留的试样质量一定，并与被缩分试样质量无关的缩分方式。定比缩分是以一定的缩分比，即保留的试样量和被缩分的试样量成一定的比例的缩分方法。缩分时，各次切割样（初级采样器或试样缩分器切取的子样）质量应均匀，为此，供入缩分器的煤流应均匀，切割器开口应固定，尺寸至少应为被切割煤标称最大粒度的 3 倍，且有足够的容量能完全保留试样或使其完全通过，供料方式应使煤流的粒度离析减到最小。为最大限度地减小偏倚，缩分时，第一次切割应在第一切割间隔内随机进行。对于第二和第三缩分器，后一切割器的切割周期不应和前一切割器的切割周期重合。对于定质量缩分，切割间隔应随被缩分煤的质量成比例变化，以使缩分出来的试样质量一定；对于定比缩分，切割间隔应固定，与被缩分煤的质量变化无关，以使缩分出来的试样质量与供料质量成正比。

一个子样的缩分数，对定质量缩分，初级子样的最少切割次数为 4，且同一采样单元的各初级子样的切割次数应相等；对定比缩分，一个平均质量初级子样的最少切割次数为 4；缩分后的初级子样进一步缩分时，每一切割样至少应再切割一次。

每一缩分阶段的全部缩分后子样合并的总样的质量应不小于表 3-4 和表 3-5 规定的采样目的和标称最大粒度下的质量，且子样质量应满足式（3-4）的要求，如果子样质量太少，不能满足上述两个要求，应将其进一步破碎后再缩分。

全部子样或缩分后子样的合成试样缩分的最少切割次数为 60 次。如试样质量太少，则应改为人工方法缩分，粒度小于 13mm 的试样，应用二分器缩分。

缩分可在任意阶段进行，当一次缩分后的质量大于要求质量时，可将缩分后试样用原缩分器或下一个缩分器作进一步缩分。

4. 筛分

筛分是用选定孔径的筛子从煤样中分选出不同粒级煤的过程。目的是将不符合要求的大粒度煤样分离出来，进一步破碎到规定程度，保证各不均匀物质达到一定的分散程度以降低缩分误差。如果制备一般分析试验煤样，不宜使用筛分，因筛出物破碎后再并入原样时很难混合均匀。方孔筛和圆孔筛在煤样的制备过程中均可使用，制样室备有孔径为 25mm、13mm、6mm、3mm、1mm 和 0.2mm 及其他孔径的方孔筛，3mm 的圆孔筛。方孔筛筛出的煤样颗粒大于相等孔径圆孔筛筛出的煤样颗粒，缩分时产生的缩分误差将大于使用圆孔筛，但只要留样量符合标准中规定的粒度和最小留样量的关系，并不影响精密度。相对而言，方孔筛筛分所需要的时间要少于圆孔筛。

5. 空气干燥

干燥是除去煤样中大量水分的操作过程，其目的在于使煤样顺利通过破碎机、筛子、缩分机或二分器。干燥不是制样过程中必不可少的步骤，因此也没有固定的次序，除个别极干燥的煤外，一般都需要在煤样制备的一定阶段进行干燥。

空气干燥是指将煤样铺成均匀的薄层、在环境温度下使之与大气湿度达到平衡的过程，煤层厚度不能超过煤样标称最大粒度的 1.5 倍或表面负荷为 $1g/cm$（哪个厚用哪个）。表 3-11 给出了在环境温度小于 40℃，使煤样与大气达到平衡所需要的时间。如果需要可适当延长，但延长的时间应尽可能短，特别是对易氧化煤。煤样干燥也可用温度不超过 50℃、带空气循环装置的干燥室或干燥箱进行，但干燥后、称样前应将干燥煤样置于环境温度下冷却并使之与大气湿度达到平衡。冷却时间视干燥温度而定，如在 40℃ 下干燥，则一般冷却 3h 即足够。但易氧化煤、受煤的氧化影响较大的测定指标（如黏结性和膨胀性）用煤样、空气干燥作为全水分测定的一部分的煤样，不应在高于 40℃ 温度下干燥。

表 3-11　不同环境温度下的干燥时间

环境温度/℃	干燥时间/h
20	不超过 24
30	不超过 6
40	不超过 4

二、煤样的浮选

1. 减灰的概念

在规定密度的重液中浮选，脱除原煤煤样中的矿物质的过程，称为减灰。经一定密度的重液分选，减灰后浮在上部的煤样称为浮煤煤样。当灰分大于10%的原煤，需要用浮煤进行分析试验（如测定煤的胶质层指数、元素分析等）时，为了避免煤中矿物质对试验结果的影响，应将粒度小于3mm的原煤煤样放入重液中减灰。

2. 浮选重液的相对密度

国标GB/T 474—2008规定减灰重液为氯化锌水溶液，其相对密度取决于煤样的煤种。

① 烟煤、褐煤一般用相对密度为1.4的重液减灰，如用该重液减灰后灰分仍大于10%，应另取煤样用相对密度为1.35的重液减灰，如灰分仍大于10%，则不再减灰。

② 无烟煤用的减灰重液相对密度（减灰相对密度）可按原煤样的干燥基真相对密度 $(TRD_{20}^{20})_d$、干燥无矿物质基真相对密度 $(TRD_{20}^{20})_{dmmf}$ 和干燥基灰分（A_d）的关系按式(3-10)计算：

$$(TRD_{20}^{20})_d = (TRD_{20}^{20})_{dmmf} + 0.01A_d \qquad (3-10)$$

减灰相对密度的计算步骤如下。

先按GB/T 212—2008工业分析和GB/T 217—2008真相对密度测定要求分别测出原煤的水分、灰分和真相对密度。用原煤干燥基灰分和干燥基真相对密度按式(3-10)计算出干燥无矿物质基真相对密度，即：

$$(TRD_{20}^{20})_{dmmf} = (TRD_{20}^{20})_d - 0.01A_d$$

根据干燥无矿物质基真相对密度按式(3-11)计算灰分为8%的浮煤的干燥基真相对密度 $(TRD_{20}^{20})_d$。

$$(TRD_{20}^{20})_d = (TRD_{20}^{20})_{dmmf} + 0.01 \times 8 \qquad (3-11)$$

将计算出的 $(TRD_{20}^{20})_d$ 值的小数第二位四舍五入修改为0或5（即0.04及以下均取为0.00；0.05～0.09均取为0.05），即为所需重液的相对密度。

③ 浮选重液（氯化锌水溶液）的配制见表3-12。

表 3-12　重液的相对密度和重液中氯化锌的浓度

相对密度	ZnCl$_2$ 水溶液浓度/(g/L)	相对密度	ZnCl$_2$ 水溶液浓度/(g/L)
1.30	30.4	1.65	55.0
1.35	34.6	1.70	57.8
1.40	38.5	1.75	60.5
1.45	42.2	1.80	62.9
1.50	45.7	1.85	65.4
1.55	49.0	1.90	67.8
1.60	52.1		

3. 浮选操作步骤

根据表3-12配制减灰用重液。煤样减灰之前，先用相对密度计测量重液的相对密度，必要时进行调整，使其达到所要求的值。

先在粒度小于3mm的煤样中加入少量重液，搅拌至全部润湿后，再加足够的重液，充分搅拌，然后放置至少5min，用捞勺沿液面捞起重液上的浮煤，放入布兜或抽滤机中，再用水淋洗净煤粒上的氯化锌。煤化程度低的煤（如褐煤、长焰煤）先用冷水把表面的氯化锌冲掉，然后再用50～60℃的热水浸洗一两次，每次至少5min，最后再用冷水淋洗净。煤粒上的氯化锌淋洗干净的标志是：分别用试管接取同体积的净水和冲洗过煤的水，往试管中各加2滴1%的硝酸银溶液，其乳浊度相同。

减灰后的浮煤，倒入镀锌铁盘或其他不锈金属浅盘中，使煤样厚度不超过5mm，在45~50℃的恒温干燥箱中进行干燥后，再根据化验要求按原煤制样的有关规定制备煤样。

三、煤样的制备

1. 煤样的制备要求

煤炭分析试验煤样可分为全水分煤样、一般分析试验煤样、全水分和一般分析试验共用煤样、粒度分析煤样、其他试验如哈氏可磨指数测定、二氧化碳反应性测定等煤样。煤样制备是规范性很强的操作过程，必须按照相关的标准要求进行。

2. 全水分煤样的制备

测定全水分的煤样既可由水分专用煤样制备，也可在共用煤样制备过程中分取。全水分测定煤样应满足GB/T 211—2017要求，水分专用煤样一般制备程序如图3-8所示。

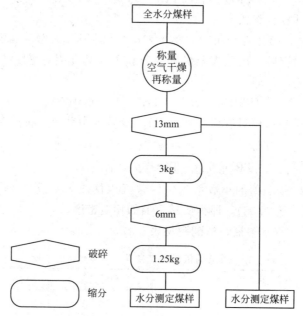

图 3-8　水分专用煤样一般制备程序

需要指出的是图3-8程序仅为示例，实际制样中可根据具体情况予以调整。当试样水分较低而且使用没有实质性偏倚的破碎缩分机械时，可一次破碎到6mm，然后用二分器缩分到1.25kg；当试样量和粒度过大时，也可在破碎到13mm前，增加一个制样阶段。但各阶段的粒度和缩分后试样的质量应符合表3-4和表3-5的要求。全水分煤样的制备要迅速，制样完毕的全水分煤样应储存在不吸水、不透气的密闭容器中（装样量不得超过容器容积的3/4）并准确称量。煤样制备后应尽快进行全水分测定。此外，制样设备及程序应根据GB/T 19494.3—2004要求进行精密度和偏倚试验。

3. 一般分析试验煤样的制备

一般分析试验煤样应满足一般物理化学特性参数测定有关的国家标准要求，煤样制备通常分2~3阶段进行，每阶段由干燥（需要时）、破碎、混合（需要时）和缩分构成。必要时可根据具体情况增加或减少缩分阶段。每阶段的煤样粒度和缩分后煤样质量应符合表3-4和表3-5的要求。为了减少制样误差，在条件允许时，应尽量减少缩分阶段。制备好的一般分析试验煤样应装入煤样瓶中，装样量不得超过容器容积的3/4，以便使用时混合。一般分析试验煤样制备程序如图 3-9 所示。

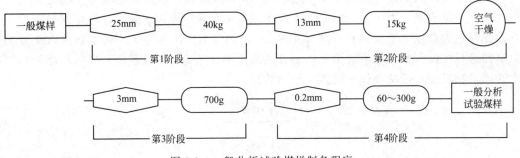

图 3-9　一般分析试验煤样制备程序

4. 共用煤样的制备

在多数情况下，为方便起见，采样时都同时采取全水分测定和一般分析试验用的共用煤样。制备共用煤样时，应同时满足 GB/T 211—2017 和一般分析试验项目国家标准的要求，其制备程序如图 3-10 所示。

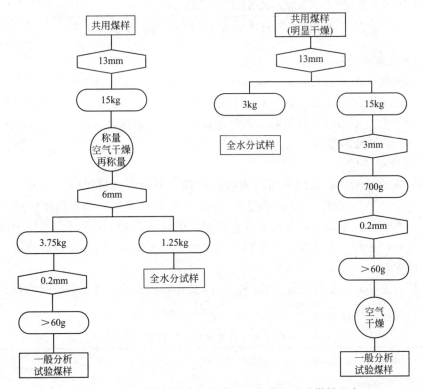

图 3-10　由共用煤样制备全水分和一般分析试验煤样程序

全水分煤样最好用机械方法从共用煤样中分取。当水分过大而又不可能对整个煤样进行空气干燥时，可用人工方法分取。理论上讲，全水分煤样可以在任一阶段抽取，但为防止水分损失，水分煤样应尽可能早抽取。抽取全水分煤样后的留样用以制备一般分析试验煤样，但如用九点法抽取全水分煤样，则应先将之分成两部分（每份煤样量应满足表 3-4 和表 3-5 的要求），一部分制全水分煤样，另一部分制一般分析试验煤样。

5. 粒度分析煤样的制备

粒度分析煤样的制备程序如图 3-11 所示。如果原始煤样质量大于表 3-4 规定的相应标称最大粒度下的质量，则可将其缩分到不少于表 3-4 的规定量，缩分时应避免煤粒破碎。如煤样的标称最大粒度大于切割器开口尺寸的 1/3，则应筛分出粒度大于切割器开口 1/3 的这部分单独进行粒度分析，然后将筛下物缩分到质量不少于表 3-4 规定量再进行粒度分析。取筛上和筛下物粒度分析的加权平均值为最后结果。

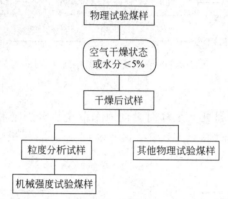

图 3-11 粒度分析和其他物理试验煤样制备程序

6. 其他试验煤样的制备

其他试验用煤样按照一般分析试验煤样和共用煤样的制备方法进行制备，但其粒度和质量应符合有关试验方法的要求，制样程序如图 3-11 所示。粒度要求特殊的试验项目所用煤样，在相应的阶段使用相应设备制取，同时在破碎时采用逐级破碎的方法，即只使大于要求粒度的颗粒破碎，小于粒度的颗粒不再重复破碎。

7. 存查煤样的要求

存查煤样在原始煤样制备的同时，用相同的程序于一定的制样阶段分取。如无特殊要求，一般可以标称最大粒度为 3mm 的煤样 700g 作为存查煤样。存查煤样应尽可能地少缩分，缩分到最大可储存量即可；也不要过多破碎，破碎到从表 3-4 查到的与最大储存质量相应的标称最大粒度即可。存查煤样的保存时间可根据需要确定。商品煤存查煤样，从报出结果之日一般应保存 2 个月，以备复查。

存查煤样，除必须在容器上贴标签外，还应在容器内放入煤样标签，封好。标签格式参见表 3-13。

表 3-13 存查煤样标签格式

分析煤样编号：_____

来样编号：_____

煤矿名称：_____

煤样种类：_____

送样单位：_____

送样日期：_____

制样日期：_____

分析试验项目：_____

备　注：_____

8. 制备煤样应注意的问题

① 煤样室（包括制样、储样、干燥、减灰等房间）应宽大敞亮，不受风雨及外来灰尘的影响，并要有防尘设备。

② 制样应在专门的制样室中进行，制样室应为水泥地面，堆掺缩分区还需要在水泥地面上铺厚度 6mm 以上的钢板。

③ 储存煤样的房间不应有热源，不受强光照射，无任何化学药品。

④ 制样中应避免样品污染，每次制样后应将制样设备清扫干净，制样人员在煤样制备过程中应穿专用鞋。

对不易清扫的密封式破碎机和联合破碎缩分机，只用于处理单一品种的大量煤样时，处理每个煤样之前，可用该煤样的煤通过机器予以"冲洗"，弃去"冲洗"煤后再处理煤样。处理完之后，应反复开、停机器几次，以排净滞留煤样。

⑤ 在下列情况下应对煤样程序和设备进行精密度检验和偏倚试验：

- 首次采用或改变制样程序时；
- 新的缩分机和制样系统投入使用时；
- 对煤样制备的精密度发生怀疑时；
- 其他认为有必要检验煤样制备的精密度时。

⑥ GB 474—2008 要求的煤样和总方差目标值为 $0.05P_L^2$，P_L 为采样、制样和试验的总精密度，制样和试验各阶段产生的误差（以方差表示）可用 GB/T 19494.3 规定的方法检验。

第三节　煤质分析试验中常用基准和结果报告

在煤炭勘探、采选、运输和贸易的众多领域中，煤的工业分析、元素分析及其他煤质分析项目的测定数据具有广泛的用途。为了统一标准和使用方便，中国现行中华人民共和国国家标准（以下简称国标）《煤质及煤分析有关术语》（GB/T 3715—2007）和《煤炭分析试验方法一般规定》（GB/T 483—2007）规定了煤质和煤分析有关的术语、定义、基准及符号。

一、煤炭分析试验的常用基准

煤的工业分析、元素分析及其他煤质分析结果，必须用一定的基准来表示。所谓"基准"（简称"基"），就是表示分析结果是以什么状态下的煤样为基础而得出的。基准若不一致，同一分析项目的计算结果会有很大差异。各种煤的同类分析数据只有在统一的基准下才能进行比较。煤炭分析试验中常用的"基"有空气干燥基、干燥基、收到基、干燥无灰基、干燥无矿物质基、恒湿无灰基和恒湿无矿物质基。

各种基准的符号定义如下。

空气干燥基（air dried basis）。简称空干基。指以与空气湿度达到平衡状态的煤为基准，表示符号为 ad。多用于表示试验室煤质分析项目的最初结果。

干燥基（dry basis）。指以假想无水状态的煤为基准，表示符号为 d。一般在生产中用煤的灰分、硫分、发热量来表示煤的质量时，应采用干燥基。

收到基（as received basis）。指以收到状态的煤为基准，表示符号为 ar。收到基指标在煤炭运销中使用较多，一般用户都要求以收到基表示分析结果。计算物料平衡、热平衡时，也需采用收到基。

干燥无灰基（dry ash-free basis）。指以假想无水、无灰状态的煤为基准，表示符号为daf。在研究煤的有机质特性时，常采用干燥无灰基。

干燥无矿物质基（dry mineral -free basis）。指以假想无水、无矿物质状态的煤为基准，表示符号为 dmmf。在研究高硫煤的有机质特性时，常采用干燥无矿物质基。

恒湿无灰基（moist ash-free basis）。指以假想含最高内在水分、无灰状态的煤为基准，表示符号为 maf。通常将恒温无灰基发热量指标用于煤炭分类中。

恒湿无矿物质基（moist mineral matter-free basis）。指以假想含最高内在水分、无矿物质状态的煤为基准。表示符号为 m，mmf。

上述基准中，由实验室直接测定出的结果一般均是空气干燥基结果，用户可根据需要换算为其他标准。

二、煤炭分析试验的项目符号

我国现行国家标准 GB/T 483—2007 中，采用各分析试验项目的英文名词第一个字母或缩略字，以及各化学成分的元素符号或分子式作为它们的代表符号；对各分析试验项目的细项目符号，采用相应的英文名词的第一个字母或缩略字等，标在有关符号的右下角，煤炭分析试验细项目代表符号的中英文名称对照见表 3-14；为了区别以不同基表示煤炭分析试验结果，采用将英文字母表示的基准标在有关符号的右下角、细项目符号的后面，并用逗号分开。例如空气干燥煤样水分 M_{ad}、干燥无灰基挥发分 V_{daf}、空气干燥基全硫 $S_{t,ad}$、收到基恒容低位发热量 $Q_{net,v,ar}$ 等。

表 3-14 煤炭分析试验细项目代表符号及其英文和中文名称表

代表符号	英文名称	中文名称	代表符号	英文名称	中文名称
b	bomb	弹筒	gr,p	groos,at constant pressure	恒压高位
f	free	外在或游离	gr,v	groos,at constant volume	恒容高位
inh	inherent	内在	net,p	net,at constant pressure	恒压低位
o	organic	有机	net,v	net,at constant volume	恒容低位
p	pyrite	硫化铁	t	total	全
s	sulfate	硫酸盐			

三、煤炭分析试验的结果报告

1. 数据修约规则

凡末位有效数字后面的第一位数字大于 5，则在其前一位上增加 1，小于 5 则弃去；凡末位有效数字后面的第一位数字等于 5，而 5 后面的数字并非全为 0，则在 5 的前一位上增加 1；5 后面的数字全部为 0 时，如 5 前面一位为奇数，则在 5 的前一位上增加 1，如前面一位为偶数（包括 0），则将 5 弃去。所拟舍弃的数字，若为两位以上时，不得连续进行多次修约，应根据所拟舍弃数字中左边第一个数字的大小，按上述规则进行一次修约。

2. 结果报告

煤炭分析试验结果，取 2 次或 2 次以上重复测定值的算术平均值、按上述修约规则修约到表 3-15 规定的位数。

表 3-15　测定值与报告值位数

测定项目	单位	测定值	报告值
锗 镓 氟 砷 硒 铬 铅 铜 镍 锌	μg/g	个位	个位
镉 钴	μg/g	小数点后一位	小数点后一位
哈氏可磨性指数 奥亚膨胀度 奥亚收缩度 黏结指数 磨损指数 罗加指数 年轻煤的透光率 钒 铀	%[1] %[1] mg/kg %[1] % μg/g μg/g	小数点后一位	个位
全水 煤对二氧化碳化学反应性	%	小数点后一位	小数点后一位
葛金低温干馏焦油、半焦、干馏总水产率 热稳定性 最高内在水分 腐殖酸产率 落下强度	%	小数点后二位	小数点后一位
结渣性 工业分析 元素分析 全硫 各种形态硫 碳酸盐二氧化碳 褐煤的苯萃取物产率 灰中硅、铁、铝、钛、钙、镁、钾、硫、磷矿物质 真相对密度 视相对密度	% % % % % % % % 	小数点后二位	小数点后二位
汞 氯 灰中锰 磷 发热量	μg/g % % % MJ/kg J/g	小数点后三位 小数点后三位 个位	小数点后三位 小数点后二位 十位
灰熔融性特征温度 奥亚膨胀度特征温度 煤的着火温度 胶质层指数（X、Y） 坩埚膨胀序数	℃ ℃ ℃ mm 	个位 个位 个位 0.5 1/2	十位 个位 个位 0.5 1/2

①　应有百分数，但报出时不写百分数。

四、煤炭分析试验方法精密度

煤炭分析试验方法的精密度，以重复性限和再现性临界差表示。

重复性限和再现性临界差，按 GB/T 6379.2—2004 通过多个试验室对多个试样进行的协同试验来确定。

重复性限按式(3-12) 计算：

$$r = \sqrt{2}\, t_{0.05} s_r \tag{3-12}$$

再现性临界差按式(3-13) 计算：

$$R = \sqrt{2}\, t s_R \tag{3-13}$$

式中　s_r——实验室内重复测定的单个结果的标准差；

s_R——实验室间测定结果（单个实验室重复测定结果的平均值）的标准差；

$t_{0.05}$——95％概率下的 t 值；

t——特定概率（视分析试验项目而定）下的 t 分布临界值。

第四节　煤的工业分析

煤的工业分析是煤质分析中最基本、最重要的分析项目，包括测定水分、灰分、挥发分和固定碳，并观察焦渣的特征。水分、灰分和挥发分均用定量法测定，固定碳用差余法算出。水分和灰分反映出煤中无机质的数量，而挥发分和固定碳则初步表明了煤中有机质的数量与性质。因此，通过煤的工业分析可大致了解煤的性质，作为进一步研究的基础。

M3-4 煤的工业
分析-水分测定

一、煤中的水分

煤是多孔性固体，含有一定的水分。水分是煤中的无机组分，其含量和存在状态与煤的内部结构及外界条件有关。一般而言，水分的存在不利于煤的加工利用。

1. 煤中水分的存在形式

煤中水分的来源是多方面的，首先在成煤过程中，成煤植物遗体堆积在沼泽或湖泊中，水因此进入煤中；其次是煤层形成后，地下水进入煤层的缝隙中；第三是在水力开采、洗选和运输过程中，煤接触雨、雪或潮湿的空气所致。

依据存在状态的不同，煤中的水分分为外在水分和内在水分；依据结合状态的不同，煤中的水分又分为游离水和化合水。

（1）外在水分和内在水分　煤的外在水分是指在一定条件下煤样与周围空气湿度达到平衡时失去的水分。外在水分在煤的开采、运输、储存和洗选过程中，附着在煤的颗粒表面以及较大直径的毛细孔中。含有外在水分的煤称为"收到煤"，指刚开采出来，或使用单位刚刚接收到，或即将投入使用状态时的煤。

煤的内在水分指在一定条件下煤样与周围空气湿度达到平衡时时保持的水分，它以吸附或凝聚方式存在于煤粒内部的毛细孔中，较难蒸发，加热到 $105\sim110℃$ 时才能蒸发。失去内在水分的煤称为"干燥煤"。

除去外在水分的煤样称为"空气干燥煤样"，也叫"分析煤样"，因此分析煤样中的水分仅为内在水分。当环境温度没有显著变化时，分析煤样中的水分能相对地保持恒定，这就是在分析测定中都以分析煤样为测定基准的主要依据。把煤的外在水分和内在水分之和称为煤的"全水分"。

（2）游离水和化合水　游离水是以附着、吸附等物理状态与煤结合的水，它吸附在煤的外表面和内部孔隙中。煤中的游离水在常压下 105～110℃时经一定时间干燥即可全部蒸发。

化合水是指以化学方式与矿物质结合的，在全水分测定后仍保留下来的水分，即通常所说的结晶水和结合水。如硫酸钙（$CaSO_4 \cdot 2H_2O$）中的结晶水和高岭土 $[Al_2Si_2O_5(OH)_3]$ 中的结合水。化合水含量不大，且必须在更高的温度下才能失去，因此，在煤的工业分析中，一般不考虑化合水。

另外，煤的有机质中氢和氧在干馏或燃烧时生成的水称为热解水，不属于上述三种水分范围，也不是工业分析的内容。

2. 煤中水分与煤质的关系

煤中水分含量的变化范围很大，水分的多少在一定程度上能够反映煤质状况。煤的外在水分与煤化程度没有规律可循，一般而言，煤的粒度越小，煤炭颗粒的外表面积越大，外在水分越高。

煤的内在水分与煤化程度呈现规律性变化，表 3-16 列出了不同煤化程度煤中内在水分的变化情况，可以由其含量大致推断煤的变质程度。

表 3-16 煤中内在水分与煤的煤化程度的关系

煤 种	内在水分（M_{inh}）/%	煤 种	内在水分（M_{inh}）/%
泥炭	5～25	焦煤	0.5～1.5
褐煤	5～25	瘦煤	0.5～2.0
长焰煤	3～12	贫煤	0.5～2.5
气煤	1～5	年轻无烟煤	0.7～3
肥煤	0.3～3	年老无烟煤	2～9.5

由表 3-16 可见，从泥炭→褐煤→烟煤→年轻无烟煤，内在水分逐渐减小，而从年轻无烟煤→年老无烟煤，水分又有所增加。这主要是因为煤的内在水分随煤的内表面积而变化，内表面积越大，小毛细孔越多，内在水分也越高。煤在变质过程中，随着煤化程度增高，煤的内表面积减少，致使吸附水分逐渐减小。另外，低煤化程度煤中有较多的亲水基团，随着煤化程度的加剧，这些官能团也逐渐减少，因而水分含量降低。到高煤化的无烟煤阶段，煤分子排列更加整齐，内表面积增大，所以水分含量略有提高。

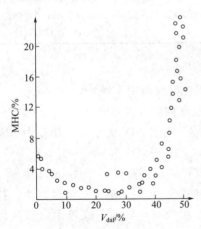

图 3-12 MHC 与 V_{daf} 的关系

煤的最高内在水分与煤化程度的关系与内在水分基本相同，表现出明显的规律性，如图 3-12 所示。

由图 3-12 可见，挥发分（V_{daf}）为（25±5）%时，最高内在水分（MHC）<1%，为最小值；对于高挥发分（$V_{daf}>30\%$）的低煤化程度煤，最高内在水分随着挥发分的增加而增加；$V_{daf}>40\%$时，最高内在水分增加较快，且多超过 5%，最高可达 20%～30%；对于低挥发分（$V_{daf}<20\%$）的高煤化程度煤，最高内在水分随着挥发分的降低又略有增高，到无烟煤时有的可达 10%以上。因此最高内在水分可以作为低煤化程度煤的一个分类指标。

经风化后的煤，内在水分增加，因此，煤的内在水分的大小，也是衡量煤风化程度的标志之一。

煤中的化合水与煤的变质程度没有关系，但化合水多，说明含化合水的矿物质多，会间接地影响煤质。

3. 全水分的测定

国家标准 GB/T 212—2008 规定了煤中水分的测定方法有 A 法（通氮干燥法）、B 法（空气干燥法）和 C 法微波干燥法。

其中方法 A1 和 B1 适用于所有煤种，方法 A2 和 B2 仅适用于烟煤和无烟煤，C 法适用于褐煤和烟煤水分的快速测定。在仲裁分析中遇到有用空气干燥煤样水分进行校正以及基的换算时，应用方法 A1 测定空气干燥煤样的水分。

（1）测定原理　各种方法的测定要点及适用范围如表 3-17 所示。

表 3-17　煤中全水分测定方法及其要点

方法代号	方法名称	方法提要	适用范围
方法 A（两步法）	方法 A1（在氮气流中干燥）	将粒度小于 13mm 的煤样，在温度不高于 40℃ 的环境下干燥到质量恒定，再将煤样破碎到粒度小于 3mm，于 105～110℃ 下在氮气（空气）流中干燥到质量恒定，根据煤样两步干燥后的质量损失计算出全水分	对各种煤种均可适用
	方法 A2（在空气流中干燥）		适用于烟煤及无烟煤
方法 B（一步法）	方法 B1（在氮气流中干燥）	将粒度小于 6mm 的煤样，于 105～110℃ 下在氮气流中干燥到质量恒定，根据煤样干燥后的质量损失计算出全水分	对各种煤种均可适用
	方法 B2（在空气流中干燥）	将粒度小于 13mm（或小于 6mm）的煤样，于 105～110℃ 下在空气流中干燥到质量恒定，根据煤样干燥后的质量损失计算出全水分	适用于烟煤及无烟煤
方法 C	微波干燥法	将粒度小于 6mm 的煤样，置于微波炉内，煤中水分子在微波发生器的交变电场作用下，高速振动产生摩擦热，使水分迅速蒸发，根据煤样干燥后的质量损失计算出全水分	适用于褐煤和烟煤水分的快速测定

（2）测定方法　A、B、C 三种方法的测定步骤如下。

① 两步法。包括方法 A1（在氮气流中干燥）和 A2（在空气流中干燥）。

第一步（测定外在水分）：在预先干燥和已称量过的浅盘内称取粒度小于 13mm 的煤样（500±10）g，称准至 0.01g，平摊在浅盘中。于环境温度或不高于 40℃ 的空气干燥箱中干燥到质量恒定（连续干燥 1h，质量变化不超过 0.5g）。

第二步（测定内在水分）：立即将测定外在水分后的煤样破碎到粒度小于 3mm，在预先干燥和已称量过的称量瓶内迅速称取（10±1）g 煤样，称准至 0.001g，平摊在称量瓶中。打开称量瓶盖，放入预先通入干燥氮气（空气）并已加热到 105～110℃ 的干燥箱中（氮气每小时换气 15 次以上），烟煤干燥 1.5h，褐煤和无烟煤干燥 2h。从干燥箱中取出称量瓶，立即盖上盖，在空气中放置约 5min，放入干燥器中冷却至室温（约 20min）后称量，称准至 0.001g。进行检查性干燥，每次 30min，直到连续两次干燥煤样质量的减少不超过 0.01g 或质量增加时为止。在后一种情况下，采用质量增加前一次的质量为计算依据。内在水分在 2% 以下时，不必进行检查性干燥。

② 方法 B。包括方法 B1（在氮气流中干燥）和 B2（在空气流中干燥）。

a. B1（通氮干燥法）。

第一步：在预先干燥并已称量过的称量瓶内称取粒度小于 6mm 的煤样 10～12g，称准至 0.001g，平摊在称量瓶中。

第二步：打开称量瓶盖，放入预先鼓风并已加热到 $105\sim110℃$ 的氮气干燥箱中。在一直鼓风的条件下，烟煤干燥 2h，褐煤和无烟煤干燥 3h（预先鼓风是为了使温度均匀。可将装有煤样的称量瓶放入干燥箱前 $3\sim5min$ 就开始鼓风）。

第三步：从干燥箱中取出称量瓶，立即盖上盖，在空气中放置 5min，放入干燥器中冷却至室温（约 20min）后称量，称准至 0.001g。

第四步：进行检查性干燥，每次 30min，直到连续两次干燥煤样的质量减少不超过 0.01g 或质量增加时为止。在后一种情况下，采用质量增加前一次的质量为计算依据。

b. B2（空气干燥法）。

●适用于粒度小于 13mm 煤样的全水分测定。

第一步：在预先干燥并已称量过的浅盘内称取粒度小于 13mm 的煤样 $(500\pm10)g$，称准至 0.1g，平摊在浅盘中。

第二步：将浅盘放入预先加热到 $105\sim110℃$ 的空气干燥箱中。在鼓风条件下，烟煤干燥 2h，褐煤和无烟煤干燥 3h。

注：预先鼓风是为了使温度均匀。可将装有煤样的称量瓶放入干燥箱前 $3\sim5min$ 就开始鼓风。

第三步：将浅盘取出，趁热称量，称准至 0.1g。

第四步：进行检查性干燥，每次 30min，直到连续两次干燥煤样的质量减少不超过 0.5g 或质量增加时为止。在后一种情况下，采用质量增加前一次的质量为计算依据。

●适用于粒度小于 6mm 煤样的全水分测定。测定方法同 B1（通氮干燥法），只需将通氮干燥箱改为空气干燥箱。

③ C 法（微波干燥法）。

第一步：按微波干燥水分测定仪说明书进行准备和调节。

第二步：在预先干燥和已称量过的称量瓶内称取粒度小于 6mm 的煤样 $10\sim12g$，称准至 0.001g，平摊在称量瓶中。

第三步：打开称量瓶盖，放入测定仪旋转盘的规定区域内，关上门，接通电源，仪器按预先设定的程序工作，直到工作程序结束。

第四步：打开门，取出称量瓶，立即盖上盖，在空气中放置 5min，放入干燥器中冷却至室温（约 20min）后称量，称准至 0.001g。

（3）结果计算

① A 法。按照式(3-14)计算外在水分：

$$M_f = \frac{m_1}{m} \times 100 \tag{3-14}$$

式中　M_f——煤样的外在水分，%；

m_1——干燥后煤样减少的质量，g；

m——称取的<13mm 煤样的质量，g。

按照式(3-15)计算内在水分：

$$M_{inh} = \frac{m_3}{m_2} \times 100 \tag{3-15}$$

式中　M_{inh}——煤样的内在水分，%；

m_2——称取的<3mm 煤样的质量，g；

m_3——煤样干燥后的质量损失，g。

按照式(3-16)相加得出全水分，即收到基全水分。

$$M_t = M_f + \frac{100 - M_f}{100} \times M_{inh} \tag{3-16}$$

式中　　M_t——煤样的全水分，%；

　　　　M_f——煤样的外在水分，%；

　　　　M_{inh}——煤样的内在水分，%。

需要指出的是：虽然全水分应等于外在水分和内在水分之和，但外在水分以收到基为基准，而内在水分以空气干燥基为基准，因基准不同，不能直接相加，必须经过换算，将空气干燥基内在水分换算成收到基内在水分，才能与收到基外在水分相加得出全水分，即收到基全水分。

② B法、C法。按式(3-17)计算全水分测定结果：

$$M_t = \frac{m_1}{m} \times 100 \tag{3-17}$$

式中　　M_t——煤样的全水分，%；

　　　　m——称取的煤样质量，g；

　　　　m_1——煤样干燥后的质量损失，g。

③ 如果在运送过程中煤样的水分有损失，按式(3-18)求出补正后的全水分值：

$$M_t' = M_t + \frac{100 - M_1}{100} \times M_t \tag{3-18}$$

式中　　M_t'——煤样的全水分，%；

　　　　M_1——煤样在运送过程中的水分损失率，%；

　　　　M_t——不考虑煤样在运送过程中的水分损失时测得的水分，%。

当 M_1 大于1%时，表明煤样在运送过程中可能受到意外损失，则不可补正。但测得的水分可作为实验室收到煤样的全水分。在报告结果时，应注明"未经补正水分损失"，并将煤样容器标签和密封情况一并报告。

(4) 精密度　为使试验结果可靠，每项分析试验应对同一试样进行两次重复测定，在同一实验室，两次重复测定结果的差值不得超过表3-18的规定，否则应进行第三次测定。

表 3-18　全水分测定的精密度

全水分(M_t)/%	重复性限/%
<10.0	0.4
≥10.0	0.5

重复性限是指一个数值在重复条件下，即在同一实验室中，由同一操作者，用同一仪器，对同一试样，于短期内所做的重复测定，所得结果间的差值（在95%概率下）不能超过此数值。

【例题 3-2】　对某一煤样测定全水分时，样品盘质量为452.30g，样品质量为501.10g，干燥后称量，样品盘及样品质量为901.60g，检查性干燥后称量为901.80g，则此煤样的全水分为多少？

解　因检查性干燥后，煤样质量有所增加，故采用第一次称量的质量901.60g进行计算，由式(3-17)知

$$M_t = \frac{m_1}{m} \times 100\% = \frac{452.30 + 501.10 - 901.60}{501.10} \times 100\% = 10.3\%$$

答：此煤样的全水分为10.3%。

【例题 3-3】 某收到煤样的质量是 1000.00g，经空气干燥后质量为 900.00g，用空气干燥煤样测定内在水分，两次重复测定结果如下

	煤样 I	煤样 II
煤样质量/g	10.0000	10.0000
105℃干燥后煤样质量/g	9.5120	9.4840

求收到煤样的全水分。

解　首先求收到煤样的外在水分 M_f

$$M_f = \frac{1000.00 - 900.00}{1000.00} \times 100\% = 10.00\%$$

再求空气干燥煤样的内在水分 M_{inh}

煤样 I
$$M_{inh1} = \frac{10.0000 - 9.5120}{10.0000} \times 100\% = 4.88\%$$

煤样 II
$$M_{inh2} = \frac{10.0000 - 9.4840}{10.0000} \times 100\% = 5.16\%$$

煤样平均结果
$$M_{inh} = \frac{M_{inh1} + M_{inh2}}{2} = \frac{4.88 + 5.16}{2} = 5.02\%$$

由式（3-16）求收到煤样的全水分 M_t

$$M_t = M_f + M_{inh} \times \frac{100 - M_f}{100} = 10.00 + 5.02 \times \frac{100 - 10.00}{100} = 14.7\%$$

答：此收到煤样的全水分为 14.7%。

（5）全水分的分级　我国煤中全水分的分级，见表 3-19。我国煤以低水分煤和中等水分煤为主，两者共占 61.90%，较低水分煤次之，约占 22%；其他水分级别的煤所占比例均很小。

表 3-19　煤中全水分分级（MT/T 850—2000）

序号	级别名称	代号	分级范围(M_t)/%	序号	级别名称	代号	分级范围(M_t)/%
1	特低全水分煤	SLM	≤6.0	4	中高全水分煤	MHM	>12.0~20.0
2	低全水分煤	LM	>6.0~8.0	5	高全水分煤	HM	>20.0~40.0
3	中等全水分煤	MM	>8.0~12.0	6	特高全水分煤	SHM	>40.0

4. 一般分析试验煤样水分的测定

按中国国标 GB/T 212—2008 的规定，一般分析试验煤样水分的测定有 A 法（通氮干燥法）和 B 法（空气干燥法），并在附录中介绍了微波干燥法。

（1）方法 A（通氮干燥法）　此法适用于所有煤种。在仲裁分析中遇到有用空气干燥煤样水分进行校正的以及基的换算时，应采用方法 A 测定空气干燥煤样的水分。

① 测定原理。称取一定量的一般分析试验煤样，置于 105~110℃ 干燥箱中，在干燥氮气流中干燥到质量恒定。然后根据煤样的质量损失计算出水分的质量分数。

② 测定方法。用预先干燥和已称量过的称量瓶称取粒度小于 0.2mm 的一般分析试验煤样 (1 ± 0.1)g(称准到 0.0002g)，平摊在称量瓶中，打开称量瓶盖，放入预先通入干燥氮气 10min 并已加热到 105~110℃ 的干燥箱中，氮气流量以每小时换气 15 次为准。烟煤干燥 1.5h，褐煤和无烟煤干燥 2h。从干燥箱中取出称量瓶，立即盖上盖，放入干燥器中冷却至室温（约 20min）后称量并进行检查性干燥，每次 30min。直到连续两次干燥煤样质量的减少不超过 0.0010g 或质量增加时为止。水分小于 2.00% 时，不

必进行检查性干燥。

（2）方法 B（空气干燥法）　此法仅适用于烟煤和无烟煤。

① 测定原理。称取一定量的一般分析试验煤样，置于 $105\sim110℃$ 干燥箱内，于空气流中干燥到质量恒定。根据煤样的质量损失计算出水分的质量分数。

② 测定方法。见实验一相关内容。

（3）方法 C（微波干燥法）　适用于褐煤和烟煤水分的快速测定。

① 测定原理。称取一定量的一般分析试验煤样，置于微波水分测定仪内，炉内磁控管发射非电离微波，使水分子超高速振动，产生摩擦热，使煤中水分迅速蒸发，根据煤样的质量损失计算水分。

② 测定方法。在预先干燥和已称量过的称量瓶内称取粒度小于 $0.2mm$ 的一般分析试验煤样 $(1\pm0.1)g$，称准至 $0.0002g$，平摊在称量瓶中。将一个盛有约 $80mL$ 蒸馏水、容量约 $250mL$ 的烧杯置于测水仪内的转盘上，用预加热程序加热 $10min$ 后，取出烧杯。如连续进行数次测定，只需在第一次测定前进行预热。打开称量瓶盖，将带煤样的称量瓶放在测水仪的转盘上，并使称量瓶与石棉垫上的标记圈相内切。放满一圈后，多余的称量瓶可紧挨第一圈称量瓶内侧放置。在转盘中心放一盛有蒸馏水的带表面皿盖的 $250mL$ 烧杯（盛水量与测水仪说明书规定一致），并关上测水仪门。按测水仪说明书规定的程序加热煤样。加热程序结束后，从测水仪中取出称量瓶，立即盖上盖，放入干燥器中冷却至室温（约 $20min$）后称量。

注意：水分蒸发效果与微波电磁场分布有关，称量瓶需位于均匀场强区域内。

烧杯中的盛水量与微波炉磁控管功率大小有关，以加热完毕后烧杯内仅余少量水为宜。

微波测水仪生产厂家在设计测水仪时，应通过试验确定微波电磁场分布适合水分测定的区域并加以标记（即标记圈），并确定适宜的盛水量。

其他类型的微波水分测定仪也可使用，但在使用前应按照 GB/T 18510—2001 进行精密度和准确度测定，以确定设备是否符合要求。

（4）结果计算　三种方法的一般分析试验煤样水分的质量分数按式(3-19)计算

$$M_{ad}=\frac{m_1}{m}\times100\%\tag{3-19}$$

式中　M_{ad}——一般分析试验煤样的水分的质量分数，%；

　　　　m——称取的一般分析试验煤样的质量，g；

　　　　m_1——煤样干燥后失去的质量，g。

（5）测定精密度　一般分析试验煤样水分测定的重复性见表 3-20 规定。

表 3-20　水分测定的精密度

水分(M_{ad})/%	重复性限/%
<5.00	0.20
5.00~10.00	0.30
>10.00	0.40

5. 最高内在水分的测定

最高内在水分是指煤样在温度为 30℃，相对湿度为 96% 的条件下达到平衡时测得的内在水分，简记符号为 MHC。它与煤的结构、煤化程度有一定关系。

煤的最高内在水分测定方法有常压法和减压法两种，中国国家标准 GB/T 4632—2008 采用充氮常压法测定煤的最高内在水分。此标准适用于褐煤、烟煤和无烟煤。

（1）基本原理　煤样达到饱和吸水后，用恒湿纸除去大部分外在水分，在温度 30℃、相对湿度 96％和充氮常压下达到湿度平衡，然后在温度 105～110℃下、在氮气流中干燥，以其质量损失分数表示最高内在水分。

（2）煤样的采制　按照有关国家标准采样，所采集的煤样应装入密闭的容器中，及时送往实验室。按照 GB 474—2008 将煤样粉碎到粒度小于 0.2mm，粉碎时要求使用对辊磨、球磨机或在粉碎过程中不明显生热和不产生过多粉末的粉碎机。如果煤样太湿影响顺利制样，可于室内摊成薄层晾干，不可烘烤或日晒。

（3）测定方法　最高内在水分的测定分为煤样的预处理、湿度的调节、水分测定几个过程。

① 煤样的预处理。取粒度小于 0.2mm 的煤样约 20g 于 250mL 锥形瓶中，加 100mL 蒸馏水，振荡 30min，在（30±1）℃的水浴中浸泡 3h，其间要摇动几次，取出锥形瓶，将煤样倾入铺有滤纸的布氏漏斗中，用真空泵抽滤，直到煤样刚露出水面为止。照此操作继续用水冲洗两次，每次约 25mL，然后用样铲轻轻将煤样混合均匀，从中取出约 4g 煤样（其余用滤纸包住并用水浸湿，储于密闭的容器里备用），用双层滤纸包裹，用手用力攥一下放在潮湿箱的上层筛上。箱内放两个筛子，上面的孔径为 0.60mm，下面的孔径为 0.45mm，筛上各放一些恒湿纸。然后将煤样与恒湿纸混合，并使煤团散开落在下面的筛子上，再重复同样操作，直到煤样落在箱底道林纸上。

② 湿度的调节。从中取出 1～2g 煤样，放入已知质量的称量瓶中，摊平，置于调温器中。将称量瓶放在调湿器内的称量瓶托架上，称量瓶由固定销定位（处于气体循环器喇叭口正下方），打开称量瓶盖，盖上调湿器并使之气密，启动螺旋桨，并以 1L/min 的流速通氮气 10min，然后关闭氮气入口。记录调湿开始时间，待运转到煤样基本达到湿度平衡时（烟煤和无烟煤一般需要 24h，褐煤 24～48h），打开调湿器盖，立刻盖严称量瓶，取出，擦净称量瓶，于室温下放置 5min，然后称量（称准到 0.0002g）。以后每 6h 称量一次，直到相邻两次质量差不超过称样量的 0.3％，即为达到湿度平衡。为了便于试验，应将同煤种同时进行。

③ 水分的测定。使用小空间充氮干燥箱时，按 GB/T 212—2008 中的通氮干燥法进行恒湿后煤样的水分测定。使用普通干燥箱时，将金属盒安装在干燥箱内 105～110℃的恒温区中，并往盒内以 350mL/min 的流速通氮气，然后将称量瓶盖半开放在盒内的托盘上，使煤样在氮气流中干燥 1.5～2h，取出称量瓶盖严，室温下冷却 5min，再移入干燥器内放置 15min，称量（称准至 0.0002g），以后每 30min 进行一次检查性干燥试验，直到连续两次干燥煤样的质量减少不超过 0.0010g，或质量开始增加为止。在后一种情况下用增加前的质量作为计算依据。

说明：小空间充氮干燥箱：箱体严密，具有较小的自由空间，有氮气进、出口，并带有自动控温装置，能保持温度 105～110℃。

普通充氮干燥箱：能控温 105～110℃，恒温区内安装一金属盒，尺寸为 200mm×100mm×60mm。盒内有一能容纳 6 个称量瓶的托盘。盒的一端设有氮气入口，用一根硅胶管与氮气钢瓶相连，入口处用数层金属网遮住，以便分散气体；另一端设有小门，以便使托盘自由出入并可作为氮气出口。

（4）结果计算　所测煤样的最高内在水分的质量分数为

$$\text{MHC} = \frac{m_2 - m_3}{m_2 - m_1} \times 100\% \qquad (3\text{-}20)$$

式中　MHC——煤样的最高内在水分的质量分数,%；

　　　m_1——称量瓶及其盖的质量,g；

　　　m_2——湿度平衡后煤样、称量瓶及其盖的质量,g；

　　　m_3——干燥后煤样、称量瓶及盖的质量,g。

(5) 测定精密度　最高内在水分以两次重复测定结果的平均值（取小数点后一位）作为报告值,测定结果的精密度要求如表 3-21 所示。

表 3-21　最高内在水分测定的精密度

最高内在水分/%	重复性限/%	再现性临界差/%
MHC	0.5	1.2

再现性临界差是指一个数值在再现条件下,即在不同实验室中,对从试样缩制最后阶段的同一试样中分取出来的,具有代表性的部分所做的重复测定,所得结果的平均值间的差值（在特定概率下）不能超过此数值。

6. 煤中水分对工业加工利用的影响

水分是煤中的不可燃成分,它的存在对煤的加工利用通常是有害无利的,可以表现在以下几个方面。

(1) 造成运输浪费　煤是大宗商品,水分含量越大,则运输负荷越大。特别是在寒冷地区,水分容易冻结,造成装卸困难,解冻又需要消耗额外的能耗。例如日燃煤 1 万吨的电厂,煤中水分由 10% 减少至 9%,每天可减少 100t 水运进电厂,全年就可节约运力三万余吨,直接经济效益可观。

(2) 引起储存负担　煤中水分随空气温度而变化,易氧化变质,煤中水分含量越高,要求相应的煤场、煤仓容积越大,输煤设备的选型也随之增加,势必造成投资和管理的负担。

(3) 增加机械加工的困难　煤中水分过多,会引起粉碎、筛分困难,既容易损坏设备,又降低了生产效率。

(4) 延长炼焦周期　炼焦时,煤中水分的蒸发需消耗热量,增加焦炉能耗,延长了结焦时间,降低了焦炉生产效率。煤中水分每增加 1%,结焦时间延长 20～30min,水分过大,还会损坏焦炉,缩短焦炉使用年限,此外,炼焦煤中的各种水分（包括热解水）全部转入焦化剩余氨水中,增大了焦化废水处理负荷。一般规定炼焦精煤的全水分应在 12.0% 以下。

(5) 降低发热量　煤作为燃料,水分在汽化和燃烧时,成为蒸汽,蒸发时需消耗热量,每增加 1% 的水分,煤的发热量降低 0.1%,例如粉煤悬浮床气化炉 K-T 炉要求煤粉的全水分在 1%～5%。

但是,在现代煤炭加工利用中,有时水分高反而是一件好事,如煤中水分可作为加氢液化和加氢气化的供氢体。燃烧粉煤时,若煤中含有一定水分,可适当改善炉膛辐射,有效减少粉煤的损失。

二、煤中的灰分

煤的矿物质是指煤中的无机物质,不包括游离水,但包括化合水,主要包括黏土或页岩、方解石、黄铁矿以及其他微量成分。矿物质是煤中固有的成分,矿物类型属碳酸盐、硅酸盐、硫酸盐、金属硫化物、氧化物等。

M3-5 煤的工业
分析-灰分测定

煤的灰分确切地说是指煤的灰分产率。它不是煤中的固有成分,而是煤在规定条件下完全燃烧后的残留物,灰分简记符号为 A（也表示灰分的质量分数,下同）。即煤中矿物质在一定温度下经一系列分解、化合等复杂反应后剩下的残渣,其产率受加热温度、加热时间、通风条件等因素的影响。灰分全部来自矿物质，但组成和质量又不同于矿物质，一般而言灰分产率比相应的矿物质含量要低。煤的灰分与煤中矿物质关系密切，对煤炭利用都有直接影响，工业上常用灰分产率估算煤中矿物质的含量。

1. 矿物质的来源

（1）原生矿物质　指成煤植物中所含的无机元素，主要包括碱金属和碱土金属盐，此外还有铁、硫、磷以及少量的钛、钒、氯等元素。它参与成煤，含量一般为 1%～2%，不能用机械方法选出，对煤的质量影响很大，洗选纯精煤时，总存留有少量灰分，就是原生矿物质造成的。

（2）次生矿物质　它是指煤形成过程中混入或与煤伴生的矿物质。如煤中的高岭土、方解石、黄铁矿、石英、长石、云母、石膏等。它们以多种形态嵌布于煤中，可形成矿物夹层、包裹体、浸染状、充填矿物等。

次生矿物质选除的难易程度与其分布形态有关。如果在煤中颗粒较小且分散均匀，就很难与煤分离；若颗粒较大而又分布集中，可将其破碎后利用密度差分离。

原生矿物质和次生矿物质总称为内在矿物质。

（3）外来矿物质　它指在煤炭开采和加工处理中混入的矿物质。如煤层的顶板，底板岩石和夹石层中的矸石。主要成分为 SiO_2、Al_2O_3、$CaCO_3$、$CaSO_4$ 和 FeS_2 等。外来矿物质的块度越大，密度越大，越易用重力选煤的方法除去。

2. 矿物质含量的计算与测定

矿物质在煤中的质量分数变化范围在 2%～40%，其化学组成又极为复杂，煤中单独存在的矿物质元素种类多达 60 余种，常见的元素有硅、铝、铁、镁、钙、钠、钾、硫等，它们常以化合物的形式存在于煤中。研究表明，不同煤田，甚至同一煤田的不同煤层，其矿物质含量和组成也不一样。

煤中矿物质的测定方法可分为直接测定方法和计算方法两种。

（1）直接测定方法　它可分为酸抽取法及低温灰化法。

① 酸抽取法。煤样用盐酸和氢氟酸处理，脱除煤中部分矿物质（在此条件下，煤中有机质不发生变化），然后测定经酸处理后残留物中的矿物质，并将部分脱除矿物质的煤灰化以测定水溶解的那部分矿物质，两者相加即为煤中矿物质的含量。此法仪器简单，试验周期较短，但测定手续较为繁琐，同时要使用有毒的氢氟酸。中国一般采用此法直接测定煤中矿物质含量。

② 低温灰化法（简称 LTA 法）。低温下（150℃），煤中除石膏中的结晶水外，其他矿物质基本上无变化，在此条件下煤样用活化氧灰化，以除去煤中有机物质，残留部分即为煤中矿物质含量。此法比较准确，但试验周期长（100～125h），并且需配备专门的仪器设备，还要测定残留物中的碳、硫含量。

（2）计算方法　它是根据煤的灰分、硫分等来计算煤中矿物质含量。

煤中矿物质与灰分的含量不同，但两者之间存在一定的关系。计算煤中矿物质含量的经验公式有

$$MM = 1.08A + 0.55w(S_t) \quad （派尔公式） \tag{3-21}$$

$$MM = 1.13A + 0.47w(S_p) + 0.5w(Cl) \quad （吉文公式） \tag{3-22}$$

$$MM = 1.10A + 0.5w(S_p) \quad （克雷姆公式） \tag{3-23}$$

$$MM = 1.06A + 0.67w(S_t) + 0.66w(CO_2) - 0.30 \quad （费莱台公式） \tag{3-24}$$

式中　MM——煤中矿物质含量的质量分数，%；

A——煤的灰分的质量分数，%；

$w(S_p)$——煤中硫化铁硫的质量分数，%；

$w(S_t)$——煤中全硫的质量分数，%；

$w(Cl)$——煤中氯的质量分数，%；

$w(CO_2)$——煤中 CO_2 的质量分数，%；

0.30——经验常数。

计算方法的优点是方便，不需专门进行试验，能用一些基础分析数据（如灰分、硫分等）直接计算煤中矿物质的含量，但准确度较差，有一定的局限性。

3. 灰分的来源

灰分按其来源可以分为内在灰分和外来灰分。内在灰分是由成煤植物中的矿物质以及由成煤过程中进入煤层的矿物质即内在矿物质所形成的灰分；外来灰分是由煤炭生产过程中混入煤中的矿物质即外来矿物质形成的灰分。灰分产率由加热速度、加热时间、通风条件等因素决定，煤在高温燃烧或灰化过程中，矿物质将发生以下变化。

（1）黏土、页岩和石膏等失去化合水 这类矿物质中最普遍的是高岭土，它们在 $500\sim600℃$ 失去结晶水，石膏在 $163℃$ 分解失去结晶水。

$$2SiO_2 \cdot Al_2O_3 \cdot 2H_2O \xrightarrow{\triangle} 2SiO_2 + Al_2O_3 + 2H_2O\uparrow$$

$$CaSO_4 \cdot 2H_2O \xrightarrow{\triangle} CaSO_4 + 2H_2O\uparrow$$

（2）碳酸盐矿物受热分解 这类矿物质在 $500\sim800℃$ 时分解产生二氧化碳。

$$CaCO_3 \xrightarrow{\triangle} CaO + CO_2\uparrow$$

$$FeCO_3 \xrightarrow{\triangle} FeO + CO_2\uparrow$$

（3）硫化铁矿物及碳酸盐矿物的热分解产物发生氧化反应 温度为 $400\sim600℃$ 时，在空气中氧的作用下进行。

$$4FeS_2 + 11O_2 \xrightarrow{\triangle} 2Fe_2O_3 + 8SO_2\uparrow$$

$$2CaO + 2SO_2 + O_2 \xrightarrow{\triangle} 2CaSO_4$$

$$4FeO + O_2 \xrightarrow{\triangle} 2Fe_2O_3$$

（4）碱金属氧化物和氯化物在温度为 $700℃$ 以上时部分挥发 故测定灰分的温度不宜太高，规定为 $(815\pm10)℃$。

4. 灰分产率的测定

煤的灰分可用来表示煤中矿物质的含量，通过煤中灰分产率的测定，可以研究煤的其他性质，如含碳量、发热量、结渣性等，用以确定煤的质量和使用价值。

国标 GB/T 212—2008 规定，灰分测定方法包括缓慢灰化法和快速灰化法两种。

（1）缓慢灰化法 此法为仲裁法。称取一定量的一般分析试验煤样，放入马弗炉中，以一定的速度加热到 $(815\pm10)℃$，灰化并灼烧到质量恒定。以残留物的质量占煤样质量的质量分数作为灰分产率。

测定步骤如下。

① 在预先灼烧至质量恒定的灰皿中，称取粒度小于 0.2mm 的一般分析试验煤样（1±0.1）g，称准至 0.0002g，均匀地摊平在灰皿中，使其每平方厘米的质量不超过 0.15g。

② 将灰皿送入炉温不超过 100℃ 的马弗炉恒温区中，关上炉门并使炉门留有 15mm 左右的缝隙。在不少于 30min 的时间内将炉温缓慢升至 500℃，并在此温度下保持 30min。继

续升温到（815±10）℃，并在此温度下灼烧 1h。

③ 从炉中取出灰皿，放在耐热瓷板或石棉板上，在空气中冷却 5min 左右，移入干燥器中冷却至室温（约 20min）后称量。

④ 进行检查性灼烧，温度为（815±10）℃，每次 20min，直到连续两次灼烧后的质量变化不超过 0.0010g 为止。以最后一次灼烧后的质量为计算依据。灰分小于 15.00％时，不必进行检查性灼烧。

（2）快速灰化法　包括方法 A 和方法 B 两种方法。此法较适用于例行分析，但在校核实验及仲裁分析中仍需采用缓慢灰化法。

① 方法 A。将装有煤样的灰皿放在预先加热至（815±10）℃的灰分快速测定仪的传送带上，煤样自动送入仪器内完全灰化，然后送出。以残留物的质量占煤样质量的百分数作为煤样灰分。

测定方法参见实验三相关内容。

② 方法 B。将装有煤样的灰皿由炉外逐渐送入预先加热至（815±10）℃的马弗炉中灰化并灼烧至质量恒定。以残留物的质量占煤样质量的百分数作为煤样的灰分。

测定步骤如下。

第一步，在预先灼烧至质量恒定的灰皿中，称取粒度小于 0.2mm 的一般分析试验煤样（1±0.1）g，称准至 0.0002g，均匀地摊平在灰皿中，使其每平方厘米的质量不超过 0.15g。将盛有煤样的灰皿预先分排放在耐热瓷板或石棉板上。

第二步，将马弗炉加热到 850℃，打开炉门，将放有灰皿的耐热瓷板或石棉板缓慢地推入马弗炉中，先使第一排灰皿中的煤样灰化。待 5～10min 后煤样不再冒烟时，以每分钟不大于 2cm 的速度把其余各排灰皿顺序推入炉内炽热部分（若煤样着火发生爆燃，试验应作废）。

第三步，关上炉门并使炉门留有 15mm 左右的缝隙，在（815±10）℃温度下灼烧 40min。

第四步，从炉中取出灰皿，放在空气中冷却 5min 左右，移入干燥器中冷却至室温（约 20min）后，称量。

第五步，进行检查性灼烧，温度为（815±10）℃，每次 20min，直到连续两次灼烧后的质量变化不超过 0.0010g 为止。以最后一次灼烧后的质量为计算依据。如遇检查性灼烧时结果不稳定，应改用缓慢灰化法重新测定。灰分小于 15.00％时，不必进行检查性灼烧。

（3）结果计算　一般分析试验煤样灰分的质量分数按下式计算，报告值修约至小数点后两位。

$$A_{ad} = \frac{m_1}{m} \times 100 \qquad (3-25)$$

式中　A_{ad}——一般分析试验煤样灰分的质量分数，％；

　　　m——称取的一般分析试验煤样的质量，g；

　　　m_1——灼烧后残留物的质量，g。

（4）灰分测定的精密度　灰分测定的重复性和再现性见表 3-22 规定。

表 3-22　灰分测定的精密度要求

灰分/%	重复性限(A_{ad})/%	再现性临界差(A_d)/%
<15.00	0.20	0.30
15.00～30.00	0.30	0.50
>30.00	0.50	0.70

（5）煤炭灰分分级　煤炭灰分按表3-23进行分级。中国煤以低中灰煤和中灰分煤为主，两者可达80%以上，其他灰分级别的煤所占比例很小。

表3-23　煤炭灰分分级表（GB/T 15224.1—2018）

序号	级别名称	代号	灰分（A_d）范围/%	序号	级别名称	代号	灰分（A_d）范围/%
1	特低灰煤	SLA	≤5.00	4	中灰分煤	MA	20.01~30.00
2	低灰分煤	LA	5.01~10.00	5	中高灰煤	MHA	30.01~40.00
3	低中灰煤	LMA	10.01~20.00	6	高灰分煤	HA	40.01~50.00

5. 煤灰组分及熔融性

（1）煤灰组分及测定方法　根据煤中矿物质在高温燃烧时发生的化学变化，煤灰分主要是金属和非金属的氧化物及盐类。工业生产的煤灰是指煤作为锅炉燃料和气化原料时得到的大量灰渣，它可分为粉煤灰和灰渣两种。粉煤灰又称飞灰，是指同烟道气和煤气一起带出的粒径小于90μm的灰尘。炉渣是指呈熔融状态或以较大颗粒的不熔状态从炉底排出的底灰。

无论是工业煤灰还是实验室的煤灰分，其化学组成是一致的，主要成分为 SiO_2、Al_2O_3、Fe_2O_3、CaO、MgO，此外还有少量的 K_2O、Na_2O、SO_3、P_2O_5 及微量的 Ge、Ga、U、V 等元素的化合物，表3-24是中国煤灰主要成分的一般范围。

表3-24　中国煤灰主要成分的一般范围

煤灰成分	褐煤/%		硬煤/%	
	最低	最高	最低	最高
SiO_2	10	60	15	>80
Al_2O_3	5	35	8	50
Fe_2O_3	4	25	1	65
CaO	5	40	0.5	35
MgO	0.1	3	<0.1	5
TiO_2	0.2	4	0.1	6
SO_3	0.6	35	<0.1	15
P_2O_5	0.04	2.5	0.01	5
KNaO	0.09	10	<0.1	10

煤灰成分指灰的元素组成分析，通常包括铁、钙、镁、钾、钠、锰、磷、硅、铝、钛、硫等，以氧化物表示。煤灰分的化学组成分析法有经典的化学分析法（如常量分析法、半微量分析法）和各种仪器分析法（如原子吸收光谱法，X射线荧光测定法和中子活化分析法等），煤灰分中主要的单个常量元素和少量元素的测定方法见表3-25。

表3-25　煤灰分中主要单个元素的测定方法

测定方法	元素	测定方法	元素
光发射法	K、Na、Ti	中子活化分析法	Fe、Na、Si、Al
原子吸收法	Ca、K、Na、Mg	化学法	Fe、Ca、Mg、K、Na、P、Si
比色法	Al、Ca、Mg、P、Ti	电化学法	Ca、Mg、Ti
火焰发射法	Ca、Mg、K、Na		

（2）煤灰的熔融性　众所周知，煤灰是许多化合物组成的混合物，煤灰熔融性习惯称为煤灰熔点，实际上，煤灰没有固定的熔点，仅有一个相当宽的熔化温度。煤灰熔融性是动力用煤和气化用煤的一个重要的质量指标，可根据燃烧或气化设备类型选择具有合适熔融性的原料煤，例如固体排渣燃烧或气化炉，要求使用灰熔融性较高的煤，否则容易结渣，从而降低气化质量。

按照国家标准 GB/T 219—2008 的规定，煤灰熔融性的测定一般采用角锥法，此法设备简单，操作方便，准确性较高。

将煤灰和糊精混合，制成一定规格的角锥体，放入特制的灰熔点测定炉内以一定的升温速度加热，观察和记录灰锥变化情况，见图 3-13。

图 3-13　灰锥熔融特征示意

最初灰锥尖端受热开始弯曲或变圆时的温度，称为变形温度 DT（如果灰锥尖保持原形，锥体收缩和倾斜不算变形温度）；继续加热，灰锥弯曲至锥尖触及托板或灰锥变成圆球形时的温度，称为软化温度 ST；灰锥形变至近似半球形，即高约等于底长的一半时的温度，称为半球温度 HT；灰锥展开成高度在 1.5mm 薄层时的温度，称为流动温度 FT。

通常将 DT～ST 称为煤灰的软化范围，ST～FT 称为煤灰的熔化范围。工业上通常以 ST 作为衡量煤灰熔融性的主要指标。煤灰熔融性测定的精密度见表 3-26 的规定。

表 3-26　煤灰熔融性测定的精密度要求

熔融特征温度	重复性限/℃	再现性临界差/℃	熔融特征温度	重复性限/℃	再现性临界差/℃
DT	60	—	HT	40	80
ST	40	80	FT	40	80

中国煤灰熔融性软化温度相对较高，ST 大于 1500℃ 的高软化温度灰约占 44%，ST 等于 1100℃ 的低软化温度灰约占 2%，其他温度级别的灰一般占 15%～20%，煤灰软化温度分级见表 3-27。

表 3-27　煤灰软化温度分级表（MT/T 853.1—2000）

序号	级别名称	代号	软化温度(ST)/℃	序号	级别名称	代号	软化温度(ST)/℃
1	低软化温度灰	LST	≤1100	4	较高软化温度灰	RHST	>1350～1500
2	较低软化温度灰	RLST	>1100～1250	5	高软化温度灰	HST	>1500
3	中等软化温度灰	MST	>1250～1350				

6. 煤中矿物质和灰分对工业利用的影响

煤无论是用来炼焦、气化或燃烧，用途虽然不同，但都是利用煤中的有机质。因而煤中的矿物质或灰分被认为是有害物质，一直被人们想方设法降低或脱除，但后来人们认识到煤中矿物质对煤的某些利用也有有益作用，包括煤灰渣的利用已日益受到重视。随着科学技术的日益发展，煤灰渣的综合利用前景广阔。

（1）煤中矿物质和灰分的不利影响　通常可表现在以下几个方面。

① 对煤炭储存和运输的影响。煤中矿物质含量越高，在煤炭运输和储存中造成的浪费就越大。如煤中矿物质含量为 30%，运输 1 亿吨煤，其中的 3000 万吨矿物质，约需近百万节车皮运输。

② 对炼焦和炼铁的影响。在炼焦过程中，煤中的灰分几乎全部进入焦炭中，煤的灰分增加焦炭的灰分也必然高，这样就降低了焦炭质量。由于灰分的主要成分是 SiO_2、Al_2O_3

等熔点较高的氧化物，在炼铁时，只能靠加入石灰石等熔剂与它们生成低熔点化合物才能以熔渣形式由高炉排出，这就使高炉生产能力降低，影响生铁质量，同时也使炉渣量增加。一般认为，焦炭灰分增加 1%，焦比增加 2%～2.5%，石灰石增加 4%，高炉产量降低 3%，所以炼焦用煤的灰分含量一般不应＞10%。若能将焦炭灰分从 14.50% 降至 10.50%，以年产生铁 4000 万吨的高炉计，可节约熔剂 130 万吨，焦炭 220 万吨，增产生铁 580 万吨，还可大大减少铁路运输量。

③ 对气化和燃烧的影响。煤作为气化原料和动力燃料，矿物质含量增加，降低了热效率，增加了原料消耗。如动力用煤，灰分增加 1%，煤耗增加 2.0%～2.5%。同时，煤灰的熔融温度低，易引起锅炉和干法排灰的移动床气化炉结渣和堵塞。但煤灰熔融温度低，流动性好，对液体排渣的气化炉有利。结渣阻碍了燃烧和气化过程中气流的流通。使反应过程无法进行，同时侵蚀炉内的耐火材料及金属设备，因此气化和燃烧对灰的熔融性都有一定的要求。

④ 对液化的影响。煤中碱金属和碱土金属的化合物会使对加氢液化过程中使用的钴钼催化剂的活性降低，但黄铁矿对加氢液化有正催化作用。直接液化时一般原料煤的灰分要求＜25%。

⑤ 造成环境污染。锅炉和气化炉产生的灰渣和粉煤灰需占用大量的荒地甚至良田，如不能及时利用，会造成大气和水体污染；煤中含硫化合物在燃烧时生成 SO_x、COS、H_2S 等有毒气体，严重时会形成酸雨，也造成了对环境的污染。

（2）煤中矿物质及煤灰的利用　通常可表现在以下几个方面。

① 作为煤转化过程中的催化剂。煤中的某些矿物质，如碱金属和碱土金属的化合物（$NaCl$、KCl、Na_2CO_3、K_2CO_3、CaO 等）是煤气化反应的催化剂；Mo、FeS_2、TiO_2、Al_2O_3 等也具有加氢活性，也可作为加氢液化的催化剂。

② 生产建筑材料和环保制剂。目前，国内煤灰渣已广泛用作建筑材料的原料。如砖、瓦、沥青、PVC 板材等；灰渣还可制成不同标号的水泥，生产铸石和耐火材料等；气化煤灰可用做煤气脱硫剂；粉煤灰还可制成废水处理剂、除草醚载体等。

③ 生产化肥和土壤改良剂。在煤的液态渣中喷入磷矿石，可制成复合磷肥。

④ 提取有用成分。煤中常见的伴生元素主要有铀、锗、镓、钒、钍、钛等元素。它们赋存于不同的煤种中，通过科学的方法，可对这些伴生元素进行富集，用来制造半导体、超导体、催化剂、优质合金钢等材料；回收煤灰中的 SiO_2 制成白炭黑和水玻璃；提取煤灰中的 Al_2O_3 可生产聚合氯化铝。

（3）煤中矿物质的脱除途径　脱除煤中矿物质的途径主要包括物理洗选和化学净化两种方法。物理洗选是降低煤灰分的有效方法，工业上主要利用煤与矸石的密度不同或表面性质不同进行分离。它包括水力淘汰法（适用块煤）、泡沫浮选法（适用粉煤）、磁力分离法、重介质分选法、平面摇床法和油团聚法等。化学净化法主要利用煤的有机质与矿物质化学性质不同而进行脱除，如氢氟酸和盐酸处理法、溶剂抽提法，碱性溶剂处理法等。

三、煤的挥发分和固定碳

煤中有机质是煤的主体，它的性质决定了煤炭加工利用的方向。通过测定煤的挥发分和固定碳并结合煤的元素分析数据及其工艺性质试验可以判断煤的有机组成及煤的加工利用性质。因煤的挥发分与煤化程度关系密切，随煤化程度加深，挥发分逐渐降低，因此挥发分是煤炭分类的主要依据，根据挥发分可以估计煤的种类。

M3-6 煤的工业
分析-挥发分测定

1. 煤的挥发分

(1) 挥发分的概念　煤样在规定的条件下，隔绝空气加热，并进行水分校正后的挥发物质产率称为挥发分，简记符号为V。煤的挥发分主要是由水分、碳、氢的氧化物和碳氢化合物（以CH_4为主）组成，但不包括物理吸附水和矿物质中的二氧化碳。可以看出，挥发分不是煤中固有的挥发性物质，而是煤在特定条件下的热分解产物，所以煤的挥发分称为挥发分产率更确切。挥发分测定结果随加热温度、加热时间、加热速度及试验设备的形式、试样容器的材质、大小不同而有所差异。因此说挥发分的测定是一个规范性很强的试验项目，只有采用合乎一定规范的条件进行分析测定，所得挥发分的数据才有可比性。利用国外挥发分资料和中国煤的挥发分进行比较时，尤其应注意这一点。

(2) 挥发分的测定　按国家标准GB/T 212—2008的规定，挥发分的测定方法要点为：称取一定量的一般分析试验煤样，放在带盖的瓷坩埚中，在（900 ± 10）℃下，隔绝空气加热7min，以减少的质量占煤样质量的百分数减去该煤样的水分的质量分数（M_{ad}）作为煤样的挥发分。

测定方法参见实训部分实验四相关内容。

测定结果按下式计算，报告值修约至小数点后两位。

$$V_{ad} = \frac{m_1}{m} \times 100 - M_{ad} \qquad (3-26)$$

式中　V_{ad}——一般分析试验煤样的挥发分的质量分数，%；

m——一般分析试验煤样的质量，g；

m_1——煤样加热后减少的质量，g；

M_{ad}——一般分析试验煤样的水分，%。

挥发分测定的重复性和再现性见表3-28规定。

煤的干燥无灰基挥发分分级见表3-29。中国煤以中高挥发分煤居多，约占30%；其次为高挥发分煤，约占24%；其他挥发分级别的煤所占比例不大。

表3-28　挥发分测定的重复性和再现性

挥发分/%	重复性限(V_{daf})/%	再现性临界差(V_d)/%
<20.00	0.30	0.50
20.00~40.00	0.50	1.00
>40.00	0.80	1.50

表3-29　煤的干燥无灰基挥发分分级表（MT/T 849—2000）

序号	级别名称	代号	V_{daf}/%	序号	级别名称	代号	V_{daf}/%
1	特低挥发分煤	SLV	≤10.00	4	中高挥发分煤	MHV	28.01~37.00
2	低挥发分煤	LV	10.01~20.00	5	高挥发分煤	HV	37.01~50.00
3	中等挥发分煤	MV	20.01~28.00	6	特高挥发分煤	SHV	>50.00

【例题3-4】　设某煤样质量为1.0004g，称得坩埚质量为17.9366g，煤在900℃受热后称得坩埚连同焦渣的质量为18.7415g，已知$M_{ad} = 1.43\%$，求V_{ad}是多少？

解　煤样受热后减少的质量 $m_1 = (1.0004 + 17.9366) - 18.7415 = 0.1955$g

则

$$V_{ad} = \frac{m_1}{m} \times 100 - M_{ad} = \frac{0.1955}{1.0004} \times 100 - 1.43 = 18.11\%$$

答：该煤样的挥发分为18.11%。

2. 空气干燥基挥发分换算成干燥无灰基挥发分及干燥无矿物质基挥发分

挥发分测定时采用的是一般分析试验煤样，由此直接获得的是空气干燥基的分析数据，但挥发分反映的是煤中有机质的特性，由于水分和灰分的影响，V_{ad} 不能准确表达挥发分的高低，因此实际使用中，应将 V_{ad} 换算为 V_{daf} 或 V_{dmmf}。若非特别指明，挥发分均指干燥无灰基时的数值。

(1) 干燥无灰基挥发分按式(3-27)~式(3-29) 换算

$$V_{daf} = \frac{V_{ad}}{100 - M_{ad} - A_{ad}} \times 100 \tag{3-27}$$

当一般分析试验煤样中碳酸盐二氧化碳的质量分数为 2%~12% 时，则

$$V_{daf} = \frac{V_{ad} - w(CO_2)_{ad}}{100 - M_{ad} - A_{ad}} \times 100 \tag{3-28}$$

当一般分析试验煤样中碳酸盐二氧化碳的质量分数大于 12% 时，则

$$V_{daf} = \frac{V_{ad} - [w(CO_2)_{ad} - w(CO_2)_{ad(焦渣)}]}{100 - M_{ad} - A_{ad}} \times 100 \tag{3-29}$$

式中　　　　　V_{ad}——干燥无灰基挥发分的质量分数，%；

　　　$w(CO_2)_{ad}$——一般分析试验煤样中碳酸盐二氧化碳的质量分数（按 GB 218—2008 测定），%；

　$w(CO_2)_{ad(焦渣)}$——焦渣中二氧化碳对煤样量的质量分数，%。

(2) 干燥无矿物质基挥发分按式(3-30)~式(3-32) 换算

$$V_{dmmf} = \frac{V_{ad}}{100 - (M_{ad} + MM_{ad})} \times 100 \tag{3-30}$$

当一般分析试验煤样中碳酸盐二氧化碳的质量分数为 2%~12% 时，则

$$V_{dmmf} = \frac{V_{ad} - w(CO_2)_{ad}}{100 - (M_{ad} + MM_{ad})} \times 100 \tag{3-31}$$

当一般分析试验煤样中碳酸盐二氧化碳的质量分数大于 12% 时，则：

$$V_{dmmf} = \frac{V_{ad} - [w(CO_2)_{ad} - w(CO_2)_{ad(焦渣)}]}{100 - (M_{ad} + MM_{ad})} \times 100 \tag{3-32}$$

式中　V_{dmmf}——干燥无矿物质基挥发分的质量分数，%；

　　　MM_{ad}——空气干燥基煤样矿物质的质量分数（按 GB/T 7560—2001 测定），%。

3. 焦渣特征分类

测定挥发分后，坩埚中残留下来的不挥发物质称为焦渣。焦渣随煤种的不同，具有不同的形状、强度和光泽等物理特征。从这些特征可初步判断煤的黏结性、熔融性和膨胀性，按照国标 GB/T 212—2008 的规定，挥发分所得焦渣特征可分为以下八类。

① 粉状（1 型）——全部是粉末，没有相互黏着的颗粒。

② 黏着（2 型）——用手指轻碰即有粉末或基本上是粉末，其中较大的团块轻轻一碰即成粉末。

③ 弱黏结（3 型）——用手指轻压即成小块。

④ 不熔融黏结（4 型）——以手指用力压才裂成小块，焦渣上表面无光泽，下表面稍有银白色光泽。

⑤ 不膨胀熔融黏结（5 型）——焦渣形成扁平的块，煤粒的界线不易分清，焦渣表面上有明显银白色金属光泽，下表面银白色光泽更明显。

⑥ 微膨胀熔融黏结（6 型）——用手指压不碎，焦渣的上、下表面均有银白色金属光

泽，但焦渣表面具有较小的膨胀泡（或小气泡）。

⑦ 膨胀熔融黏结（7 型）——焦渣上、下表面有银白色金属光泽，明显膨胀，但高度不超过 15mm。

⑧ 强膨胀熔融黏结（8 型）——焦渣上、下表面有银白色金属光泽，焦渣高度大于 15mm。

为简便起见，通常用上列序号作为各种焦渣特征的代号。号数越大，黏结性越强。

实验测得：褐煤、长焰煤、贫煤和无烟煤没有黏结性，焦渣特征为粉状；肥煤、焦煤黏结性最好，形成的焦渣熔融黏结而膨胀；气煤和瘦煤的焦渣特征为弱黏结或不熔融黏结。

4. 影响挥发分的因素

(1) 煤化程度的影响　随着煤变质程度的加深，煤分子上的脂肪侧链和含氧官能团均呈现下降趋势，而挥发分主要来自于煤分子中不稳定的脂肪侧链、含氧官能团断裂后形成的小分子化合物及煤中有机质高分子缩聚时生成的氢气，所以煤的挥发分随煤化程度的提高而下降。煤化程度是影响挥发分的主要因素，通常褐煤的挥发分 $>40\%$，无烟煤的挥发分 $<10\%$。烟煤的挥发分则介于褐煤与无烟煤之间。

(2) 成因类型的影响　煤化程度相同时，腐泥煤的挥发分产率比腐殖煤高。这是由成煤原始植物的化学组成及结构差异决定的，腐泥煤的脂肪族成分含量高，受热易裂解为小分子化合物而逸出，腐殖煤则以稠环芳香族物质为主，受热不易分解，所以挥发分较腐泥煤低。一般而言，中等煤化程度的腐泥煤挥发分在 $60\%\sim70\%$，而同等煤化程度的腐殖煤挥发分在 $10\%\sim50\%$。

(3) 煤岩组分的影响　煤化程度相同的腐殖煤，壳质组的挥发分最高，镜质组次之，惰质组最低。这是因为壳质组化学组成中抗热分解能力低的链状化合物所占比例较大，而壳质组的分子主要以缩合芳香结构为主，镜质组介于两者之间。

5. 挥发分指标的应用

(1) 表征煤的煤化程度作为煤的分类指标　煤的挥发分随煤的煤化程度的加深而逐渐降低，因此根据煤的挥发分产率可初步判断煤的煤化程度，估计煤的种类。中国和国际煤炭分类方案中都以挥发分作为第一分类指标。

(2) 确定煤的加工利用途径　根据煤的挥发分产率和焦渣特征，可初步评价煤的加工利用途径，如煤化程度低、高挥发分的煤，干馏时化学副产品产率高，适于做低温干馏原料，也可作为气化原料；挥发分适中、固定碳含量高的煤，黏结性较好，适于炼焦和做燃料。在配煤炼焦中，要用挥发分来确定配煤比，以将配合煤的挥发分控制在 $25\%\sim31\%$ 的适宜范围；而合成氨工业中，宜选用煤化程度高、挥发分低、含硫量低的无烟煤。

(3) 估算煤的发热量和干馏时各主要产物的产率　因挥发分和固定碳是煤中的可燃成分，煤的发热量就是靠这两者充分燃烧得到的，因而可根据挥发分利用经验公式来计算各种煤的发热量。一般而言，在水分和灰分都相同的情况下，以中等煤化程度的焦煤和肥煤的发热量最高；长焰煤、不黏煤和气煤的发热量最低；瘦煤、贫瘦煤和贫煤的发热量居中；年老的无烟煤，挥发分越高，发热量也越高；褐煤则相反。此外，可根据挥发分估算炼焦时焦炭、煤气、焦油和粗苯的产率。

(4) 作为制定环境保护法的依据　在环境保护中，挥发分还作为制定烟雾法令的一个依据。

6. 煤的固定碳

(1) 固定碳的概念　从测定煤样挥发分后的焦渣中减去灰分后的残留物称为固定碳，简记符号为 FC。固定碳和挥发分一样不是煤中固有的成分，而是热分解产物。在组成上，固定碳除含有碳元素外，还包含氢、氧、氮和硫等元素。因此，固定碳与煤中有机质的碳元素含量是两个不同的概念，决不可混淆。一般而言，煤中固定碳含量小于碳元素含量，只有在高煤化程度的煤中两者才比较接近。

（2）固定碳的计算　煤的工业分析中，固定碳一般不直接测定，而是通过计算获得。在空气干燥煤样测定水分、灰分和挥发分后，由式(3-33)计算煤的固定碳的质量分数

$$w_{ad}(FC) = 100 - (M_{ad} + A_{ad} + V_{ad}) \tag{3-33}$$

式中　$w_{ad}(FC)$——一般分析试验煤样的固定碳的质量分数，%；

M_{ad}——一般分析试验煤样的水分的质量分数，%；

A_{ad}——一般分析试验煤样的灰分的质量分数，%；

V_{ad}——一般分析试验煤样的挥发分的质量分数，%。

（3）固定碳分级　煤的固定碳分级见表3-30。中国煤以中高固定碳煤和高固定碳煤为主，两者共占60.64%；中等固定碳煤次之，约占24%；其他固定碳级别的煤所占比例很小。

表3-30　煤的固定碳分级表（MT/T 561—2008）

序号	级 别 名 称	代号	$w_{ad}(FC)/\%$
1	特低固定碳煤	SLFC	$\leqslant 45.00$
2	低固定碳煤	LFC	$>45.00 \sim 55.00$
3	中等固定碳煤	MFC	$>55.00 \sim 65.00$
4	中高固定碳煤	MHFC	$>65.00 \sim 75.00$
5	高固定碳煤	HFC	$>75.00 \sim 85.00$
6	特高固定碳煤	SHFC	>85.00

（4）固定碳与煤质的关系　固定碳含量与煤变质程度有一定关系。煤中干燥无灰基固定碳含量 $w_{daf}(FC)$ 随煤化程度增高而逐渐增加。褐煤 $\leqslant 60\%$，烟煤 $50\% \sim 90\%$，无烟煤 $>90\%$。世界上有些国家以 $w_{daf}(FC)$ 作为煤的分类依据，实际上 $w_{daf}(FC)$ 与 V_{daf} 是一件事情的两个方面，因为 $V_{daf} + w_{daf}(FC) = 100\%$。

（5）燃料比　燃料比是指煤的固定碳含量与挥发分之比，简记符号为 $w_{daf}(FC)/V_{daf}$。它也是表征煤化程度的一个指标，燃料比随煤化程度增高而增高。各种煤的燃料比分别为：褐煤0.6~1.5；长焰煤1.0~1.7；气煤1.0~2.3；焦煤2.0~4.6；瘦煤4.0~6.2；无烟煤9~29。无烟煤燃料比变化很大，可作为划分无烟煤小类的指标。还可以用燃料比来评价煤的燃烧特性。

7. 各种煤的工业分析结果比较

图3-14表示的是煤化程度由低到高的12种煤的工业分析结果。

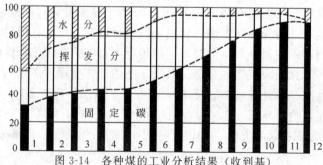

图3-14　各种煤的工业分析结果（收到基）

1—褐煤；2—次烟煤C；3—次烟煤B；4—次烟煤A；5—高挥发分烟煤C；6—高挥发分烟煤B；7—高挥发分烟煤A；8—中挥发分烟煤；9—低挥发分烟煤；10—半无烟煤；11—无烟煤；12—超无烟煤

由图 3-14 可知，随着煤化程度的增加，煤中水分开始下降很快，以后变化则不大；固定碳含量逐渐增加；挥发分产率则先增加后降低。若以干燥无灰基计算，挥发分产率随煤化程度增加呈线性关系下降。

第五节　煤的元素分析

不同煤种由于成煤的原始植物及其变质程度的不同，其元素组成与特性也就有所差异。煤中的有机质主要由碳、氢、氧及少量的氮、硫组成，其中碳、氢、氧三种元素之和可达煤中有机质含量的 95％以上，煤的元素分析是指碳、氢、氧、氮、硫五个煤炭分析项目的总称。利用元素分析数据并配合其他工艺性质实验，可以了解煤的成因、类型、结构、性质及其利用。所以元素分析是煤质研究的主要内容。

一、煤的元素组成

煤的元素组成，通常指组成煤中有机质的碳、氢、氧、氮、硫五种元素，一些含量极微的元素如磷、氯、砷等一般不作为煤的元素组成。

1. 碳

碳是煤中有机质的主要组成元素，是组成煤的结构单元的骨架，是炼焦时形成焦炭的主要物质基础，是燃烧时产生热量的主要来源。

碳是煤中有机质组成中含量最高的元素，并随着煤化程度升高而增加，因此，碳含量可作为表征煤化度的分类指标。中国各种煤的干燥无灰基碳含量 $w_{daf}(C)$ 为：泥炭 55％～62％，褐煤 60％～77％，烟煤 77％～93％，无烟煤 88％～98％。腐殖煤的碳含量高于腐泥煤，在同一种煤中，各种显微组分的碳含量也不一样，一般惰质组 $w_{daf}(C)$ 最高，壳质组最低，镜质组居中。

2. 氢

氢是煤中有机质的第二个主要组成元素，也是组成煤大分子骨架和侧链不可缺少的元素，与碳相比，氢元素具有较大的反应能力，单位质量的燃烧热也更大。

不同成因类型的煤，氢含量不同。腐泥煤的氢含量 $w_{daf}(H)$ 比腐殖煤高，一般在 6％以上，有时高达 11％，这是由于形成腐泥煤的低等生物富含氢所致。在腐殖煤中氢元素占有机质的质量分数一般小于 7％，但因其相对原子质量最小，仅为碳元素的 1/12，故原子百分数与碳在同一数量级，对某些泥炭和年轻褐煤而言，甚至可能比碳还多。

氢含量与煤的煤化程度密切相关，随着煤化程度的增高，氢含量逐渐下降。如气煤、肥煤阶段，氢含量可达 4.8％～6.8％，到高煤化程度无烟煤时下降到 0.8％～2.0％。各种显微组分的氢含量也有明显差别，在腐殖煤中，壳质组 $w_{daf}(H)$ 最大，镜质组次之，惰质组最低。

从中煤化程度烟煤到无烟煤，氢含量与碳含量的相关关系可用回归方程表示

炼焦煤：$w_{daf}(H)=26.10-0.241w_{daf}(C)$（相关系数 $\gamma=-0.72$）　　　　(3-34)

无烟煤：$w_{daf}(H)=44.73-0.448w_{daf}(C)$（相关系数 $\gamma=-0.83$）　　　　(3-35)

3. 氧

氧也是组成煤有机质的一个十分重要的元素，氧在煤中存在的总量和形态直接影响着煤的性质。煤中有机氧含量随着煤化程度增高而明显减少。泥炭中干燥无灰基氧含量 $w_{daf}(O)$ 高达 27％～34％，褐煤中 $w_{daf}(O)$ 为 15％～30％，烟煤为 2％～15％，无烟煤为 1％～3％。各种显微组分的氧含量也不相同，对于中等煤化程度的烟煤，镜质组 $w_{daf}(O)$ 最高，惰质组次之，稳定组最低；对于高煤化程度的烟煤和无烟煤，镜质组 $w_{daf}(O)$ 仍然最高，但壳质组的 $w_{daf}(O)$ 略高于惰质组。在研究煤的煤化程度演变过程时，经常用 O/C 和 H/C 原

子比来描述煤元素组成的变化及煤的脱羧、脱水和脱甲基反应。

氧是煤中反应能力最强的元素，对煤的加工利用影响较大。氧元素在煤的燃烧过程中不产生热量，但能与产生热量的氢生成无用的水，使燃烧热量降低，在炼焦过程中，氧化使煤中氧含量增加，导致煤的黏结性降低，甚至消失；但制取芳香羧酸和腐殖酸类物质时，氧含量高的煤是较好的原料。

褐煤、烟煤中氧含量与碳含量的相关关系明显，可用回归方程表示

烟煤：$\qquad w_{daf}(O) = 85.0 - 0.9w_{daf}(C)$（相关系数 $\gamma = -0.98$） (3-36)

褐煤、长焰煤：$w_{daf}(O) = 80.38 - 0.84w_{daf}(C)$（相关系数 $\gamma = -0.95$） (3-37)

4. 氮

氮是煤中唯一完全以有机状态存在的元素。煤中氮元素含量较少，一般为 $0.5\% \sim 3\%$。煤中氮含量随煤化程度的增高而趋向减少，但规律性到高变质烟煤阶段以后才较为明显，在各种显微组分中，氮含量的相对关系也没有规律性。

煤在燃烧和气化时，氮转化为污染环境的 NO_x，在煤的炼焦过程中部分氮可生成 N_2、NH_3、HCN 及其他有机含氮化合物逸出，由此可回收制成硫酸铵、硝酸等化学产品；其余的氮则进入煤焦油或残留在焦炭中，以某些结构复杂的氮化合物形式出现。

中国的大多数煤，煤中的氮含量与氢含量存在如下关系

$$w_{daf}(N) = 0.3w_{daf}(H)$$ (3-38)

按式(3-38)得到的氮含量的计算值与实测值的误差，一般在 $\pm 0.3\%$ 以内。

5. 硫

硫是煤中元素组成之一，在各种类型的煤中都或多或少含有硫。一般而言，中国东北、华北地区煤田的含硫量较低，而中南、西南地区较高。

煤中硫根据其存在状态可分为有机硫和无机硫两大类。与煤的有机质相结合的硫称为有机硫，简记符号为 S_o。有机硫存于煤的有机质中，其组成结构非常复杂，主要来自于成煤植物和微生物的蛋白质。硫分在 0.5% 以下的大多数煤，所含的硫主要是有机硫。有机硫均匀分布在有机质中，形成共生体，不易清除。

无机硫以黄铁矿、白铁矿（它们的分子式均为 FeS_2，但结晶形态不同，黄铁矿呈正方晶体，白铁矿呈斜方晶体）、硫化物和硫酸盐的形式存在于煤的矿物质内，偶尔也有元素硫存在。把煤的矿物质中以硫酸盐形式存在的硫称为硫酸盐硫，简记符号为 S_s；把煤中的矿物质以黄铁矿或白铁矿形式存在的硫，称为硫化铁硫，简记符号为 S_p。高硫煤的硫含量中硫化铁硫所占比例较大，其清除的难易程度与硫化物的颗粒大小及分布状态有关，粒度大时可用洗选方法除去，粒度极小且均匀分布在煤中时就十分难选。

硫酸盐硫在煤中含量一般不超过 $0.1\% \sim 0.3\%$，主要以石膏（$CaSO_4 \cdot 2H_2O$）为主，也有少量的硫酸亚铁（$FeSO_4$，俗称绿矾）等。通常以硫酸盐含量的增高，作为判断煤层受氧化的标志。煤中石膏矿物用洗选法可以除去；硫酸亚铁水溶性好，也易于水洗除去。

硫化物硫、硫铁矿硫和有机硫因其可燃称为可燃硫；硫酸盐硫因其不可燃称为不可燃硫或固定硫。煤中各种形态硫的总和，称为全硫，以符号 S_t 表示。即

全硫 $\begin{cases} \text{无机硫} \begin{cases} \text{硫酸盐硫：不可燃硫} \\ \text{元素硫} \\ \text{硫化铁硫} \end{cases} \\ \text{有机硫} \end{cases}$ 可燃硫

由于煤中硫的来源是多方面的，因此煤的全硫含量 $w_d(S_t)$ 与煤化程度之间没有一定的

关系。但是，在同一种煤中，各种显微组分的硫含量存在一定规律性，一般惰质组硫含量最大，壳质组次之，镜质组最小。

硫是一种有害元素。含硫量高的煤，在燃烧、储运、气化和炼焦时都会带来很大的危害。因此，硫含量是评价煤质的重要指标之一。高硫煤用作燃料时，燃烧后产生的二氧化硫气体，不仅严重腐蚀金属设备和设施，而且还严重污染环境，造成公害；硫化铁硫含量高的煤，在堆放时易于氧化和自燃，同时使煤碎裂、灰分增加、热值降低；煤气化中，用高硫煤制半水煤气时，由于煤气中硫化氢等气体较多且不易脱净，会使合成氨催化剂毒化而失效，影响操作和产品质量；在炼焦工业中，硫分的影响更大，煤在炼焦时，约60%的硫进入焦炭，煤中硫分高，焦炭中的硫分势必增高，从而直接影响钢铁质量，钢铁中含硫量大于0.07%，会使钢铁产生热脆性而无法轧制成材，为了除去硫，必须在高炉中加入较多的石灰石和焦炭，这样又会减小高炉的有效容量，增加出渣量，从而导致高炉生产能力降低，焦比升高。经验表明，焦炭中硫含量每增加0.1%，炼铁时焦炭和石灰石将分别增加2%，高炉生产能力下降2%~2.5%，因此炼焦配合煤要求硫分小于1%。

硫对煤的工业利用有各种不利影响，但硫又是一种重要的化工原料。可用来生产硫酸、杀虫剂及硫化橡胶等，工业生产中，硫大多数变成二氧化硫进入大气，严重污染环境，为了减少污染，寻求高效经济的脱硫方法和硫的回收利用途径，具有重大意义。目前，正在研究中的一些脱硫方法有物理方法、化学方法、物理与化学相结合的方法及微生物方法等。回收硫的方法，可在洗选煤时，回收煤中黄铁矿；在燃烧和气化的烟道气和煤气中，回收含硫的各种化合物；也可在燃烧时向炉内加入固硫剂；还可从焦炉煤气中回收硫以制取硫酸和化肥硫酸铵。

二、煤中碳和氢的测定

煤在氧气中燃烧时，生成二氧化碳、水和其他产物，只要能够排除其他元素的干扰，测定出反应生成的二氧化碳和水，就可以间接求得煤中碳和氢的含量。

测定二氧化碳和水的方法很多，如气相色谱法、红外吸收法、库仑法及酸碱滴定法等。国标 GB/T 476—2008 规定采用吸收法测定煤中碳和氢的含量（即用碱石棉或碱石灰吸收二氧化碳，用无水氯化钙或无水高氯酸镁来吸收水分）。

1. 测定要点

一定量的煤样在氧气流中燃烧，生成的水和二氧化碳分别用吸水剂和二氧化碳吸收剂吸收，由吸收剂的增量来计算煤中碳和氢的含量。煤样中硫和氯对碳测定的干扰在三节炉中用铬酸铅和银丝卷消除，在二节炉中用高锰酸银热解产物消除。氮对碳测定的干扰用粒状二氧化锰消除。各步化学反应如下。

（1）煤的燃烧反应

$$\text{煤} + O_2 \xrightarrow[\text{催化剂}]{800℃} CO_2\uparrow + H_2O\uparrow + SO_3\uparrow + SO_2\uparrow + Cl_2\uparrow + NO_2\uparrow + N_2\uparrow + \cdots$$

（2）二氧化碳和水的吸收反应　二氧化碳用碱石棉或碱石灰吸收；水用无水氯化钙或无水高氯酸镁吸收

$$2NaOH + CO_2 \longrightarrow Na_2CO_3 + H_2O$$
$$CaCl_2 + 2H_2O \longrightarrow CaCl_2 \cdot 2H_2O$$
$$CaCl_2 \cdot 2H_2O + 4H_2O \longrightarrow CaCl_2 \cdot 6H_2O$$

或
$$Mg(ClO_4)_2 + 6H_2O \longrightarrow Mg(ClO_4)_2 \cdot 6H_2O$$

（3）硫氧化物和氯的脱除反应　三节炉和二节炉所用试剂不同。

三节炉法中，用铬酸铅脱除硫氧化物，氯用银丝卷脱除

$$4PbCrO_4 + 4SO_2 \xrightarrow{600℃} 4PbSO_4 + 2Cr_2O_3 + O_2 \uparrow$$

$$4PbCrO_4 + 4SO_3 \xrightarrow{600℃} 4PbSO_4 + 2Cr_2O_3 + 3O_2 \uparrow$$

$$2Ag + Cl_2 \xrightarrow{180℃} 2AgCl$$

二节炉法中，用高锰酸银热分解产物脱除硫氧化物和氯

$$AgMnO_4 \xrightarrow{\triangle} Ag \cdot MnO_2 + O_2 \uparrow$$

$$2Ag \cdot MnO_2 + 2SO_2 + O_2 \xrightarrow{500℃} Ag_2SO_4 \cdot MnO_2 + MnSO_4$$

$$2Ag \cdot MnO_2 + 2SO_3 \xrightarrow{500℃} Ag_2SO_4 \cdot MnO_2 + MnSO_4$$

$$2Ag \cdot MnO_2 + Cl_2 \xrightarrow{500℃} 2AgCl \cdot MnO_2$$

（4）氮氧化物的脱除反应　用粒状二氧化锰脱除氮氧化物

$$MnO_2 + H_2O \longrightarrow MnO(OH)_2$$

$$MnO(OH)_2 + 2NO_2 \longrightarrow Mn(NO_3)_2 + H_2O$$

2. 测定方法

（1）三节炉法　此法需用三节电炉，第一节长约 230mm，可加热到（850±10）℃，并可沿水平方向移动；第二节长 330～350mm，可加热到（800±10）℃；第三节长 130～150mm，可加热到（600±10）℃。

具体方法参见实验七相关内容。

（2）二节炉法　此法仅需两节电炉，第一节长约 230mm，可加热到（850±10）℃，并可沿水平方向移动；第二节长 130～150mm，可加热到（500±10）℃。每节炉装有热电偶、测温和控温装置。二节炉法测定速度较快，但高锰酸银热分解产物不易回收，试剂消耗量大。

用二节炉进行碳氢测定时，第一节炉控温在（850±10）℃，第二节炉控温在（500±10）℃，并使第一节炉紧靠第二节炉，每次空白试验时间为 20min，燃烧舟移至第一节炉子中心后，保温 18min。

进行煤样试验时，燃烧舟移至第一节炉子中心后，保温 13min。

3. 分析结果计算

一般分析试验煤样的碳、氢的质量分数按式(3-39)、式(3-40)计算

$$w_{ad}(C) = \frac{0.2729m_1}{m} \times 100\% \tag{3-39}$$

$$w_{ad}(H) = \frac{0.1119(m_2 - m_3)}{m} \times 100 - 0.1119M_{ad} \tag{3-40}$$

式中　$w_{ad}(C)$——一般分析试验（或水煤浆干燥试样）碳的质量分数，%；

　　　$w_{ad}(H)$——一般分析试验（或水煤浆干燥试样）氢的质量分数，%；

　　　　　m——一般分析试验煤样质量，g；

　　　　　m_1——吸收二氧化碳 U 形管的增量，g；

　　　　　m_2——吸水 U 形管的增量，g；

　　　　　m_3——水分空白值，g；

　　　　　M_{ad}——一般分析试验煤样水分（按 GB/T 212—2008 测定）的质量分数，%；

　　　0.2729——将二氧化碳折算成碳的因数；

　　　0.1119——将水折算成氢的因数。

当需要测定有机碳时，按式(3-41)计算有机碳的质量分数

$$w_{ad}(C) = \frac{0.2729m_1}{m} \times 100 - 0.2729w_{ad}(CO_2) \tag{3-41}$$

式中　$w_{ad}(CO_2)$——一般分析试验煤样中碳酸盐二氧化碳（按 GB/T 218—2008 测定）的
质量分数,%。

其余符号同式（3-39）。

4. 碳、氢测定的精密度

碳、氢测定的精密度见表 3-31 规定。

表 3-31　碳、氢测定的精密度

分析项目	重复性限/%	分析项目	再现性临界差/%
$w_{ad}(C)$	0.50	$w_d(C)$	1.00
$w_{ad}(H)$	0.15	$w_d(H)$	0.25

三、煤中氮的测定

测定煤中氮的方法有开氏法、杜马法和蒸汽燃烧法,其中以开氏定氮法应用最为广泛。
开氏法分为常量法（试样量 1g,用硫酸铜做催化剂）和半微量法（试样量 0.2g,用硒-汞做
催化剂）。中国标准 GB/T 19227—2008 中采用开氏法中的半微量法测定煤、焦炭和水煤浆
中的氮。此法具有快速和适合成批分析等优点,但煤样用硫酸煮沸消化时,一小部分以吡
啶、吡咯等形态存在的有机杂环氮化物可部分以氮气形式逸出,致使测定值偏低。此外,年
老无烟煤的消化时间偏长,结果偏低。

1. 测定原理

称取一定量的空气干燥煤样,加入混合催化剂（由无水硫酸钠、硫酸汞和硒粉混合而
成）和硫酸,加热分解,氮转化为硫酸氢铵。加入过量的氢氧化钠溶液,把氨蒸出并吸收在
硼酸溶液中,用硫酸标准溶液滴定。根据硫酸的用量,计算煤中氮的含量。

测定时各主要反应如下。

（1）消化反应

$$煤 \xrightarrow[\triangle]{浓\ H_2SO_4、催化剂} CO_2\uparrow + H_2O\uparrow + CO\uparrow + SO_2\uparrow + SO_3\uparrow + Cl_2\uparrow +$$
$$N_2\uparrow（极少量） + NH_4HSO_4 + H_3PO_4$$

（2）蒸馏反应

$$NH_4HSO_4 + 4NaOH（过量） + H_2SO_4 \xrightarrow{\triangle} NH_3\uparrow + 2Na_2SO_4 + 4H_2O$$

（3）吸收反应

$$NH_3 + H_3BO_3 \longrightarrow NH_4H_2BO_3$$

（4）滴定反应

$$2NH_4H_2BO_3 + H_2SO_4 \longrightarrow (NH_4)_2SO_4 + 2H_3BO_3$$

2. 分析结果计算

空气干燥煤样中氮的质量分数按式(3-42)计算

$$w_{ad}(N) = \frac{c(V_1 - V_2) \times 0.014}{m} \times 100\% \tag{3-42}$$

式中　$w_{ad}(N)$——空气干燥煤样中氮的质量分数,%;

c——硫酸（$1/2H_2SO_4$）标准溶液的浓度,mol/L;

V_1——样品实验时硫酸标准溶液的用量,mL;

V_2——空白实验时硫酸标准溶液的用量，mL；

m——空气干燥煤样质量，g；

0.014——氮的毫摩尔质量，g/mmol。

3. 测定精密度

氮测定的精密度见表 3-32 规定。

表 3-32 氮测定的精密度

重复性限 $w_{ad}(N)/\%$	再现性临界差 $w_d(N)/\%$
0.08	0.15

4. 氧的计算

煤中的氧一般不直接测定而是以间接法计算求得，氧的质量分数按式（3-43）计算

$$w_{ad}(O) = 100 - M_{ad} - A_{ad} - w_{ad}(C) - w_{ad}(H) - w_{ad}(N) - w_{ad}(S_t) - w_{ad}(CO_2) \quad (3\text{-}43)$$

式中　$w_{ad}(O)$——空气干燥煤样中氧的质量分数，%；

M_{ad}——空气干燥煤样水分的质量分数（按 GB/T 212—2008 测定），%；

A_{ad}——空气干燥煤样灰分的质量分数（按 GB/T 212—2008 测定），%；

$w_{ad}(S_t)$——空气干燥煤样全硫的质量分数（按 GB/T 214—2008 测定），%；

$w_{ad}(CO_2)$——空气干燥煤样中碳酸盐二氧化碳的质量分数（按 GB/T 218—2008 测定），%；

$w_{ad}(C)$——空气干燥煤样中碳的质量分数，%；

$w_{ad}(H)$——空气干燥煤样中氢的质量分数，%；

$w_{ad}(N)$——空气干燥煤样中氮的质量分数，%。

目前美国生产的 Vario ELⅢ型仪器可对煤中碳、氢、氧、氮、硫五种元素的测定一次完成，非常快捷方便。

四、煤中全硫的测定

国家标准 GB/T 214—2007 规定了全硫的三种测定方法，分别为艾氏法、库仑滴定法和高温燃烧中和法，规定指出艾氏法为仲裁分析法。

M3-7 煤的元素
分析-全硫测定

1. 艾氏法

（1）测定原理　将煤样与艾士卡试剂（以两份质量的氧化镁和一份质量的化学纯无水碳酸钠混匀并研细至粒度小于 0.2mm）混合灼烧，煤中硫生成硫酸盐，然后使硫酸根离子生成硫酸钡沉淀，根据硫酸钡的质量计算煤中全硫的含量，各主要反应如下。

煤样的氧化作用

$$煤 \xrightarrow{O_2} CO_2 + N_2 + H_2O + SO_2 + SO_3$$

硫氧化物的固定作用

$$2Na_2CO_3 + 2SO_2 + O_2（空气）\xrightarrow{\triangle} 2Na_2SO_4 + 2CO_2$$

$$Na_2CO_3 + SO_3 \xrightarrow{\triangle} Na_2SO_4 + CO_2$$

$$2MgO + 2SO_2 + O_2（空气）\xrightarrow{\triangle} 2MgSO_4$$

硫酸盐的转化作用

$$CaSO_4 + Na_2CO_3 \xrightarrow{\triangle} CaCO_3 + Na_2SO_4$$

硫酸盐的沉淀作用

$$MgSO_4 + Na_2SO_4 + 2BaCl_2 \longrightarrow 2BaSO_4 \downarrow + 2NaCl + MgCl_2$$

（2）测定方法　称取粒度小于 0.2mm 的一般分析试验煤样（1.00±0.01）g（称准至 0.0002g）（全硫含量 5%～10% 时称取 0.5g 煤样，全硫含量大于 10% 时称取 0.25g 煤样）和艾氏剂 2g（称准至 0.1g），放入坩埚中混合均匀，再用 1g（称准至 0.1g）艾氏剂覆盖。将装有煤样的坩埚移入通风良好的马弗炉中，在 1～2h 内从室温逐渐加热到 800～850℃，并在该温度下保持 1～2h。取出坩埚，冷却到室温。用玻璃棒将坩埚中的灼烧物仔细搅松捣碎（如发现有未烧尽的煤粒，应在 800～850℃ 下继续灼烧 0.5h），然后将灼烧物转移至烧杯中。用热水冲洗坩埚内壁，将洗液收入烧杯，再加入 100～150mL 刚煮沸的水，充分搅拌。如果此时尚有黑色煤粒漂浮在液面上，则本次测定作废。

用中速定性滤纸以倾泻法过滤，用热水冲洗 3 次，然后将残渣移入滤纸中，用热水清洗至少 10 次，洗液总体积为 250～300mL。向滤液中滴入 2～3 滴甲基橙指示剂，用盐酸中和并过量 2mL，使溶液呈微酸性。将溶液加热到沸腾，在不断搅拌下滴加氯化钡溶液 10mL，在近沸状况下保持约 2h，最后溶液体积为 200mL 左右。溶液冷却或静置过夜后用致密无灰定量滤纸过滤，并用热水洗至无氯离子为止（硝酸银溶液检验无混浊）。将带沉淀的滤纸移入已知质量的瓷坩埚中。先在低温下灰化滤纸，然后在温度为 800～850℃ 的马弗炉内灼烧 20～40min，取出坩埚，在空气中稍加冷却后放入干燥器中冷却到室温后称量。

每配制一批艾氏剂或更换其他任一试剂时，应进行 2 个以上空白实验。即除不加煤样外，全部操作按本标准实验步骤进行，硫酸钡质量的极差不得大于 0.0010g，取算术平均值作为空白值。

（3）分析结果计算　测定结果由式（3-44）计算。

$$w_{ad}(S_t) = \frac{(m_1 - m_2) \times 0.1374}{m} \times 100\% \tag{3-44}$$

式中　$w_{ad}(S_t)$——一般分析试验煤样全硫的质量分数，%；

　　　　m_1——硫酸钡质量，g；

　　　　m_2——空白实验的硫酸钡质量，g；

　　　　m——煤样质量，g；

　　　0.1374——由硫酸钡换算为硫的系数，g。

（4）测定精密度　全硫测定的精密度见表 3-33 规定。

表 3-33　全硫测定的精密度

全硫含量 $w(S_t)$/%	重复性限 $w_{ad}(S_t)$/%	再现性临界差 $w_d(S_t)$/%
<1.50	0.05	0.10
1.50～4.00	0.10	0.20
>4.00	0.20	0.30

（5）煤炭硫分分级　煤炭硫分按表 3-34 进行分级。中国煤以特低硫煤和低硫分煤为主，二者可达 23%；其他硫分级别的煤所占比例均很小。

表 3-34　煤炭硫分分级表（GB/T 15224.2—2021）

序　号	级别名称	代　号	硫分 $w_d(S_t)$ 范围/%
1	特低硫煤	SLS	≤0.50
2	低硫分煤	LS	0.51～1.00
3	低中硫煤	LMS	1.01～1.50
4	中硫分煤	MS	1.51～2.00
5	中高硫煤	MHS	2.01～3.00
6	高硫分煤	HS	>3.00

2. 库仑滴定法

(1) 测定原理　空气干燥煤样在1150℃和催化剂作用下，在空气流中燃烧分解，煤中硫生成硫化物，其中二氧化硫被碘化钾溶液吸收，以电解碘化钾溶液所产生的碘进行滴定，根据电解所消耗的电量计算煤中全硫的含量。

具体反应过程如下

$$煤 \longrightarrow SO_2 + SO_3 + CO_2 + H_2O + NO_x + Cl_2 + \cdots$$

$$I_3^- + SO_2 + 2H_2O \longrightarrow 3I^- + H_2SO_4 + 2H^+$$

在电解池中有两对铂电极——指示电极和电解电极，未工作时，指示电极上存在以下动态平衡

$$2I^- - 2e \rightleftharpoons I_2$$

当二氧化硫进入溶液后与碘发生反应，破坏了上述平衡，指示电极对电位改变，此信号被输送给运算放大器，运算放大器输出一个相对应的电流到电解电极，发生如下反应

阳极：$\quad\quad\quad\quad\quad\quad\quad\quad 3I^- - 2e \longrightarrow I_3^-$

阴极：$\quad\quad\quad\quad\quad\quad\quad\quad 2H^+ + 2e \longrightarrow H_2\uparrow$

由于I_3^-不断生成并不断被二氧化硫所消耗，直到二氧化硫完全反应时，电解产生的I_3^-不再被消耗，重新恢复到滴定前的浓度并建立动态平衡，滴定自动停止。电解所消耗的电量由库仑积分仪积分，由法拉第电解定律给出硫的质量(mg)。

(2) 测定方法　参见实训部分实验六相关内容。

(3) 分析结果计算　库仑积分器最终显示数为硫的毫克数时，全硫的质量分数按式(3-45)计算

$$w_{ad}(S_t) = \frac{m_1}{m} \times 100\% \tag{3-45}$$

式中　$w_{ad}(S_t)$——一般分析试验煤样中全硫的质量分数，%；

$\quad\quad\quad m_1$——库仑积分器显示值，mg；

$\quad\quad\quad m$——煤样质量，mg。

(4) 测定精密度　库仑滴定法的精密度要求见表3-35。

表3-35　库仑滴定法测定全硫的精密度要求

全硫质量分数 $w_{ad}(S_t)$/%	重复性限 $w_{ad}(S_t)$/%	再现性临界差 $w_{ad}(S_t)$/%
≤1.50	0.05	0.15
1.50(不含)~4.00	0.10	0.25
>4.00	0.20	0.35

3. 高温燃烧中和法

(1) 测定原理　煤样在氧气流和催化剂三氧化钨的作用下，在1200℃下燃烧分解，使煤中硫生成硫化物，被过氧化氢吸收生成硫酸，再用氢氧化钠标准溶液滴定，根据消耗的氢氧化钠标准溶液量，计算煤中全硫含量。

测定过程的主要化学反应如下。

煤样的氧化作用

$$煤 \xrightarrow[1200℃]{O_2 \cdot WO_3} CO_2 + H_2O + N_2 + SO_3 + Cl_2 + \cdots$$

$$4FeS_2 + 11O_2 \longrightarrow 2Fe_2O_3 + 8SO_2$$

$$MSO_4 \longrightarrow MO + SO_3 (M代表金属)$$

硫氧化物的吸收作用

$$SO_2 + H_2O_2 \longrightarrow H_2SO_4$$

$$SO_3 + H_2O \longrightarrow H_2SO_4$$

滴定硫酸的反应

$$H_2SO_4 + 2NaOH \longrightarrow Na_2SO_4 + 2H_2O$$

（2）测定方法　高温燃烧中和法测全硫装置如图3-15所示。

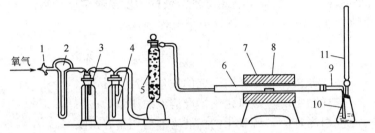

图3-15　高温燃烧中和法测全硫装置图

1—旋塞；2—流量计；3，4—洗气瓶；5—干燥塔；6—瓷管；7—管式炉；
8—瓷舟；9—导气管；10—吸收瓶；11—滴定管

试验准备：把燃烧管插入高温炉，使细径管端伸出炉口100mm，并接上一段长约30mm的硅橡胶管，将高温炉加热并稳定在（1200±10）℃，测定燃烧管内高温恒温带及500℃温度带部位及长度，将干燥塔、氧气流量计、高温炉的燃烧管和吸收瓶连接好，并检查气密性。

测定步骤：将高温炉加热并控制在（1200±10）℃，用量筒分别量取100mL已中和过的氢氧化钠溶液，倒入两个吸收瓶中，塞上带有气体过滤器的瓶塞并连接到燃烧管的细径端，再次检查气密性。称取粒度小于0.2mm的空气干燥煤样（0.2±0.01）g（称准至0.0002g）于燃烧舟中，并盖上一层三氧化钨。将盛有煤样的燃烧舟放在燃烧管入口端，随即用带T形管的橡皮塞塞紧，然后以350mL/min的流量通入氧气。用镍铬丝推棒将燃烧舟推到500℃温度区并保持5min，再将燃烧舟推到高温区，立即撤回推棒，使煤样在该区燃烧10min。

停止通氧，先取下靠近燃烧管的吸收瓶，再取下另一个吸收瓶和带T形管的橡皮塞，用镍铬丝钩取出燃烧舟。取下吸收瓶塞，用蒸馏水清洗气体过滤器2～3次，清洗时用洗耳球加压排出洗液。分别向两个吸收瓶内加入3～4滴甲基红，亚甲基蓝（1+1）混合指示剂，用氢氧化钠标准溶液滴定至溶液由桃红色变为钢灰色，记下氢氧化钠溶液的用量。

在燃烧舟内放一薄层三氧化钨（不加煤样），按上述步骤测定空白值。

（3）氯的校正　煤在氧气中燃烧分解后，煤中的氯也将转化为游离状态的氯气析出，氯气被过氧化氢吸收生成盐酸，也需消耗一定量的氢氧化钠标准溶液，使全硫测定结果偏高，故氯的质量分数高于0.02%的煤样需对测定结果进行校正。

校正方法是在氢氧化钠标准溶液滴定到终点的试液中加入10mL羟基氰化汞溶液，使生成的氯化钠转变为氢氧化钠，再用硫酸标准溶液返滴定生成的氢氧化钠，溶液由绿色变为钢灰色为终点，记下硫酸标准溶液的用量。利用式（3-48）计算煤中全硫的质量分数。各反应如下。

氯的吸收作用

$$Cl_2 + H_2O_2 \longrightarrow 2HCl + O_2$$

滴定盐酸的反应

$$HCl + NaOH \longrightarrow NaCl + H_2O$$

氯化钠的转化作用

$$NaCl + Hg(OH)CN \longrightarrow HgCl(CN) + NaOH$$

测定氯含量的返滴定

$$2NaOH + H_2SO_4 \longrightarrow Na_2SO_4 + 2H_2O$$

（4）测定结果的计算　可用氢氧化钠标准溶液的浓度或滴定度计算。

① 用氢氧化钠标准溶液的浓度计算煤中全硫含量。

$$w_{ad}(S_t) = \frac{c(V-V_0) \times 0.016 \times f}{m} \times 100\% \qquad (3-46)$$

式中　$w_{ad}(S_t)$——一般分析试验煤样中全硫的质量分数，%；

$\qquad$ V——煤样测定时，氢氧化钠标准溶液的用量，mL；

$\qquad$ V_0——空白测定时，氢氧化钠标准溶液的用量，mL；

$\qquad$ c——氢氧化钠标准溶液的浓度，mol/L；

$\qquad$ m——煤样质量，g；

$\qquad$ 0.016——硫（1/2S）的毫摩尔质量，g/mmol；

$\qquad$ f——校正系数，当 $w_{ad}(S_t) < 1\%$ 时，$f = 0.95$；$w_{ad}(S_t) = 1\% \sim 4\%$ 时，$f = 1.00$；$w_{ad}(S_t) > 4\%$ 时，$f = 1.05$。

② 用氢氧化钠标准溶液的滴定度计算煤中全硫含量。

$$w_{ad}(S_t) = \frac{(V_1 - V_0)T}{m} \times 100\% \qquad (3-47)$$

式中　$w_{ad}(S_t)$——一般分析试验煤样中全硫的质量分数，%；

$\qquad$ V_1——煤样测定时，氢氧化钠标准溶液的用量，mL；

$\qquad$ V_0——空白测定时，氢氧化钠标准溶液的用量，mL；

$\qquad$ T——氢氧化钠标准溶液对硫的滴定度，g/mL；

$\qquad$ m——煤样质量，g。

③ 当煤样中氯含量大于 0.02% 时，进行氯的校正后，按式（3-48）计算煤中全硫含量。

$$w_{ad}(S_t) = w_{ad}(S_t^n) - \frac{cV_2 \times 0.016}{m} \times 100\% \qquad (3-48)$$

式中　$w_{ad}(S_t)$——一般分析试验煤样全硫的质量分数，%；

$\qquad$ $w_{ad}(S_t^n)$——按式（3-46）式（3-47）计算的全硫的质量分数，%；

$\qquad$ c——硫酸（1/2H_2SO_4）标准溶液的浓度，mol/L；

$\qquad$ V_2——硫酸标准溶液的用量，mL；

$\qquad$ 0.016——硫（1/2S）的毫摩尔质量，g/mmol；

$\qquad$ m——煤样质量，g。

（5）测定精密度　采用高温燃烧中和法测定全硫的精密度如表 3-36 规定。

表 3-36　高温燃烧中和法测定全硫的精密度

$w_{ad}(S_t)/\%$	重复性限 $w_{ad}(S_t)/\%$	再现性临界差 $w_d(S_t)/\%$
<1.00	0.05	0.15
1.00~4.00	0.10	0.25
>4.00	0.20	0.35

五、煤中各种形态硫的测定

煤中的各种形态硫主要指硫酸盐硫、硫化铁硫和有机硫三种形态，不同形态的硫对煤质的影响不同，在洗选时的脱硫效果及对金属设备的侵害程度都有一定差别。例如，硫化铁硫含量高的煤，就容易洗选除去，而有机硫高的煤就很难除去，有时还会富集。因此，硫含量偏高时，应对各种形态硫进行测定。国家标准 GB/T 215—2003 规定，煤中硫酸盐硫、硫化铁硫含量通过测定获得，而有机硫含量则由计算获得。

1. 硫酸盐硫的测定

(1) 测定原理 此法基于硫酸盐可溶于稀盐酸，而硫化铁硫和有机硫均不与稀盐酸作用的原理，用浓度为 5mol/L 的稀盐酸煮沸煤样，浸取煤中硫酸盐并使其生成硫酸钡沉淀，根据硫酸钡沉淀的质量，计算煤中硫酸盐硫的含量。反应式如下

$$CaSO_4 \cdot 2H_2O + 2HCl \longrightarrow CaCl_2 + H_2SO_4 + 2H_2O$$

$$2FeSO_4 \cdot 7H_2O + 6HCl + \frac{1}{2}O_2 \longrightarrow 2FeCl_3 + 2H_2SO_4 + 15H_2O$$

$$H_2SO_4 + BaCl_2 \longrightarrow BaSO_4 \downarrow + 2HCl$$

(2) 测定方法 准确称取粒度小于 0.2mm 一般分析试验煤样（1±0.1）g（称准至 0.0002g），放入 250mL 烧杯中，加入 0.5～1mL 乙醇润湿，然后加入 50mL 盐酸溶液，盖上表面皿，摇匀，在电热板上加热，微沸 30min。取下烧杯，稍冷用倾泻法通过慢速定性滤纸过滤，用热水冲洗煤样数次，然后将煤样全部转移到滤纸上，并用热水洗到无铁离子为止。过滤时如有煤粉穿过滤纸，则需重新过滤，如滤液呈黄色，需加入 0.1g 铝粉或锌粉，微热使黄色消失后再过滤，用水洗到无氯离子为止。过滤完毕，将煤样与滤纸一起叠好后放入原烧杯中，供测定硫化铁硫用。

向滤液中加入 2～3 滴甲基橙指示剂，用（1+1）氨水中和至微碱性（溶液呈黄色），再加入盐酸调到溶液成微酸性（溶液呈红色），再过量 2mL，加热到沸腾，在不断搅拌下滴加 10% 氯化钡溶液 10mL，放在电热板或沙浴上微沸 2h 或放置过夜，最后保持溶液体积在 200mL 左右。用慢速定量滤纸过滤并用热水洗到无氯离子为止。

将沉淀物连同滤纸移入恒重的瓷坩埚中，先在低温下灰化滤纸，然后在温度 800～850℃ 马弗炉中灼烧 40min。取出坩埚，在空气中稍稍冷却后，放入干燥器中冷却至室温称量。

按与分析煤样相同的步骤，不加煤样，进行空白测定，取两次测定平均值作为空白值。

(3) 测定结果的计算 一般分析试验煤样中硫酸盐硫的质量分数按式(3-49)计算

$$w_{ad}(S_s) = \frac{(m_1 - m_0) \times 0.1374}{m} \times 100\% \tag{3-49}$$

式中 $w_{ad}(S_s)$——一般分析试验煤样中硫酸盐硫的质量分数，%；

m_1——煤样测定时得到的硫酸钡质量，g；

m_0——空白测定时得到的硫酸钡质量，g；

m——煤样质量，g；

0.1374——由硫酸钡换算为硫的系数。

(4) 测定的精密度 硫酸盐硫测定的重复性和再现性见表 3-37 规定。

表 3-37 硫酸盐硫测定的精密度

重复性限 $w_{ad}(S_s)/\%$	再现性临界差 $w_d(S_s)/\%$
0.03	0.10

2. 硫化铁硫的测定

国家标准 GB/T 215—2003 硫化铁硫的测定分为方法 A（氧化法）和方法 B（原子吸收分光光度法）两种方法。

（1）方法 A——氧化法　此法用滴定铁的方法取代直接测硫，克服了在硝酸氧化煤样时，一部分硫化铁硫氧化不完全而生成元素硫。同时，侧链上的部分有机硫也可能被氧化，导致测定结果不准确的缺点。

① 测定原理。用稀盐酸浸取煤中非硫化铁中的铁，浸取后的煤样用稀硝酸浸取把硫化铁中的硫氧化成硫酸盐；把硫化铁中的铁氧化为三价铁，再用氯化亚锡（$SnCl_2$）还原为二价铁，然后用重铬酸钾溶液滴定，再以铁的质量计算煤中硫化铁硫含量。主要反应如下

$$FeS_2 + 4H^+ + 5NO_3^- \longrightarrow Fe^{3+} + 2SO_4^{2-} + 5NO\uparrow + 2H_2O$$

$$2Fe^{3+} + Sn^{2+} + 6Cl^- \longrightarrow 2Fe^{2+} + SnCl_6^{2-}$$

$$6Fe^{2+} + Cr_2O_7^{2-} + 14H^+ \longrightarrow 6Fe^{3+} + 2Cr^{3+} + 7H_2O$$

② 测定方法。将在硫酸盐硫测定时用盐酸浸取的煤样中加入（1+7）硝酸 50mL，盖上表面皿，煮沸 30min，用水冲洗表面皿，过滤并用热水洗到无铁离子时为止。

在滤液中加入 2mL 过氧化氢，煮沸约 5min，加入（1+1）氨水溶液至出现氢氧化铁沉淀，待沉淀完全时，再加 2mL 氨水溶液。将溶液煮沸，过滤，用热水冲洗沉淀和烧杯壁 1~2 次。穿破滤纸，用热水把沉淀洗到原烧杯中，把沉淀转移到滤纸中，并用 10mL 盐酸冲洗滤纸四周，再用热水洗涤滤纸数次至无铁离子为止。

盖上表面皿，将溶液加热到沸腾至溶液体积约 20~30mL，在不断搅拌下，滴加氯化亚锡溶液，直到黄色消失并多加 2 滴，迅速冷却后，用水冲洗表面皿和杯壁，加 10mL 氯化汞饱和溶液，直到白色丝状的氯化亚汞沉淀形成。放置片刻，用水稀释到 100mL，加入 15mL 硫酸-磷酸混合液和 5 滴二苯胺磺酸钠指示剂，用 $c(1/6K_2Cr_2O_7)=0.05mol/L$ 的重铬酸钾标准溶液滴定，直到溶液呈稳定的紫色，记下消耗标准溶液的体积。

对每批试剂按上述方法不加煤样进行空白测定，取两次测定的平均值作为空白值。

③ 测定结果的计算。氧化法测硫化铁硫的结果按式（3-50）计算

$$w_{ad}(S_p) = \frac{c(V_1 - V_0) \times 0.05585 \times 1.148}{m} \times 100\% \tag{3-50}$$

式中　$w_{ad}(S_p)$——一般分析试验煤样中硫化铁硫质量分数，%；

　　　　c——重铬酸钾（$1/6K_2Cr_2O_7$）标准溶液的浓度，mol/L；

　　　　V_1——煤样测定时重铬酸钾标准溶液用量，mL；

　　　　V_0——空白测定时重铬酸钾标准溶液用量，mL；

　　　　m——煤样质量，g；

　　0.05585——铁的摩尔质量，g/mmol；

　　　1.148——由铁换算为硫化铁硫的系数。

（2）方法 B——原子吸收分光光度法　此法与氧化法相比，具有灵敏度高、干扰少、测定结果稳定可靠、重复性好等优点，同时大大简化了操作步骤，省去了氧化法中的沉淀、溶解、再滴定等较为繁琐的实验步骤，也节省了试剂用量。

① 测定原理。用稀盐酸浸取非硫化铁中的铁，浸取后的煤样用稀硝酸浸取，分解反应为

$$FeS_2 + 4H^+ + 5NO_3^- \longrightarrow Fe^{3+} + 2SO_4^{2-} + 5NO\uparrow + 2H_2O$$

Fe^{3+} 转入溶液中，用原子吸收分光光度法测定硝酸浸取液中的铁含量，再以铁的质量计算

煤中硫化铁硫的含量。

② 测定方法。首先制备样品母液、待测样品溶液、空白溶液、铁标准工作溶液、标准系列溶液。然后按表 3-38 规定调节铁的分析线波长和所使用的火焰气体，仪器的其他参数——灯电流、通带宽度、燃烧器高度、助燃比等应调至所使用仪器的最佳值。

表 3-38　测定铁使用的条件

元　素	分析线波长/nm	火焰气体
Fe	248.3	空气-乙炔

铁的测定：按确定的仪器工作条件，分别测定样品溶液和标准系列溶液的吸光度。以标准系列溶液中铁的浓度（μg/mL）为横坐标，以相应溶液的吸光度为纵坐标，绘制铁的工作曲线。根据样品溶液和空白溶液的吸光度，从工作曲线上查出铁的浓度。

③ 测定结果的计算。硫化铁硫的质量分数按式（3-51）计算

$$w_{ad}(S_p) = \frac{c_1 - c_0}{mV} \times 1.148 \times 2 \times 100\%$$ (3-51)

式中　$w_{ad}(S_p)$——一般分析试验煤样中硫化铁硫的质量分数，%；

　　　　c_1——待测样品溶液中铁的浓度，μg/mL；

　　　　c_0——空白溶液中铁的浓度，μg/mL；

　　　　m——煤样质量，g；

　　　　V——分取的样品母液的体积，mL；

　　　1.148——由铁换算成硫化铁硫的系数。

（3）测定精密度　硫化铁硫测定（方法 A 和方法 B）的重复性和再现性见表 3-39 规定。

表 3-39　硫化铁硫测定的精密度

硫化铁硫的质量分数/%	重复性限 $w_{ad}(S_p)$/%	再现性临界差 $w_d(S_p)$/%
<1.00	0.05	0.10
1.00~4.00	0.10	0.20
>4.00	0.20	0.30

3. 有机硫的计算

煤中三种形态硫的总和即为全硫，所以有机硫等于全硫减去硫酸盐硫和硫化铁硫

$$w_{ad}(S_o) = w_{ad}(S_t) - [w_{ad}(S_s) + w_{ad}(S_p)]$$ (3-52)

式中　$w_{ad}(S_o)$——一般分析试验煤样中有机硫的质量分数，%；

　　　　$w_{ad}(S_t)$——一般分析试验煤样中全硫的质量分数（按 GB/T 214—2008 规定测定），%；

　　　　$w_{ad}(S_s)$——一般分析试验煤样中硫酸盐硫的质量分数，%；

　　　　$w_{ad}(S_p)$——一般分析试验煤样中硫化铁硫的质量分数，%。

由于把这三种硫的测定误差都累积到了有机硫上，所以有机硫的计算值误差比较大。当测得的全硫结果偏低，硫化铁硫和硫酸盐硫结果偏高，而煤中有机硫的含量又极低时，有机硫的结果可能是负值。

六、煤中磷的测定

磷在煤中的含量较低，一般为 0.001%~0.1%，最高不超过 1%。煤中磷主要是无机磷，如磷灰石 [$3Ca_3(PO_4)_2 \cdot CaF_2$]，也有微量的有机磷。炼焦时煤中的磷进入焦炭，炼铁时磷又从焦炭进入生铁，当其含量超过 0.05% 时会使钢铁产生冷脆性，在零下十几度的低温下会使钢铁制品脆裂，因此炼焦用煤要求磷含量 <0.1%。在作为动力燃料时，煤中的

含磷化合物在高温下挥发，在锅炉加热面上冷凝下来，胶结一些飞灰微粒，形成难于清除的沉积物，严重影响锅炉效率。所以磷的分析虽不属于常规分析内容，但因其含量是煤质的重要指标之一，故在冶金焦用煤、动力用煤等方面时，需测定煤中磷的含量。

国家标准 GB/T 216—2003 中采用磷钼蓝比色法测定煤中的磷，此法具有灵敏度高、结果可靠、手续简便快速、干扰元素易分离和消除的特点，适用于微量磷的分析。

1. 测定原理

将煤样灰化后用氢氟酸-硫酸分解、脱除二氧化硅，然后加入钼酸铵和抗坏血酸，生成磷钼蓝后用分光光度计测定吸光度。

2. 测定方法

（1）A 法（称取灰样法） 测定步骤如下。

煤样灰化：按 GB/T 212—2008 中规定的缓慢灰化法（见本章第四节中煤中灰分的测定）灰化煤样，然后研细到全部通过 0.1mm 筛。

灰的酸解：准确称取灰样 0.05～0.1g（称准至 0.0002g），于聚四氟乙烯（或铂）坩埚中，加硫酸 2mL，氢氟酸 5mL，放在电热板上加热蒸发（温度约 100℃）直到氢氟酸白烟冒尽。冷却，再加硫酸 0.5mL，升高温度继续加热蒸发，直至冒硫酸白烟（但不要干涸）。冷却，加数滴冷水并摇动，然后再加 20mL 热水，继续加热至近沸。用水将坩埚内容物洗入 100mL 容量瓶中并将坩埚洗净，冷至室温，用水稀释至刻度，混匀，澄清后备用。

然后分别配制样品空白溶液、磷标准工作溶液并绘制工作曲线。

工作曲线的绘制：分别吸取磷标准工作溶液 0mL，1.0mL，2.0mL，3.0mL 于 50mL 容量瓶中，加入钼酸铵-硫酸，抗坏血酸，酒石酸锑钾混合溶液 5mL，用水稀释至刻度，混匀，于室温（高于 10℃）下放置 1h，然后移入 10～30mm 的比色皿内。在分光光度计（或比色计）上，用波长 650nm（或相当于 650nm 的滤光片）以标准空白溶液做参比，测其吸光度。以磷含量为横坐标，吸光度为纵坐标绘制工作曲线。

测定：吸取酸解后的澄清溶液 10mL（若分取的 10mL 试液中磷超过 0.030mg，应少取溶液或减少称样量，计算时做相应的校正）和样品空白溶液 10mL 分别加入 50mL 容量瓶中，以下按工作曲线绘制规定进行，以样品空白溶液为参比，测定吸光度。

（2）B 法（称取煤样法） 测定方法如下。

煤样灰化：准确称取粒度小于 0.2mm 的一般分析试验煤样 1～0.5g（使其灰量在 0.05～0.1g）于灰皿中（称准至 0.0002g）。轻轻摇动使其铺平，然后置于马弗炉中，半启炉门从室温缓缓升温到（815±10）℃，并在该温度下灼烧 1h，直至无含碳物。

灰的酸解：将上述灰样全部移入聚四氟乙烯或铂坩埚中，按 A 法规定进行酸解。

其余同 A 法。

3. 测定结果计算

采用 A 法测定时，磷的质量分数由式(3-53)计算

$$w_{ad}(P) = \frac{m_1}{10mV} A_{ad} \tag{3-53}$$

式中 $w_{ad}(P)$——一般分析试验煤样中磷的质量分数，%；

$\qquad m_1$——从工作曲线上查得所分取试液的磷含量，mg；

$\qquad V$——从试液总溶液中所分取的试液体积，mL；

$\qquad m$——灰样质量，g；

$\qquad A_{ad}$——一般分析试验煤样灰分的质量分数，%。

采用 B 法测定时，磷的质量分数由式(3-54) 计算

$$w_{ad}(P) = \frac{10m_1}{mV} \tag{3-54}$$

式中　$w_{ad}(P)$——一般分析试验煤样中磷的质量分数，%；

　　　m_1——从工作曲线上查得所分取试液的磷含量，mg；

　　　V——从试液总溶液中所分取的试液体积，mL；

　　　m——一般分析试验煤样的质量，g。

4. 测定精密度

磷测定的重复性和再限性见表 3-40 规定。

表 3-40　磷测定的精密度

磷的质量分数/%	重复性限 $w_{ad}(P)$	再现性临界差 $w_d(P)$
<0.02	0.002(绝对)	0.004(绝对)
≥0.02	10%(相对)	20%(相对)

5. 煤中磷分分级

煤中磷分分级见表 3-41。中国煤以中磷分煤为主，约占 50%；其他磷分级别的煤所占比例均不大。

表 3-41　煤中磷分分级表 （MT/T 562—1996）

序　号	级别名称	代　号	磷分范围 $w_d(P)$/%
1	特低磷煤	SLP	≤0.010
2	低磷分煤	LP	>0.010~0.050
3	中磷分煤	MP	>0.050~0.100
4	高磷分煤	HP	>0.100

第六节　煤的发热量

煤的发热量是指单位质量的煤完全燃烧时所放出的热量，用符号 Q 表示。发热量的单位是 J(焦耳)/g 或 MJ(兆焦)/kg，其换算关系是 $1MJ/kg = 10^3 J/g$。

煤的发热量不但是煤质分析及煤炭分类的重要指标，而且是热工计算的基础。在煤质研究中，利用发热量可以表征煤化程度及黏结性、结焦性等与煤化程度有关的工艺性质。在煤的国际分类和中国煤炭分类中，发热量是低煤化程度煤的分类指标之一。在煤的燃烧或转化过程中，常用发热量来计算热平衡、热效率及耗煤量等。利用煤的发热量还可估算锅炉燃烧的理论空气量、烟气量及可达到的理论燃烧温度等，这些指标是锅炉设计、燃烧设备选型的重要技术依据。此外，煤的发热量还是动力用煤计价的主要依据。可见测定煤的发热量有着非常重要的意义。

一、煤发热量的测定

1. 热量计简介

目前，国际、国内（GB/T 213—2008）均采用氧弹量热法测定煤的发热量。通用热量计有恒温式和绝热式两种类型。它们的基本结构相似，只是热量计的外筒控制热交换的方式不同。

（1）恒温式热量计（见图 3-16）　恒温式热量计的外筒体积较大，且要求盛满水的外筒热容量大于内筒及氧弹等在工作时热容量的 5 倍，其目的是保持试验过程中外筒温度基本恒定。为了减少室温变化对发热量测定值的影响，外筒的周围还可加装绝缘保护层。由于恒温式热量计的外筒温度基本恒定不变，在测定发热量的过程中内、外筒之间存在热交换，所以在进行发热量计算时要进行冷却校正。使用恒温式热量计，操作步骤和计算都比较复杂，但仪器的构造简单，容易维护。

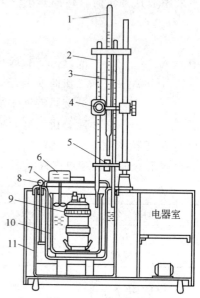

图 3-16　恒温式热量计
1—室温温度计；2—内筒温度计；3—外筒温度计；4—放大镜；5—振荡器；6—内搅拌器；7—盖；8—外搅拌器；9—氧弹；10—内筒；11—外筒

（2）绝热式热量计　在绝热式热量计的外筒中，安装有自动控温装置，当煤样被点燃后，内筒的温度升高，此时外筒的温度能自动追踪内筒温度而上升，使内、外筒温度始终保持一致，内、外筒间不存在温差，因而没有热交换，不需要进行冷却校正。使用绝热式热量计，操作和计算都比较简单，但仪器结构较为复杂，不易维护。

（3）自动氧弹热量计　目前许多实验室已配置了自动氧弹热量计，自动氧弹热量计仍使用氧弹量热法，只是用铂电阻温度计代替贝克曼温度计，电脑自动记录温度并完成数据的处理与计算，最后由打印机将发热量测定结果打印出来，同时具备操作简便、快速、准确等优点。

2. 发热量测定的原理

将一定质量的空气干燥煤样放入特制的氧弹（耐热、耐压、耐腐蚀的镍铬或镍铬钼合金钢制成）中，向氧弹中充入过量的氧气，将氧弹放入已知热容量的盛水内筒中，再将内筒置入盛满水的外筒中。利用电流加热弹筒内的金属丝使煤样引燃，煤样在过量的氧气中完全燃烧，其产物为 CO_2、H_2O、灰以及燃烧后被水吸收形成的 H_2SO_4 和 HNO_3 等。燃烧产生的热量被内筒中的水吸收，通过测量内筒温度升高数值，并经过一系列的温度校正后，就可以计算出单位质量的煤完全燃烧所产生的热量。即弹筒发热量 $Q_{b,ad}$，弹筒发热量是指单位质量的试样在充有过量氧气的氧弹内燃烧，其燃烧产物组成为氧气、氮气、二氧化碳、硝酸和硫酸、液态水以及固态灰时放出的热量。弹筒发热量是在恒定容积下测定的，属于恒容发热量。

3. 发热量的测定步骤

见实训部分实验七煤的发热量测定。

4. 煤的恒容高位发热量、恒容低位发热量和恒压低位发热量

测定弹筒发热量时，煤样是在充足的高压氧气中燃烧，这与煤在空气中燃烧有很大差别，主要差别有三个方面。

① 煤在空气中燃烧时，煤中的氮呈游离态的氮逸出，而煤在弹筒中燃烧时，煤中的一部分氮却生成了 NO_2 或者 N_2O_5 等氮的高价氧化物，这些氮的氧化物又与弹筒中的水作用生成硝酸，这个过程要放出热量。

② 煤在空气中燃烧时，煤中的硫只能形成 SO_2 气体而逸出；而煤在弹筒中燃烧时，硫

却生成了稀硫酸，这个过程也要放出更多的热量。

③ 煤在空气中燃烧时，煤中的水呈气态逸出；而煤在弹筒中燃烧时，煤中的水由燃烧时的气态凝结成液态，这个过程是一个放热过程。

由于上述原因，煤的弹筒发热量比煤在空气中燃烧产生的实际热量高，所以必须对弹筒发热量进行校正，使发热量的数值尽量接近煤在工业锅炉内燃烧所产生的实际热量。

煤的恒容高位发热量是指单位质量的试样在充有过量氧气的氧弹内燃烧，其燃烧产物组成为氧气、氮气、二氧化碳、二氧化硫、液态水以及固态灰时放出的热量。高位发热量也即由弹筒发热量减去硝酸生成热和硫酸校正热后得到的发热量，其计算公式（适用于计算空气干燥煤样或水煤浆试样的恒容高位发热量）如下

$$Q_{gr,v,ad} = Q_{b,ad} - [94.1 w_{ad}(S_b) + \alpha Q_{b,ad}] \tag{3-55}$$

式中　$Q_{gr,v,ad}$——一般分析试验煤样（或水煤浆干燥试样）的恒容高位发热量，J/g；

　　　$Q_{b,ad}$——一般分析试验煤样的弹筒发热量，J/g；

　　　$w_{ad}(S_b)$——由弹筒洗液测得的煤的硫的质量分数，%［当煤中 $w_{ad}(S_t) \leqslant 4\%$ 或 $Q_{b,ad} > 14.60 MJ/kg$ 时，可用全硫 $w_{ad}(S_t)$ 代替 $w_{ad}(S_b)$］；

　　　94.1——一般分析试验煤样（或水煤浆干燥试样）中每1.00%的硫的校正值，J；

　　　α——硝酸生成热校正系数，当 $Q_{b,ad} \leqslant 16.70 MJ/kg$ 时，$\alpha = 0.0010$；当 $16.70 MJ/kg < Q_{b,ad} \leqslant 25.10 MJ/kg$ 时，$\alpha = 0.0012$；当 $Q_{b,ad} > 25.10 MJ/kg$ 时，$\alpha = 0.0016$。

如果称取的是水煤浆试样，计算高位发热量为水煤浆试样的高位发热量 $Q_{gr,cwm}$（分别用 $Q_{b,cwm}$ 和 $S_{b,cwm}$ 代替公式中的 $Q_{b,ad}$ 和 $S_{b,ad}$）。

煤的恒容低位发热量是指单位质量的试样在充有过量氧气的氧弹内燃烧，其燃烧产物组成为氧气、氮气、二氧化碳、二氧化硫、气态水以及固态灰时放出的热量。恒容低位发热量也即由高位发热量减去水（煤中原有的水和煤中氢燃烧生成的水）的汽化热后得到的发热量。其计算公式如下

$$Q_{net,v,ar} = [Q_{gr,v,ad} - 206 w_{ad}(H)] \times \frac{100 - M_t}{100 - M_{ad}} - 23 M_t \tag{3-56}$$

式中　$Q_{net,v,ar}$——煤或水煤浆的收到基恒容低位发热量，J/g；

　　　$Q_{gr,v,ad}$——一般分析试验煤样（或水煤浆干燥试样）的恒容高位发热量，J/g；

　　　M_t——煤的收到基全水分或水煤浆水分（M_{cwm}）的质量分数，%；

　　　M_{ad}——一般分析试验煤样（或水煤浆干燥试样）的水分的质量分数，%；

　　　$w_{ad}(H)$——一般分析试验煤样（或水煤浆干燥试样）的氢的质量分数，%；

　　　206——对应于一般分析试验煤样（或水煤浆干燥试样）中每1%氢的汽化热校正值（恒容），J/g；

　　　23——对应收到基煤或水煤浆中每1%水分的汽化热校正值（恒容），J/g。

如果称取的是水煤浆试样，其恒容低位发热量按式(3-57)计算：

$$Q_{net,v,cwm} = Q_{gr,v,cwm} - 206 H_{cwm} - 23 M_{cwm} \tag{3-57}$$

式中　$Q_{net,v,cwm}$——水煤浆的恒容低位发热量，J/g；

　　　$Q_{gr,v,cwm}$——水煤浆的恒容高位发热量，J/g；

　　　H_{cwm}——水煤浆中氢的质量分数，%；

　　　M_{cwm}——水煤浆中水分的质量分数，%。

需要指出的是，煤的发热量有恒容与恒压之分，这是因为煤样在不同条件下燃烧所致。

其中，恒容发热量是指单位质量的煤样在恒定容积内完全燃烧，无膨胀做功时的发热量。而恒压发热量是指单位质量的煤样在恒定压力下完全燃烧，有膨胀做功时的发热量。煤在锅炉内燃烧就是在恒压下进行的，收到基恒压低位发热量可由下式计算

$$Q_{net,p,ar} = [Q_{gr,v,ad} - 212w_{ad}(H) - 0.80w_{ad}(O) + w_{ad}(N)] \times \frac{100 - M_t}{100 - M_{ad}} - 24.4M_t$$

(3-58)

式中　$Q_{net,p,ar}$——煤或水煤浆的收到基恒压低位发热量，J/g；

　　　$w_{ad}(O)$——一般分析试验煤样（或水煤浆干燥试样）的氧的质量分数，％；

　　　$w_{ad}(N)$——一般分析试验煤样（或水煤浆干燥试样）的氮的质量分数，％；

　　　212——对应于一般分析试验煤样（或水煤浆干燥试样）中每1％氢的汽化热校正值（恒压），J/g；

　　　0.80——对应于一般分析试验煤样（或水煤浆干燥试样）中每1％氧和氮的汽化热校正值（恒压），J/g；

　　　24.4——对应于收到基煤或水煤浆中每1％水分的汽化热校正值（恒压），J/g。

其中，$[w_{ad}(O) + w_{ad}(N)] = 100 - M_{ad} - A_{ad} - w_{ad}(C) - w_{ad}(H) - w_{ad}(S_t)$。

如果称取的是水煤浆试样，水煤浆的恒压低位发热量按式(3-59)计算：

$$Q_{net,p,cwm} = Q_{gr,v,cwm} - 212H_{cwm} - 0.8(O_{cwm} + N_{cwm}) - 24.4M_{cwm} \qquad (3-59)$$

式中　$Q_{net,p,cwm}$——水煤浆的恒压低位发热量，J/g；

　　　O_{cwm}——水煤浆中氧的质量分数，％；

　　　N_{cwm}——水煤浆中氮的质量分数，％。

5. 发热量的基准换算

实际工作中，经常使用的发热量指标主要有：空气干燥基弹筒发热量 $Q_{b,ad}$、空气干燥基高位发热量 $Q_{gr,v,ad}$、干燥基高位发热量 $Q_{gr,v,d}$、干燥无灰基高位发热量 $Q_{gr,v,daf}$、收到基低位发热量 $Q_{net,v,ar}$、恒湿无灰基高位发热量 $Q_{gr,maf}$ 等。其中，空气干燥基弹筒发热量是发热量测定的原始数据，供计算高位发热量和低位发热量时使用；干燥无灰基高位发热量用于评定煤炭质量及进行煤质研究；收到基低位发热量最接近煤在工业锅炉中燃烧产生的实际发热量，所以动力用煤的有关计算、工业锅炉的设计和煤炭计价等都使用收到基低位发热量；恒湿无灰基高位发热量主要用于煤的分类；空气干燥基高位发热量主要用于各基准间的换算；干燥基高位发热量常用于不同化验室之间发热量测定值的对比。可见发热量的基准换算是一个重要的日常工作，有很重要的意义。

（1）高位发热量基准的换算

$$Q_{gr,ar} = Q_{gr,ad} \times \frac{100 - M_t}{100 - M_{ad}}$$

$$Q_{gr,d} = Q_{gr,ad} \times \frac{100}{100 - M_{ad}}$$

$$Q_{gr,daf} = Q_{gr,ad} \times \frac{100}{100 - M_{ad} - A_{ad}} \qquad (3-60)$$

式中　　　　Q_{gr}——高位发热量，J/g；

　　　　　M_{ad}——一般分析试验煤样的水分的质量分数，％；

　　　　　A_{ad}——一般分析试验煤样的灰分的质量分数，％；

ar，ad，d，daf——收到基、空气干燥基、干燥基和干燥无灰基。

（2）低位发热量基准的换算

$$Q_{net,v,M} = [Q_{gr,v,ad} - 206w_{ad}(H)] \times \frac{100-M}{100-M_{ad}} - 23M$$

式中　$Q_{net,v,M}$——水分为 M 的煤的恒容低位发热量，J/g；

　　　$w_{ad}(H)$——一般分析试验煤样氢的质量分数，%；

　　　　M_{ad}——一般分析试验煤样水分，%；

　　　　　M——要计算的那个基准的水分，%，对于干燥基 $M=0$；对于空气干燥基 $M=M_{ad}$；对于收到基 $M=M_t$。

由此可推出，根据空气干燥基高位发热量计算干燥基低位发热量、空气干燥基低位发热量和收到基低位发热量的公式。

$$Q_{net,v,d} = [Q_{gr,v,ad} - 206w_{ad}(H)] \times \frac{100}{100-M_{ad}}$$

$$Q_{net,v,ad} = [Q_{gr,v,ad} - 206w_{ad}(H)] - 23M_{ad}$$

$$Q_{net,v,ar} = [Q_{gr,v,ad} - 206w_{ad}(H)] \times \frac{100-M_t}{100-M_{ad}} - 23M_t \tag{3-61}$$

【例题 3-5】　测得某煤样的 $M_{ad}=2.50\%$，$M_t=6.18\%$，$w_{ad}(S_t)=1.47\%$，$Q_{b,ad}=29364$J/g，$w_{ad}(H)=3.56\%$，求该煤样的空气干燥基高位发热量 $Q_{gr,v,ad}$、干燥基高位发热量 $Q_{gr,v,d}$、一般分析试验煤样低位发热量 $Q_{net,v,ad}$ 和收到基低位发热量 $Q_{net,v,ar}$。

解　$Q_{gr,v,ad} = Q_{b,ad} - [94.1w_{ad}(S_t) + \alpha Q_{b,ad}]$

　　　　　$= 29364 - (94.1 \times 1.47 + 0.0016 \times 29364)$

　　　　　$= 29179(J/g)$

　　　　　$= 29.18(MJ/g)$

$\quad Q_{gr,v,d} = Q_{gr,v,ad} \times \frac{100}{100-M_{ad}}$

　　　　　$= 29179 \times \frac{100}{100-2.5}$

　　　　　$= 29927(J/g)$

　　　　　$= 29.93(MJ/g)$

$Q_{net,v,ad} = [Q_{gr,v,ad} - 206w_{ad}(H)] - 23M_{ad}$

　　　　　$= (29179 - 206 \times 3.56) - 23 \times 2.5$

　　　　　$= 28388(J/g)$

　　　　　$= 28.39(MJ/g)$

$Q_{net,v,ar} = [Q_{gr,v,ad} - 206w_{ad}(H)] \times \frac{100-M_t}{100-M_{ad}} - 23M_t$

　　　　　$= (29179 - 206 \times 3.56) \times \frac{100-6.18}{100-2.5} - 23 \times 6.18$

　　　　　$= 27230(J/g)$

　　　　　$= 27.23(MJ/g)$

二、利用经验公式计算煤的发热量

煤的发热量除了可用氧弹量热法直接测定外，还可利用计算方法求得。由于煤是一种复杂的混合物，不可能用一个通用的公式来计算各矿区、各煤种的发热量，所以这种计算方法一般都是根据具体矿区或煤种的特点，通过多次实验、反复验证得出的经验公式。

1. 利用工业分析数据计算煤的发热量

如果从工业分析角度看，煤的主要组成成分是挥发分、固定碳，还有一定数量的矿物质（常以灰分产率表示）及水分（包括内在水分和外在水分）。其中，挥发分和固定碳是可燃成分，它们的含量越高，煤的发热量越大；煤中的矿物质除少量硫铁矿在燃烧过程中能产生少量热值外，其余绝大多数矿物质在煤燃烧过程中，不但不产生热量还要吸收热量进行分解；水分是煤中的不可燃成分，而且在煤燃烧过程中还要吸收热量变成水蒸气而逸出。所以，根据煤的挥发分、固定碳、水分和灰分含量可近似地计算出各种煤的发热量。

(1) 计算无烟煤空气干燥基低位发热量的经验公式

$$Q_{net,v,ad} = K_0' - 359.62M_{ad} - 384.71A_{ad} - 100.36V_{ad} \tag{3-62}$$

式中，K_0'为常数，它随无烟煤的氢含量增高而增大。K_0'的值可由表 3-42 查得。

表 3-42　无烟煤的 K_0' 与 $w_{daf}(H)$ 的对应值

$w_{daf}(H)/\%$	≤ 0.60	$0.61\sim1.20$	$1.21\sim1.50$	$1.51\sim2.00$	$2.01\sim2.50$	$2.51\sim3.00$	$3.01\sim3.50$	>3.50
$K_0'/(J/g)$	32198	33035	33662	34289	34707	34916	35335	35753

(2) 计算烟煤空气干燥基低位发热量的经验公式

$$Q_{net,v,ad} = 418.2K_1' - 4.182(K_1'+6)(M_{ad}+A_{ad}) - 12.54V_{ad} - (167.3M_{ad}) \tag{3-63}$$

式中，K_1'为常数，可根据烟煤的 V_{daf} 和焦渣特征查表 3-43 得到。此外，只有当烟煤的 V_{daf} 小于 35%，同时 M_{ad} 大于 3% 时才减去 $167.3M_{ad}$ 这一项。

表 3-43　计算烟煤 $Q_{net,v,ad}$ 所需 K_1' 值查算表

项目		$V_{daf}/\%$									
		$10.01\sim$ 13.50	$13.51\sim$ 17.00	$17.01\sim$ 20.00	$20.01\sim$ 23.00	$23.01\sim$ 29.00	$29.01\sim$ 32.00	$32.01\sim$ 35.00	$35.01\sim$ 38.00	$38.01\sim$ 42.00	>42.00
		K_1'									
CRC	1	84.0	80.5	80.0	78.5	76.5	76.5	73.0	73.0	73.0	72.5
	2	84.0	83.5	82.0	81.0	78.5	78.0	77.5	76.5	75.5	74.5
	3	84.5	84.5	83.5	82.5	81.0	80.0	79.0	78.5	78.0	76.5
	4	84.5	85.0	84.0	83.0	82.0	81.0	80.0	79.5	79.0	77.5
	5,6	84.5	85.0	85.0	84.0	83.5	82.5	81.5	81.0	80.0	79.5
	7	84.5	85.0	85.0	85.0	84.5	84.0	83.0	82.5	82.0	81.0
	8	不出现	85.0	85.0	85.5	85.0	84.5	83.5	83.0	82.5	82.0

【例题 3-6】　某烟煤分析测试结果为：$M_{ad}=2.12\%$，$A_{ad}=32.37\%$，$V_{ad}=24.21\%$，焦渣特征为 5，试计算该煤的 $Q_{net,v,ad}$。

解　$V_{daf} = V_{ad} \times \dfrac{100}{100 - M_{ad} - A_{ad}}$

$\qquad = 24.21 \times \dfrac{100}{100 - 2.12 - 32.37}$

$\qquad = 36.96\%$

根据 $V_{daf}=36.96\%$，焦渣特征为 5 查表得 $K_1'=81.0$，因为 $V_{daf}>35\%$，且 $M_{ad}<3\%$，所以不需减去 $167.3M_{ad}$。

$Q_{net,v,ad} = 418.2K_1' - 4.182(K_1'+6)(M_{ad}+A_{ad}) - 12.54V_{ad}$

$\qquad = 418.2 \times 81.0 - 4.182(81.0+6)(2.12+32.37) - 12.54 \times 24.21$

$\qquad = 21022(J/g)$

$\qquad = 21.02(MJ/g)$

（3）计算褐煤空气干燥基低位发热量的经验公式

$$Q_{\mathrm{net,v,ad}} = 418.2K_2' - 4.182(K_2'+6)(M_{\mathrm{ad}}+A_{\mathrm{ad}}) - 4.182V_{\mathrm{ad}} \tag{3-64}$$

式中，K_2' 为常数，其数值随褐煤中氧含量或挥发分产率的增高而降低，K_2' 的值可由表 3-44 或表 3-45 查得。

表 3-44 中国褐煤 K_2' 与 $w_{\mathrm{daf}}(\mathrm{O})$ 的对应值

$w_{\mathrm{daf}}(\mathrm{O})/\%$	15.01~17.00	17.01~19.00	19.01~21.00	21.01~23.00	23.01~25.00	25.01~27.00	27.01~29.00	>29.00
K_2'	69.0	67.5	66.0	64.0	63.0	62.0	61.0	59.0

表 3-45 中国褐煤 K_2' 与 V_{daf} 的对应值

$V_{\mathrm{daf}}/\%$	38.01~45.00	45.01~49.00	49.01~56.00	56.01~62.00	>62.00
K_2'	68.5	67.0	65.0	63.0	61.5

需要指出的是，对于 $A_{\mathrm{d}}>40\%$ 的烟煤、褐煤，在查表、计算前应按有关规定对 V_{daf} 值进行校正，按校正后的 V_{daf} 值查表和计算。

2. 利用元素分析数据计算煤的发热量

碳元素和氢元素是煤有机质的重要组成部分，是煤发热量的主要来源。氧在煤的燃烧过程中不参与燃烧，却对碳、氢起约束作用。所以，利用元素分析结果可以计算煤的发热量。

$$Q_{\mathrm{net,v,ar}} = 0.2803w_{\mathrm{ar}}(\mathrm{C}) + 1.0075w_{\mathrm{ar}}(\mathrm{H}) + 0.067w_{\mathrm{ar}}(\mathrm{S_t}) -$$
$$0.1556w_{\mathrm{ar}}(\mathrm{O}) - 0.086M_{\mathrm{ar}} - 0.0703A_{\mathrm{ar}} + 5.737 \tag{3-65}$$

如没有全水分的测定结果，则可用式（3-66）计算煤的空气干燥基低位发热量。

$$Q_{\mathrm{net,v,ad}} = 0.2659w_{\mathrm{ar}}(\mathrm{C}) + 0.9935w_{\mathrm{ar}}(\mathrm{H}) + 0.0487w_{\mathrm{ar}}(\mathrm{S_t}) -$$
$$0.1719w_{\mathrm{ar}}(\mathrm{O}) - 0.1055M_{\mathrm{ad}} - 0.0842A_{\mathrm{ad}} + 7.144 \tag{3-66}$$

式中 $Q_{\mathrm{net,v,ar}}$——煤的收到基低位发热量，MJ/kg；

$\qquad Q_{\mathrm{net,v,ad}}$——煤的空气干燥基低位发热量，MJ/kg。

三、煤的发热量与煤质的关系

煤的发热量是表征煤炭特性的综合指标，煤的成因类型、煤化程度、煤岩组成、煤中矿物质、煤中水分及煤的风化程度对煤的发热量高低都有直接影响。

在煤化程度基本相同时，腐泥煤和残殖煤的发热量通常比腐殖煤的发热量高。例如，江西乐平产的树皮残殖煤，其发热量可达 37.93MJ/kg。

在腐殖煤中，煤的发热量随着煤化程度的增高呈现出规律性的变化。其中，从褐煤到焦煤阶段，随着煤化程度的增高，煤的发热量逐渐增大，焦煤的发热量达到最大值（$Q_{\mathrm{gr,v,daf}} = 37.05\mathrm{MJ/kg}$）。从焦煤到无烟煤阶段，随着煤化程度的增高，煤的发热量略有减小（见表 3-46）。研究表明，产生这种变化的原因是从褐煤到焦煤阶段，煤中氢元素的含量变化不大，但是碳元素含量明显增加，而氧元素的含量则大幅减少，导致煤的发热量逐渐增大；从焦煤到无烟煤阶段，煤中碳含量仍在增加，氧含量继续降低，但幅度减小，与此同时，氢含量却在明显降低，由于氢的发热量是碳发热量的 3.7 倍，所以煤的发热量缓慢降低。

表 3-46　各种煤的发热量（$Q_{gr,v,daf}$）

煤　　种	$Q_{gr,v,daf}$/(MJ/kg)	煤　　种	$Q_{gr,v,daf}$/(MJ/kg)
褐煤	25.12～30.56	焦煤	35.17～37.05
长焰煤	30.14～33.49	瘦煤	34.96～36.63
气煤	32.24～35.59	贫煤	34.75～36.43
肥煤	34.33～36.84	无烟煤	32.24～36.22

在煤的各种有机显微组分中，壳质组的发热量最高，镜质组居中，惰质组的发热量最低。

在煤燃烧的过程中，煤中的矿物质大多数都需要吸收热量进行分解，所以煤中矿物质越多（灰分产率越高），煤的发热量越低，一般煤的灰分产率每增加 1%，其发热量降低约 370J/g。

在煤燃烧的过程中，煤中的水汽化时要吸收热量，所以煤中水分含量高，煤的发热量降低，一般煤的水分每增加 1% 其发热量降低约 370J/g。当煤风化以后，煤中氧含量显著增加，碳、氢含量降低，导致煤的发热量降低。

四、煤的发热量等级

煤的发热量是评价煤炭质量，特别是评价动力用煤质量好坏的一个主要参数，还是动力用煤计价的重要依据。根据煤的收到基低位发热量，可把煤分成六个等级（见表 3-47）。

表 3-47　煤炭发热量分级标准（GB/T 15224.3—2022）

序　　号	级别名称	代　　号	发热量($Q_{net,v,ar}$)/(MJ/kg)
1	低热值煤	LQ	8.50～12.50
2	中低热值煤	MLQ	12.51～17.00
3	中热值煤	MQ	17.01～21.00
4	中高热值煤	MHQ	21.01～24.00
5	高热值煤	HQ	24.01～27.00
6	特高热值煤	SHQ	＞27.00

第七节　分析结果的基准换算

为了统一标准和使用方便，煤的工业分析、元素分析及其他煤质分析中，其分析结果都用简单的符号表示各个分析项目。在表示实验室分析结果时，一般采用空气干燥煤样，因而所得的直接结果为空气干燥基数据。但为了其他用途，这些分析数据往往需换算为其他的基准来表示。

一、常用基准的物理意义和相互关系

1. 煤在不同基准下的工业分析和元素分析组成

(1) 空气干燥基　以与空气湿度达到平衡状态的煤为基准。在此基准下

$$V_{ad} + w_{ad}(FC) + A_{ad} + M_{ad} = 100$$

$$w_{ad}(C) + w_{ad}(H) + w_{ad}(O) + w_{ad}(N) + w_{ad}(S) + A_{ad} + M_{ad} = 100$$

(2) 干燥基　以假想无水状态的煤为基准。在此基准下

$$V_d + w_d(FC) + A_d = 100$$

$$w_d(C) + w_d(H) + w_d(O) + w_d(N) + w_d(S) + A_d = 100$$

(3) 收到基　以收到状态的煤为基准。在此基准下

$$V_{ar}+w_{ar}(FC)+A_{ar}+M_{ar}=100$$

$$w_{ar}(C)+w_{ar}(H)+w_{ar}(O)+w_{ar}(N)+w_{ar}(S)+A_{ar}+M_{ar}=100$$

（4）干燥无灰基　以假想无水、无灰状态的煤为基准。在此基准下

$$V_{daf}+w_{daf}(FC)=100$$

$$w_{daf}(C)+w_{daf}(H)+w_{daf}(O)+w_{daf}(N)+w_{daf}(S)=100$$

（5）干燥无矿物质基　以假想无水、无矿物质状态的煤为基准。在此基准下

$$V_{dmmf}+w_{dmmf}(FC)=100$$

$$w_{dmmf}(C)+w_{dmmf}(H)+w_{dmmf}(O)+w_{dmmf}(N)+w_{dmmf}(S)=100$$

2. 不同基准之间的关系

这五种基准间的相互关系如图 3-17 所示。

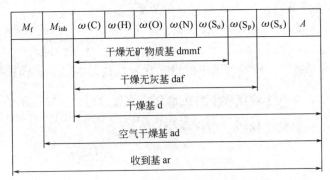

图 3-17　常用基准间的相互关系

二、分析结果的基准换算

实际工作中，一方面需把实验室的分析结果换算为其他的标准，另一方面，分析项目的基准不同，分析结果也不同，从而使同类分析项目没有可比性。因此，熟练进行各基准的换算就显得尤为重要。一般在炼焦生产中用煤的灰分、硫分、发热量来表示煤的质量时，应采用干燥基，如 A_d、$w_d(S_t)$、$Q_{gr,d}$；在研究煤的有机质特性时，常采用干燥无灰基，如 $w_{daf}(C)$、$w_{daf}(O)$、$w_{daf}(N)$；在煤作为气化原料或动力燃料、热工计算、煤炭计量计价时，多采用收到基数据，如 M_{ar}、$Q_{net,ar}$、$w_{ar}(H)$ 等。

利用图 3-17 常用基准间的相互关系，可对煤的工业分析、元素分析和其他煤质分析数据进行基准换算。换算的基本原理为物质不灭定律，即：煤中任一成分的分析结果无论采用哪种基准表示，该成分的绝对质量保持不变。

1. 空气干燥基和干燥基间的换算

已知 X_{ad}（表示工业分析或元素分析中任一成分的空气干燥基质量分数）和 M_{ad}，求其 X_d。

设空气干燥煤样的质量为 100，则在此基准下 X 的绝对质量为 X_{ad}。同样可知干燥煤样的质量为 $100-M_{ad}$；而干燥煤样中 X 的绝对质量为 $(100-M_{ad})\times\dfrac{X_d}{100}$。

根据物质不灭定律，X 的绝对质量保持不变，即有

$$X_{ad}=X_d\times\frac{100-M_{ad}}{100} \tag{3-67}$$

$$X_d=X_{ad}\times\frac{100}{100-M_{ad}} \tag{3-68}$$

同理，可得干燥基与干燥无灰基间的换算公式

$$X_{daf} = X_d \times \frac{100}{100 - A_d} \tag{3-69}$$

$$X_d = X_{daf} \times \frac{100 - A_d}{100} \tag{3-70}$$

还有空气干燥基与干燥无灰基间的换算公式

$$X_{daf} = X_{ad} \times \frac{100}{100 - M_{ad} - A_{ad}} \tag{3-71}$$

$$X_{ad} = X_{daf} \times \frac{100 - M_{ad} - A_{ad}}{100} \tag{3-72}$$

2. 全水分与外在水分与空气干燥基水分的关系

已知某煤 $M_{f,ar}$、$M_{inh,ad}$，求其全水分 $M_{t,ar}$。

由题意知　　$M_{inh,ad} = M_{ad}$　　$M_{t,ar} = M_{ar}$

设收到煤的质量为 100，则收到煤中的内在水分质量为 $M_{inh,ar}$；同样可知空气干燥煤的质量应为 $100 - M_{f,ar}$，空气干燥煤样中内在水分的质量为 $(100 - M_{f,ar}) \times \dfrac{M_{ad}}{100}$。

因为内在水分的绝对质量保持不变，应有

$$M_{inh,ar} = (100 - M_{f,ar}) \times \frac{M_{ad}}{100}$$

收到基全水分应为收到基外在水分与内在水分之和，即

$$M_{ar} = M_{inh,ar} + M_{f,ar} = (100 - M_{f,ar}) \times \frac{M_{ad}}{100} + M_{f,ar}$$

整理得

$$M_{ar} = M_{f,ar} + M_{ad} \times \frac{100 - M_{f,ar}}{100} \tag{3-73}$$

$$M_{f,ar} = \frac{100(M_{ar} - M_{ad})}{100 - M_{ad}} \tag{3-74}$$

3. 收到基与空气干燥基之间的换算

已知某煤 X_{ad}、M_{ar}、M_{ad}，求 X_{ar}。

设收到煤的质量为 100，则 X 的绝对质量为 X_{ar}；

可知空气干燥煤的质量为 $(100 - M_{f,ar})$，此基准下 X 的绝对质量为 $(100 - M_{f,ar}) \times \dfrac{X_{ad}}{100}$

根据 X 的绝对质量保持不变，应有

$$X_{ar} = (100 - M_{f,ar}) \times \frac{X_{ad}}{100}$$

将式(3-74) 代入上式，整理可得

$$X_{ar} = X_{ad} \times \frac{100 - M_{ar}}{100 - M_{ad}} \tag{3-75}$$

按照以上方法，同理可推导出常用基准之间的其他换算公式。不同基准的换算公式见表 3-48。将有关数值代入表 3-48 所列的相应公式中，再乘以用已知基表示的某一分析值，即可求得用所要求的基表示的分析值（低位发热量的换算例外）。

表 3-48　不同基准的换算公式（GB/T 483—2007）

要求基 \ 已知基	空气干燥基 ad	收到基 ar	干基 d	干燥无灰基 daf	干燥无矿物质基 dmmf
空气干燥基 ad		$\dfrac{100-M_{ar}}{100-M_{ad}}$	$\dfrac{100}{100-M_{ad}}$	$\dfrac{100}{100-(M_{ad}+A_{ad})}$	$\dfrac{100}{100-(M_{ad}+MM_{ad})}$
收到基 ar	$\dfrac{100-M_{ad}}{100-M_{ar}}$		$\dfrac{100}{100-M_{ar}}$	$\dfrac{100}{100-(M_{ar}+A_{ar})}$	$\dfrac{100}{100-(M_{ar}+MM_{ar})}$
干基 d	$\dfrac{100-M_{ad}}{100}$	$\dfrac{100-M_{ar}}{100}$		$\dfrac{100}{100-A_{d}}$	$\dfrac{100}{100-MM_{d}}$
干燥无灰基 daf	$\dfrac{100-(M_{ad}+A_{ad})}{100}$	$\dfrac{100-(M_{ar}+A_{ar})}{100}$	$\dfrac{100-A_{d}}{100}$		$\dfrac{100-A_{d}}{100-MM_{d}}$
干燥无矿物质基 dmmf	$\dfrac{100-(M_{ad}+MM_{ad})}{100}$	$\dfrac{100-(M_{ar}+MM_{ar})}{100}$	$\dfrac{100-MM_{d}}{100}$	$\dfrac{100-MM_{d}}{100-A_{d}}$	

【例题 3-7】　已知某煤样 $M_{ad}=3.00\%$，$A_{ad}=11.00\%$，$V_{ad}=24.00\%$，求其 $w_{ad}(FC)$、$w_d(FC)$ 和 $w_{daf}(FC)$。

解　① 由 $M_{ad}+A_{ad}+V_{ad}+w_{ad}(FC)=100$ 得

$$w_{ad}(FC)=100-M_{ad}-A_{ad}-V_{ad}=100-3.00-11.00-24.00=62.00\%$$

② 由式（3-68）或表 3-48 得

$$w_d(FC)=w_{ad}(FC)\times\frac{100}{100-M_{ad}}=62.00\times\frac{100}{100-3.00}=63.92\%$$

③ 由式（3-71）或表 3-48，得

$$w_{daf}(FC)=w_{ad}(FC)\times\frac{100}{100-M_{ad}-A_{ad}}=62.00\times\frac{100}{100-3.00-11.00}=72.09\%$$

或由式（3-68）得

$$A_d=A_{ad}\times\frac{100}{100-M_{ad}}=11.00\times\frac{100}{100-3.00}=11.34\%$$

再由式（3-69）得

$$w_{daf}(FC)=w_d(FC)\times\frac{100}{100-A_d}=63.92\times\frac{100}{100-11.34}=72.10\%$$

【例题 3-8】　某空气干燥煤样 $M_{ad}=1.80\%$，$A_{ad}=26.20\%$，$w_{ad}(C)=68.20\%$，求 $w_{daf}(C)$。

解　由式（3-71）或表 3-48 得

$$w_{daf}(C)=w_{ad}(C)\times\frac{100}{100-M_{ad}-A_{ad}}=68.20\times\frac{100}{100-1.80-26.20}=94.72\%$$

由此可以看出，如果忽视基准，用 $w_{ad}(C)$ 或 $w_{daf}(C)$ 分别来判断煤的有机质特性，自然会得出不同结论。当碳的质量分数为 68.20%，是一煤化程度不高的褐煤，但碳的质量分数为 94.72%，就是一煤化程度很高的无烟煤了，所以判断煤的有机质特性时，需采用干燥无灰基为标准。而判断煤的灰分时，必须换算为干燥基才有可比性。

【例题 3-9】　某原煤测得全水分 $M_{ar}=10.00\%$，制成空气干燥煤样时，测得其 $M_{ad}=1.00\%$，$A_{ad}=11.00\%$，求燃烧 1t 原煤要产生多少灰分？

解　由式（3-73）或表 3-48 得

$$A_{ar}=A_{ad}\times\frac{100-M_{ar}}{100-M_{ad}}=11.00\times\frac{100-10.00}{100-1.00}=10.00\%$$

燃烧 1t 原煤产生的灰分为

$$1000 \times 10.00\% = 100kg$$

【例题 3-10】 称取空气干燥煤样 1.0400g 放入预先鼓风并加热到 105～110℃ 的烘箱中干燥 2h，煤样失重 0.0312g；又称此空气干燥煤样 1.0220g，灼烧后残渣质量为 0.1022g；再称此空气干燥煤样 1.0550g，在（900±10）℃ 下加热 7min，质量减少了 0.2216g，求该煤样的 A_d、V_{daf}、$w_{ad}(FC)$。

解 ① 依题意，有

$$M_{ad} = \frac{0.0312}{1.0400} \times 100 = 3.00\%$$

$$A_{ad} = \frac{0.1022}{1.0220} \times 100 = 10.00\%$$

$$V_{ad} = \frac{0.2216}{1.0550} \times 100 - M_{ad} = 21.00 - 3.00 = 18.00\%$$

② 由式(3-68) 或表 3-48 得

$$A_d = A_{ad} \times \frac{100}{100 - M_{ad}} = 10.00 \times \frac{100}{100 - 3.00} = 10.31\%$$

③ 由式(3-71) 或表 3-48 得

$$V_{daf} = V_{ad} \times \frac{100}{100 - M_{ad} - A_{ad}} = 18.00 \times \frac{100}{100 - 3.00 - 10.00} = 20.69\%$$

④ 由 $M_{ad} + A_{ad} + V_{ad} + w_{ad}(FC) = 100$ 得

$$w_{ad}(FC) = 100 - (M_{ad} + A_{ad} + V_{ad}) = 100 - (3.00 + 10.00 + 18.00) = 69.00\%$$

复习思考题

1. 解释下列名词或术语：

子样、总样、分样、批、采样单元、时间基采样、质量基采样、系统采样、分层随机采样。

2. 简述煤炭采样的目的及基本要求。

3. 什么是商品煤样？商品煤样采集地点有哪些？

4. 什么是煤层煤样？它可分为哪几种？分别如何编号表示？

5. 什么是生产煤样？采取生产煤样的目的是什么？

6. 如何确定商品煤样的采样单元及其子样数目？

7. 什么是煤样的制备，煤样制备包括哪些过程？

8. 煤样缩分的目的是什么？方法有哪些？

9. 缩分时应注意哪些问题？

10. 煤的工业分析包括哪些项目？

11. 煤中水分的存在形态有哪些？

12. 按照国家标准，全水分测定有哪些方法？

13. 全水分是外在水分与内在水分之和，计算时为什么不能将它们直接相加？

14. 什么是煤的灰分？什么是煤的矿物质？二者之间有什么联系和区别？

15. 按照国家标准，测定煤的灰分产率的温度是多少？可以采用哪些方法？

16. 煤灰熔融性的测定采用什么方法？其特征温度有哪些？

17. 煤的挥发分的影响因素是什么？为什么说挥发分的测定是一个规范性很强的试验

项目。

18. 什么是焦渣？焦渣特征有哪些类别？焦渣特征反映了煤的什么性质？

19. 固定碳与煤中碳元素的含量有何区别？

20. 什么是燃料比？燃料比与煤化程度的关系如何？

21. 元素分析主要包括哪些项目？

22. 碳、氢测定中的干扰元素有哪些，如何脱除？

23. 煤中存在哪几种形态的硫？

24. 煤中全硫的测定有哪几种方法？硫对工业生产及环境有哪些不利影响？

25. 煤质分析中常用的基准有哪些？如何表示？

26. 称取空气干燥煤样 1.0000g，在 105～110℃ 条件下干燥至质量恒定，质量减少 0.0600g，求空气干燥煤样水分。

27. 设将粒度小于 6mm 的测定全水分的煤样装入密封容器中称量为 600.00g，容器质量为 250.00g。化验室收到煤样后，称量装有煤样的容器为 590.00g，测定煤样全水分时称取试样 10.10g，干燥后质量减少了 1.10g，则此煤样装入容器时的全水分是多少？

28. 称取空气干燥煤样 1.200g，测定挥发分时失去质量为 0.1420g，测定灰分时残渣的质量是 0.1125g。如果已知此煤中 M_{ad} 为 4.00%，求试样中的 V_{ad}、A_{ad}、$w_{ad}(FC)$。

29. 已知某分析煤样化验结果为 $M_{ad}=3.00\%$、$w_{ad}(S_t)=2.52\%$，求 $w_d(S_t)=?$

30. 某分析煤样的 $w_{ad}(C)=83.55\%$、$M_{ad}=1.84\%$、$A_{ad}=8.16\%$，求 $w_{daf}(C)=?$

31. 已知某烟煤 $M_{ad}=2.05\%$、$A_d=14.14\%$、$V_d=28.35\%$，求 V_{ad} 和 V_{daf}。

32. 称取空气干燥煤样 1.2000g，815℃ 灼烧后残余物的质量是 0.1000g，已知煤样的空气干燥基水分为 1.50%，收到基水分为 2.45%，求收到基和干燥基灰分的质量分数。

33. 某空气干燥煤样，进行了如下分析：

(1) 称样 1.0550g，置于预先鼓风并加热到 105～110℃ 的烘箱中干燥 2h，煤样失重 0.0312g；

(2) 称样 1.0330g，在 (815±10)℃ 的温度下灼烧后残渣质量为 0.1056g；

(3) 称样 1.0420g，在 (900±10)℃ 的温度下加热 7min，质量减少了 0.2346g。

试计算该煤样的 A_d、V_{daf}、FC_{ad}。

34. 什么是煤的发热量？弹筒发热量、高位发热量、低位发热量有何区别？

35. 比较煤在大气中燃烧与在氧弹中燃烧的区别。

36. 影响煤发热量的因素有哪些？如何影响？

37. 某煤样分析化验数据为：$Q_{b,ad}=31025J/g$，$M_{ad}=2.46\%$，$A_d=5.63\%$，$w_{ad}(St)=0.74\%$，$w_{ad}(H)=1.88\%$，$M_{ar}=7.32\%$，求该煤的 $Q_{gr,ad}$、$Q_{net,ad}$、$Q_{gr,daf}$、$Q_{gr,d}$ 和 $Q_{net,ar}$？

第四章 煤的有机质的结构

思政目标：树立严谨的科学研究精神，培养脚踏实地、甘于奉献、服务社会的职业精神。

学习目标：1. 了解煤结构单元核心部分的结构。

2. 了解煤结构单元外围部分的结构。

3. 了解煤分子结构对其性质的影响。

对煤的分子结构的研究一直是煤化学学科的中心环节，受到了广泛的重视。但是，由于煤炭组成的复杂性、多样性和不均一性，所以难于分离成简单的物质进行结构和性质的研究分析。如利用溶剂法处理煤，仍得不到满意的结果，其主要原因是无法找到一种能完全溶解煤的溶剂，而溶于溶剂的只是煤中的一小部分，经抽提出来的仍然是一个复杂的混合物。不溶物的相对分子质量比抽出物更大，化学结构仍是很复杂，所以无法用抽提方法来观察煤结构的真相。然而，要合理利用煤炭，测定煤的结构是十分重要的。目前煤结构的研究方法有三种：物理研究方法，如红外光谱、核磁共振波谱、X射线衍射、显微分光光度、扫描电镜和各种物理性质研究以及利用物理常数进行统计结构分析；物理化学研究方法，如溶剂抽提和吸附性能研究等；化学研究方法，如氧化、加氢、卤化、水解、热解和官能团分析等方法。

长期以来，对煤的结构研究，始终未能获得突破性的结论，只是根据实验结果分析推测，提出若干煤种的结构模型——化学结构模型和物理结构模型。近年来，对煤的结构研究取得一些进展。一般采用煤的镜质组作为研究结构的对象，其原因是镜质组在成煤过程中变化比较均匀以及矿物质含量低。

第一节 煤结构单元核心部分的结构

一、煤的基本结构单元

煤是以有机体为主，并具有不同的相对分子质量、不同化学结构的一组"相似化合物"的混合物。它不像一般的聚合物，是由相同化学结构的单体聚合而成的。因此，构成煤的大分子聚合物的"相似化合物"被称作基本结构单元。也就是说，煤是许许多多的基本结构单元组合而成的大分子结构。基本结构单元包括规则部分和不规则部分。规则部分为结构单元的核心部分，由几个或十几个苯环、脂环、氢化芳香环及杂环（含氮、氧、硫）所组成，基本结构单元之间通过桥键联结。随着煤化程度的增大，苯环逐渐增多。如图 4-1 所示为典型的褐煤、次烟煤、高挥发分烟煤、低挥发分烟煤和无烟煤的基本结构单元或部分结构模型。

M4-1 煤的
有机质结构

二、煤的结构参数

由于不能准确表示煤的基本结构单元，为了描述煤的基本结构情况，常采用四个"结构参数"，如芳碳率、芳氢率、芳环率、环缩合度指数等加以说明。

褐煤

	干基/%	无水无灰基/%
$w(C)$	64.5	72.6
$w(H)$	4.3	4.9
V	40.8	45.9

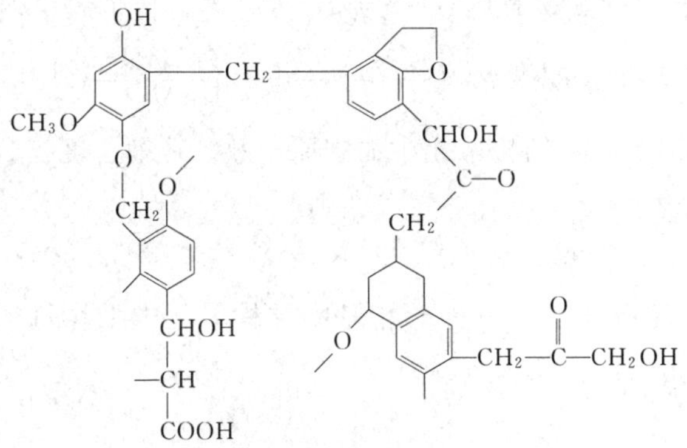

次烟煤

	干基/%	无水无灰基/%
$w(C)$	72.9	76.7
$w(H)$	5.3	5.6
V	41.5	43.6

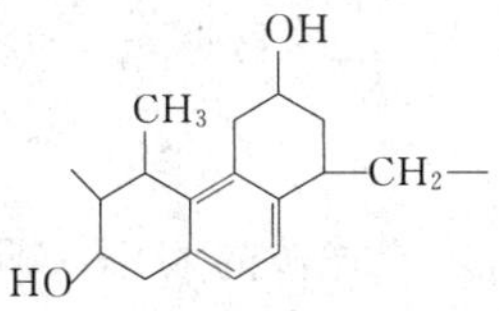

高挥发分烟煤

	干基/%	无水无灰基/%
$w(C)$	77.1	84.2
$w(H)$	5.1	5.6
V	36.5	39.9

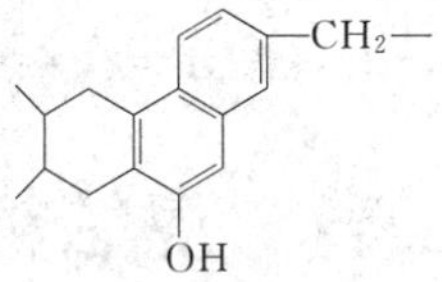

低挥发分烟煤

	干基/%
$w(C)$	83.8
$w(H)$	4.2
V	17.5

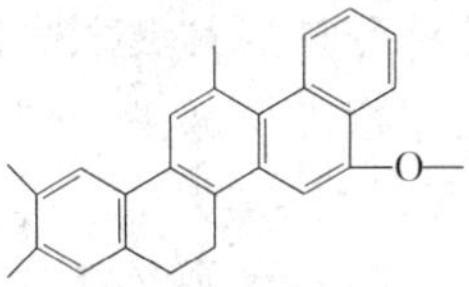

无烟煤

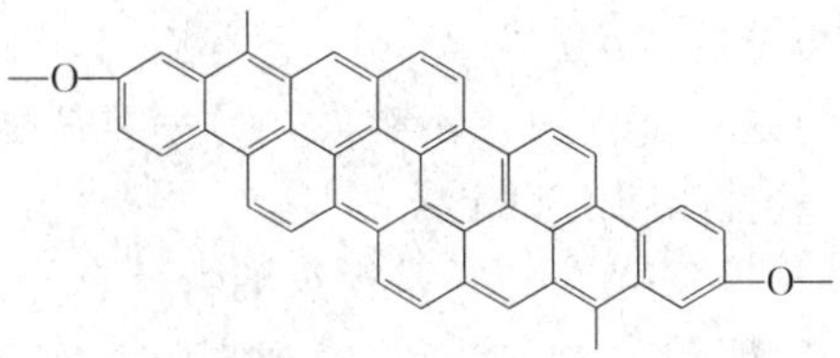

图 4-1 煤的基本结构单元(或部分结构)模型

(1) 芳碳率(f_{ar}^{c}) $f_{ar}^{c} = \dfrac{N_{ar}(C)}{N_{total}(C)}$($N$ 表示原子个数，下同) 指煤的基本结构单元中，属于芳香族结构的碳原子数 $N_{ar}(C)$ 与总的碳原子数 $N_{total}(C)$ 之比。芳碳率 f_{ar}^{c} 随煤化程度的增加而增加，但在煤中达到 90% 以前增大并不显著。f_{ar}^{c} 波动在 0.7~0.8 之间，对于烟煤，f_{ar}^{c} 不到 0.8。

(2) 芳氢率 f_{ar}^{H} $f_{ar}^{H} = \dfrac{N_{ar}(H)}{N_{total}(H)}$ 煤的基本结构单元中，属于芳香族结构的氢原子数 $N_{ar}(H)$ 与总的氢原子数 $N_{total}(H)$ 之比，芳氢率 f_{ar}^{H} 随煤化程度的增加而增加，在煤中达到 90% 以前，f_{ar}^{H} 在 0.3~0.4 之间，对于烟煤，f_{ar}^{H} 大致在 0.33。

(3) 芳环率 f_{ar}^{R} $f_{ar}^{R} = \dfrac{N_{ar}(R)}{N_{total}(R)}$ 是指煤的基本结构单元中，芳香环数 $N_{ar}(R)$ 与总环数 $N_{total}(R)$ 之比，芳环率 f_{ar}^{R} 随煤化程度的增加而增加，煤中碳含量在 70%~83% 时，平均环数为 2，碳含量在 83%~90% 时，平均环数增至 3~5，碳含量在 95% 以上时，环数剧增至

40 以上。对于烟煤芳环率 f_{ar}^R 为 0.66 左右，无烟煤接近于 1。

（4）环缩合度指数 $2\left(\dfrac{N(R)-1}{N(C)}\right)$ $\quad 2\left(\dfrac{N(R)-1}{N(C)}\right)$ 中 $N(R)$ 为基本结构单元中缩合环的数目，$N(C)$ 为基本结构单元中的碳原子数。环缩合度指数与芳碳率 f_{ar}^c 之间有如下的关系

$$2\left(\frac{N(R)-1}{N(C)}\right)=2-f_{ar}^c-\frac{N(H)}{N(C)}$$

（5）环指数 $\quad 2\dfrac{R'}{N(C)}$，指基本结构单元中平均每个碳原子所占环数，即单碳环数。R' 为每一结构单元的总环数。

（6）芳环紧密度 $\quad 4\left(\dfrac{R_1+\dfrac{1}{2}}{N(C)}\right)-1$，一定数量的芳香族碳原子能形成尽可能多的芳香环的能力。

（7）芳族大小 C_{au} $\quad$ 芳香核的大小，即基本结构单元中的芳香族碳原子数。

（8）聚合强度 b $\quad$ 煤的大分子中每一个平均结构单元的桥键数。

（9）聚合度 p $\quad$ 每一个煤大分子中结构单元的平均个数。

第二节 煤结构单元外围部分的结构

煤结构单元的外围部分主要是含氧官能团、含硫官能团、含氮官能团和烷基侧链。通常它们的数量随着煤化程度增加而减少。

一、含氧官能团

氧是构成煤的有机质的主要元素之一，对煤的性质影响很大，尤其对年轻煤影响更大。氧的存在形式可分为两类，一类是含氧官能团，如羧基、酚羟基、羰基、醌基和甲氧基等，煤化程度越低，这一部分的比例越大；另一类是醚键和呋喃环，它们在年老煤中占优势。

1. 主要含氧官能团的测定方法

（1）羧基（—COOH） 它是褐煤的特性官能团，有酸性，且比乙酸强。常用的测定方法是将煤样与乙酸钙反应，然后以标准碱溶液滴定生成的乙酸，羧基含量以 mmol/g 表示（其他官能团表示方法与此相同）。反应式如下

$$2RCOOH + Ca(CH_3COO)_2 \xrightarrow{1\sim2d} (RCOO)_2Ca\downarrow + 2CH_3COOH$$

（2）酚羟基（—OH） 一般认为，绝大多数煤只含酚羟基而无醇羟基。它们存在于泥炭、褐煤和烟煤中，是烟煤的主要含氧官能团。常用的测定方法是将煤样与 $Ba(OH)_2$ 溶液反应，后者可与羧基和酚羟基反应，从而测得总酸性基团含量，再减去羧基含量即得酚羟基含量。反应示意式如下

$$R\begin{array}{c}\diagup COOH\\\diagdown OH\end{array} + Ba(OH)_2 \longrightarrow R\begin{array}{c}\diagup COO\\\diagdown O\end{array}Ba\downarrow + H_2O$$

此外，还有 $KOH-C_2H_5OH$ 溶液测定法和酯化法等。

（3）羰基 $\left(\diagup\!\!\diagdown C=O\right)$ 羰基无酸性，在煤中分布很广，从泥炭到无烟煤都含有羰基。比较简便的测定方法是使煤样与苯肼溶液反应。过量的苯肼溶液可用菲林溶液氧化，测定 N_2 的体积即可求出与羰基反应的苯肼量，也可测定煤在反应前后的氮含量，根据氮含量的增加

可算出羰基含量。

$$R=C=O + H_2N-NH-\bigcirc \xrightarrow[24h]{吡啶,115℃} R=C=N-NH-\bigcirc \downarrow + H_2O$$

$$H_2N-HN-\bigcirc + O \longrightarrow \bigcirc + N_2 + H_2O$$

（4）甲氧基（—OCH₃） 它仅存在于泥炭和软褐煤中，能和 HI 反应生成 CH₃I，再用碘量法测定。

$$ROCH_3 + HI \longrightarrow ROH + CH_3I（碘甲烷）$$
$$CH_3I + 3Br_2 + H_2O \longrightarrow HIO_3 + 5HBr + CH_3Br$$
$$HIO_3 + 5HI \longrightarrow 3I_2 + 3H_2O$$

（5）醚键（—O—） 醚键相对不易起化学反应和不易热解，所以也成为非活性氧。严格讲，它不属于官能团，但可以测定，如用 HI 水解

$$R-O-R' + HI \xrightarrow{130℃,8h} ROH + R'I$$
$$R'I + NaOH \longrightarrow R'OH + NaI$$

然后，测定煤中增加的 OH 基或测定与煤结合的碘。不过，这种方法及其他几种测定醚键的方法还不能保证测出全部醚键。

2. 煤中含氧官能团随煤化程度的变化

煤中含氧官能团的分布随煤化程度的变化见图 4-2。

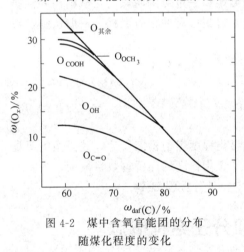

图 4-2 煤中含氧官能团的分布
随煤化程度的变化

由图 4-2 可见，煤中的含氧官能团随煤化程度增加而急剧降低，其中以羟基为最多，其次是羰基和羧基，在煤化过程中，甲氧基首先消失，接着是羧基，它在典型烟煤中已不再存在，而羟基和羰基仅在数量上减少，即使在无烟煤中也还存在。图 4-2 中其余含氧主要指醚键和杂环氧，它们所占的比例对中等变质程度的煤是相当大的。

3. 煤中的含硫和含氮官能团

硫的性质与氧相似，所以煤中的含硫官能团种类与含氧官能团差不多。由于硫含量比氧含量低，加上分析测定方面的困难，故煤中硫的分布尚未完全弄清。

煤中有机硫的主要存在形式是噻吩，其次是硫醚键和巯基（—SH）。

煤中含氮量多在 1%～2%，50%～75% 的氮以吡啶环或喹啉环形式存在，此外还有氨基、亚氨基、腈基和五元杂环等。由于含氮结构非常稳定，故定量测定十分困难，至今尚未见到可信的定量结果。

二、烷基侧链

煤的红外光谱、核磁共振、氧化和热裂解的研究都已确认煤的结构单元上连接有烷基侧链。藤井修治在比较缓和的条件下（150℃、氧气）把煤中的烷基小心氧化为羧基，然后通过元素分析和红外光谱测定，求得不同煤中的烷基侧链的平均长度（见表 4-1）。

表 4-1 煤中烷基侧链的平均长度

煤中 $w(C)/\%$	65.1	74.2	80.4	84.3	90.4
烷基侧链平均碳原子数	5.0	2.3	2.2	1.8	1.1

由表 4-1 可见，烷基侧链随煤化程度增加开始很快缩短，然后变化渐趋平缓。对年老褐煤和年轻烟煤的烷基碳原子数平均为 2 左右，无烟煤则减少到 1，即主要含甲基。另外，烷基碳占总碳的比例也随煤化程度增加而减少，煤中含碳量为 70％时，烷基碳占总碳的 8％左右；煤中含碳量为 80％时约占 6％；煤中含碳量为 90％时，只有 3.5％左右。

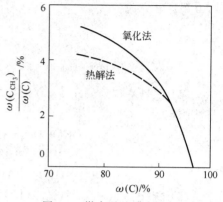

图 4-3　煤中甲基碳含量与煤化程度关系

用氧化法和热解法测得的甲基碳含量与煤化程度的关系如图 4-3 所示。

这两种方法在煤的碳含量为 90％以前有系统偏差，在 90％以后结果一致。由上述数据和图 4-3 可见，煤中的烷基侧链主要是甲基。随煤化程度增加，甲基碳占烷基碳比例不断增加。当煤中 $w(C)$ 为 80％时，甲基碳占总碳的 4％～5％，占烷基碳 75％左右；$w(C)$ 为 90％时，甲基碳占总碳为 3％，占烷基碳大于 80％。煤中的烷基侧链除—CH_3 外还有—CH_2—CH_3 或—CH_2—CH_2—，—CH_2—CH_2—CH_3 或—CH_2—CH_2—CH_2—等，碳原子数越多其比例越低。

三、桥键

桥键是连接结构单元的化学键，所以确定桥键的类型和数量对阐明煤的化学结构和性质至关重要。由于这一问题的高度复杂性，所以至今尚未得到可靠的定量数据。一般认为，桥键有以下四类。

① 亚甲基键　—CH_2—，—CH_2—CH_2—，—CH_2—CH_2—CH_2—，…；

② 醚键和硫醚键　—O—，—S—，—S—S—，…；

③ 亚甲基醚键　—CH_2—O—，—CH_2—S—，…；

④ 芳香碳-碳键　—C_{ar}—C_{ar}。

上述四类桥键在不同煤中不是平均分布的，在低煤化程度煤中桥键发达，其类型主要是前面三种，尤以长的亚甲基键和亚甲基醚键为多；中等煤化程度的煤桥键数目最少，主要形式是—CH_2—和—O—；至无烟煤阶段桥键又增多，主要是芳香碳-碳键。

第三节　煤的结构模型和分子结构概念

由于煤结构的高度复杂性，尽管所有的传统结构测定方法和近年来发展起来的计算机断层扫描（CT）、核磁共振成像、扫描隧道显微（STM）、原子显微镜（AFM）等新技术以及量子化学理论计算应用到煤结构的研究中，但到目前仍不能了解煤分子结构的全貌。于是从获得的煤结构的信息中，建立了煤分子结构模型来研究煤。

一、煤的大分子结构模型

建立煤的结构模型是研究煤的化学结构的重要方法。主要根据煤的各种结构参数进行推想和假设而建立，用以表示煤平均化学结构的分子图示，又常称为煤的化学结构模型。这些模型并不是煤的真实分子的结构，但是在解释煤的某方面性质时仍然得到了成功应用。

1. Fuchs 模型

Fuchs 模型是 20 世纪 60 年代以前煤的化学结构模型的代表。如图 4-4 所示，是由德国

W. Fuchs 提出，Krevelen 于 1957 年进行了修改，根据 IR 光谱、统计结构分析法（根据元素组成、密度、折射率等计算）推断出来的煤结构模型。该模型将煤描绘成由很大的蜂窝状缩合芳香环和在其周围任意分布着以含氧官能团为主的基团所组成。模型中煤结构单元的芳香缩合环很大，平均为 9 个，最大部分有 11 个苯环，芳环之间主要通过脂环相连。但模型中没有含氮等官能团结构，硫官能团结构的种类也不全面。所以该模型不能全面地反映煤结构特征。

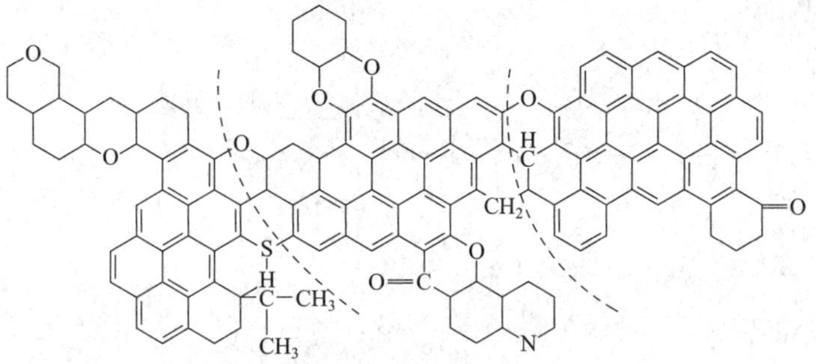

$C_{136}H_{96}O_9NS$ H/C=0.72

图 4-4 Fuchs 模型

2. Given 模型

Given 模型是英国的 P. H. Given 于 20 世纪 60 年代初采用 IR 光谱、^{1}H-NMR 和 X 射线法，对碳质量分数为 82.1% 的镜质煤分析，测得其芳香氢和脂肪氢的比例、元素组成、分子量、—OH 量等信息，将单体单元（9,10-二氢蒽）与随机分布的取代基团结合，构造成共聚体，各共聚体再次聚合得到的 Given 模型。如图 4-5 所示，这是一种煤化程度较低的烟煤［w(C) 为 82%］结构，分子中没有大的缩合芳香环（主要是萘环），分子呈线性排列并具有无序的三维空间结构。该模型氮原子以杂环形式存在，含氧官能团有酚羟基和醌基，结构单元之间交联键的主要是邻位亚甲基。但此模型中没有含硫的结构，也没有醚键和两个碳原子以上的直链桥键。

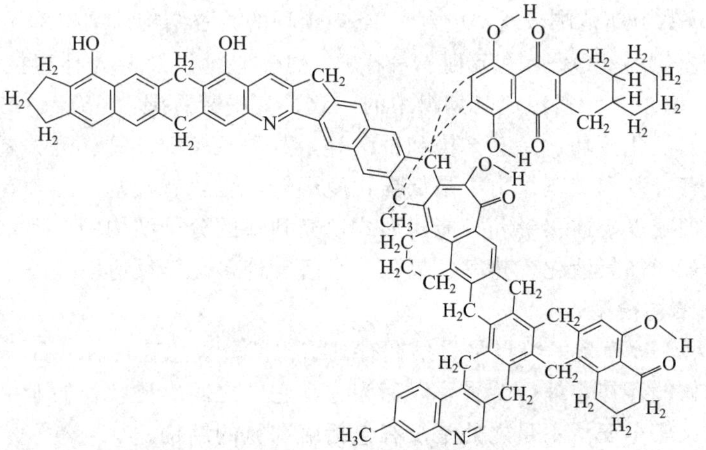

图 4-5 Given 模型

20 世纪 60 年代以后，在煤的结构研究中采用了各种新型的现代化仪器，如傅里叶变换红外光谱和高分辨率核磁共振波谱等，得到了更为准确、详细的煤结构信息，为更合理的煤结构模型提供了数据。

3. Wiser 模型

美国 W. H. Wiser 于 20 世纪 70 年代中期对含碳 78.0%、氢 5.2%、氧 11.9%的一种高挥发分烟煤进行分析而提出的煤化学结构模型。如图 4-6 所示，此模型也是针对年轻烟煤而言的，被认为是比较全面合理的一种模型。

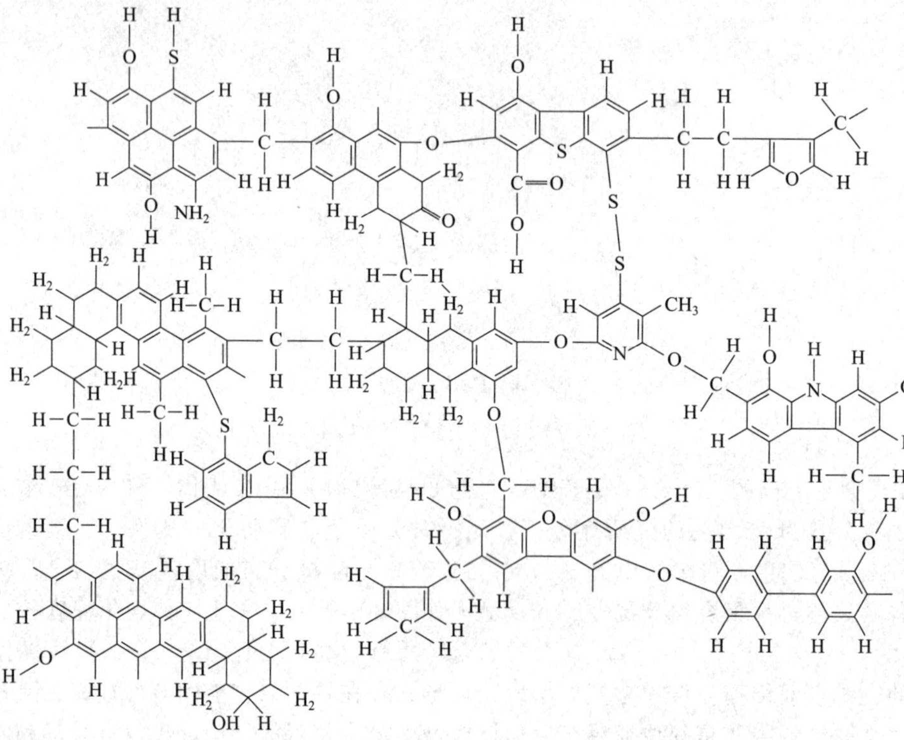

图 4-6　Wiser 模型 [$w(C)$ 为 82%～83%]

该模型芳香环数分布范围较宽，包含了 1～5 个环的芳香结构，结构单元之间主要以 C_1～C_3 的脂肪桥键、醚键（—O—）和硫醚（—S—）键等弱键以及两芳环直接相连的芳基碳碳键（ArC—CAr）联结；元素组成与烟煤中的一致，其中芳香碳占 65%～75%；氢大多存在于脂肪结构中，如氢化芳环、烷基结构和桥键等，芳香氢较少；氧、硫和氮部分以杂环形式存在。模型中含有羟基和羰基，由于是低煤化度烟煤，也含有羧基；还含有硫醇和噻吩等基团。此模型首次把硫以硫连接键和官能团形式填充到煤的分子结构中，揭示了煤结构的现代概念，可以解释煤的加氢液化、热解、氧化、水解等许多化学反应。

4. 本田化学结构模型

如图 4-7 所示，该模型的特点是最早在有机结构部分设想存在着低分子化合物，考虑到煤的低分子化合物的存在，缩合芳香环以菲为主，它们之间有比较长的亚甲基键连接，对氧的存在形式考虑比较全面。不足之处是没有包括硫和氮的结构。

5. Shinn 模型

该模型是 J. H. Shinn 在 1984 年对烟煤在一段、二段液化过程的产物进行化学分析，用反应化学的知识将这些关于煤性质和液化产物成分的数据组合在一起，推出的煤分子中重要组成结构，再将这些结构组合起来，而建立的煤分子结构模型，所以又称为煤的反应结构模

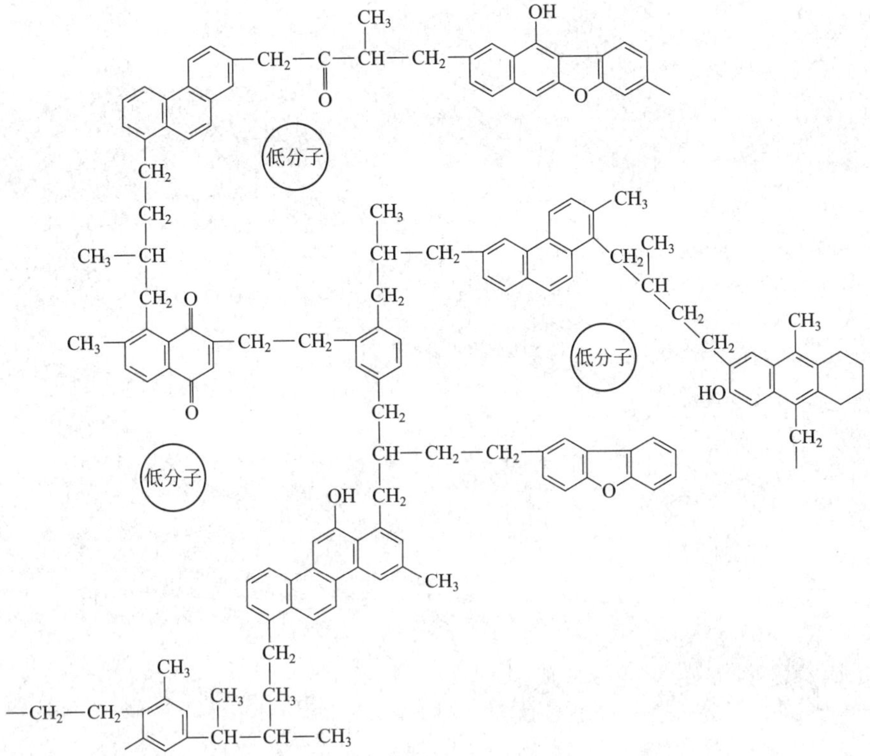

图 4-7　本田化学结构模型

型。此模型是目前为人们所接受的煤的大分子模型，如图 4-8 所示。

　　该模型是通过液化产物的逆向合成法得到的，认为煤大分子结构的分子式可写为 $C_{661}H_{561}N_{11}O_{74}S_6$，相对分子质量高达 10023，包含了 14 个可能发生聚合的结构单元和大量在加热过程中可能发生断裂的脂肪族桥键；有一些特征明显的结构单元，如缩合的喹啉、呋喃和吡喃；羟基是其主要的杂原子，不活泼的氮原子主要分布于芳香环中；芳环或结构芳环单元由较短的脂链和醚键相连，形成大分子的聚集体；小分子镶嵌于聚集体孔洞或空穴中，可以通过溶剂抽提萃取出来。

　　6. Faulon 模型

　　此模型是 1993 年 Faulon 等采用煤大分子辅助设计的方法，在 Sun Sparc IPC 工作站和 Silicon Graphics 4D/320GTXB 工作站上，用 PCMODEL 和 SIGNATURE 软件对 Hatcher 等数据进行处理，提出的能量最低的煤大分子结构模型，如图 4-9 所示。

　　Faulon 等人提出的 CASE（计算机辅助结构解析）的具体步骤如下。

　　① 由元素分析和 ^{13}C NMR 的定量数据求出各官能团中 C、H、O 原子的数目。

　　② 分子水平上的定性数据由 Py/GC/MS 提供，可以确定大分子的碎片，每个碎片的结构由质谱确定，进而计算出每个碎片和碎片间键的特征；碎片和碎片间键的数量通过求解线性的特征方程来确定：

$$碎片特征＋碎片间键的特征＝大分子的特征$$

　　③ 用 SIGNATURE 软件中的异构体发生器随机构造三维立体模型，计算出可能的模型总数。

　　④ 运用样本设计中随机抽样法，建立模型的子集（样本）。

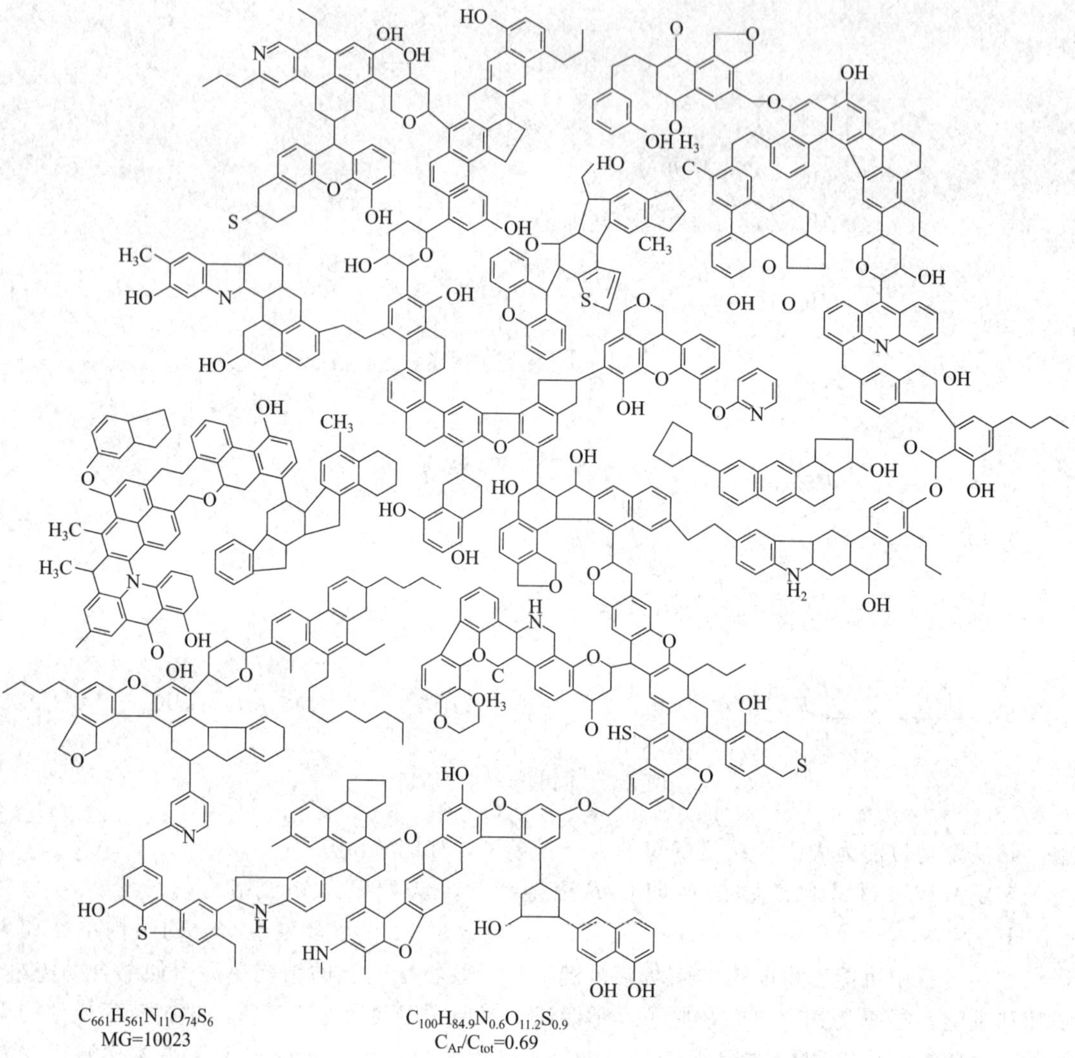

$C_{661}H_{561}N_{11}O_{74}S_6$
MG=10023

$C_{100}H_{84.9}N_{0.6}O_{11.2}S_{0.9}$
$C_{Ar}/C_{tot}=0.69$

图 4-8　Shinn 模型

⑤ 分子式和分子量直接从 SIGNATURE 软件构造出的模型中算出，并计算出交联密度。

⑥ 结构的势能和非键能（范德华力、静电力和氢键力）等能量特征用 BIOGRAF 软件中的 DREIDING 力场算出，用共轭梯度法和最速下降算法进行极小化。

⑦ 采用 Carlson 的方法计算真密度、闭孔率和微孔率等物理特征。

这是一种集分子力学、量子力学、分子动力学、分子图形学和计算机科学为一体的具有探索性的结构模型。

7. 煤嵌布结构模型

2008 年，中国矿业大学秦志宏等通过对不同变质程度的两种煤所进行的 CS2/NMP 混合溶剂萃取实验，提出了煤的嵌布结构理论模型及其概念，认为煤是以大分子组分、中型分子组分（包括中Ⅰ型和中Ⅱ型）、较小分子组分和小分子组分共同组成的混合物，这五种族组分之间主要以镶嵌的分布方式相连接，可以通过 CS2/NMP 混合溶剂为主的萃取反萃取使其彼此分离。

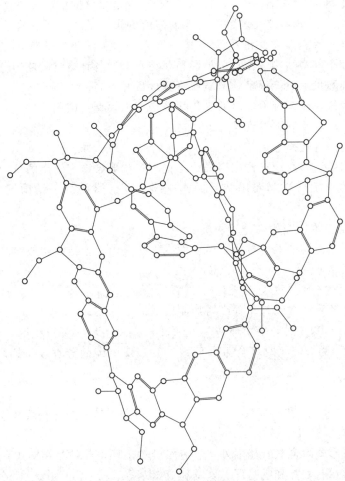

图 4-9 Faulon 模型

煤的嵌布结构模型的概念，其主要描述如下。

① 煤是以大分子组分、中型分子组分（又可分为中Ⅰ型和中Ⅱ型）、较小分子组分和小分子组分之五种族组分共同组成的混合物，这五种族组分之间主要以镶嵌的分布方式相连接，可以通过 CS_2/NMP 混合溶剂为主的萃取反萃取法使它们彼此自然分离。

② 煤混合物以大分子组分为基质，它是一种凝胶化的族组分，以共价键和非共价键一起共同构成空间网络结构。各个大分子物质彼此之间都有空间缠绕，其缠绕作用的主要是侧链和官能团。大分子物质的核心是较致密的结构单元，构成了大分子空间网络的中心，而大分子物质的边沿则缠绕地带则较松软；大分子组分通常不可以被溶剂溶解。

③ 中型分子组分有两部分，即中Ⅰ型分子组分和中Ⅱ型分子组分，它们主要以细粒镶嵌的方式分布在上述基质中；中型分子组分比大分子组分有较多的侧链和官能团，而结构单元较少，一般难以被溶解，但可以在适当的溶剂中悬浮而分离出来；其中中Ⅰ型分子又比中Ⅱ型分子有更多的侧链和官能团，这是两者的主要差别所在。

④ 较小分子组分，它是可以被混合溶剂溶解的部分，反萃取时主要进入反萃取液中；它们也是凝胶化的，因为自身有较多的非共价键成键点，而易于结合到同样有较多成键点的大分子的边沿缠绕地带，起着大分子间的桥梁作用；同时，这些较小分子还起着类似于黏结剂的作用，即将中Ⅰ型和中Ⅱ型分子粘连于大分子基质之上，大分子的边沿缠绕地带是中型

分子的嵌入区（IS区），而较小分子作为大、中分子间的桥联同样分布于这一区域。

⑤ 小分子组分，即能够被大多数有机溶剂溶解的煤中的小分子化合物，主要以三种形态即游离态（游离于煤表面和大孔表面）、微孔嵌入态（吸附于煤的微孔之中）和网络嵌入态（囿于三维大分子网络结构之中）三种形态存在于上述各种类型的族组分之中。这部分小分子化合物在品种数量上可能很多，但质量百分含量并不高。

这是我国学者最新较系统地提出的煤化学结构理论模型，应用煤的嵌布结构理论模型能合理地解释若干萃取与反萃取过程及现象。

二、分子结构的近代概念

煤的化学结构模型和物理结构模型虽然比较直观和形象地表示煤的结构，但一个模型不可能包罗万象反映全面，还需要用文字做进一步说明。煤的分子结构可从下面七点进行描述。

1. 煤的主体是三维空间的高分子物质

煤的大分子不是由均一的"单体"聚合而成，而是由许多结构相似但又不完全相同的结构单元通过桥键联结而成。

2. 煤结构单元的核心为缩合芳香环

煤结构的缩合芳香环数随煤化程度增加而增加，$w_{daf}(C)$ 为 70%～83% 时，平均环数为 2；$w_{daf}(C)$ 为 83%～90% 时，平均环数为 3～5；$w_{daf}(C)$ 为 90% 以上时，缩合芳香环数急剧增多，当 $w_{daf}(C)$ 为 >95% 时缩合芳香环数 >40。煤中碳的芳香度，烟煤一般 ≤0.8，无烟煤趋近于 1。

3. 煤结构单元的外围为烷基侧链和官能团

烷基中主要是 $-CH_3$ 和 $-CH_2-CH_2-$，官能团主要是酚羟基和羧基等。

4. 煤中氧、氮和硫的存在形式

煤中氧的存在形式除含氧官能团外，还有醚键和杂环；硫的存在形式有巯基、硫醚和噻吩等；氮的存在形式有吡啶和吡咯环、氨基和亚氨基等。

5. 结构单元之间的桥键

不同长度的次甲基键、醚键、次甲基醚键和芳香碳-碳键等都可以是结构单元之间的桥键。不同煤化程度的煤，其桥键的类型和数量都不相同。煤分子间通过交联键缠绕在空间以一定方式排列，形成不同的立体结构。交联键有化学键、非化学键。化学键如桥键；非化学键如氢键、电子给予-接受键和范德华力等。

6. 低分子化合物

在煤的高分子结构中还分散着一定量的低分子化合物。煤中的低分子化合物主要是指相对分子质量小于 500 的有机化合物。主要来自于成煤植物的原始组分和成煤过程中形成的低分子化合物。这些低分子化合物可溶于有机溶剂，加热可熔化，部分低分子化合物还可挥发。煤中低分子化合物的含量随煤化程度的增高而降低。

7. 不同煤化程度煤的结构差异

低煤化程度的煤含有较多的非芳香结构和含氧基团，芳香核心较小。除化学交联发达外，分子内和分子间的氢键力对其也有重要影响，其结构无方向性，孔隙度和比表面积较大。中等煤化程度的烟煤（肥煤和焦煤）的含氧基团和烷基侧链减少，结构单元间的平行定向程度有所提高。分子间交联最少，附在芳香结构上的环烷环较多，有较强的供氢能力。这种煤的许多性质在煤化过程中处于转折点。更高煤化程度的煤向高度缩合的石墨化结构发展，芳香碳-碳交联增加，物理上出现各向异性，化学上具有明显的惰性。

　　综上所述，煤的分子结构可以这样概括：煤的分子结构的基本单元是大分子芳香族稠环化合物，也称大分子六碳环平面网格。在大分子稠环周围，连接有很多烃类侧链结构，氧键和各种官能团，侧链和氧键又将大分子碳网格在空间以不同角度互相连接起来，构成了煤的复杂的大分子结构。碳原子大部分集中在六碳环平面网格内，氢、氧等基本上集中在平面网格周围的侧链中。

复习思考题

1. 煤的基本结构单元可分为哪几部分？它们与煤化程度的关系如何？
2. 为什么说煤的有机质部分不是单一的化合物？
3. 煤结构单元周围的含氧官能团有哪些？它们与煤化程度的关系如何？
4. 煤的基本结构单元与有机高分子中的单体有何不同？
5. 煤结构中的桥键主要有哪些类型？
6. 简述煤有机质结构的基本概念。
7. 煤的基本结构单元的参数有哪些？它们和煤化程度的关系如何？
8. 不同煤化程度煤的结构有何差异？
9. 煤结构中的氧存在形式有哪些？有机硫的存在形式有哪些？
10. 什么是煤的环缩合度指数？如何表示？它和芳碳率的关系如何？

第五章　煤的工艺性质

思政目标：培养保护环境意识，生产中做到"低碳、绿色、高效、安全"，绿水青山就是金山银山。

学习目标：1. 掌握煤的热解过程。

2. 理解煤的黏结和成焦机理胶质体理论。

3. 煤的黏结性（结焦性）指标测定。

煤的工艺性质是指煤在一定的加工工艺条件下或某些转化过程中呈现的特性。如煤的黏结性、结焦性。煤的其他工艺性质如煤的结渣性、煤的燃点、煤的反应性能及煤的可选性等。

不同种类或不同产地的煤往往工艺性质差别较大，不同加工利用方法对煤的工艺性质有不同的要求。为了正确地评价煤质，合理使用煤炭资源并满足各种工业用煤的质量要求，必须了解煤的各种工艺性质。

第一节　煤的热解

一、热解过程

将煤在惰性气氛中（隔绝空气的条件下）持续加热至较高温度时发生的一系列物理变化和化学反应的复杂过程称为煤的热解。煤的热解亦称为热分解或干馏。在这一过程中放出热解水、CO_2、CO、石蜡烃类、芳烃类和各种杂环化合物，残留的固体则不断芳构化，结果转变为半焦或焦炭等产品。这一过程取决于煤的性质和预处理条件，也受到热解过程的特定条件的显著影响。

M5-1 煤的热解

煤的热加工是当前煤炭加工的最主要的工艺，例如大规模的炼焦工业就是煤炭加工的典型例子。煤的热解化学的研究与煤的热加工技术有密切的关系，取得的研究成果对煤的热加工有直接的指导作用。研究煤的热解过程和机理，就能正确地选择原料煤、解决加工工艺问题以及提高产品（焦炭、煤气、焦油等）的质量和数量；研究煤的热解、黏结成焦对研究煤的形成过程和分子结构等理论具有重要意义；充分了解煤的热解过程，有助于开辟新的煤炭加工方法如煤的快速和高温热解、煤的热溶加氢以及由煤制取乙炔等新工艺。

煤的热解按其最终温度的不同可以分为：高温干馏（950～1050℃）、中温干馏（700～800℃）和低温干馏（500～600℃）。炼焦过程属于煤的高温干馏。

煤的热解过程大致可分为三个阶段。

（1）第一阶段　室温～活泼分解温度 T_d（300～350℃）。

这一阶段主要是煤的干燥脱吸阶段。在这一过程中，煤的外形基本上没有变化。在120℃以前脱去煤中的游离水；120～200℃脱去煤所吸附的气体如 CO、CO_2 和 CH_4 等；在200℃以后，年轻的煤如褐煤发生部分脱羧基反应，有热解水生成，并开始分解放出气态产物如 CO、CO_2、H_2S 等；近300℃时开始热分解反应，有微量焦油产生。烟煤和无烟煤在这一阶段没有显著变化。

（2）第二阶段 活泼分解温度 T_d ～600℃。

这一阶段的特征是活泼分解。以分解和解聚反应为主，生成和排出大量挥发物（煤气和焦油）。气体主要是 CH_4 及其同系物，还有 H_2、CO_2、CO 及不饱和烃等，为热解一次气体。焦油在450℃时析出的量最大，气体在 450～600℃时析出的量最大。烟煤（特别是中等煤化程度的烟煤）在这一阶段从软化开始，经熔融、流动和膨胀再到固化，出现了一系列特殊现象，在一定温度范围内产生了气、液、固三相共存的胶质体。胶质体的数量和性质决定了煤的黏结性和结焦性。固体产物半焦和原煤相比，部分物理指标差别不大，说明在生成半焦过程中缩聚反应还不是很明显。

（3）第三阶段（600～1000℃） 这一阶段又称二次脱气阶段。以缩聚反应为主，半焦分解生成焦炭，析出的焦油量极少。一般在700℃时缩聚反应最为明显和激烈，产生的气体主要是 H_2，仅有少量的 CH_4，为热解二次气体。随着热解温度的进一步升高，在 750～1000℃，半焦进一步分解，继续放出少量气体（主要是 H_2）。同时分解残留物进一步缩聚，芳香碳网不断增大，排列规则化，密度增加，使半焦变成具有一定强度或块度的焦炭。在半焦生成焦炭的过程中，由于大量煤气析出使挥发分降低（焦炭挥发分小于2%），同时由于焦炭本身密度的增加，焦炭的体积要收缩，导致产生许多裂纹或形成碎块。焦炭的块度和强度与收缩程度有关。

如果将最终加热温度提高至1500℃以上即可生成石墨，用于生产碳素制品。

煤的热解过程是一个连续的、分阶段的过程，每一个后续阶段都必须经过前面的阶段。不同煤化程度的煤的热解过程略有差异。其中烟煤的热解比较典型，三个阶段的区分比较明显，如图 5-1 所示。低煤化程度的煤如褐煤，其热解过程与烟煤大致相同，但热解过程中没有胶质体形成，仅发生分解产生焦油和气体。加热到最高温度得到的固体残留物是粉状的。高煤化程度的煤（如无烟煤）的热解过程更简单，在逐渐加热升温过程中，既不形成胶质体，也不产生焦油，仅有少量热解气体放出。因此无烟煤不宜用干馏的方法进行加工。

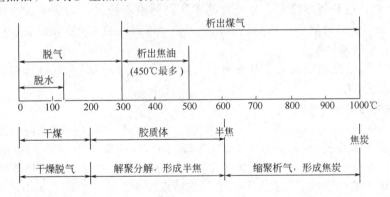

图 5-1 典型烟煤的热解过程

二、热解过程中的化学反应

煤的热解过程是一个非常复杂的反应过程。由于煤的组成复杂且极不均一，因而煤在热解过程中化学反应的具体形式很多，不可能用几个简单的反应式来表达。但煤的主要组成部分是许多有机物的混合物，因此可以从一般有机物的化学反应入手，结合煤有机质的组成和结构，通过煤在不同分解阶段的元素组成、化学特征和物理性质加以研究探讨。总的来说，煤的热解反应可归纳为两大类——裂解和缩聚。

1. 有机化合物热解过程的一般规律

从化学的角度看，煤的热解是煤有机质大分子中的化学键的断裂与重新组合。

一般形成一化学键所释放的能量或该化学键断裂所需要吸收的能量称为化学键的键能。化学键键能越大，化学键越不易断裂，有机化合物的热稳定性就越高，反之则越差。有机物中主要的几种化学键的键能见表 5-1。根据表中所示的键能数据，可以得出煤有机质热分解的一般规律。

表 5-1　有机化合物化学键键能

化　学　键	键能/(kJ/mol)	化　学　键	键能/(kJ/mol)
$C_芳$—$C_芳$	2057.5	<图：蒽环 CH_2→CH_3>	250.9
$C_芳$—H	425.3	<图：二苯甲烷 CH_2>	338.7
$C_脂$—H	391.4	<图：$\text{—}CH_2\text{—}CH_2\text{—}CH_2\text{—}$>	284.7
$C_芳$—$C_脂$	332.1		
<图：甲苯 CH_2→CH_3>	301.1	$C_脂$—O	313.7
<图：萘 CH_2—CH_3>	284.4	$C_脂$—$C_脂$	297.3

① 在相同条件下，煤中各有机物的热稳定次序是：芳香烃＞环烷烃＞炔烃＞烯烃＞开链烷烃。

② 芳环上侧链越长越不稳定，芳环数越多其侧链越不稳定，不带侧链的分子比带侧链的分子稳定。例如，芳香族化合物的侧链原子团是甲基时，在 700℃ 才断裂；如果是较长的烷基，则在 500℃ 就开始断裂。

③ 缩合多环芳烃的稳定性大于联苯基化合物，缩合多环芳烃的环数越多（即缩合程度越大），热稳定性越大。

2. 煤热解中的主要化学反应

(1) 分解温度（＜300～350℃）以下的反应　研究表明，在这一阶段析出的物质有 CO、CO_2、H_2O（化学结合的）、H_2S（少量）、甲酸（痕量）、草酸（痕量）和烷基苯类（少量）。其中 CO、CO_2、H_2O 等主要起源于化学吸附表面配合物（如过氧化氢物或氢过氧化物）或包藏在煤中的化合物。除此之外，有很多证据表明在这一阶段，煤中还会发生更深刻的反应，如脱羟基作用、脱羧基作用和含氧方式的重排等，而且自由基浓度缓慢增加。主要化学反应如下。

第五章 煤的工艺性质

此外，煤的差热分析表明：在 200～300℃ 之间有相当大的放热变化。

（2）活泼分解阶段（分解温度～550℃）的反应 除无烟煤外，所有的煤在加热至分解温度以后都开始大规模的热分解，通常在 525～550℃ 结束。在这一过程中必然发生广泛的分子碎裂，最后发生内部氢重排而使自由基稳定化，也可能从其他分子碎片夺取氢和无序重结合而使自由基稳定，剩下的是和煤迥然不同的固体残渣。

在这一阶段，主要化学反应包括煤有机质的裂解反应、一次热解产物中的挥发物在逸出过程中的分解及化合反应和裂解残留物的缩聚反应，析出的主要是焦油、轻油和烃类气体。

① 裂解反应。

a. 煤基本结构单元之间的桥键如 —CH_2—、—CH_2—CH_2—、—O—、—S—、—S—S— 等是煤结构中最薄弱的环节，受热时先断裂使煤成为许多"自由基碎片"。

b. 脂肪侧链裂解生成气态烃，如 CH_4、C_2H_6 和 C_2H_4 等。

c. 含氧官能团裂解难易程度不一致。煤中含氧官能团的稳定顺序为 —OH> $\diagdown$C=O >—COOH 。羟基不易脱除，在高温和有水存在时生成水。羰基可在 400℃ 左右裂解生成 CO；羧基在 200℃ 以上即能分解生成 CO_2；在 500℃ 以上含氧杂环断开，放出 CO。

d. 煤中以脂肪结构为主的低分子化合物受热后不断分解，生成较多的挥发性产物。

② 一次热解产物和二次热解反应。裂解反应产物中的挥发性成分在析出过程中受到二次热解。其主要反应如下。

a. 裂解反应

$$\text{（苯乙基）}\ C_2H_5 \longrightarrow \text{（苯）} + C_2H_4$$
$$C_2H_4 \longrightarrow CH_4 + C$$
$$C_2H_6 \longrightarrow C_2H_4 + H_2$$

b. 芳构化反应

$$C_6H_{12} \longrightarrow \text{（苯）} + 3H_2$$
$$\text{（二氢蒽）} \longrightarrow \text{（蒽）} + H_2$$

c. 加氢反应

$$\text{（苯酚）}\!-\!OH + H_2 \longrightarrow \text{（苯）} + H_2O$$

d. 缩合反应

$$\text{（萘）} + C_4H_6 \longrightarrow \text{（蒽）}\ \text{或}\ \text{（菲）} + 2H_2$$

很多证据证明，煤在该阶段热解残渣的芳香度增加，但并不是由于芳香单位的增长（芳香单位的迅速长大要在 600～650℃ 开始），而是由于失去了非芳香部分。

（3）二次脱气阶段的反应（550～900℃） 经过活泼分解阶段之后的残留煤几乎全部是芳构化的，其中仅含少量非芳香碳，但有较多的杂环氧、杂环氮和杂环硫存留下来。此外，还有一部分醚氧和醌氧。残留煤中的单个芳香结构并不比在先驱煤中大。

当热解温度升高到 550～600℃ 时，胶质体开始固化形成半焦，缩聚反应已经开始。在 700℃ 以上的缩聚反应，主要是多环芳香核的缩合程度急剧增加，一些低相对分子质量的芳香化合物如苯、萘、联苯甚至乙烯等也参与了缩聚反应，并在反应中放出大量的氢气。

除此之外，热稳定性更好的醚氧、醌氧和氧杂环在本阶段还会析出一些碳的氧化物如 CO、CO_2；留在煤焦气孔空间内的挥发烃类（即焦油分子）分解生成少量 CH_4 或自加氢反应生成 CH_4（$C+2H_2 \longrightarrow CH_4$）。

三、影响煤热解的因素

影响煤热解的因素很多，首先受原料煤性质的影响，包括煤化程度、煤岩组成和粒度等；其次，煤的热解还受到许多外界条件的影响，如加热条件（升温速度、最终温度和压力等）、预处理、添加成分、装煤条件和产品导出形式等。

1. 煤化程度

煤化程度是最重要的影响因素之一，它直接影响煤的热解开始温度、热解产物的组成与产率、热解反应活性和黏结性、结焦性等。

① 随着煤化程度的提高，煤开始热解的温度逐渐升高，如表 5-2 所示。可见，各种煤中褐煤的开始分解温度最低，无烟煤最高。

表 5-2　煤中有机质开始热解的温度

种　类	泥　炭	褐　煤	烟　煤					无烟煤
			长焰煤	气　煤	肥　煤	焦　煤	瘦　煤	
开始热解温度/℃	<100	约 160	约 170	约 210	约 260	约 300	约 320	约 380

② 煤化程度不同的煤在同一热解条件下，所得到的热解产物的产率是不相同的。如煤化程度较低的褐煤热解时煤气、焦油和热解水产率高，煤气中 CO、CO_2 和 CH_4 含量高，焦渣不黏结；中等煤化程度的烟煤热解时，煤气和焦油产率比较高，热解水较少，黏结性强，固体残留物可形成高强度的焦炭；高煤化程度的煤（贫煤以上）热解时，焦油和热解水产率很低，煤气产率也较低，且无黏结性，焦粉产率高。因此，各种煤化程度的煤中，中等煤化程度的煤具有较好的黏结性和结焦性。表 5-3 为不同煤化程度的煤干馏至 500℃ 时热解产物的平均分布。

2. 煤岩组成

不同煤岩组分具有不同的黏结性。对于炼焦用煤，一般认为镜质组和壳质组为活性组分，丝质组和矿物组为惰性组分。煤气产率以壳质组最高，惰质组最低，镜质组居中；焦油产率以壳质组最高，惰质组没有，镜质组居中；焦炭产率惰质组最高，镜质组居中，壳质组最低；通常在配煤炼焦中，为了得到气孔壁坚硬，裂纹少和强度大的焦炭，活性组分与惰性组分的配比必须恰当。

表 5-3　不同煤化程度的煤干馏至 500℃ 时热解产物的平均分布

煤　　种	焦油/(L/t 干煤)	轻油/[L/t(干煤)]	水/[L/t(干煤)]	煤气/[m³/t(干煤)]
次烟煤 A	86.1	7.1	—	—
次烟煤 B	64.7	5.5	117	70.5
高挥发分烟煤 A	130.0	9.7	25.2	61.5
高挥发分烟煤 B	127.0	9.2	46.6	65.5
高挥发分烟煤 C	113.0	8.0	66.8	56.2
中挥发分烟煤	79.4	7.1	17.2	60.5
低挥发分烟煤	36.1	4.2	13.4	54.9

　　煤岩组分的性质在煤化过程中通常都发生变化。而煤岩组分本身就不是化学均一物质，甚至在同一煤阶也是如此。所以，在研究煤岩组分对煤的热解过程的影响时，必须考虑到煤阶和煤岩组成的影响相互重叠的可能性。

　　3. 粒度

　　配煤炼焦粒度一般以 3～0.5mm 为宜。因为煤中总有惰性粒子，如煤的粒度过大，黏结性好的煤粒与黏结性较差的煤粒或不黏结的惰性粒子的分布就不均匀；如煤的粒度过小，粒子比表面就增大，接触面增加，堆密度就会降低，惰性粒子表面的胶质体液膜就会变薄，而胶质体是比较黏稠的，变形粒子表面形成不连续的胶质体，所得焦炭强度就会降低。

　　4. 加热条件

　　煤开始热分解的温度与加热条件等因素有关。由表 5-4 可见，随着对煤的加热速度的提高，气体开始析出和气体最大析出的温度均有所提高，除此外，提高加热速度，煤的软化点和固化点都要向高温侧移动，但软化温度和固化温度增高的幅度不同，通常都是液态产物增加、胶质体的塑性范围加宽、黏度减小、流动度增大及膨胀度显著提高等。表明煤的热解过程和所有的化学反应一样，必须具有一定的热作用时间。

表 5-4　加热速度对煤热分解温度的影响

煤的加热速度 /(℃/min)	温　度/℃		煤的加热速度 /(℃/min)	温　度/℃	
	气体开始析出	气体最大析出		气体开始析出	气体最大析出
5	255	435	40	347	503
10	300	458	60	355	515
20	310	486			

　　此外，煤热解的终点温度不同，热解产品的组成和产率也不相同，如表 5-5 所示。

　　5. 压力

　　由于煤的加压气化越来越重要，所以气体压力的影响问题日益受到重视。提高热分解过程中外部的气体压力可以使液态产物的沸点提高，因而它们在热解过程中的煤料内暂时聚集量增大，有利于煤的膨胀，煤的膨胀性和结焦性以及所产生的焦炭的气孔率都有所增大。例如，在高达 5MPa 的压力下，某些苏联高挥发分烟煤的体积增大约 14%。

气体压力对炼焦结果的影响在很大程度上取决于所用煤的性质。增大气体压力可能增加焦炭强度，也可能使其减小或者保持不变。

表 5-5　不同终点温度下干馏产品的分布与性状

产品分布与性状		最　终　温　度		
		600℃低温干馏	800℃中温干馏	1000℃高温干馏
固体产品		半焦	中温焦	高温焦
产品产率焦炭/%		80～82	75～77	70～72
焦油/%		9～10	6～7	3.5
煤气(标)/[m³/t(干煤)]		120	200	320
产品性状	焦炭着火点/℃	450	490	700
	机械强度	低	中	高
	挥发分/%	10	约5	<2
焦油	密度/(t/m³)	<1	1	>1
	中性油/%	60	50.5	35～40
	酚类/%	25	15～20	1.5
	焦油盐基/%	1～2	1～2	约2
	沥青/%	12	30	57
	游离碳/%	1～3	约5	4～7
	中性油成分	脂肪烃、芳烃	脂肪烃、芳烃	芳烃
煤气主要成分	氢气/%	31	41	55
	甲烷/%	55	38	25
煤气中回收的轻油	成分	气体汽油	粗苯-汽油	粗苯
	产率/%	1.0	1.0	1～1.5
	组成	脂肪烃为主	芳烃50%	芳烃90%

将煤样机械压紧可以得到与增大气体压力相同的效果。因此在炼焦过程中为了改善黏结组分和不黏结组分之间的接触，可采用捣固装煤法。用此法可将堆煤密度由普通顶装法的 $750kg/m^3$ 增加到 $1150～1100kg/m^3$。如某种弱黏结性配煤的 V_{daf} 为 30.5%，膨胀度为 16%，收缩度为 33%，用普通装煤法所得焦炭质量很差，M_{40}（耐磨强度）为 74%，M_{10}（抗碎强度）为 12%。采用捣固工艺后焦炭的 M_{40} 增至 81%，M_{10} 降至 7%。采用捣固装煤法提高了热分解过程中的气体压力，增大了气体析出的阻力，同时缩小了煤粒间的空隙，改善了煤粒间的接触，因而减少了黏结所需的液体量，从而使煤的黏结性大为改善。

6.其他因素

煤形成过程或储存过程中受到氧化（约在30℃开始，50℃以上加速），会使煤的氧含量增加，黏结性降低甚至丧失；在炼焦过程中配入某些添加剂可以改善、降低或完全破坏煤的黏结性，添加剂可分为有机和惰性两大类。石油沥青、煤焦油沥青、溶剂精制煤和溶剂抽提物等属于有机添加剂，添加适量可改善煤的黏结性。惰性添加剂如 CaO、MgO、Fe_3O_4、SiO_2、Al_2O_3 和焦粉等，可使配合煤瘦化。添加剂的种类和数量与煤软化和固化温度之间并没有必然的联系。

第二节　煤的黏结和成焦机理

一、胶质体的来源和性质

1.胶质体的来源

当煤样在隔绝空气条件下加热至一定温度时，煤粒开始分解并有气体产物析出，随着温度的不断上升，有焦油析出，在 350～420℃时，煤粒的表面上出现了含有气泡的液相膜，此时液相膜开始软化，许多煤粒的液相膜汇合在一起，形成了气、液、固三相为一体的黏稠混合物，这种混合物称为胶质体，如图 5-2 所示。胶质体中的液相是形成胶质体的基础，胶质体的组成和性质决定了煤黏结成焦的能力。

胶质体的来源可能有以下几方面。

① 煤热解时结构单元之间结合比较薄弱的桥键断裂，生成自由基，其中一部分相对分子质量不太大，含氢较多，使自由基稳定化，形成液体产物；

② 在热解时，结构单元上的脂肪侧链脱落，大部分挥发逸出，少部分参加缩聚反应形成液态产物；

③ 煤中原有的低相对分子质量化合物——沥青受热熔融变为液态；

④ 残留固体部分在液态产物中部分溶解和胶溶。

2. 胶质体的性质

煤在加热过程中形成胶质体的能力是黏结成焦的基础。煤能否黏结以及是否具有良好的黏结性取决于有无胶质体以及胶质体的数量和性质如何。胶质体的性质通常从热稳定性、透气性、流动性和膨胀性等方面进行描述。

（1）热稳定性 煤开始软化的温度（T_p）到开始固化的温度（T_k）之间的温差范围即为胶质体温度间隔（$\Delta T = T_k - T_p$）。它表示了煤在胶质体状态所经过的时间，反映了胶质体的热稳定性的好坏。温度间隔大，表示胶质体在较高的加热温度下停留的时间长，煤粒间有充分的时间接触并相互作用，煤的黏结性就好，反之则差。有人测定了中等煤化程度烟煤的温度间隔，得到了如表 5-6 所示的结果。由表可见，肥煤的温度间隔最大。此外，提高加热速度，可以使煤开始软化的温度和固化的温度都向高温侧移动，而固化温度的升高大于软化温度的升高，因而可使胶质体的温度间隔增大。胶质体的温度间隔是煤黏结性的重要指标，对指导炼焦配煤有重要的意义。

表 5-6 各种煤胶质体的温度间隔

煤种	软化温度 T_p/℃	固化温度 T_k/℃	温度间隔（$\Delta T = T_k - T_p$）/℃	胶质体停留时间（3℃/min）/min
肥煤	320	460	140	50
气煤	350	440	90	30
焦煤	390	465	75	28
瘦煤	450	490	40	13

（2）透气性 煤在热分解过程中有气体析出。但在胶质体状态时，煤粒间空隙被液相产物填满，则气体通过时就会受到阻力。如果胶质体的阻力大，气体析出困难，则胶质体的透气性不好。胶质体的这种阻碍气体析出的难易程度称为胶质体的透气性。

胶质体的透气性影响煤的黏结性。透气性好，气体可以顺利地透过胶质体，不利于煤粒间的黏结；透气性不好，气体的析出会产生很大的膨胀压力，促使受热变形的煤粒之间相互黏结，有利于煤的黏结性。

煤化程度、煤岩组分以及加热的速度均影响胶质体的透气性。一般中等煤化程度的煤在热解过程中能产生足够数量的液相产物，这些液相产物热稳定性较好，气体不易析出，胶质体的透气性差。有利于胶质体的膨胀，使气、液、固三相混合物紧密接触，故煤的黏结性好。煤岩组分中的镜质组的胶质体的透气性差、壳质组较好、惰质组不会产生胶质体。提高加热速度可使某些反应提前进行，使胶质体中的液相量增加，从而使胶质体的透气性变差。

（3）流动性 煤在胶质体状态下的流动性也是一个重要的性质，通常以流动度的大小来评定。如果胶质体的流动性差，就不能保证将煤中所有的不黏结的惰性组分黏结在一起。有人根据不同煤在胶质体状态最大流动度的测定得出，随着煤化程度的增高，最大流动度呈现规律性变化，在碳的质量分数为 85%～89% 出现最大值。也就是说，中等煤化程度的烟煤，其胶质体的流动性最好；而煤化程度高或低的煤的胶质体流动性差。此外，提高加热速度可使煤的胶质体的流动性增加。胶质体的流动性也是鉴定煤黏结性的重要指标。

（4）膨胀性　煤在胶质体状态下，由于气体的析出和胶质体的不透气性，往往发生胶质体体积膨胀。若体积膨胀不受限制，则产生所谓的自由膨胀，如测定挥发分时坩埚焦的膨胀。自由膨胀通常用膨胀度表示，即增加的体积对原煤体积之百分数或增加的高度。膨胀度可作为评定煤的黏结能力的指标。若体积膨胀受到限制，就产生一定的压力，称为膨胀压力。膨胀度与膨胀压力之间并没有直接的关系。膨胀度大的煤，不一定膨胀压力就大。如肥煤的自由膨胀性很强，但在室式炼焦炉中，肥煤的膨胀压力比瘦煤小，这主要是因为瘦煤的胶质体透气性差，使积聚在胶质层中间的气体析出受到阻力，胶质体压力增加。在保证不损坏炉墙的前提下（一般认为膨胀压力不大于 20kPa，以 10～15kPa 最为适宜），膨胀压力增大，可使焦炭结构致密，强度提高。

综上所述，胶质体的性质之间是相互联系的，必须在综合这些性质的共同特点之后，才可能得出正确的结论。此外，煤生成胶质体的这一过程，应该理解为煤受热分解时形成的一系列气、液、固产物的过程，不能认为煤能形成胶质体是煤有机质本身全部熔融或某一部分熔融的结果。随着温度的提高，分解与缩合反应不断进行，缩聚过程继续发展，最后形成固体产物半焦。

二、煤的黏结成焦机理

对于煤黏结成焦机理的研究开始于 20 世纪 20 年代，研究者们有的着重从物理的角度，也有的着重从化学的角度来解释煤黏结成焦的过程。因此迄今为止，人们曾对煤的黏结成焦机理提出过多种理论，从不同角度对此问题进行了说明，但仍有许多不够完善之处有待今后进行更深入的研究。实际上煤的黏结成焦过程是一个很复杂的过程，受到许多化学因素、物理因素和物理化学因素等的制约。

M5-2
煤的成焦机理

1. 煤黏结成焦机理概述

当煤隔绝空气加热到一定温度时，单独煤粒开始变形并充满孔隙体积。此时，大的煤粒表现为形成气孔和流动结构，并与较小的煤粒熔合，同时形成所谓熔合气孔。温度再升高几度后，就在镜质组内形成第一批脱气气孔，煤粒的表面出现含有气泡的液体膜见图 5-2(a)。开始形成气孔的温度不仅与煤本身的性质有关，而且与粒度有关，煤粒的直径越小，开始形成气孔的温度越高。

此时煤粒开始软化，随着软化温度的增高，许多煤粒的液相膜汇合在一起，煤体变得均一起来。随后，胶质体的黏度降低，气体生成量增加。而粒子界面的消失使气体的流动受到了限制，由于胶质体透气性差，这些气体不能足够快地逸出。因此，在局部区域可能形成内压很高的气泡，使黏稠的胶质体膨胀起来然后通过脱气气孔使气体压力缓慢下降。温度进一步升高至 500～550℃ 时，液相膜外层开始固化形成半焦，中间仍为胶质体，内部为尚未变化的煤粒见图 5-2(b)。这种状态只能维持很短的时间。因为外层半焦外壳上很快就出现裂纹，胶质体在气体压力下从内部通过裂纹流出。这一过程一直持续到煤粒内部完全转变为半焦为止见图 5-2(c)。

将半焦继续加热至 950～1000℃ 时，半焦继续进行热分解和缩聚，放出气体，质量减轻，体积收缩。在分层结焦时，处于不同成焦阶段的相邻各层的温度和收缩速度不同，因而

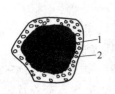
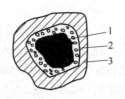
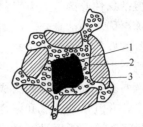

(a) 转化开始阶段　　　(b) 开始形成半焦阶段　　　(c) 煤粒强烈软化和半焦破裂阶段

图 5-2　胶质体的生成及转化示意

1—煤；2—胶质体；3—半焦

产生收缩应力，导致生成裂纹。随着最终温度的提高，焦炭的 C/H、真相对密度、机械强度和硬度都逐渐增大。

综上所述，要使煤黏结得好，应满足下列条件：

① 具有足够数量的高沸点液体，能将固体粒子表面润湿，并将粒子间的空隙填满；

② 胶质体应具有足够大的流动性、不透气性和较宽的温度间隔；

③ 胶质体应具有一定黏度，有一定气体生成量，能产生膨胀；

④ 黏结性不同的煤粒应在空间均匀分布；

⑤ 液态产物与固体粒子间应有较好的附着力；

⑥ 液态产物进一步分解缩合得到的固体产物和未转变为液相的固体粒子本身要有足够的机械强度。

大量研究表明，炼焦煤得到的焦炭具有光学各向异性的结构，可以推测在炼焦煤的胶质体中存在液晶相（中间相）。液晶是指某些特殊的液体化合物，它们的分子排列具有平行的线形结构，具有光学各向异性的特点，既是液体又具有一般晶体的性质。由于它既不是严格的固相又不是严格的液相，故又称中间相。中间相的数量、性质和结构对煤的黏结性和结焦性影响甚大。近年来，对胶质体中的中间相的研究已经引起了广泛的注意。

将半焦从 550℃加热至 1000℃时，主要发生缩合脱氢反应。外形上发生了很大的变化，如体积收缩、形成裂纹和具有银灰色金属光泽，最后转变为焦炭。

2. 影响焦炭强度的主要因素

① 煤热解时生成胶质体的数量多，流动性好，热稳定性好，形成液晶相的能力强，则黏结性好，焦炭强度高；

② 煤中未液化部分和其他惰性物质的机械强度高，与胶质体的浸润能力和附着力强，同时分布均匀，则焦炭强度高；

③ 焦炭气孔率低，气孔小，气孔壁厚和气孔壁强度高则焦炭强度高；

④ 焦炭裂纹少则强度高。

第三节　煤的黏结性（结焦性）指标

煤的黏结性和结焦性是炼焦用煤的重要工艺性质。黏结性是指煤在隔绝空气条件下加热时，形成具有可塑性的胶质体，黏结本身或外加惰性物质的能力。煤的结焦性是指在工业条件下将煤炼成焦炭的性能。煤的黏结性和结焦性关系密切，结焦性包括保证结焦过程能够顺利进行的所有性质，黏结性是结焦性的前提和必要条件。黏结性好的煤，结焦性不一定就好

（如肥煤）。但结焦性好的煤，其黏结性一定好。所以，炼焦用煤必须具有较好的黏结性和结焦性，才能炼出优质的冶金焦。

煤黏结性的好坏，取决于煤热分解过程中形成胶质体的数量和质量。在相同的加热条件下，一般煤所产生的液体量越多，形成的胶质体的量也就越多，黏结性也就越好。煤热解时产生的液体量的多少取决于煤的组成和结构。煤化程度低的煤（如褐煤、长焰煤），分子结构中的侧链多，含氧量高，氧和碳之间的结合力差，热解时多数呈气态产物挥发，液相产物数量少且热稳定性差，所以没有黏结性或黏结性很差。煤化程度高的煤（如贫煤、无烟煤）虽然含氧量少，但侧链的数目少且短，热解时生成的低相对分子质量化合物大部分都是氢气，几乎不产生液体，因此没有黏结性。只有中等煤化程度的煤（如肥煤、焦煤），其侧链数目中等，含氧量较少，煤热分解产物中液体量较多且热稳定性高，形成胶质体的数量多，黏结性好。

由于煤的黏结性和结焦性对于许多工业生产部门都至关重要，因而出现了多种测定煤的黏结性和结焦性的方法。所有这些方法的目的都是企图用物理测量方法获得一些可以将煤分类和预测煤在燃烧、气化或炭化时的行为和特征数字。有些测量方法是针对某一特定的生产过程开发的。因此，有几种测量方法只有微小的差别，有的方法只适用于某些特殊的用途。

测定煤黏结性和结焦性的方法可以分为以下三类。

① 根据胶质体的数量和性质进行测定，如胶质层厚度、基氏流动度、奥亚膨胀度等。

② 根据煤黏结惰性物料能力的强弱进行测定，如罗加指数和黏结指数等。

③ 根据所得焦块的外形进行测定，如坩埚膨胀序数和葛金指数等。

测定煤的黏结性和结焦性时，煤样的制备与保存十分重要。一般应在制样后立即分析，以防止氧化的影响。

下面介绍几种黏结性和结焦性指标的测定方法和原理。

一、胶质层指数

此法是苏联萨保什尼可夫和巴齐列维奇于 1932 年提出的一种单向加热法。该法《烟煤胶质层指数测定方法》（GB/T 479—2016）可测定胶质层最大厚度 Y、最终收缩度 X 和体积曲线类型，并可了解焦块特征。其中胶质层最大厚度是中国煤炭分类和评价炼焦及配煤炼焦的主要指标。此外，通过对煤杯中焦炭的观察和描述，还可得到焦炭技术特征等资料。胶质层指数测定仪的主要部分是一特制的钢杯，底部是带有孔眼的活底，煤气可从孔眼排出。煤样装在钢杯内，上部压以带有小孔眼的活塞。活塞与装有砝码的杠杆相连，对煤施加 0.1MPa 的压力。此法模拟工业炼焦条件，对煤样从底部单向加热，因此，煤样温度从下到上不断降低，形成一系列的等温层面。温度相当于软化点的层面以上的煤样尚未有明显的变化；而该层面以下的煤样都热解软化，形成具有塑性的胶质体；温度相当于固化点的层面以下的煤样则已热解、固化后形成半焦。这样，在加热过程中的某一段时间内，在煤杯中内就形成了半焦层、胶质层和未软化的煤层三部分如图 5-3 所示。

加热条件是先在半小时内升温至 250℃，然后以 3℃/min 的速度加热至 730℃ 为止。在加热过程中，每隔一定的时间用插在预留的检查孔中的特制的钢针向下穿刺，凭手感

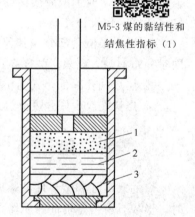

M5-3 煤的黏结性和
结焦性指标（1）

图 5-3　煤杯中煤样结焦过程
1—煤样；2—胶质层；3—半焦层

先接触到胶质层的上部层面，接着刺穿胶质层直达已固化的半焦层，即胶质层的下部层面。上下层面之间的垂直距离即为胶质层厚度。在煤杯下部刚刚生成的胶质层比较薄，在向上移动过程中，厚度不断增加，在煤杯中部达到最大值，再向上厚度不断降低。以测定的胶质层最大厚度 Y（mm）作为报出结果。

在胶质层指数测定过程中，煤样热解产生气体。若胶质体的透气性好，则挥发分的析出和缩聚反应将造成煤样体积缩小，压力盘下降；若胶质体的透气性不好，气体就会积聚使胶质体膨胀，压力盘上升。通过记录系统可绘制出压力盘位置随时间的变化的曲线，即体积曲线。

体积曲线的形状与煤在胶质体状态的性质有直接关系，它取决于胶质体分解时产生的气体析出量、析出强度、胶质层厚度和透气性以及半焦的裂纹等。

如图 5-4 所示，如果胶质体透气性很好，且煤的主要热分解是在半焦形成之后进行的，则体积曲线呈平滑下降形；如果胶质体不透气，底部半焦层的裂纹又比较少，再加上热解气体无法逸出，煤杯内煤样的体积就随温度升高而增大，直到胶质体全部固化后体积才减小，这时曲线呈"山"型；如果胶质体膨胀不大，气体逸出也慢，那么煤的体积曲线呈波形下降；如果胶质体不透气，底部半焦裂纹又比较多，胶质体体积膨胀，聚集的气体从半焦的裂隙中逸出，则体积下降，但随着温度的升高，很快又生成新的胶质体和大量的气体，这些气体又在胶质体内部重新聚集，使胶质体体积膨胀，当气体聚集到一定程度时，半焦又产生裂纹，所聚集的气体从半焦的裂隙中逸出，则体积又下降，这个过程重复进行，使胶质体体积曲线时起时伏呈"之"字形；除此之外，还有其他的一些类型的曲线如"之""山"混合型、微波型等。

测定结束时，煤杯内的煤样全部结成半焦，同时体积收缩，体积曲线也下降到了最低点，最低点和零点线之间的垂直距离为最终收缩度 X（mm）。最终收缩度主要与煤化程度有关，随煤化程度的增高，最终收缩度变小。另外，对煤化程度相同的煤，其最终收缩度与煤岩成分也有关系，稳定组的收缩度大，镜质组次之，惰质组最小。最终收缩度可以表征煤成焦后的收缩情况，通常收缩度大的煤炼出的焦炭裂纹多，块度小，强度低。

胶质层指数的测定结果可在一张图上反映出来，如图 5-5 所示。

此法的优点是：

① 测定简单，重现性好，对中等煤化程度煤的黏结性区分能力强；

② 许多国家的生产实践证明，用本法所测胶质层指标对评价煤的黏结性和炼焦配煤基本适用，且煤样的 Y 值具有加和性，对配煤有一定的帮助，这是其他黏结性指标所不具备的；

③ 此法不仅可测定 Y 值，而且可确定胶质体温度间隔、最终收缩度、体积曲线和焦块特征等。

胶质层厚度 Y 值只能表示胶质体的数量而不能反映胶质体的质量。胶质体是由气、液、固三相共同组成的，胶质层厚度 Y 值除了与煤在热分解过程中所生成的液体量有关外，还受其他因素的影响很大。如膨胀度大，则所测 Y 值显著偏高。而煤的黏结性主要与液体的量有关，煤在热解过程中所产生的液体量越多，煤的黏结性越好。当两种煤的 Y 值相同而气、液、固三相比例不同时，其黏结性有很大的差别，所以不少 Y 值相同的煤，在相同的炼焦条件下，却得出质量不同的焦炭。一般，当 $Y<10$mm 和 $Y>25$mm 时，Y 值测不准；胶质层指数的测定受主观因素的影响很大，仪器的规范性很强，测定结果受到诸多实验条件如升温速度、压力、煤杯材料、耐火材料等的影响。此外，测试用煤样量太大，也是缺点。所以生产和科研上还要通过其他方法来评定煤的黏结性。

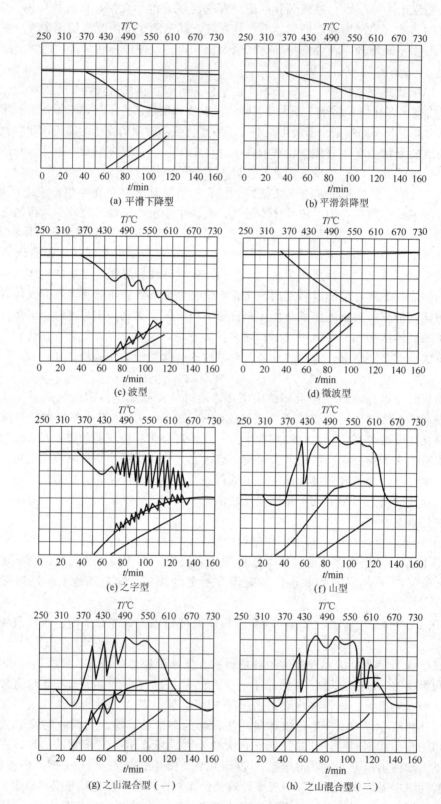

图 5-4　胶质层体积曲线类型图

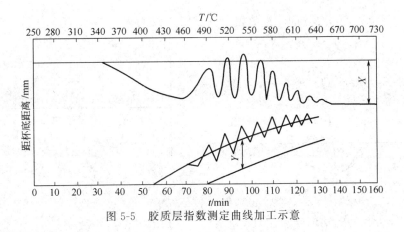

图 5-5　胶质层指数测定曲线加工示意

二、奥阿膨胀度

奥阿膨胀度测定法于 1926 年由奥迪伯特创立，1933 年又由阿奴做了改进，后来此法在欧洲得到广泛应用并于 1953 年定为国际硬煤分类的指标。目前，烟煤奥阿膨胀计试验（GB/T 5450—2014）的 b 值是中国新的煤炭分类国家标准中区分肥煤与其他煤类的重要指标之一。

1. 测定原理

这是一种以慢速加热来测定煤的黏结性的方法。其基本方法是：将粒度小于 0.15mm 的煤样 10g 与 1mL 水混匀，在钢模内按规定方法压制成煤笔（长 60mm），放在一根内部非常光洁的标准口径的膨胀管内，其上放置一根连有记录笔的能在管内自由滑动的钢杆（膨胀杆）。将上述装置放入已预热到 330℃ 的电炉中加热，升温速度保持 3℃/min。加热至 500～550℃ 为止。在此过程中，煤受热达到一定温度后开始分解，首先析出一部分挥发分，接着开始软化析出胶质体。随着胶质体的不断析出，煤笔开始变形缩短，膨胀杆随之下降——标志煤的收缩。当煤笔完全熔融呈塑性状态充满煤笔和膨胀管壁间的全部空隙时，膨胀杆不再下降，收缩过程结束。然后随着温度的升高，塑性体开始膨胀并推动膨胀杆上升——标志煤的膨胀。当温度达到该煤样的固化点时，塑性体固化形成半焦，膨胀杆停止运动。以膨胀杆上升的最大距离占煤笔原始长度的百分数作为煤的膨胀度 b（%）；以膨胀杆下降的最大距离占煤笔原始长度的百分数作为最大收缩度 a（%），图 5-6 为一典型烟煤的体积膨

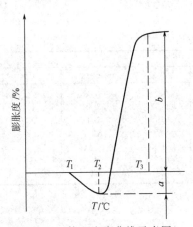

图 5-6　体积膨胀曲线示意图

胀曲线示意。图中 T_1 为软化温度，即膨胀杆下降 0.5mm 时的温度，℃；T_2 为开始膨胀温度，即膨胀杆下降到最低点后开始上升的温度，℃；T_3 为固化温度，膨胀杆停止移动时的温度，℃；a 为最大收缩度，%；b 为煤的膨胀度，%。

煤的性质不同，膨胀的高低、快慢也不相同。换句话说，膨胀杆运动的状态和位置与煤的性质（气体析出速度、塑性体的量、黏度、热稳定性等）有密切的关系。图 5-7(a) 为典型烟煤的体积膨胀曲线，煤的膨胀曲线超过零点后达到水平，这种情况称为"正膨胀"；若膨胀曲线在恢复到零点线前达到水平，则称之为"负膨胀"，见图 5-7(b)；若收缩后没有回升，则结果以"仅收缩"表示，见图 5-7(c)；如果最终的收缩曲线不是完全水平的，而是缓

慢向下倾斜，规定以 500℃处的收缩值报出，见图 5-7(d)。

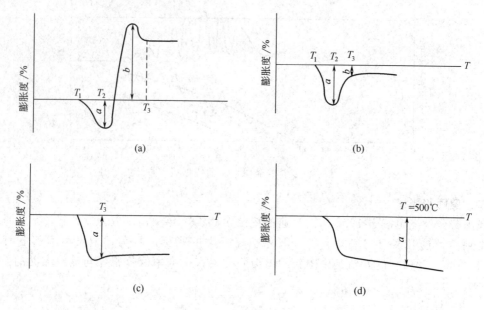

图 5-7　典型膨胀曲线示意

通常煤化程度较低和煤化程度较高的煤，其膨胀度都小；而中等煤化程度的煤，膨胀度大，黏结性好。因此，煤的膨胀度实验也能较好地反映烟煤的黏结性。一组烟煤的膨胀度测定结果如表 5-7 所示。

表 5-7　一组烟煤的膨胀度测定结果

项　目	煤　样					
	C_{14}	C_{17}	C_{22}	C_{32}	C_{37}	C_{38}
$V_{daf}/\%$	14.5	17.5	22.3	32.9	37.6	38.2
$w_{daf}(C)/\%$	90.39	90.44	89.48	84.26	83.01	81.95
$T_1/℃$	475	422	404	355	361	367
$T_2/℃$	—	479	473	479	437	—
胶质体温度范围/℃	—	57	69	124	76	—
$a/\%$	10	24	30	32	26	36
$b/\%$	—	13	62	221	49	—

2. 结果报出

根据测定时的记录曲线可计算出以下五个基本参数：软化温度 T_1、始膨温度 T_2、固化温度 T_3、最大收缩度 a 和膨胀度 b。

该法偶然误差小，重现性好，对强黏结煤的黏结性有较好的区别能力，对弱黏结煤区别能力差。另外，煤的膨胀度与胶质体最大厚度之间较好的相关关系，Y 值越大，煤的膨胀度也越大，如图 5-8 所示。

三、基氏流动度

基氏流动度是 1934 年由基斯勒尔提出的以测得的最大流动度表征烟煤塑性的指标。后来得到了不断完善，

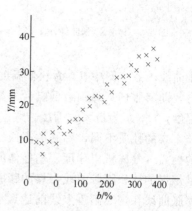

图 5-8　奥阿膨胀度与 Y 值的关系

目前应用于世界各地。经过对若干细节的改进后，该仪器已列入美国新的 ASTM 标准。

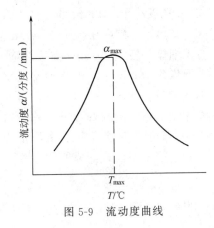

图 5-9　流动度曲线

基氏塑性度的测定方法为：将 5g 粒度小于 0.425mm 粉煤装入煤甑中，煤甑中央沿垂直方向装有搅拌器，向搅拌器轴施加恒定的扭矩。将煤甑放入已加热至规定温度的盐浴内，以 3℃/min 的速度升温。当煤受热软化形成胶质体后，阻力降低，搅拌器开始旋转。胶质体数量越多，黏度越小，则搅拌器转动越快。转速以分度/min 表示，每 360° 为 100 分度。搅拌器的角速度随温度升高出现的有规律的变化曲线用自动记录仪记录下来即为流动度曲线，如图 5-9 所示。

根据曲线可得出下列指标。

① 软化温度 T_p，刻度盘上指针转动 1 分度时对应的温度，℃；

② 最大流动温度 T_{max}，最大流动时对应的温度，℃；

③ 固化温度 T_k，搅拌桨停止转动，流动度出现零时对应的温度，℃；

④ 最大流动度 α_{max}，指针的最大角速度，分度/min；

⑤ 胶质体温度间隔，固化温度和开始软化温度之差 $\Delta T = T_k - T_p$。

通过基氏流动度的测定，可以了解胶质体的流动性和胶质体的温度间隔，指导配煤炼焦。基氏流动度与煤化程度有关，如图 5-10 所示。一般气肥煤的流动度最大，肥煤的曲线平坦而宽，它的胶质体停留在较大流动时的时间较长。有些肥气煤的最大流动度虽然很大，但曲线陡而尖，说明该胶质体处于较大流动性的时间较短。

基氏流动度指标可同时反映胶质体的数量和性质，对中强黏结性的煤或者中等黏结性的煤有较好的区分能力，具有明显的优点。但对强黏结性的煤和膨胀性很大的煤难以测准。此外，基氏流动度测定实验的规范性很强，其搅拌器的尺

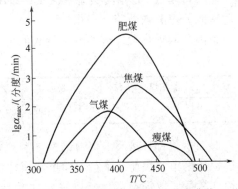

图 5-10　几种烟煤的基氏流动度曲线

寸、形状、加工精度对测定结果有十分显著的影响，煤样的装填方式也显著影响测定结果。

一些新的煤转化过程采用比传统焦炉中高得多的加热速度，因此提出了在更高加热速度下测定基氏流动度的要求。高加热速度法可在大约 100℃/min 下进行测量。这时，测得的 T_{max} 是盐浴温度。此外，还采用一个补充指标——可塑性持续时间，该指标对一些新工艺非常重要。

在高加热速度下，软化温度向高温侧移动，最大流动度增大，可塑性持续时间缩短，但 T_{max} 不受影响。

四、罗加指数

罗加指数（R. I.）是波兰煤化学家罗加教授 1949 年提出的测试烟煤黏结能力的指标。现已为国际硬煤分类方案所采用。罗加指数的测定原理是基于有黏结能力的烟煤在炼焦过程中具有黏结本身或惰性物质（如无烟煤）的能力。形成焦块的强度与烟煤的黏结性成正比，即焦块强度越高，烟煤的

M5-4 煤的黏结性和结焦性指标（2）

黏结性越强。用所得焦块的耐磨强度表示煤的黏结性。

测定罗加指数（GB/T 5449—2015）的方法要点为：将 1g 粒度小于 0.2mm 的空气干燥煤样和 5g 标准无烟煤（标准无烟煤是指 $A_d < 4.00\%$、$V_{daf} < 7.00\%$、粒度在 $0.3 \sim 0.4mm$，筛下率不小于 7.0% 的无烟煤，中国现在都用宁夏汝箕沟的无烟煤并经 $1.7g/cm^3$ 重液洗选，下同）在坩埚内混合均匀并铺平，加上钢质砝码，在 850℃ 下焦化 15min 后，取出冷却至室温，称量得残焦的总质量为 m；用 1mm 的圆孔筛筛分，称量得筛上物的质量为 m_1；将筛上物装入罗加转鼓中以 $(50 \pm 0.5)r/min$ 的转速转磨 5min，再用 1mm 圆孔筛筛分，称量得筛上物质量为 m_2；将筛上物在转鼓中重复转动 5min 后再次筛分，称量得筛上物质量为 m_3；将筛上物再一次进行转鼓实验，称量得筛上物质量为 m_4，按下面公式计算罗加指数

$$R.I. = \frac{\frac{m_0 + m_3}{2} + m_1 + m_2}{3m} \times 100 \tag{5-1}$$

式中　m——焦化后焦渣的总质量，g；

　　　m_0——第一次转鼓试验前筛上的焦渣质量，g；

　　　m_1——第一次转鼓实验后筛上的焦渣质量，g；

　　　m_2——第二次转鼓实验后筛上的焦渣质量，g；

　　　m_3——第三次转鼓实验后筛上的焦渣质量，g。

罗加指数测试的允许误差：每一测试煤样要分别进行二次重复测试。同一实验室平行测试误差不得超过 3，不同实验室测试误差不得超过 5。取平行测试结果的算术平均值（小数点后保留一位有效数字）报出。

中国不同煤化程度煤的罗加指数如表 5-8 所示。

表 5-8　中国不同煤化程度煤的罗加指数

煤种	长焰煤	气　煤	肥　煤	肥气煤	焦　煤	瘦　煤	贫　煤	年轻无烟煤
R.I.	0～15	15～85	75～90	40～85	60～85	5～60	≤5	0

罗加指数可直接反映煤对惰性物料的黏结能力，在一定程度上能反映焦炭的强度，而且所需设备简单、快速、平行实验所需煤样量较少，方法简便易行。罗加指数以转磨一定次数后大于 1mm 的焦粒质量和转磨次数的乘积来衡量焦粒的耐磨强度，从而比较合理地估价煤的黏结能力，对弱黏结煤和中等黏结性煤的区分能力甚强。例如，Y 值在 5～10mm 的弱黏结煤，其 R.I. 在 20～70。另外，对 Y 值无法分辨的弱黏煤，罗加指数还能分辨；即使 Y 值已为零的弱黏煤，R.I. 也在 0～20 的范围内，只不过测定误差较大。罗加指数对区分中等煤化程度的煤的黏结性更为适用。胶质层指数和罗加指数的关系如图 5-11 所示。

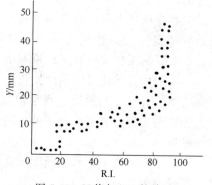

图 5-11　Y 值与 R.I. 的关系

罗加指数测定法也有一些不足之处：如不论煤的黏结能力大小，都以 1∶5 的比例将煤样和标准无烟煤混合；而且标准无烟煤的粒度较大（在 0.3～0.4mm），容易对粒度小于 0.2mm 的煤样产生离析；对于强黏结性的煤来讲，无法显示它们的强黏结性，所以难于分辨强黏结煤。此外，罗加指数的测定值往往偏高，对弱黏结煤测定时重复性差，而且各国所

采用的标准无烟煤不同，因此 R. I. 在国际间无可比性。

五、黏结指数

黏结指数（GB/T 5447—2014）是中国煤炭科学研究院北京煤化学研究所在分析了罗加指数的优缺点以后，经过大量实验提出的表征烟煤黏结性的一种指标。该指标已用于中国新的煤炭分类，作为区分黏结性的指标，用 $G_{R.I.}$ 表示，也可简写为 G。

黏结指数的测定原理和罗加指数相同，也是通过测定焦块的耐磨强度来评定烟煤的黏结性大小。但将标准无烟煤的粒度由 $0.3\sim0.4$mm 改为 $0.1\sim0.2$mm，这有助于提高区分强黏结煤的黏结能力，同时由于无烟煤的粒度与烟煤的粒度相近，因而容易混合均匀，减少误差；对于弱黏结性煤，将烟煤和无烟煤的配比改为 3∶3，以提高对弱黏结性煤的区分能力；实现了机械搅拌，改善了实验条件，减少了人为误差；将三次转鼓改为两次，修改了计算公式，简化了操作。

其测定方法要点是：将空气干燥煤样和标准无烟煤先按 1∶5 的比例混合在坩埚内，然后放在 850℃的马弗炉中焦化 15min，称出焦粒质量 m；将称重后的焦粒放入转鼓内进行第一次转磨，以 (50 ± 0.5)r/min 的转速转磨 5min；然后用 1mm 孔径的圆孔筛筛分，称出其筛上物质量为 m_1；再将筛上物以同样的转速与时间进行第二次转磨、筛分，并称筛上焦炭质量为 m_2。用下列公式计算黏结指数 $G_{R.I.}$。

$$G_{R.I.}=10+\frac{30m_1+70m_2}{m} \tag{5-2}$$

式中　m ——焦化后焦渣总质量，g；

　　　m_1 ——第一次转鼓实验后过筛，其中大于 1mm 焦渣的质量，g；

　　　m_2 ——第二次转鼓实验后过筛，其中大于 1mm 焦渣的质量，g。

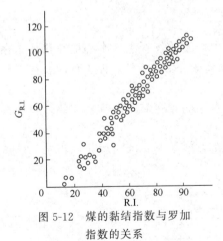

图 5-12　煤的黏结指数与罗加
指数的关系

当测得的 $G_{R.I.}<18$ 时，需要重新测试。此时煤样和标准无烟煤样的比例改为 3∶3，即称取 3g 实验煤样和 3g 标准无烟煤混合。其余操作同上。结果按下式计算

$$G_{R.I.}=\frac{30m_1+70m_2}{5m} \tag{5-3}$$

式中　m ——焦化后焦渣总质量，g；

　　　m_1 ——第一次转鼓实验后过筛，其中大于 1mm 焦渣的质量，g；

　　　m_2 ——第二次转鼓实验后过筛，其中大于 1mm 焦渣的质量，g。

黏结指数测试的允许误差：每一测试煤样应分别进行二次重复测试，$G_{R.I.}\geqslant18$ 时，同一实验室两次平行测试值之差不得超过 3；不同实验室间报告值之差不得超过 4。$G_{R.I.}<18$ 时，同一实验室两次平行测试值之差不得超过 1；不同实验室间报告值之差不得超过 2。以平行测试结果的算术平均值为最终结果（小数点后保留一位有效数字）。

黏结指数对强黏结性和弱黏结性的煤区分能力都有所提高，而且黏结指数的测定结果重现性好。与罗加指数的测定比较，黏结指数的测定更为简便。黏结指数与罗加指数的相关关系见图 5-12。

六、坩埚膨胀序数

坩埚膨胀序数（GB/T 5448—2014）是以煤在坩埚中加热所得焦块膨胀程度的序号来表征煤的膨胀性和黏结性的指标，在西欧和日本等国普遍采用，是国际硬煤分类的指标之一。

该法为称取（1±0.01）g新磨的粒度小于0.2mm的煤样放在特制的有盖坩埚中，按规定的方法快速加热到（820±5）℃，将坩埚取出，冷却后可得到不同形状的焦块。将焦块与一组标有序号的标准焦块侧形（如图5-13所示）相比较，取其最接近的焦型序号作为测定结果。

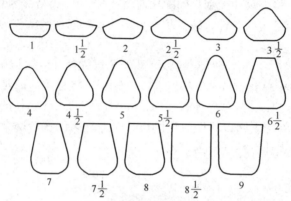

图5-13　标准焦块侧面图及其相应的膨胀序数

坩埚膨胀序数的大小取决于煤的熔融情况、胶质体形成和存在期间的析气情况以及胶质体的透气性。序数越大，表示煤的膨胀性和黏结性越强。

坩埚膨胀序数的确定可依下述方法进行。

① 如果残渣不黏结或成粉状，则膨胀序数为0；

② 如果焦渣黏结成块而不膨胀，应将焦块放在一个平整的硬板上，小心地在焦块上面加上500g砝码（只是砝码的自重），如果焦块粉碎，则膨胀序数为1/2，如果焦块不碎或仅碎裂成2～3块坚硬的焦块，则其膨胀序数为1；

③ 如果焦渣黏结成焦块并且膨胀，就将焦块放在专用的观察筒下，旋转焦块，找出最大侧形，再与标准侧形图比较并确定自由膨胀序数；

④ 有时找不到与焦块侧形接近的投影图形，则可在方格纸上勾画出焦块的投影，然后

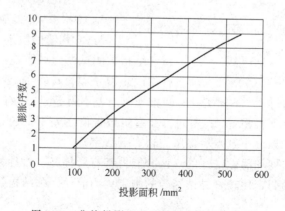

图5-14　焦块投影面积及其相应的膨胀序数

由方格纸上求出焦块的投影面积（mm²），再由投影面积和膨胀序数的相关曲线查出坩埚膨胀序数。图 5-14 为焦块投影面积及其相应的膨胀序数。

此法所用实验仪器和测定方法都非常简单，几分钟即可完成一次实验，所以得到广泛应用。但确定坩埚膨胀序数时难免受主观因素的影响，有可能将黏结性较差的煤判断为黏结性较强的煤，利用此法确定膨胀序数为 5 以上的煤时分辨能力较差。

七、葛金指数

此法是由葛来和金二人于 1923 年提出的一种煤低温干馏实验方法，用以测定热分解物收率和焦型。葛金实验焦型是国际煤炭分类的指标之一。

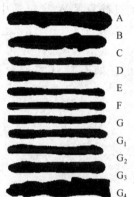

图 5-15　标准焦型

该法（GB/T 1341—2007）是将 20g 粉碎至 0.2mm 以下的煤样或配煤放在特制的水平玻璃或石英干馏管中，将干馏管放入预先加热至 300℃的电炉内，以 5℃/min 的加热速度升温到 600℃，并恒温 1h，测定热解水收率、焦油收率、半焦收率、氨收率、煤气收率等，并将所得半焦与一组标准焦型比较（如图 5-15 所示），确定所得半焦的葛金焦型指数。对强膨胀性煤，则需在煤中配入一定量的电极炭，其焦型以得到与标准焦型（G）一致的焦型所需的最少电极炭量（整数基数）来表示。具体方法见图 5-16。

此法既可测定热解产物收率，又可测定煤的黏结性。对煤的黏结性和结焦性的鉴别能力较强。有些煤挥发分接近而黏结性不同的煤，可用葛金指数加以区分。其缺点是人为误差较大，在测定强黏结性煤时，需要逐次增加电极炭的添加量，经过多次实验才能确定葛金指数，比较繁琐，且不易测准。

```
                                         ┌ 不黏结 A 型
                     试验前后体积大体相等    │ 微黏结 B 型
                   ┌ 是 A、B、C 或 G 型——检查强度 │ 黏结但易碎 C 型
                   │                      └ 熔融、坚硬 G 型
                   │
                   │ 试验后较试验前体积明显减小（收缩） ┌ 多于或等于 5 条明显的裂纹 E 型
检查收缩与 ────────┤ 可能是 D、E 或 F 型——检查裂纹    │ 明显的裂纹少于 5 条          ┌ 中等坚硬、易碎 D 型
膨胀情况           │                              └ 可能为 D 或 F 型——检查强度 └ 坚硬不易碎 F 型
                   │
                   │                      ┌ 微膨胀 G₁ 型
                   │ 试验后较试验前体积明显增大（膨胀） │ 中度膨胀 G₂ 型
                   └ 一定大于 G 型——检查膨胀情况    └ 膨胀到充满全管 G₃ 型或更高（参考坩埚膨胀序数配入电极
                                            炭制成标准焦型鉴定 Gₓ，x 为 1~13）
```

图 5-16　葛金焦型的鉴定与分类

第四节　煤的其他工艺性质

在煤的气化和燃烧工艺过程中，通常需要了解一些与之有关的工艺性质，如煤的反应性、结渣性、燃点、可选性等。

一、煤的反应性

煤的反应性又称煤的化学活性，是指在一定温度下煤与不同气体介质（如二氧化碳、水蒸气、氧气等）相互作用的反应能力。

反应性强的煤，在气化和燃烧过程中，反应速率快，效率高。尤其当采用一些高效能的新型气化技术（如沸腾床或悬浮气化）时，反应性的强弱直接影响到煤在炉中反应的情况、耗氧量、耗煤量及煤气中的有效成分等。在流化燃烧过程中，煤的反应性强弱与其燃烧速度也有密切关系。因此，煤的反应性是气化和燃烧的重要指标。

表示煤反应性的方法很多，目前中国采用的是煤对二氧化碳的反应性，以二氧化碳的还原率来表示煤的反应性。

煤反应性的测定方法要点是（GB/T 220—2018）：称取 300g 粒度在 3～6mm 的煤样，在规定的条件下干馏处理后，将残焦破碎成粒度为 3～6mm 的颗粒装入反应管中。将反应管加热至 750℃（褐煤）或 800℃（烟煤和无烟煤），温度稳定后以一定的流速向反应管中通入 CO_2，然后继续以 20～25℃/min 的升温速度给反应管升温，并每隔 50℃ 取反应系统中的气体分析一次，记录结果，直到 1100℃ 为止。如有特殊需要，可延续到 1300℃。

在高温下，CO_2 还原率按下式计算

$$\alpha = \frac{100[100-a-\varphi(CO_2)]}{(100-a)[100+\varphi(CO_2)]} \times 100\% \qquad (5-4)$$

式中　α —— CO_2 还原率，%；

　　　　a —— 钢瓶二氧化碳中杂质气体体积分数，%；

　　　　$\varphi(CO_2)$ —— 反应后气体中二氧化碳体积分数，%。

若已知钢瓶二氧化碳中杂质气体含量，也可预先绘出 α 与 CO_2 含量的关系曲线。每一次实验后，根据测得的 CO_2 含量值在曲线上查出相应的还原率 α 值。实验结束后，将 CO_2 还原率 α 与相应的测定温度绘成曲线如图 5-17 所示，一并作为实验结果报出。

由图 5-17 可见，煤对 CO_2 的还原率随反应温度的升高而加强。

煤对 CO_2 的还原率越高，表示煤的反应性越强。各种煤的反应性随煤化程度的加深而减弱，这是由于碳和 CO_2 的反应不仅在燃料的外表面进行，而且也在燃料的内部毛细孔壁上进行，孔隙率越高，反应表面积越大，反应性越强。不同煤化程度的煤及其干馏所得的残焦或焦炭的气孔率、化学结构是不同的，因此其反

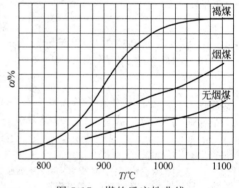

图 5-17　煤的反应性曲线

应性显著不同。在同一温度下褐煤由于煤化程度低，挥发分产率高，干馏后残焦的孔隙多且孔径比较大，CO_2 容易进入孔隙内，反应接触面大，故反应性最强，烟煤次之，无烟煤最弱。通常，煤中矿物含量增加，会使煤中固定碳的含量降低，使反应性降低。但矿物中如碱金属或碱土金属的化合物对 CO_2 的还原具有催化作用，因此这些矿物含量多时，会使反应性增强。

二、煤的结渣性

煤的结渣性是反映煤灰在气化或燃烧过程中结渣的特性，它对煤质的评价和加工利用有非常重要的意义。

在气化和燃烧过程中，煤中灰分在高温下会熔融而结成渣，给炉子的正常操作带来不同

程度的影响，结渣严重时将会导致停产。因此，必须选择不易结渣或只轻度结渣的煤炭用作气化或燃烧原料。由于煤灰熔融性并不能完全反映煤在气化或燃烧炉中的结渣情况，因此，必须用煤的结渣性来判断煤在气化和燃烧过程中结渣的难易程度。

煤的结渣性测定要点（GB/T 1572—2018）是：称取一定质量的粒度为 3～6mm 的煤样，放入预先加热到 800～850℃ 煤结渣性测定仪中，同时鼓入一定流速的空气使之气化（或燃烧）；待煤样燃尽后，取出冷却并称重、过筛，算出粒度大于 6mm 的灰渣质量占总灰渣质量的百分数作为煤的结渣率。计算公式如下

$$Clin = \frac{m_1}{m} \times 100\% \qquad (5-5)$$

式中　Clin——结渣率，%；

m_1——粒度大于 6mm 的灰渣质量，g；

m——灰渣总质量，g。

煤的结渣性与煤中矿物质的组成、含量及测定时鼓风强度的大小等因素有关。煤灰中某些成分本身就具有很高的熔点，如 Al_2O_3 的熔点高达 2020℃；相反，有些物质如 Fe_2O_3、Na_2O、K_2O 等本身的熔点较低，因此，煤的矿物质中铝含量高时不易结渣，煤的矿物质中铁、钠、钾等含量较高时容易结渣。鼓风强度增大时，煤的结渣率增大。

三、煤的燃点

煤的燃点是将煤加热到开始燃烧时的温度，叫做煤的燃点（也称着火点，临界温度或发火温度）。

测定煤的燃点的方法很多，中国通常是将粒度小于 0.2mm 的空气干燥煤样，干燥后与亚硝酸钠以 1∶0.75 的质量比混合，放入燃点测定仪中，以 4.5～5℃/min 的速度加热，加热到一定温度时煤样爆燃产生的压力使燃点测定装置中的水柱在下降的瞬间出现明显的温度升高或体积变化。煤样爆燃时的加热温度即为煤的燃点。用不同的氧化剂、不同的操作方法会得到不同的燃点。因此，测定煤的燃点是一项规范性很强的实验。实验室测出的煤的燃点是相对的，并不能直接代表在工业条件下煤开始燃烧的温度。

测定煤的燃点时使用的氧化剂有两类：一类是气体氧化剂，如氧气或空气；另一类是固体氧化剂，如亚硝酸钠和硝酸银等。中国测定燃点时一般采用亚硝酸钠做氧化剂。

煤的燃点随煤化程度的增加而增高。不同煤化程度煤的燃点见表 5-9。

表 5-9　不同煤化程度煤的燃点

煤种	褐煤	长焰煤	气煤	肥煤	焦煤	无烟煤
燃点/℃	260～290	290～330	330～340	340～350	370～380	约 400

煤受到氧化或风化后燃点明显下降，据此能判断煤的氧化程度。比如可以用下述方法来判断煤受氧化的程度。

称取一定质量的煤样，平均分为三等份，将其中一份放入燃点测定仪中测定其燃点（℃），得原煤样的燃点（℃）；取另一份用氧化剂如双氧水处理后测定其燃点，得氧化煤样的燃点（℃）；再取另一份用羟胺（NH_2OH，一种碱性还原剂）处理后测定其燃点，得还原煤样的燃点（℃），用下式计算煤被氧化的程度：

$$氧化程度 = \frac{还原煤样燃点(℃) - 原煤样燃点(℃)}{还原煤样燃点(℃) - 氧化煤样燃点(℃)} \qquad (5-6)$$

上式计算值越大，煤被氧化的程度越高。在煤田地质勘探中常用这个方法来判断煤的氧化程度或确定采样点是否已通过风化、氧化带。

另外，还可以根据氧化煤样与还原煤样的燃点温度之差值 $\Delta T(℃)$ 来判断煤自燃的难易程度。一般煤化程度越低的煤越容易自燃。如褐煤和长焰煤很容易自燃着火；气煤、肥煤和焦煤稍次，瘦煤、贫煤和无烟煤自燃着火的倾向小一些。

四、煤的可选性

选煤就是使混杂在煤中的矸石、黄铁矿以及煤矸共生的夹矸煤与精煤按照它们在物理和化学性质上的差异进行分离的过程。选煤可以清除煤中的矿物、降低煤的灰分和硫分，改善煤质，生产多品种煤炭，节约运输能力，使产品各尽其用，提高煤炭的使用价值和经济效益。

煤的可选性是指通过分选改善原煤质量的难易程度，也即原煤的密度组成对重力分选难易程度的影响。各种煤在洗选过程中能除去灰分杂质的程度是很不一致的。有些煤洗选后精煤灰分可降至较低，精煤收率也很高；有些煤经洗选后精煤灰分虽然降低，但收率却下降较多，这就是煤的可选性不同的表现。煤的可选性与煤中矿物质存在的形式有很大的关系。煤中矿物质如以粗颗粒状存在，则原煤经过破碎后，矿物质容易解离，形成较纯净的精煤和矸石，洗选时由于两者相对密度显著不同而很容易将矸石除去，精煤的收率也就高。这种煤的可选性就好。煤中矿物质如以细粒状嵌布在煤中，形成煤与矸石共生的夹矸煤，其相对密度介于煤和矸石之间，洗选时就难以除去。因此，含夹矸煤多的原煤在洗选后往往精煤灰分降低不多，但收率却显著减少，这种煤可选性差。至于硫分，洗选时只能除去以粗颗粒状存在于煤中的黄铁矿，以细粒均匀嵌布在煤中的黄铁矿通过洗选是较难除去的，有机硫则不能除去。

因此，煤的可选性是判断煤炭洗选效果的重要依据，是判断煤炭是否适用于炼制冶金焦炭的重要性质之一。目前，中国选煤方法广泛采用重力选煤法（跳汰和重介法），小于 0.5mm 的煤泥采用浮选法。影响原煤可选性的主要因素是煤的粒度组成和密度组成。

1. 原煤的粒度组成

煤的粒度组成是将煤样分成各种粒度级别，然后再分别测定各粒级产率和质量（如灰分、水分、发热量等，依据实验目的而定）。通常是用筛分实验来测定煤的粒度组成。

筛分实验是将试样由最大孔到最小孔逐级进行筛分。根据筛孔大小：150mm、100mm、50mm、25mm、13mm、6mm、3mm、1mm、0.5mm（根据实验需要，可取消或增加某些筛孔的筛子），将煤样分为若干个粒度级别。如＞150mm、150～100mm、100～50mm、50～25mm、25～13mm、13～6mm、6～3mm、3～1mm、1～0.5mm、＜0.5mm十个粒度级，将这十个粒级的煤分别称重，就可得到各粒级在总煤样中的百分含量即为煤的粒度组成。

另外，对原煤进行筛分实验时，还有下列要求。

① 对粒度大于25mm的煤样进行手选，分为煤、矸石、夹矸煤和硫铁矿四种，并记录它们各自的百分数。如果是选煤厂生产检查或设备检查所采煤样，大于25mm各级可不手选。

② 分别测定各粒级煤的 M_{ad}、A_d 等质量指标，填写筛分实验报告表，如表5-10所示。

表 5-10 筛分实验报告表（样表）

生产煤样编号：_____ 实验日期：_____年___月___日

筛分实验编号：_____

_____矿务局_____矿_____层_____工作面

采样说明：_____

筛分化验总结果：

化验项目\煤样	$M_{ad}/\%$	$A_d/\%$	$V_{daf}/\%$	$w_d(S_t)/\%$	$Q_{gr,d}$/(MJ/kg)	胶质层/mm		$G_{R.I.}$
						X	Y	
毛煤	5.56	19.50	37.73	0.64	25.69			
浮煤（密度<1.4kg/L）	5.48	10.73	37.28	0.62		71		

粒度/mm	产物名称		产 率			质 量 指 标			$Q_{gr,d}$/(MJ/kg)
			质量/kg	占全样/%	筛上累计/%	$M_{ad}/\%$	$A_d/\%$	$w_d(S_t)/\%$	
>100	手选	煤	2616.5	13.48	—	3.57	11.41	1.10	28.68
		夹矸煤	102.6	0.53	—	2.86	31.21	1.43	20.87
		矸石	162.9	0.84	—	0.85	80.93	0.11	—
		硫铁矿	—	—	—	—	—	—	—
		小计	2882.0	14.85	14.85	3.39	16.04	1.06	—
100~50	手选	煤	2870.4	14.79	—	4.08	13.72	0.78	28.12
		夹矸煤	80.6	0.42	—	3.09	34.47	0.95	19.67
		矸石	348.7	1.80	—	0.92	80.81	0.13	—
		硫铁矿	—	—	—	—	—	—	—
		小计	3299.7	17.00	31.84	3.72	21.32	0.72	—
>50 合计			6181.7	31.84	31.84	3.57	18.86	0.88	
50~25		煤	2467.1	12.71	44.55	3.73	24.08	0.54	23.78
25~13		煤	3556.7	18.32	62.88	2.56	22.42	0.61	24.13
13~6		煤	2624.2	13.52	76.39	2.40	23.85	0.55	23.48
6~3		煤	2399.4	12.36	88.75	4.04	19.51	0.74	24.80
3~0.5		煤	1320.5	6.80	95.56	2.94	16.74	0.74	26.89
0.5~0		煤	862.6	4.44	100.00	2.98	17.82	0.89	25.45
50~0 合计			13230.5	68.16		3.08	21.62	0.64	
毛煤总计			19412.2	100.00		3.24	20.74	0.72	
原煤总计（除去大于50mm级矸石和硫铁矿）			18900.6	97.37		3.30	19.11	0.74	

注：筛分前煤样总质量：19459.5kg，最大粒度 730mm×380mm×220mm。

2. 绘制原煤粒度特性曲线图

原煤的粒度特性曲线如图 5-18 所示，它是由表 5-10 中第一列和第六列数据绘制而成。曲线的变化趋势可反应原煤的粒级分布情况。如果曲线先是急速下降，在某一粒度后又趋于平缓即曲线呈凹形，表示煤中细粒度级别多；如果曲线呈凸形，则表示粗粒度级比较多，如果曲线接近直线形，则表示原煤中粗细粒度分布均匀。

3. 原煤的密度组成

原煤的密度是指煤和其所含矿物在内的密度，其大小取决于煤中有机物的成分和煤化程度，更主要取决于煤中所含矿物密度的大小及含量的多少。原煤的密度组成是指煤中各密度级煤的质量占原煤样总质量的百分数。

原煤的密度组成是评定原煤可选性的主要依据，通常用浮沉实验的方法来测定。

浮沉实验所用的煤样是从筛分实验后的各粒级产物中缩取得到而且必须是空气干燥

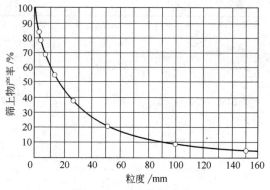

图 5-18　粒度特性曲线

基。为保证试样的代表性，其质量应符合如表 5-11 中的规定。实验时把原煤样放在不同密度的溶液中，从最低密度逐级向最高密度进行浮沉，将煤分成若干个密度级别，并对每一个密度级别的煤进行采样化验，最终得出不同密度级别的产率和质量特征。具体实验方法如下。

表 5-11　浮沉实验煤样质量与粒度的关系

煤样最大粒度/mm	>100	100	50	25	13	6	3	0.5
实验所需最小质量/kg	150	100	30	15	7.5	4	2	1

（1）重液的配制　不同煤种的浮沉实验，所用的重液也不相同。通常烟煤和无烟煤都采用氯化锌的水溶液作为浮沉实验介质，烟煤配制成密度（kg/L）分别为 1.30，1.40，1.50，1.60，1.70，1.80，1.90，2.00 八种不同密度级的重液；无烟煤配制成密度（kg/L）分别为 1.60，1.80，2.00 三种不同密度级的重液。褐煤由于在水中易破碎，故采用苯、四氯化碳、三溴甲烷等有机混合液作为浮沉实验介质，分别配制成密度为（kg/L）1.30，1.40，1.50，1.60，1.80，2.00 六种不同密度级的重液。

（2）实验方法

① 将配好的重液放入重液桶中，并按密度大小顺序排列。

② 称出煤样的质量，并把它放在网底筒内，每次放入的煤样厚度一般不超过 100mm。用清水洗净附在煤块上的煤泥，滤去洗水（将各粒级冲洗的煤泥收集起来）。

③ 将盛有煤样的网底筒在最低一个密度级的缓冲溶液内浸润一下，然后滤尽溶液，再放入浮沉用的最低密度级的重液桶中，使其分层。

④ 小心地用漏勺按一定方向捞取浮物。捞取深度不得超过 100mm，捞取时应注意勿使沉物搅起混入浮物中。

⑤ 把装有沉物的网底桶慢慢提起，滤尽重液，再把它放入下一个密度级的重液桶中，用同样的方法依次按密度级顺序进行，直到做完该粒级煤样为止。最后将沉物倒入盘中。在实验中应充分回收 $ZnCl_2$ 溶液。

（3）结果整理

① 将各密度级的产物和煤泥分别缩制成空气干燥基煤样，测定其水分 M_{ad}、灰分 A_d。当原煤样全硫超过 1.5% 时，各密度级产物都应测定全硫。

② 将各粒级的浮沉实验结果填入浮沉实验报告表。如表 5-12 是粒度为 25～13mm 的煤样在 $ZnCl_2$ 重液中的浮沉实验报告表。再将各粒度级浮沉数据汇总出 50～0.5mm 粒级的原煤浮沉实验结果综合表中，如表 5-13 所示。

表 5-12　浮沉实验报告表（样表）

浮沉实验编号：　　　　　　　　　　　　　　　　　　实验日期：
煤样粒级：25～13mm　　　　　　　　　　　　　　　全硫 $w_d(S_t)$/%：
本级占全样产率：18.322%　　　　　　　　　　　　　样重：24.965kg
灰分（A_d）：22.42%

密度级/(kg/L)	质量/kg	占本级产率/%	占全样产率/%	灰分/%	全硫/%	累计			
						浮上部分		沉下部分	
						产率/%	灰分/%	产率/%	灰分/%
1	2	3	4	5	6	7	8	9	10
<1.30	1.645	6.72	1.219	3.99		6.72	3.99	100.00	22.14
1.30～1.40	11.312	46.18	8.380	7.99		52.90	7.48	93.28	23.45
1.40～1.50	5.280	21.56	3.912	15.93		74.46	9.93	47.10	38.60
1.50～1.60	1.370	5.59	1.014	26.61		80.05	11.09	25.54	57.74
1.60～1.70	0.660	2.70	0.490	34.65		82.75	11.86	19.95	66.47
1.70～1.80	0.456	1.86	0.338	43.41		84.61	12.56	17.25	71.45
1.80～2.00	0.606	2.47	0.448	54.47		87.08	13.74	15.39	74.84
>2.00	3.165	12.92	2.345	78.73		100.00	22.14	12.92	78.73
合计	24.494	100.00	18.146	22.14					
煤泥	0.238	0.96	0.176	19.16					
总计	24.732	100.00	18.322	22.11					

表 5-13　50～0.5mm 粒级原煤浮沉实验综合表

密度级/(kg/L)	产率/%	灰分/%	累计				分选密度±0.1kg/L	
			浮物		沉物		密度级/(kg/L)	产率/%
			产率/%	灰分/%	产率/%	灰分/%		
1	2	3	4	5	6	7	8	9
<1.30	10.69	3.46	10.69	3.46	100.00	20.50	1.30	56.84
1.30～1.40	46.15	8.23	56.84	7.33	89.31	22.54	1.40	66.29
1.40～1.50	20.14	15.50	76.98	9.47	43.16	37.85	1.50	25.31
1.50～1.60	5.17	25.50	82.15	10.48	23.02	57.40	1.60	7.72
1.60～1.70	2.55	34.28	84.70	11.19	17.85	66.64	1.70	4.17
1.70～1.80	1.62	42.94	86.32	11.79	15.30	72.04	1.80	2.69
1.80～2.00	2.13	52.91	88.45	12.78	13.68	75.48	2.00	2.13
>2.00	11.55	79.64	100.00	20.50	11.55	79.64		
合计	100.00	20.50						
煤泥	1.01	18.16						
总计	100.00	20.48						

表 5-12 中第 1 项为 $ZnCl_2$ 溶液的密度级（配制成密度分别为 1.30kg/L，1.40kg/L，1.50kg/L，1.60kg/L，1.70kg/L，1.80kg/L，2.00kg/L 七种密度不同的溶液，将原煤分为八个密度级）。

第 2 项分别为各密度级煤的质量。

第 3 项为各密度级煤占本粒级原煤总质量的百分数。

第 4 项为本粒级的各密度级煤占原煤总质量的百分数。

第 5 项为各密度级煤的灰分的质量分数。

第 6 项为各密度级煤的全硫的质量分数。

第 7 项为各浮上部分的累计质量分数，由第三项数据自上而下累加而得到。

例如，＜1.40 的煤的累计质量分数＝6.72＋46.18＝52.90

第 8 项为各浮上部分的平均灰分。

例如，$＜1.40$ 煤的灰分 $= \dfrac{6.72 \times 3.99 + 7.99 \times 46.18}{6.72 + 46.18} = 7.48$

第 9 项为沉下部分的累计分数。例如，用密度为 2.00kg/L 的 $ZnCl_2$ 溶液分离原煤，则沉下部分质量占原煤的分数为 12.92，填于＞2.00 格中。如按 1.80 的密度分离原煤，则＞1.80 煤占原煤质量的分数为 12.92＋2.47＝15.39。

第 10 项为各沉下部分的平均灰分。

例如，$＞1.80$ 煤的平均灰分 $= \dfrac{12.92 \times 78.73 + 2.47 \times 54.47}{12.92 + 2.47} = 74.85$

当煤全部浮上或沉下时，其累计分数为 100.00%，其平均灰分与原煤的灰分相同，皆为 22.14%。

表 5-13 中第 2 项数据是 50～0.5mm 各粒级煤在对应的密度级溶液中浮上部分产率之和；

第 3 项数据是 50～0.5mm 各粒级在对应的密度级溶液中浮煤灰分产率；

第 4 项数据是 50～0.5mm 各粒级在对应的各密度级溶液中浮上部分的累计质量百分数，是第 2 项数据自上而下累加而得到；

第 6 项数据为 50～0.5mm 各粒级在对应的各密度级溶液中沉下部分的累计百分数，系由 100 减去第 4 项数据对应数值而得到；

第 7 项数据为 50～0.5mm 沉下部分的平均灰分。计算方法同表 5-12 第 10 项的计算。

4. 煤的可选性曲线

可选性曲线是根据浮沉实验结果绘制的一组曲线，用以表示煤质可选性。可选性曲线是煤性质的图示，它可以定性地表达出煤的性质，并且可以通过它确定选煤的理论工艺指标。绘制可选性曲线一般采用 200mm×200mm 的坐标纸，左侧纵坐标从上到下表示浮物的产率，右侧从下到上表示沉物的产率，下部横坐标从左向右表示灰分，上部从右向左表示浮沉密度（见图 5-19）。

（1）原煤灰分分布曲线 λ　由表 5-13 中 3、4 项数据绘制。其方法是先用第 4 项的数据画出平行于横坐标的各密度级浮物累计产率直线，再用第 3 项数据画出平行于纵坐标的各产物的灰分直线，每一对数据所画两条直线在坐标系内相交于一点，将各点连成一条光滑的曲线，即得灰分特性曲线（λ）。它可以表示原煤灰分在各密度级中的分布情况，或初步判断原煤的可选性。当曲线垂直部分突然转变为水平，垂直部分所包的面积甚小，表示各累计浮物（精煤）灰分小，所以容易洗选。若灰分特性曲线接近于直线型，表示各累积浮物与沉物的灰分接近，则煤的可选性差。

（2）浮物曲线 β　由表 5-13 中第 4、5 项数据绘制，反映浮上物的累计质量百分数与其平均灰分之间的关系，即每一点都是表示从最低密度开始到该点为止的总浮物的平均灰分。

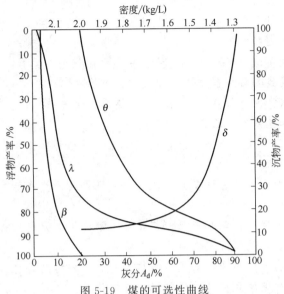

图 5-19　煤的可选性曲线

当产率为 100% 时，则表示全部煤的平均灰分，即原煤的灰分。β 曲线灰分最低点和 λ 曲线上的最低点两者将重合在一起。这样就很容易从 β 曲线上查出某一精煤灰分时产率，或某一产率时精煤灰分。例如，要求精煤灰分不超过 8% 时，可在图中灰分坐标轴上找出 8% 的点向上引垂线与 β 曲线相交于一点，该点的左纵坐标值为 68.5%，即理论精煤产率，右纵坐标值为 31.5%，即为理论尾煤产率。

（3）沉物曲线 θ　由表 5-13 中第 6、7 项数据绘制。同样的道理，θ 曲线可反映沉物累计产率和其平均灰分的关系。沉物曲线的灰分最低点应是原煤灰分，灰分最高点应与 λ 曲线终点重合。

（4）密度曲线 δ　由表 5-13 中第 8、4 项数据或第 8、6 项数据绘制，反映任一密度的浮物或沉物的累计产率。密度曲线上任一点在横坐标（密度坐标）上的读数表示某一理论上的分选密度，该点在曲线左边纵坐标上的读数是小于这个分选密度的精煤量，在右边的纵坐标上的读数是大于这个密度的尾煤量。

密度曲线的形状可表示煤粒的密度和数量在原煤中的变化关系。如果 δ 曲线的上段近于垂直，表示原煤中低密度的煤粒很多，并且密度稍有增减，则浮煤量增减很多；如果曲线的另一端距离密度坐标轴较远并且接近水平，表示原煤中高密度的矸石较少，并且在此处密度稍有增减，则沉煤量的增减很少；如果中间过渡线斜率变化缓慢，表示中间密度煤粒越多，分选密度稍有变化，则浮煤或沉煤变化也较大。

另外，根据煤的浮沉实验及可选性曲线还可以确定精煤和洗渣的理论灰分；可以根据不同的要求确定分选密度（例如由表 5-13 可知，当要求精煤灰分小于 10% 时，分选密度应为 1.50）；可以帮助判断一些选煤的工艺问题等。

复习思考题

1. 什么是煤的热解？黏结性烟煤的高温干馏过程分为哪几个阶段？每个阶段各有什么特征？

2. 煤在热解过程中主要发生哪些化学反应？

3. 什么是胶质体？通常从哪几个方面描述胶质体的性质？

4. 什么是煤的黏结性和结焦性？它们有何区别和联系？

5. 胶质层指数用哪些指标来描述？简述胶质层指数测定的方法要点。

6. 胶质层最大厚度 Y 值与煤质有何关系？用它反映煤的黏结性有何优点和局限性？

7. 举例说明体积曲线是如何反映煤的胶质体性质的。

8. 什么是罗加指数？它是如何测定的？它和煤质有何关系？

9. 黏结指数和罗加指数有什么区别和联系？

10. 简述奥亚膨胀度测定的方法要点，测定结果可得到哪些指标？举例说明膨胀曲线与煤质间的关系。

11. 简述基氏流动度测定的方法要点。测定结果可得到哪些指标？基氏流动度与煤质有何关系？

12. 什么是煤的筛分实验？筛分实验能将煤分为哪些粒度级别，有何意义？

13. 什么是煤的浮沉实验？浮沉实验有何实际意义？

14. 什么是煤的可选性？可选性曲线是怎样绘制的？分别说明它们的意义。

15. 何为煤对二氧化碳的反应性？它与煤质有何关系？

16. 什么是煤的燃点？它与煤质有何关系？煤的燃点测定有何实际意义？

17. 从煤的分子结构的观点出发，说明为什么中等煤化程度的煤黏结性好？

第六章　煤的分类及煤质评价

思政目标：煤炭资源质量评价和开发环评管理，切实提高效能，推进煤炭资源开发与生态环境保护相协调，做到低碳、清洁、高效、安全，培养学生环保意识。

学习目标：1. 了解煤的分类指标和中国煤炭分类标准。
　　　　　2. 掌握各种煤的特性及用途，煤的工业用途与煤的物理性质、化学性质、工艺性质等关系密切。
　　　　　3 掌握炼焦煤种和配煤原理，煤质评价。

　　煤是重要的能源和化工原料，各种煤的组成、结构和性质各不相同，用途也各异。煤的分类是人们研究煤的组成、结构、性质和用途，寻找其数据，并对其规律数据进行系统整理的过程。各种工业用煤对煤的种类和质量都有特殊要求，只有使用种类、质量都符合要求的煤炭才能充分发挥设备的效率，才能保证产品的质量，并且使煤炭资源得到合理的利用。世界各主要产煤国家，为了合理开发和利用本国的煤炭资源，各自制订出适合本国煤炭资源特点的煤炭分类方案，以适应不同工业部门的要求。我国是世界产煤大国之一，煤炭储量居世界前列，为了使我国丰富的煤炭资源得到充分、合理利用和综合利用，制订合理的、科学的煤炭分类具有十分重要的意义。煤的分类对于地质勘探、煤矿生产、煤炭资源调配、煤炭加工利用及煤炭贸易等都具有重要的指导作用。

　　由于煤炭分类的目的不同，产生了不同的分类方法。如果根据成煤的原始物质和堆积环境的不同进行分类，称为煤的成因分类；根据煤的元素组成等基本性质分类，称为科学分类；根据煤的工艺性质和利用途径的不同进行分类，称为煤的工业分类或实用分类，这种分类是以技术应用和商业为目的的。本章主要介绍煤的工业分类。

第一节　煤的分类指标

　　煤的工业分类主要是根据煤化程度和煤的工艺性质的差异来进行的。虽然目前世界各国采用的工业分类指标并不统一，但是主要有反映煤化程度的指标和反映煤黏结性、结焦性的指标（见表6-1）。

M6-1
中国煤炭分类

表6-1　一些国家煤炭分类指标及方案对照简表

国　家	分类指标	主要类别名称	类数
英国	挥发分，葛金焦型	无烟煤，低挥发分煤，中挥发分煤，高挥发分煤	24大类 24小类
德国	挥发分，坩埚焦特征	无烟煤，贫煤，瘦煤，肥煤，气煤，气焰煤，长焰煤	7类
法国	挥发分，坩埚膨胀序数	无烟煤，贫煤，1/4肥煤，1/2肥煤，短焰肥煤，肥煤，肥焰煤，干焰煤	8类
波兰	挥发分，罗加指数，胶质层指数，发热量	无烟煤，无烟质煤，贫煤，半焦煤，副焦煤，正焦煤，气焦煤，气煤，长焰气煤，长焰煤	10大类 13小类

国　家	分类指标	主要类别名称	类数
苏联（顿巴斯）	挥发分,胶质层指数	无烟煤,贫煤,黏结瘦煤,焦煤,肥煤,气肥煤,气煤,长焰煤	8 大类 13 小类
美国	固定碳,挥发分,发热量	无烟煤,烟煤,次烟煤,褐煤	4 大类 13 小类
日本（煤田探查审议会）	发热量,燃料比	无烟煤,沥青煤,亚沥青煤,褐煤	4 大类 7 小类

一、反映煤化程度的指标

能够反映煤化程度的指标有很多，如挥发分、碳含量、氢含量、发热量、镜质组反射率等。目前各国大多使用干燥无灰基挥发分（V_{daf}）来表示煤化程度，这是因为干燥无灰基挥发分随煤化程度的变化呈规律性变化，能够较好地反映煤化程度的高低，而且挥发分测定方法简单，标准化程度高。实际上，煤的挥发分不仅与煤化程度有关，同时还受煤的岩相组成的影响，具有不同岩相组成的同一种煤，其挥发分可以不同；具有不同岩相组成的煤化程度不同的两种煤却可能有相同的挥发分产率。所以，有些人和有些国家提出用镜质组反射率作为反映煤化程度的指标。发热量的大小取决于煤中碳、氢含量，且与煤化程度有关，低煤化程度的煤的发热量变化较大，中国使用恒湿无灰基高位发热量来划分褐煤和长焰煤（低煤化程度烟煤）。目视比色法透光率 P_M（%）随煤化程度增高而增大，中国使用透光率作为划分褐煤与长焰煤的指标。煤中氢含量随煤化程度增高而减少，能反映煤化程度的高低，中国目前使用干燥无灰基氢含量作为划分无烟煤小类的一个依据。

二、反映煤黏结性、结焦性的指标

煤的黏结性和结焦性是煤热加工过程中表现出来的重要工艺性质，被各国普遍用作煤炭分类的重要指标。但是，可以反映煤黏结性和结焦性的指标很多，如黏结指数、罗加指数、胶质层最大厚度、自由膨胀序数、奥亚膨胀度、葛金焦型等，而且，各种指标都有自己的优缺点，在指标的选择上各国并不一致，这主要取决于各国煤炭的实际情况。目前，中国使用黏结指数（$G_{R.I.}$）、胶质层最大厚度（Y）和奥亚膨胀度（b）来表示煤的黏结性，对弱黏结煤、中等黏结性煤使用黏结指数来区分，对于强黏结煤（$G_{R.I.} > 65$）再使用胶质层最大厚度和奥亚膨胀度加以区分。

第二节　中国煤分类

一、中国煤炭分类（GB/T 5751—2009）

1. 煤类划分及代号

本分类体系中，先根据干燥无灰基挥发分（V_{daf}）等指标，将煤炭分为无烟煤、烟煤和褐煤三大类，见表 6-2；根据干燥无灰基挥发分（V_{daf}）和干燥无灰基氢含量（H_{daf}）无烟煤分为三个亚类，即无烟煤一号、二号和三号，见表 6-3；根据干燥无灰基挥发分（V_{daf}）及黏结指数（$G_{R·I}$）等指标，将烟煤划分为贫煤、贫瘦煤、瘦煤、焦煤、肥煤、1/3 焦煤、气肥煤、气煤、1/2 中黏煤、弱黏煤、不黏煤及长焰煤 12 类，见表 6-4；褐煤亚类的划分采用煤化程度指标透光率 PM 为参数，根据 PM 将褐煤分为两小类，即褐煤一号和二号，详见表 6-5。各类煤的名称可用下列汉语拼音字母为代号表示：

WY—无烟煤；YM—烟煤；HM—褐煤。

PM—贫煤；PS—贫瘦煤；SM—瘦煤；JM—焦煤；FM—肥煤；1/3JM—1/3 焦煤；QF—气

肥煤；QM—气煤；1/2ZN—1/2中黏煤；RN—弱黏煤；BN—不黏煤；CY—长焰煤。

2. 编码

各类煤用两位阿拉伯数码表示。十位数系按煤的挥发分分组，无烟煤为 $0(V_{daf}<10.0\%)$，烟煤为 $1\sim4$（即 $V_{daf}>10.0\%\sim20.0\%$，$>20.0\%\sim28.0\%$，$>28.0\%\sim37.0\%$ 和 $>37.0\%$），褐煤为 $5(V_{daf}>37.0\%)$。个位数，无烟煤类为 $1\sim3$，表示煤化程度；烟煤类为 $1\sim6$，表示黏结性；褐煤类为 $1\sim2$，表示煤化程度。

二、中国煤炭分类体系表

新的煤炭工业分类方案包括五个表（见表6-2～表6-6）和一个图，五个表是：无烟煤、烟煤及褐煤分类表、无烟煤亚类的划分、烟煤的分类表、褐煤亚类的划分和中国煤炭分类简表，一个图为中国煤炭分类图。

新分类方案中首先根据煤化程度将煤分成无烟煤、烟煤和褐煤三大类（见表6-2）。当 $V_{daf}\leqslant10.0\%$ 时，属无烟煤；当 $V_{daf}>10.0\%\sim37.0\%$ 时，为烟煤；当 $V_{daf}>37.0\%$ 时，可能是烟煤，也可能是褐煤，区分的办法按注释①、②划分。新分类方案以 V_{daf} 和 H_{daf} 作为分类指标将无烟煤分为三个小类（见表6-3）。当 V_{daf} 划分的小类与 H_{daf} 划分的小类不一致时，以 H_{daf} 划分的为准。新分类方案以 V_{daf}、G、Y 和 $b\%$ 作为分类指标将烟煤分成12个大类（见表6-4）。

表6-2 无烟煤、烟煤及褐煤分类

类 别	代 号	编 码	分类指标	
			$V_{daf}/\%$	$P_M/\%$
无烟煤	WY	01,02,03	$\leqslant10.0$	—
烟煤	YM	11,12,13,14,15,16	$>10.0\sim20.0$	—
		21,22,23,24,25,26	$>20.0\sim28.0$	
		31,32,33,34,35,36	$>28.0\sim37.0$	
		41,42,43,44,45,46	>37.0	
褐煤	HM	51,52	$>37.0$①	$\leqslant50$②

①凡 $V_{daf}>37.0\%$，$G\leqslant5$，再用透光率 P_M 来区分烟煤和褐煤（在地质勘查中，$V_{daf}>37.0\%$，在不压饼的条件下测定的焦渣特征为1～2号的煤，再用 P_M 来区分烟煤和褐煤）。

②凡 $V_{daf}>37.0\%$，$P_M>50\%$ 者为烟煤；$30\%<P_M\leqslant50\%$ 的煤，如恒湿无灰基高位发热量 $Q_{gr,maf}>24MJ/kg$，划为长焰煤，否则为褐煤。恒湿无灰基高位发热量 $Q_{gr,maf}$ 的计算方法见下式：

$$Q_{gr,maf}=Q_{gr,ad}\times\frac{100(100-MHC)}{100(100-M_{ad})-A_{ad}(100-MHC)}$$

式中 $Q_{gr,maf}$——煤样的恒湿无灰基高位发热量，J/g；
$\quad\quad Q_{gr,ad}$——一般分析试验煤样的恒容高位发热量，J/g；其测试方法参见 GB/T 213；
$\quad\quad M_{ad}$——一般分析试验煤样水分的质量分数，%，其测试方法参见 GB/T 212；
$\quad\quad MHC$——煤样最高内在水分的质量分数，%，其测试方法参见 GB/T 4632。

表6-3 无烟煤亚类的划分

亚 类	代 号	编 码	分类指标	
			$V_{daf}/\%$	$H_{daf}/\%$①
无烟煤一号	WY1	01	$\leqslant3.5$	$\leqslant2.0$
无烟煤二号	WY2	02	$>3.5\sim6.5$	$>2.0\sim3.0$
无烟煤三号	WY3	03	$>6.5\sim10.0$	>3.0

①在已确定无烟煤亚类的生产矿、厂的日常工作中，可以只按 V_{daf} 分类；在地质勘查工作中，为新区确定亚类或生产矿、厂和其他单位需要重新核定亚类时，应同时测定 V_{daf} 和 H_{daf}，按上表分亚类。如两种结果有矛盾，以按 H_{daf} 划亚类的结果为准。

对于烟煤的划分，首先是根据 V_{daf} 分为：低挥发分烟煤（$V_{daf}>10\%\sim20\%$）、中挥发分烟煤（$V_{daf}>20\%\sim28\%$）、中高挥发分烟煤（$V_{daf}>28\%\sim37\%$）、高挥发分烟煤（$V_{daf}>37\%$），并分别用 1~4 的数码来表示，数码越大，煤化程度越低。其次，根据 G 分为：不黏结或微黏结煤（0~5）、弱黏结煤（$G>5\sim20$）、中等偏弱黏结煤（$G>20\sim50$）、中等偏强黏结煤（$G>50\sim65$）、强黏结煤（$G>65$），在强黏结煤中，如果 $Y>25mm$ 或 $b>150\%$（对于 $V_{daf}>28\%$ 的肥煤，$b>220\%$）的煤，则为特强黏结煤。并分别用 1~6 的数码来表示（有的组，$G>30$ 或 $G>35$ 仍用 2 表示），数码越大，煤的黏结性越强。可见，根据 V_{daf}、G、Y 和 $b\%$ 可将烟煤划分成 24 个单元（根据 V_{daf} 分成 4 个，根据 G 分成 6 个），每个单元都对应有一个两位数的数码，该数码就是烟煤分类表中，"数码"一栏的数值，其中，十位上的数值（1~4）表示煤化程度，个位上的数值（1~6）表示黏结性。

表 6-4　烟煤的分类

类　别	代　号	编　码	分　类　指　标			
			$V_{daf}/\%$	G	Y/mm	$b/\%$[②]
贫煤	PM	11	$>10.0\sim20.0$	$\leqslant5$		
贫瘦煤	PS	12	$>10.0\sim20.0$	$>5\sim20$		
瘦煤	SM	13	$>10.0\sim20.0$	$>20\sim50$		
		14	$>10.0\sim20.0$	$>50\sim65$		
焦煤	JM	15	$>10.0\sim20.0$	>65[①]	$\leqslant25.0$	$\leqslant150$
		24	$>20.0\sim28.0$	$>50\sim65$		
		25	$>20.0\sim28.0$	>65[①]	$\leqslant25.0$	$\leqslant150$
肥煤	FM	16	$>10.0\sim20.0$	(>85)[①]	>25.0	>150
		26	$>20.0\sim28.0$	(>85)[①]	>25.0	>150
		36	$>28.0\sim37.0$	(>85)[①]	>25.0	>220
1/3 焦煤	1/3JM	35	$>28.0\sim37.0$	>65[①]	$\leqslant25.0$	$\leqslant220$
气肥煤	QF	46	>37.0	(>85)[①]	>25.0	>220
气煤	QM	34	$>28.0\sim37.0$	$>50\sim65$		
		43	>37.0	$>35\sim50$		
		44	>37.0	$>50\sim65$	$\leqslant25.0$	$\leqslant220$
		45	>37.0	>65[①]		
1/2 中黏煤	1/2ZN	23	$>20.0\sim28.0$	$>30\sim50$		
		33	$>28.0\sim37.0$	$>30\sim50$		
弱黏煤	RN	22	$>20.0\sim28.0$	$>5\sim30$		
		32	$>28.0\sim37.0$	$>5\sim30$		
不黏煤	BN	21	$>20.0\sim28.0$	$\leqslant5$		
		31	$>28.0\sim37.0$	$\leqslant5$		
长焰煤	CY	41	>37.0	$\leqslant5$		
		42	>37.0	$>5\sim35$		

① 当烟煤黏结指数测值 $G\leqslant85$ 时，用干燥无灰基挥发分 V_{daf} 和黏结指数 G 来划分煤类。当黏结指数测值 $G>85$ 时，则用干燥无灰基挥发分 V_{daf} 和胶质层最大厚度 Y，或用干燥无灰基挥发分 V_{daf} 和奥亚膨胀度 b 来划分煤类。在 $G>85$ 的情况下，当 $Y>25.00mm$ 时，根据 V_{daf} 的大小可划分为肥煤或气肥煤；当 $Y\leqslant25.0mm$ 时，则根据 V_{daf} 的大小可划分为焦煤、1/3 焦煤或气煤。

② 当 $G>85$ 时，用 Y 和 b 并列作为分类指标。当 $V_{daf}\leqslant28.0\%$ 时，$b>150\%$ 的为肥煤；当 $V_{daf}>28.0\%$ 时，$b>220\%$ 的为肥煤或气肥煤。如按 b 值和 Y 值划分的类别有矛盾时，以 Y 值划分的类别为准。

表 6-5　褐煤亚类的划分

类　别	代　号	编码	分 类 指 标	
			$P_M/\%$	$Q_{gr,maf}/(MJ/kg)$①
褐煤一号	HM1	51	≤30	—
褐煤二号	HM2	52	>30～50	≤24

① 凡 V_{daf}>37.0%，P_M>30%～50%的煤，如恒湿无灰基高位发热量 $Q_{gr,maf}$>24MJ/kg，则划为长焰煤。

表 6-6　中国煤炭分类简表

类别	代号	编码	分 类 指 标					
			$V_{daf}/\%$	G	Y/mm	$b/\%$	$P_M/\%$②	$Q_{gr,maf}$③ /(MJ/kg)
无烟煤	WY	01,02,03	≤10.0					
贫煤	PM	11	>10.0～20.0	≤5				
贫瘦煤	PS	12	>10.0～20.0	>5～20				
瘦煤	SM	13,14	>10.0～20.0	>20～65				
焦煤	JM	24 15,25	>20.0～28.0 >10.0～28.0	>50～65 >65①	≤25.0	≤150		
肥煤	FM	16,26,36	>10.0～37.0	(>85)①	>25.0			
1/3 焦煤	1/3JM	35	>28.0～37.0	>65①	≤25.0	≤220		
气肥煤	QF	46	>37.0	(>85)①	>25.0	>220		
气煤	QM	34 43,44,45	>28.0～37.0 >37.0	>50～65 >35	≤25.0	≤220		
1/2 中黏煤	1/2ZN	23,33	>20.0～37.0	>30～50				
弱黏煤	RN	22,32	>20.0～37.0	>5～30				
不黏煤	BN	21,31	>20.0～37.0	≤5				
长焰煤	CY	41,42	>37.0	≤35			>50	
褐煤	HM	51 52	>37.0 >37.0				≤30 >30～50	≤24

① 在 G>85 的情况下，用 Y 值或 b 值来区分肥煤、气肥煤与其他煤类，当 Y>25.00mm 时，根据 V_{daf} 的大小可划分为肥煤或气肥煤；当 Y≤25.0mm 时，则根据 V_{daf} 的大小可划分为焦煤、1/3 焦煤或气煤。

按 b 值划分类别时，当 V_{daf}≤28.0%时，b>150%的为肥煤；当 V_{daf}>28.0%时，b>220%的为肥煤或气肥煤。如按 b 值和 Y 值划分的类别有矛盾时，以 Y 值划分的类别为准。

② 对 V_{daf}>37.0%，G≤5 的煤，再以透光率 P_M 来区分其为长焰煤或褐煤。

③ 对 V_{daf}>37.0%，P_M>30%～50%的煤，再测 $Q_{gr,maf}$，如其值大于 24MJ/kg，应划分为长焰煤，否则为褐煤。

在 24 个单元中，按照同类煤的性质基本相似，不同类煤的性质有较大差异的原则进行归类，共分成 12 个类别，这 12 个类别就是烟煤的 12 个大类。在对 12 个大类命名时，考虑到新、旧分类的延续性和习惯叫法，仍保留了长焰煤、不黏煤、弱黏煤、气煤、肥煤、焦煤、瘦煤、贫煤八个煤类，同时又增加了 1/2 中黏煤、气肥煤、1/3 焦煤、贫瘦煤四个过渡性煤类，这样就能使同一类煤的性质基本相似。比如，1/2 中黏煤就是由原分类中一部分黏结性较好的弱黏煤和一部分黏结性较差的肥焦煤和肥气煤组成。气肥煤在原分类中属肥煤大类，但是它的结焦性比典型肥煤差得多，所以，将它拿出来单独列为一类，这就克服了原分类中同类煤性质差异较大的缺陷，使分类更趋合理。1/3焦煤是由原分类中一部分黏结性较好的肥气煤和肥焦煤组成，结焦性较好。贫瘦煤是指黏结性较差的瘦煤，可以和典型瘦煤加以区别。

需要指出的是，当 $G>85$ 时，用 Y 值和 b 值并列作为分类指标。当 Y 值和 b 划分有矛盾时，以 Y 值划分为准。

三、中国煤炭分类（GB/T 5751—2009）使用举例

【例题 6-1】 某煤样用密度 1.7kg/L 的氯化锌重液分选后，其浮煤挥发分 V_{daf} 为 4.53%，元素分析 $w_{daf}(H)$ 为 1.98%，试确定其煤质牌号。

解 根据 V_{daf} 为 4.53%，应划分为 02 号无烟煤，根据 $w_{daf}(H)$ 为 1.98%，应划分为 01 号无烟煤，两者矛盾，以氢含量划分为准，最终确定为 01 号无烟煤。

【例题 6-2】 某烟煤在密度 1.4kg/L 的氯化锌重液中分选出的浮煤 V_{daf} 为 27.5%，黏结指数 G 为 86，胶质层厚度 Y 为 26.5mm，奥亚膨胀度 b 为 145%，确定煤质牌号。

解 因为 $G>85$，应用 Y 或 b 作为辅助分类指标，根据 $Y>25mm$，V_{daf} 为 27.5%，应划分为肥煤 26 号，根据 $b<150\%$，V_{daf} 为 27.5%，应划分为焦煤 25 号，两者矛盾，以 Y 值为准，最终确定为 26 号肥煤。

【例题 6-3】 某烟煤用密度 1.4kg/L 的氯化锌重液分选后，其浮煤 V_{daf} 为 38.5%，黏结指数 G 为 95，b 值为 195%，Y 值为 28.0mm，确定煤的类别。

解 因为 $G>85$，应用 Y 或 b 作为辅助分类指标，根据 $Y>25mm$，V_{daf} 为 38.5%，应划分为 46 号气肥煤，根据 b 值 $\leq220\%$，V_{daf} 为 38.5%，应划分为 45 号气煤，两者矛盾，以 Y 值为准，最终确定为 46 号气肥煤。

【例题 6-4】 某年轻煤在密度 1.4kg/L 的重液中分选后，其浮煤挥发分 V_{daf} 为 49.52%，G 值为 0，目视比色透光率 P_M 为 47.5%，$Q_{gr,maf}$ 为 25.01MJ/kg，确定煤的类别。

解 根据 $V_{daf}>37\%$，G 值为 0，可初步确定该煤为长焰煤 41 号或褐煤，此时，可根据 P_M 确定，$P_M>50\%$ 一定是长焰煤，$P_M\leq30\%$，一定是褐煤，而 $P_M>30\%\sim50\%$ 时，可能是长焰煤，也可能是褐煤，该煤即是这种情况，这时，就应根据 $Q_{gr,maf}$ 进行划分，$Q_{gr,maf}\leq24MJ/kg$ 为褐煤，$Q_{gr,maf}>24MJ/kg$ 为长焰煤，所以最后确定该煤为 41 号长焰煤。

四、中国煤炭编码系统

1. 编码参数和方法

中国煤炭编码系统采用了 8 个参数 12 位数码组成编码系统，适用于各煤阶煤，并按照煤阶、煤的主要工艺性质及对环境的影响因素进行编码。在确定煤阶参数时，协调了分类指标选择上的意见分歧，既考虑了分类的科学性，又注重用煤的实用性，还兼顾到与国际标准接轨的需要。考虑到低煤阶煤和中、高煤阶煤在利用方向和煤演化性质上的差异，必须选用不同的煤阶与工艺参数来进行编码。为此采用镜质组平均随机反射率 $\overline{R}_{ran}$，发热量 $Q_{gr,daf}$（对于低煤阶煤用 $Q_{gr,maf}$），挥发分 V_{daf} 和全水分 M_t（对于低煤阶煤）4 个参数作为煤阶参数；采用黏结指数 $G_{R.I.}$（对于高、中煤阶煤）、焦油产率 $T_{ar,daf}$（对于低煤阶煤）、发热量和挥发分 4 个参数作为工艺指标；采用灰分产率 A_d 和全硫 $S_{t,d}$ 2 个参数作为煤对环境影响的参数。其中发热量和挥发分 2 个参数既是煤阶参数又是重要的工艺参数。

对煤进行编码时，首先要确定煤阶，根据煤阶选用不同的参数进行编码。对于低煤阶煤要依据煤的恒湿无灰基高位发热量 $Q_{gr,maf}$ 的数值，其计算公式为：

$$Q_{gr,maf} = \frac{Q_{gr,ad} \times 100 - MHC}{100 - \left[M_{ad} + \dfrac{A_{ad}(100 - MHC)}{100} \right]}$$　　　　(6-1)

为了使煤炭生产企业、销售部门与用户根据各种煤炭利用工艺的技术要求，能明确无误地交流煤炭质量信息，保证各煤阶煤分类编码系统能适用于不同成因、成煤时代，以及既适用于单一煤层，又适用于多煤层混煤或选煤，同时考虑灰分与硫分对环境的影响，依次用下列参数进行编码。

① 镜质组平均随机反射率：$\overline{R}$，%，两位数；

② 干燥无灰基高位发热量：$Q_{gr,daf}$，MJ/kg，两位数；对于低煤阶煤采用恒湿无灰基高位发热量：$Q_{gr,maf}$，MJ/kg，两位数；

③ 干燥无灰基挥发分：V_{daf}，%，两位数；

④ 黏结指数：$G_{R.I.}$，简记 G，两位数（对中、高煤阶煤）；

⑤ 全水分：M_t，%，一位数（对低煤阶煤）；

⑥ 焦油产率：$T_{ar,daf}$，%，一位数（对低煤阶煤）；

⑦ 干燥基灰分：A_d，%，两位数；

⑧ 干燥基全硫：$w_d(S_t)$，%，两位数。

对于各煤阶煤的编码规定及顺序如下。

① 第一位及第二位数码表示 0.1% 范围的镜质组平均随机反射率下限值乘以 10 后取整；

② 第三位及第四位数码表示 1MJ/kg 范围干燥无灰基高位发热量下限值，取整；对低煤阶煤，采用恒湿无灰基高位发热量 $Q_{gr,maf}$，两位数，表示 1MJ/kg 范围内下限值，取整；

③ 第五位及第六位数码表示干燥无灰分基挥发分以 1% 范围的下限值，取整；

④ 第七位及第八位数码表示黏结指数；用 $G_{R.I.}$ 值除 10 的下限值取整，如从 0 到小于 10，记作 00；10 以上到小于 20 记作 01；20 以上到小于 30，记作 02；90 以上到小于 100，记作 09，余类推；100 以上记作 10；

⑤ 对于低煤阶煤，第七位表示全水分，从 0 到小于 20（质量分数）时，记作 1；20% 以上除以 10 的 M_t 的下限值，取整；

⑥ 对于低煤阶煤，第八位表示焦油产率 $T_{ar,daf}$，%，一位数；当 $T_{ar,daf}$ 小于 10% 时，记作 1，大于 10% 到小于 15%，记作 2，大于 15% 到小于 20%，记作 3，即以 5% 为间隔，依此类推；

表 6-7　中国煤炭编码总表

镜质组反射率 R_{ran}		高位发热量 $Q_{gr,daf}$（中、高煤阶煤）		高位发热量 $Q_{gr,maf}$（低煤阶煤）		挥发分 V_{daf}	
编码	%	编码	MJ/kg	编码	MJ/kg	编码	%
02	0.2～0.29	24	24～<25	11	11～<12	01	1～<2
03	0.3～0.39	25	25～<26	12	12～<13	02	2～<3
04	0.4～0.49	…	…	13	13～<14	…	…
…	…	35	35～<36	…	…	09	9～<10
19	1.9～1.99	…	…	22	22～<23	10	10～<11
…	…	39	≥39	23	23～<24	…	…
50	≥5.0					49	49～<50
						…	…

续表

黏结指数 G (中、高煤阶煤)		全水分 M_t (低煤阶煤)		焦油产率 $T_{ar,daf}$ (低煤阶煤)		灰分 A_d		硫分 $w_d(S_t)$	
编码	G 值	编码	%	编码	%	编码	%	编码	%
00	0～9	1	<20	1	<10	00	0～<1	00	0～<0.1
01	10～19	2	20～<30	2	10～<15	01	1～<2	01	0.1～<0.2
02	20～29	3	30～<40	3	15～<20	02	2～<3	02	0.2～<0.3
…	…	4	40～<50	4	20～<25	…	…	…	…
09	90～99	5	50～<60	5	≥25	29	29～<30	31	3.1～<3.2
10	≥100	6	60～<70			30	30～<31	32	3.2～<3.3
						…	…	…	…

⑦ 第九位及第十位数码表示 1% 范围取整后干燥基灰分的下限值；

⑧ 第十一位及第十二位数码表示 0.1% 范围干燥基全硫含量乘以 10 后下限值取整。

编码顺序按煤阶参数、工艺性质参数和环境因素指标编排。中、高煤阶煤的编码顺序是：$RQVGAw_d(S)$；低煤阶煤的编码顺序是：$RQVMTAw_d(S)$。

需要指出的是各参数必须按规定顺序排列，如其中某个参数没有实测值，需在编码的相应位置注以"×"（一位）或"××"（两位）。

中国煤炭编码系统（GB/T 16772—1997）的详细内容见表 6-7。

2. 编码举例

（1）山东某地低煤阶煤　　　　　　　　　　　　　编码

$R_{ran} = 0.53\%$　　　　　　　　　　05

$Q_{gr,maf} = 22.3MJ/kg$　　　　　　　22

$V_{daf} = 47.51\%$　　　　　　　　　47

$M_t = 24.58\%$　　　　　　　　　　2

$T_{ar,daf} = 11.80\%$　　　　　　　2

$A_d = 9.32\%$　　　　　　　　　　09

$w_d(S_t) = 0.64\%$　　　　　　　　06

该煤的编码为：05　22　47　2　2　09　06

（2）河北某地焦煤（中煤阶煤）　　　　　　　　　编码

$R_{ran} = 1.24\%$　　　　　　　　　　12

$Q_{gr,daf} = 36.0MJ/kg$　　　　　　　36

$V_{daf} = 24.46\%$　　　　　　　　24

$G_{R.I.} = 88$　　　　　　　　　　08

$A_d = 14.49\%$　　　　　　　　　14

$w_d(S_t) = 0.59\%$　　　　　　　　05

该煤的编码为：12　36　24　08　14　05

（3）京西某矿无烟煤（高煤阶煤）　　　　　　　　编码

$R_{ran} = 9.93\%$　　　　　　　　　　50

$Q_{gr,daf} = 33.1MJ/kg$　　　　　　　33

$V_{daf} = 3.47\%$　　　　　　　　　03

$G_{R.I.}$　　未测　　　　　　　　　××

$$A_d = 5.55\%\qquad\qquad\qquad\qquad\qquad 05$$
$$w_d(S_t) = 0.25\%\qquad\qquad\qquad\qquad 02$$

该煤的编码为：50　33　03　××　05　02

第三节　国际煤分类

国际标准化组织（ISO）煤炭委员会（TC27）成立了 18 个工作组，从事国际煤分类的制定工作，参加制定工作的国家有澳大利亚、加拿大、中国、捷克、法国、德国、日本、荷兰、波兰、葡萄牙、南非、瑞典、英国和美国共十四个国家。提出一个简明的分类系统，便于煤炭的重要性质、参数在国际间可以相互比较，同时正确无误地评估世界各地区的煤炭资源。采用镜质组随机反射率作为煤阶指标，并在低煤阶煤阶段以煤层煤水分作为煤阶辅助指标；采用镜质组含量作为煤岩相组成指标；以干基灰分产率作为煤的品位指标。

M6-2
国际煤炭分类

一、术语及其定义

煤主要是由植物残骸经煤化作用转化而成的富含碳的固体可燃有机沉积岩，含有一定量的矿物质，矿物质含量与煤灰产率相对应，一般不大于煤质量的 50%（干燥基质量分数）。

1. 镜质组（vitrinite）

一些灰白色的显微组分（在显微镜下会观察到反射光），其反射率一般介于相应的暗壳质煤素质和轻惰性煤素质。

2. 惰性煤素质（inertinite）

煤素质中的一种，主要由一些反射率和中低阶煤反射率相同的颗粒组成，其反射率高于煤素质中另外两种的反射率，但是低于相应的高阶煤中的镜质组的反射率。

3. 壳质煤素质（liptinite）

包括孢壁煤素质、角质体、木栓质、树脂体、碎屑壳质体、藻类体。

4. 褐煤（lignite）

一种拥有平均随机镜质组反射率的煤，反射率小于 0.4%。

5. 次烟煤（sub-bituminous coal）

镜质组反射率介于 0.4%～0.5%。

6. 烟煤（bituminous coal）

镜质组反射率介于 0.5%～2.0%。

7. 无烟煤（anthracite）

镜质组反射率介于 2.0%～6.0%。

8. 硬煤（hard coal）

包括中阶煤和高阶煤，平均镜质组反射率介于 0.5%～6%。

9. 床层水分（bed moisture）

煤在矿层中的水分含量。

二、国际分类（ISO 11760—2018）

1. 总述

煤的物理化学性质主要取决于成煤的地质年代（煤阶）、岩相组成以及其中矿物质含量。

2. 煤阶——主要分类指标

据此可以将煤分为三大类：低阶煤、中阶煤和高阶煤，其分类见表 6-8。

表 6-8　低、中、高阶煤的分类

煤　阶	分　类　标　准
低阶煤(褐煤、次烟煤)	床层水分<75％且 R_r<0.5％
中阶煤(烟煤)	0.5％<R_r<2.0％
高阶煤(无烟煤)	2.0％<R_r<6.0％(或 $R_{v,max}$<8.0％)

注：床层水分—煤在矿层中的水分含量；R_r—镜质组平均随机反射率；$R_{v,max}$—镜质组平均最大反射率。

3. 煤阶——次级分类指标

为了提供一种更好的分类方法，三种主要煤又可以进一步划分，如表 6-9～表 6-11 所示。

表 6-9　低阶煤的次级分类

次　级　分　类	分　类　标　准
低阶煤 C(褐煤 C)	R_r<0.4％且 35％<床层水分<75％(干燥无灰基)
低阶煤 B(褐煤 B)	R_r<0.4％且床层水分≤35％(干燥无灰基)
低阶煤 A(次烟煤)	0.4％<R_r<0.5％

表 6-10　中阶煤的次级分类

次　级　分　类	分类标准	次　级　分　类	分类标准
中阶煤 D(烟煤 D)	0.5％<R_r<0.6％	中阶煤 B(烟煤 B)	1.0％<R_r<1.4％
中阶煤 C(烟煤 C)	0.6％<R_r<1.0％	中阶煤 A(烟煤 A)	1.4％<R_r<2.0％

表 6-11　高阶煤的次级分类

次　级　分　类	分　类　标　准
高阶煤 C(无烟煤 C)	2.0％<R_r<3.0％
高阶煤 B(无烟煤 B)	3.0％<R_r<4.0％
高阶煤 A(无烟煤 A)	4.0％<R_r<6.0％(或 $R_{v,max}$<8.0％)

4. 岩相组成

煤的岩相组成或者煤素质组成主要通过镜质组含量进行表述，根据其可将煤分为 4 类，如表 6-12 所示。

表 6-12　根据岩相组成分类

镜质组含量(无灰基，体积分数)/％	镜质组类别	镜质组含量(无灰基，体积分数)/％	镜质组类别
<40	低镜质组	60<镜质组<80	中高镜质组
40<镜质组<60	中镜质组	>80	高镜质组

5. 灰分产率

煤中无机组成的含量通常由灰分产率来表述，根据其可以将煤分为五类，如表 6-13 所示。

表 6-13　根据灰分产率分类

A_d(质量分数)/％	灰分类别	A_d(质量分数)/％	灰分类别
<5	极低灰	20<A_d<30	中高灰
5<A_d<10	低灰	30<A_d<50	高灰
10<A_d<20	中灰		

6. 煤样的性质

煤分类在一定程度上可以用来对煤样进行表征。分类是针对特定煤样进行的，因此其并不能全面代表煤样矿层的性质。就像根据镜质组反射率分类所产生的后果一样，混合物的煤阶依赖于其中不同组分的反射率；岩相组成和灰分产率反映了采样、制备以及混合的综合结果。

7. 描述分类的术语

描述分类的术语通常会伴有一些意思相同或相近的术语，这些术语一般出现在用于分析和测试煤样的 ISO 标准中。

8. 分析误差

当用上述方法为一种煤分类的时候，需要确认三个参数所允许的分析误差值。尤其对于对镜质组含量的评价。这对一些处在参数边界线附件的煤的分类造成了不确定性。在分类中涉及参数的通用 ISO 偏差列在表 6-14 中。

表 6-14　容许误差

参　数	重复性	参　数	重复性
R_r/%	0.08	$A_d < 10\%$	0.30%
镜质组含量(无灰基,体积分数)/%	9	$A_d > 10\%$	平均 3%

三、分类举例

【例 1】　某煤样镜质组平均反射率 R_r 为 1.3%，无灰基镜质组体积含量为 33%，干燥基灰分产率为 8.0%，则这种煤为低镜质组、低灰、中阶煤 B。

【例 2】　某煤样镜质组平均反射率 R_r 为 1.5%，无灰基镜质组体积含量为 62%，干燥基灰分产率为 10.0%，则这种煤为中高镜质组、中灰、中阶煤 A。

【例 3】　某煤样镜质组平均反射率 R_r 为 2.7%，无灰基镜质组体积含量为 95%，干燥基灰分产率为 3.0%，则这种煤为高镜质组、极低灰、高阶煤 C。

【例 4】　某煤样镜质组平均反射率 R_r 为 0.7%，无灰基镜质组体积含量为 50%，干燥基灰分产率为 15.0%，则这种煤为中镜质组、中灰、中阶煤 C。

【例 5】　某煤样镜质组平均反射率 R_r 为 0.52%，无灰基镜质组体积含量为 65%，干燥基灰分产率为 8.0%，则这种煤为中高镜质组、低灰、低阶煤 C。

【例 6】　某煤样镜质组平均反射率 R_r 为 0.38%，无灰基镜质组体积含量为 35%，干燥基灰分产率为 2.6%，床层水分为 63%，则这种煤为中镜质组、极低灰、低阶煤 C。

【例 7】　某煤样镜质组平均反射率 R_r 为 0.38%，无灰基镜质组体积含量为 42%，干燥基灰分产率为 2.6%，床层水分为 28%，则这种煤为中镜质组、极低灰、低阶煤 B。

【例 8】　某煤样镜质组平均反射率 R_r 为 0.62%，无灰基镜质组体积含量为 28%，干燥基灰分产率为 9.0%，床层水分为 63%，则这种煤为低镜质组、低灰、中阶煤 C。

第四节　各种煤的特性及用途

煤的工业用途与煤的物理性质、化学性质、工艺性质等关系密切。

1. 褐煤（HM）

褐煤的特点是：水分大、孔隙大、密度小、挥发分高、不黏结，含有不同数量的腐殖酸。煤中氢含量高达 15%～30%，化学反应性强，热稳定性差。块煤加热时破碎严重，存放在空气中容易风化，碎裂成小块甚至粉末。发热量低，煤灰熔点大都较低，煤灰中常有较多的氧化钙。根据目视比色法透光率（P_M）分成年老褐煤（$P_M > 30\% \sim 50\%$）和年轻褐煤（$P_M \leqslant 30\%$）。褐煤大多用做发电厂锅炉的燃料，也可用作化工原料，有些褐煤可用来制造磺化煤或活性炭，有些褐煤可用做提取褐煤蜡的原料，腐殖酸含量高的年轻褐煤可用来提取腐殖酸，生产腐殖酸铵等有机肥料。中国内蒙古霍林河及云南小龙潭矿区是典型褐煤产地。

2. 长焰煤（CY）

是煤化程度最低的烟煤，有的还含有一定量的腐殖酸。煤的燃点低，储存时易风化碎裂。从无黏结性到弱黏结性的都有，有的长焰煤加热时能产生一定量的胶质体，结成细小的长条形焦炭，但焦炭强度低，易破碎，粉焦率高。长焰煤一般不用于炼焦，多用做电厂、机车燃料及工业窑炉燃料，也可用作气化用煤。辽宁省阜新、铁法及内蒙古准格尔矿区是长焰煤基地。

3. 不黏煤（BN）

是一种在成煤初期就遭受相当程度氧化作用的低煤化到中等煤化程度的非炼焦用烟煤。隔绝空气加热时不产生胶质体。煤中水分含量高，发热量较低，有的含一定量再生腐殖酸，煤中氧含量多在 $10\% \sim 15\%$。主要用作发电和气化用煤，也可做动力用煤及民用燃料。中国东胜、神府矿区和靖远、哈密矿区都产典型的不黏煤。

4. 弱黏煤（RN）

是一种黏结性较弱的从低煤化程度到中等煤化程度的非炼焦用烟煤。隔绝空气加热时产生的胶质体较少，炼焦时有的能结成强度差的小块焦，有的只有少部分能凝结成碎屑焦，粉焦率高。一般适宜做气化原料及动力燃料使用。山西大同是典型的弱黏煤矿区。

5. 1/2 中黏煤（1/2ZN）

是一种中等黏结性、中高挥发分的烟煤。一部分煤在单独煤焦时能结成一定强度的焦炭，可用于配煤炼焦；另一部分黏结性较弱，单独炼焦时焦炭强度差，粉焦率高。主要用于气化或动力用煤，炼焦时也可适量配入。目前中国未发现单独生产 1/2 中黏煤的矿井。

6. 气煤（QM）

是一种煤化程度较低的炼焦煤，结焦性较好，热解时能产生较多的煤气和焦油，胶质体的热稳定性较差，也能单独炼焦，焦炭呈细长条且易碎，有较多纵向裂纹，焦炭的抗碎强度和耐磨强度低于其他炼焦煤。在配煤炼焦时多配入气煤可增加煤气和化学产品的回收率，有些气煤也可用于高温干馏制造城市煤气。中国抚顺老虎台、山西平朔等矿产典型气煤。

7. 气肥煤（QF）

是一种挥发分产率和胶质层厚度都很高的强黏结性炼焦煤，结焦性优于气煤而劣于肥煤，单独炼焦时能产生大量的气体和液体化学产品。气肥煤最适宜高温干馏制煤气，用于配煤炼焦可增加化学产品的回收率。中国江西乐平和浙江长广为典型气肥煤矿区。

8. 1/3 焦煤（1/3JM）

是一种中等偏高挥发分的强黏结性炼焦煤，其性质介于气煤、肥煤与焦煤之间，属于过渡煤类。单独炼焦时能生成熔融性良好，强度较高的焦炭，焦炭的抗碎强度接近肥煤，耐磨强度明显高于气肥煤和气煤。它既能单独炼焦，同时也是良好的配煤炼焦的基础煤，炼焦时它的配入在较宽范围内波动都能获得高强度的焦炭。安徽淮南、四川永荣等矿区产 1/3 焦煤。

9. 肥煤（FM）

是中等挥发分及中高挥发分的强黏结性炼焦煤，热解时能产生大量胶质体。单独炼焦时能生成熔融性好、强度高的焦炭，耐磨强度优于相同挥发分的焦煤炼出的焦炭，但是单独炼焦时焦炭有较多的横裂纹，焦根部位常有蜂焦。是配煤炼焦的基础煤。中国河北开滦、山东枣庄是生产肥煤的主要矿区。

10. 焦煤（JM）

是一种结焦性较强的炼焦煤，加热时能产生热稳定性很高的胶质体。单独炼焦时能得到块度大，裂纹少，抗碎强度和耐磨强度都很高的焦炭，但是单独炼焦时膨胀压力大，有时推焦困难，一般用作配煤炼焦较好。峰峰五矿、淮北后石台及古交生产典型的焦煤。

11. 瘦煤（SM）

是低挥发分中等黏结性的炼焦煤，炼焦过程中能产生相当数量的胶质体。单独炼焦时能得到块度大、裂纹少、抗碎强度较好的焦炭，但耐磨强度较差，用于配煤炼焦使用较好。高硫、高灰的瘦煤一般只用做电厂及锅炉燃料。峰峰四矿产典型的瘦煤。

12. 贫瘦煤（PS）

是炼焦煤中变质程度最高的一种，其特点是挥发分较低，黏结性比典型瘦煤差。单独炼焦时，生成的粉焦多，配煤炼焦时配入较少比例就能起到瘦化作用，有利于提高焦炭的块度。这种煤也可用于发电、机车、民用及锅炉燃料。山西西山矿区产典型贫瘦煤。

13. 贫煤（PM）

是煤化程度最高的烟煤，不黏结或弱黏结。燃烧时火焰短，耐烧，燃点高。主要用作电厂燃料、民用和工业锅炉的燃料，低灰低硫的贫煤也可用作高炉喷吹的燃料。中国潞安矿区产典型贫煤。

14. 无烟煤（WY）

无烟煤的特点是挥发分产率低，固定碳含量高，纯煤真相对密度达到 $1.35\sim1.90$，无黏结性，燃点高，燃烧时不冒烟。无烟煤主要供民用和做合成氨造气的原料；低灰、低硫、可磨性好的无烟煤不仅是理想的高炉喷吹和烧结铁矿石的燃料，而且还可制造各种碳素材料（碳电极、炭块、阳极糊和活性炭等）；某些无烟煤制成的航空用型煤还可用作飞机发动机和车辆发动机的保温材料。北京、晋城和阳泉分别产 01 号（年老）、02 号（典型）和 03 号（年轻）无烟煤。用无烟煤配合炼焦时，需经过细粉碎。一般不提倡将无烟煤作为炼焦配料使用。

第五节 炼焦煤种和配煤原理

一、炼焦煤种

焦炭是钢铁、化工等工业的主要原料，随着国民经济的快速发展，对焦炭的需求与日俱增，传统的单一煤种炼焦受储量短缺等因素影响已被配煤炼焦新工艺所取代。配煤炼焦是把不同煤化程度的煤按比例配合起来，利用各种煤在性质上的互补原理，生产符合质量要求的焦炭。

炼焦煤的特征是具有不同程度的黏结性和结焦性，中国炼焦用煤包括：气煤、1/3 焦煤、气肥煤、肥煤、1/2 中黏煤、焦煤、瘦煤和贫瘦煤共八类。但是，随着配煤炼焦技术的发展，现在已能配入一定量的贫煤、弱黏煤、长焰煤、甚至无烟煤等煤种，进一步扩大了炼焦煤的范围。配煤炼焦是以各单种煤的特性以及它们在配合煤中的相容性为基础的，其中焦煤可以起到提高焦炭机械强度的作用；肥煤一般是配煤炼焦的骨架煤和基础煤，它可以多配用弱黏结性煤或不黏结煤；配入气肥煤可增加焦化厂的化学产品产率；1/3 焦煤是配煤炼焦的良好骨架煤，可多配入使用；气煤可以减缓炼焦过程中的膨胀压力和增加焦饼收缩，而且中国气煤资源丰富，配煤炼焦时应尽量多配入气煤；瘦煤可以增大焦炭块度，起一定的瘦化作用；配入一定比例贫瘦煤也能起到瘦化作用；贫煤可以少量配入，与肥煤配合炼焦，但必须细粉碎；1/2中黏煤可适量配入使用，但需控制用量；低灰、低硫的弱黏煤可适量配入，有时为了降低炼焦成本也可少量配入弱黏煤；当炼焦配煤料较"肥"时，可少量配入质量较好的长焰煤；褐煤可热解成半焦再配入，当作炼焦瘦化剂使用；无烟煤经过细粉碎可与较"肥"的煤配合进行炼焦。

可见配煤炼焦对合理利用煤炭资源，节约优质炼焦煤、扩大炼焦煤资源具有重要意义。

二、配煤原理

从单煤种炼焦到多种煤配合炼焦是焦化工业的一个重大变革，现代焦炉几乎都采用配煤炼焦。但是，由于煤的多样性与复杂性，至今尚未形成普遍适用且精确的配煤理论和实验方法。各国学者从不同的角度对煤进行研究，以不同的理论指导配煤炼焦，下面对几种配煤理论进行简要介绍。

1. 常规配煤方法

目前中国的常规配煤方法都属于经验方法。在设计配煤方案时，必须要保证配合煤的灰分、硫分、水分、挥发分、镜质组反射率、黏结指数、胶质层厚度、膨胀压力、煤的细度等指标符合对配煤的质量要求，同时还要结合中国以及所在地区煤炭资源的特点来考虑。上述配煤指标可以直接测得，也可以通过计算得出，计算的原理是建立在配合煤的灰分、硫分、胶质层厚度、挥发分等指标具有加和性的基础上，计算公式如下

$$X = \frac{\sum x_i w_i}{\sum w_i} \tag{6-2}$$

式中　X ——配合煤的某一项指标；

x_i ——各单种煤的同一指标；

w_i ——各单种煤的质量分数。

【例题 6-5】 某焦化厂准备用三种煤配合炼焦，三种煤的胶质层厚度分别为：$Y_1 = 12\text{mm}$、$Y_2 = 15\text{mm}$、$Y_3 = 30\text{mm}$，计划将三种煤按 20%、40%、40% 的比例配合，试求配合煤的胶质层厚度。

解　$$Y = \frac{12 \times 20\% + 15 \times 40\% + 30 \times 40\%}{20\% + 40\% + 40\%} = 20.4\text{mm}$$

答：三种煤配合后，胶质层厚度为 20.4mm。

当上述各指标（特别是 Y 值和 V_{daf}）符合要求后，则需进行一系列实验室规模小焦炉和 200kg 焦炉炼焦实验，最后还要进行工业实验。如果工业实验炼出的焦炭符合质量标准，才能说明这种配煤方案可行。

2. 黏结组分-纤维质组分配煤原理

这种配煤原理是日本人城博于 1947 年提出的，这种配煤原理将煤中的组分分为黏结组分和纤维质组分两部分。且认为要得到优质焦炭，在配合煤中既要有骨架，又要有黏结组分，黏结组分的数量反映煤的黏结能力，纤维质组分的强度决定了焦炭强度，这一原理的主要观点可归纳如下。

① 由于强黏结性煤中黏结组分适量，纤维质组分的强度高，所以强黏结性煤可炼得强度高的焦炭。

② 在黏结组分多的弱黏结煤中，由于纤维质组分的强度低，所以配用这种煤时，需要

添加焦粉之类的补强剂，才能炼出高强度的焦炭。

③ 对于一般的弱黏结煤来说，不仅黏结组分少，而且纤维质组分的强度也低，所以配用这种煤时，不仅要添加黏结剂来补充黏结组分的不足，还要添加补强剂来提高纤维质组分的强度，才能得到合格的焦炭。

④ 在非黏结性煤中，黏结组分的数量更少，纤维质组分的强度更低，配入这种煤时需添加更多的黏结剂和补强剂才能改善焦炭的质量。

⑤ 在无烟煤中，只有强度较高的纤维质组分，几乎没有黏结组分，所以配用无烟煤时，需添加黏结剂才能炼出足够强度的焦炭。

可见，配煤炼焦时，可以使用添加炼焦瘦化剂或黏结剂的方法来改变配合煤的质量（见图 6-1）。

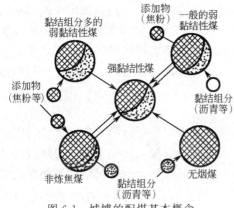

图 6-1　城博的配煤基本概念

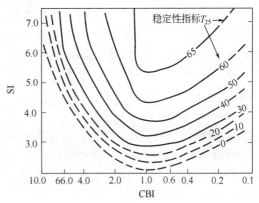

图 6-2　焦炭的稳定性指标 T_{25} 与煤料 CBI 及 SI 的关系图例

3. 煤岩配煤原理

最早把煤岩相分析结果应用于配煤炼焦的是苏联的阿莫索夫。用煤岩学观点指导配煤炼焦时，首先根据各单独煤岩组成及反射率图谱计算强度指数 SI（计算方法略），说明焦炭强度与煤化程度之间的关系。然后再将煤岩显微组分分成活性组分和惰性组分。其中活性组分包括：镜质组、壳质组和半丝质组的 1/3 部分；惰性组分包括：惰质组、矿物质和半镜质组的 2/3 部分。根据配煤时反射率和显微组分的可加和性，算出配合煤中活性组分的总和与惰性组分的总和，最后计算活性组分与惰性组分的比值，即组成平衡指数 CBI（计算方法略）。以强度指数 SI 和组成平衡指数 CBI 为纵横坐标，可以得出一组等强度曲线（见图 6-2）。

这样，只要知道单煤或配煤的 SI-CBI 值，就能通过上述等值线图预测出焦炭的强度；或者根据生产上所要求的焦炭强度值，由图得出相对应的 SI-CBI 值，由公式反推算出各种单煤的配比，达到指导配煤炼焦的目的。

第六节　煤质评价

煤质评价是指根据煤质化验结果，正确地评定煤炭质量及其工业利用价值。煤质评价的目的是为了了解煤的组成和煤的各种性质，为煤炭工业的整体布局、煤矿开采、煤炭加工和利用及煤炭贸易提供技术依据。

一、煤质评价的阶段与任务

因为煤质评价工作贯穿于煤田地质勘探、煤矿开采、煤炭加工、利用的整个过程，在不同时期，煤质评价工作的内容、任务也不同，所以根据煤田地质普查、勘探、开采及加工利用的全过程，将煤质评价分为三个阶段。

1. 煤质初步评价阶段

煤质初步评价阶段相当于煤田普查时期对煤质进行的研究和评价。这一阶段主要研究煤的成因类型、煤岩组成、煤的物理性质和化学性质。需要测定的指标有：煤的工业分析、元素分析、煤的发热量、煤灰成分、煤的灰熔融性、各种黏结性、结焦性指标、煤的抗碎强度、煤的密度、腐殖酸含量、透光率等。通过对这些指标的分析研究，了解可采煤层的煤质特征，初步确定煤的种类，对煤的加工利用方向提出初步评价。

2. 煤质详细评价阶段

煤质详细评价阶段相当于煤田地质详查和精查阶段对煤质的研究和评价。这一阶段煤质分析、化验项目更加全面，除了煤质初步评价阶段所测的各项指标外，还需测定煤的热稳定性、反应性、可磨性、可选性、低温干馏实验、200kg焦炉实验等工艺性质。这一阶段煤质评价的重点是查明勘探区内可采煤层的煤质特征及变化规律，确定煤的种类，研究煤的变质因素，并对煤的加工，利用方向做出评价。还要了解矸石及灰渣的质量，为煤的综合利用指明方向。

3. 煤质最终评价

煤质最终评价相当于煤矿开采时期和煤加工、利用时期对煤质进行的研究和评价。因为这一阶段煤的加工利用方向及加工利用工艺流程已经确定，所以煤质研究工作主要是进行定期或随机取样分析，并根据开采和加工利用的需要，对一些煤质指标进行测定，了解煤质的变化，检查煤的质量是否符合要求。比如，为了了解煤质是否发生变化，可采取生产煤样（一年一次）。为了了解某一煤层在某一区域（岩浆侵入体，河流冲蚀带）煤质的变化情况，可随机取样分析，并根据分析，化验结果，研究煤质变化的规律性。另外，为了确定售出的煤是否满足用户需求，也需取样分析，测定煤质指标是否达到用户要求。

二、煤质评价的内容

为了充分反映煤的性质和质量，需要测定各种煤质指标，这些指标从不同的方面反映了煤的性质，通过对这些指标的研究，可以对煤质做出各方面的评价，其评价内容主要包括：地质方面、工艺技术方面和经济方面。

1. 地质评价

地质评价一般是在煤质初步评价阶段和煤质详细评价阶段由地质工作者进行。地质工作者在煤田地质勘探的各个阶段都要根据勘探规程的要求采取煤芯煤样，并对煤芯煤样进行分析、化验，通过对煤质指标的分析，研究，阐明煤质变化的规律，揭示影响煤质变化的地质因素。比如：通过研究宏观煤岩组成，显微煤岩组成，可了解成煤的原始物质；通过统计镜质组、惰质组和壳质组在煤中的含量，可判断沼泽中水介质的性质及植物遗体的聚积环境；通过煤的工业分析、元素分析，可掌握煤化程度；通过测定腐殖酸含量、元素分析及测定原煤样燃点、氧化煤样燃点和还原煤样燃点可判断煤是否遭受风化、氧化，从而确定风氧化带的界限。

2. 工艺技术评价

工艺技术评价包括两方面内容：一方面是根据测得的煤的工艺性质指标，结合各种工业部门对煤质的要求，确定煤的加工利用方向；另一方面是在已知煤质特征和加工利用方式的条件下，研究如何通过工艺技术途径（配煤、洗选、成型、改变炉型、改变工艺操作方法等）来改善煤的性质，提高煤的使用价值。比如，根据各种煤的煤质特征，选择最佳的配煤比例，炼制优质焦炭；根据煤岩组成，煤质特征，选择洗选工艺和设备；为了使劣质煤得到有效利用，对传统锅炉进行改造，研制使用劣质煤的工业锅炉（沸腾炉）。

3. 经济与环保方面的评价

是指从经济观点，研究怎样才能最合理地利用煤炭资源，最大限度地提高产品的附加值，取得最好的经济效益。经济评价的内容包括以下几个方面。

① 煤炭开采方面的经济评价。如研究开采方法，开采机械、矿井运输等，以保证煤炭质量稳定，产销平衡和避免长距离运输对煤质造成影响。

② 研究煤炭加工利用方式是否最经济、最合理。

③ 研究煤的综合利用途径，如煤灰的利用，稀有元素（锗、镓、铀、钒等）的提取、回收，高硫煤中硫的回收。

④ 环境保护方面的研究，如怎样减少或避免煤炭开采造成的地面沉降，如何减小劣质煤燃烧对大气造成的污染。

三、煤质评价方法

煤质评价以各项煤质化验结果为依据，这些表征煤质特征的资料是利用化学方法、煤岩学方法、工艺方法、物理及物理化学方法取得的。所以，评价煤质的方法主要有以下几种。

1. 化学方法

是从化学角度出发研究煤的组成，化学性质和工艺性质。即利用工业分析和元素分析的方法对煤质进行评价。这种方法是最常用的煤质评价方法。需要指出的是，这种方法是以煤的平均煤样作为分析基础，没有考虑各种煤岩组分对煤质的影响。

2. 煤岩学方法

是通过对煤岩组成和性质的分析及显微煤岩定量统计，来评定煤的化学性质和工艺性质。这种评定方法不破坏煤的原始结构，可弥补化学评定方法的不足。

3. 工艺方法

是通过对煤进行工艺加工的研究来确定煤的利用方向。运用这种方法时，要求模拟工业加工利用的各种条件（煤的粒度、加热最终温度、加热速度等），使结果更具有实用价值。

4. 物理及物理化学方法

是通过对煤的密度、硬度、裂隙、可磨性、电性质、磁性质等物理性质及孔隙度、表面积、润湿性、吸附性等物理化学性质的测定来研究煤，从而对煤质进行评价的方法。

要对煤质做出正确评价，必须掌握大量煤质化验资料，其中煤的工业分析、元素分析、工艺性质、可选性及煤岩分析资料对煤质评价有着重要作用。另外，了解各种工业部门对煤质的具体要求，对于确定煤的加工、利用方向也是至关重要的。

四、煤质评价举例

对某一煤炭品种进行煤质评价时，首先应根据煤质化验结果中的 V_{daf}、$G_{R.I.}$、Y、b、$w_{daf}(H)$、P_M、$Q_{gr,maf}$ 及 $w_{daf}(C)$ 等指标，确定煤的种类（煤质牌号）。如果是无烟煤，则考虑其灰分、硫分的含量，当灰分、硫分不太高时，可用做气化原料或燃料，但需进一步研究其发热量、机械强度、热稳定性、反应性、结渣性、灰熔点、灰黏度、灰成分等指标是否符合工业部门对煤质的要求；如果是低灰优质无烟煤，可考虑用作活性炭、电极糊等碳素材料，但需根据它们对煤质的具体要求，再作相关分析；对于灰、硫较高的无烟煤的（原煤），还要测定其可选性，精煤回收率，脱硫率等指标，根据测定结果再决定其用途。

对于中等煤化程度的烟煤优先考虑用作炼焦煤，但需进一步研究单种煤的黏结性、结焦性、与其他煤的相容性、可选性、精煤回收率、精煤灰分、硫、磷含量等指标，是否符合炼焦煤的要求。如果是灰、硫含量高，可选性差的高煤化程度烟煤（瘦煤、贫煤）可考虑用作动力用煤，但需研究发热量、热稳定性、结渣性、灰熔点等指标是否达标。如果是低煤化程度烟煤则研究其焦油产率等相应指标，确定其是否适合低温干馏、液化或气化使用。

如果是褐煤则研究其焦油产率、腐殖酸含量、苯萃取物及稀有元素的种类与含量等指标。当苯萃取物含量高时，可用做提取褐煤蜡；当腐殖酸含量高时，可用于提取腐殖酸生产腐殖酸肥料；当稀有元素含量达到工业品位时，可考虑提取稀有元素。

【例题 6-6】 某矿煤样煤质分析结果如表 6-15 所示，试对该煤进行煤质评价。

表 6-15　某矿煤样煤质分析结果

$M_{ad}/\%$	$A_d/\%$	$V_{daf}/\%$	$w_d(S_t)/\%$	$w_{daf}(C)/\%$	$w_{daf}(H)/\%$	$w_{daf}(N)/\%$	ST/℃	$G_{R.I.}$	$Q_{net,ar}/(MJ/kg)$
5.5	26.5	15.0	0.4	87.5	4.87	1.38	1500	37	28

解　根据 $V_{daf}=15.0\%$，$G_{R.I.}=37$，查《中国煤的分类表》，确定煤种为瘦煤。根据 $G_{R.I.}=37$，判断该煤黏结性较差。根据 $w_d(S_t)=0.4\%$，确定为特低硫煤。根据 $A_d=26.5\%$，可知灰分超过炼焦煤的要求，如能通过洗选使灰分大幅降低，可考虑用作炼焦配煤或气化用煤。另外，该煤的发热量不太高，但软化温度高，可与挥发分较高、发热量较大的煤混合后作为机车的燃料。

【例题 6-7】 某煤层煤样化验结果见表 6-16。

表 6-16　某煤层煤样化验结果

$M_{ad}/\%$	$A_d/\%$	$V_{daf}/\%$	$w_d(S_t)/\%$	焦渣特征
1.2	24.32	26.40	0.42	7

经 1.4kg/L 重液分选后，精煤回收率为 42%，精煤化验结果如表 6-17 所示。

表 6-17　精煤化验结果

$M_{ad}/\%$	$A_d/\%$	$V_{daf}/\%$	$w_d(S_t)/\%$	$G_{R.I.}$
1.5	7.6	24.45	0.48	78

经 1.5kg/L 重液分选后，精煤回收率为 69.8%，干燥基灰分 $A_d=10.22\%$，试对该煤层进行煤质评价。

解　根据 $V_{daf}=26.4\%$（或 $V_{daf}=24.45\%$），$G_{R.I.}=78$，查《中国煤的分类表》，确定煤种为焦煤。

根据 $G_{R.I.}=78$、焦渣数征为 7，可知该煤黏结性、结焦性好。

根据原煤灰分 $A_d=24.32\%$，经 1.4kg/L 重液分选后精煤灰分 $A_d=7.6\%$，可知该煤的可选性好，但原煤灰分高不能炼焦，而精煤灰分低，符合炼焦煤要求，不足的是经 1.4kg/L 分选后的精煤回收率只有 42%（太低），后来经 1.5kg/L 重液分选后精煤回收率达 69.8%（较高），而灰分为 10.22% 仍符合炼焦煤要求。另外，该煤 $w_d(S_t)=0.42\%$（或 0.48%）为特低硫煤，符合炼焦使用。所以该煤经 1.5kg/L 重液洗选后可做优质炼焦煤使用，也可以和结焦性较差，但灰分低的煤配合炼焦（适合炼焦的煤，优先考虑炼焦使用）。

【例题 6-8】 某煤样化验结果如表 6-18，试对该煤样进行煤质评价。

表 6-18　某煤样化验结果

$P_M/\%$	$A_d/\%$	$V_{daf}/\%$	$w_d(S_t)/\%$	$w_{daf}(C)/\%$	$w_{daf}(H)/\%$	$w_{daf}(O)/\%$
52	35.5	55	0.25	66.72	6.31	24.58

解　因为 $V_{daf}=55\%$，查《中国煤的分类表》可能为褐煤、长焰煤、气煤、气肥煤，再根据 $w_{daf}(C)=66.72\%$，$w_{daf}(H)=6.31\%$，$w_{daf}(O)=24.58\%$，确定煤种可能是褐煤或风化煤（氧的含量很高），这时可用透光率（$P_M=52\%$）加以区别，一般风化煤的透光率很大（近 100%），而褐煤的透光率为 50% 左右，所以确定该煤种为褐煤。

为了确定褐煤的用途，需进一步测定其工艺性质（见表 6-19）。根据分析结果，该煤可用作制苯萃取物的原料及生产腐殖酸的原料。其焦油产率 $T_{ar,d}=8.5\%$，属中等含油煤，也可作煤油原料。另外，镓的含量高，可从煤灰中提取镓，但煤中锗含量低，不值得提取。

表 6-19　褐煤工艺性质指标

$T_{ar,d}/\%$	HA/%	苯萃取物/%	Ge/(μg/g)	Ga/(μg/g)
8.5	48	9.4	7.8	28.8

【例题 6-9】　某矿煤层的宏观特征以光亮型煤为主，也有半暗型煤，似金属光泽，条痕为灰黑色，密度大，硬度大，块状。

化验分析结果如下　原煤：$M_{ad}=2.86\%$，$A_d=18.14\%$，$V_{daf}=5.25\%$，$Q_{net,ar}=34MJ/kg$，$w_d(S_t)=0.58\%$，$TS_{+13}=87.2\%$，$TS_{-1}=0.2\%$，抗碎强度（>25mm）=85%，洗选后其精煤指标见表 6-20。试对该煤进行煤质评价。

表 6-20　精煤煤质指标

$w_{daf}(C)/\%$	$w_{daf}(H)/\%$	ST/℃	$A_d/\%$
94.17	1.05	1401	5.87

解　根据 $V_{daf}=5.25\%$，$w_{daf}(C)=94.17\%$，$w_{daf}(H)=1.05\%$，可确定该煤为无烟煤。该煤硫含量低 $[w_d(S_t)=0.58\%]$，原煤灰分高（$A_d=18.14\%$），但洗选后灰分降至 5.87%，成为低灰煤，说明煤的可选性好，且热稳定性好，灰熔融性高，抗碎强度大，为优质无烟煤，可优先考虑作为生产合成氨或氮肥的原料。另外该煤的发热性量大，灰熔融性高，还可作为机车用煤、电厂用煤及固定排渣锅炉的动力用煤。

复习思考题

1. 新的《中国煤炭分类》方案使用了哪些分类指标？将煤分为哪些大类？
2. 《中国煤炭分类》方案中，褐煤、烟煤、无烟煤的数码编号中个位数字和十位数字各代表什么意义？
3. 中国煤炭编码系统采用哪些参数？
4. 国际煤分类方案中使用了哪些指标？
5. 简述褐煤的煤质特征及利用途径。
6. 简述无烟煤的煤质特征及利用途径。
7. 什么是配煤炼焦？简述采用常规配煤方法炼焦的基本原理。
8. 什么是煤质评价？煤质评价分哪几个阶段？煤质评价的方法有哪些？
9. 根据煤质化验数据，判定下列煤的类别及代号。

①$V_{daf}=6.64\%$，$H_{daf}=2.80\%$；②$V_{daf}=14.52\%$，$G_{R·I}=12$；③$V_{daf}=25.85\%$，$G_{R·I}=87$，$y=28.3mm$，$b=145\%$；④$V_{daf}=41.36\%$，$G_{R·I}=4$，$P_M=42.3\%$，$Q_{gr,maf}=26.15MJ/kg$。

10. 某低煤阶煤的煤质化验数据为：$R_{ran}=0.34\%$，$Q_{gr,maf}=13.9MJ/kg$，$V_{daf}=54.01\%$，$M_t=51.02\%$，$T_{ar,daf}=10.90\%$，$A_d=28.66\%$，$S_{t,d}=3.64\%$，试对该煤进行编码。

第七章　煤炭的综合利用

思政目标：培养爱护资源、节约资源意识，对资源节约、集约利用，创造更多价值。

学习目标：1. 了解煤的综合利用途径。

2. 中国煤的液化和气化技术发展情况。

　　煤炭的综合利用是指充分合理地利用各种煤炭资源（包括石煤、煤矸石等劣质煤），使其发挥最大的经济效益和社会效益。

　　中国煤炭资源丰富，煤种繁多，如褐煤、烟煤、无烟煤、石煤等应有尽有，还有在煤开采过程中堆积如山的煤矸石。如何根据各种煤的特点加以充分利用，而又不污染环境，是研究煤综合利用的复杂课题。近年来中国在煤的综合利用方面做了大量工作，取得很大成绩。在今后相当长的时间内，煤的综合利用还有待向纵深发展。

　　通常煤作为一次能源直接燃烧利用。世界总发电量的 47% 来自燃煤的火力发电。中国的煤炭在一次能源消费中的比重始终维持在 70% 左右。它给人类带来温暖和光明。但燃煤对大气环境的污染是不容忽视的。

　　世界各国正致力于煤炭转化技术的开发利用，期望通过把煤炭转化为洁净的二次能源（流体燃料）减轻对大气环境的破坏；也需要以煤为原料为人们的生产和生活提供更多化工产品和制品。包括煤的焦化、加氢、液化、气化、氧化以及用煤制造电石以获取更多的乙炔，制造各种化工原料。煤经气化制合成气（CO 和 H_2），再由 CO（即 C_1 化学）可制造多种化学品。煤液化制取苯等芳香烃已日益引起人们的关注。

　　"十四五"时期煤炭综合利用面临新的形势和发展挑战，碳达峰和碳中和目标的确立、能源结构调整和煤炭供给侧改革进一步推进等，将对煤炭行业生态环境保护和资源综合利用发展产生深远的影响。在发展煤炭综合利用的同时，加强生态环境保护，认真落实相关环境保护政策，《煤矿生产能力管理办法》（2021 年 4 月 27 日，应急管理部、国家矿山安监局、国家发展改革委、国家能源局联合发文）；《煤炭工业"十四五"高质量发展指导意见》（2021 年 6 月，中国煤炭工业协会）；《关于加强煤炭矿区总体规划和煤矿建设项目环境影响评价工作的通知》（2006 年 11 月，国家环境保护总局办公厅）。推进煤炭资源利用与生态环境保护相协调发展。

第一节　煤的气化

　　煤的气化是指气化原料（煤或焦炭）与气化剂（空气、水蒸气、氧气等）接触，在一定温度和压力下，发生一系列复杂的热化学反应，使原料最大限度地转变为气态可燃物（煤气）的工艺过程。煤气的有效成分主要是 H_2、CO 和 CH_4 等，可作为化工原料、城市煤气和工业燃气。

一、煤炭气化的意义

煤气是洁净的燃料，也是化学合成工业的原料。煤转化为煤气后成为理想的二次能源，可用于发电、工业锅炉和窑炉的燃料、城市民用燃料等。与固体煤炭相比，煤气具有许多优点：首先，使用煤气热能利用率高，煤炭直接燃烧，热能利用率只有 15%～18%，若使用煤气，热效率可达 55%～60%，可以节约大量煤炭；其次，煤气作为燃料，没有排灰、排渣问题，且煤气中硫、氮可通过一定的加工方法脱除，所以燃烧用煤气可以减轻环境污染；煤气可用管道输送，这样可节约运力。另外，煤气着火容易，燃烧稳定，火力大小便于调节，而且居民使用起来方便。总之，从煤炭中制取干净、高效、方便的燃料，以减少对大气和环境的污染，大力提倡煤炭气化，具有重要意义。

二、煤的气化方法与煤气的种类

（一）煤的气化方法

煤的气化分类方法很多，这里主要介绍几种常用的分类方法。

① 按原料在气化炉中的运动状态可分为移动床（固定床）气化、流化床（沸腾床）气化、气流床（悬浮床）气化、熔融床气化等；

② 按气化过程的操作方式可分为连续式气化、间歇式气化、循环式气化等；

③ 按压力大小不同可分为常压气化、加压气化（中压 0.7～3.5MPa，高压＞7.0MPa）。

（二）煤气的种类

根据所使用的气化剂的不同，煤气的成分与发热量也各不相同，大致可分为空气煤气、混合煤气、水煤气、半水煤气等。

1. 空气煤气

空气煤气是以空气为气化剂与煤炭进行反应的产物，生成的煤气中可燃组分（CO、H_2）很少，而不可燃组分（N_2、CO_2）很多。因此，这种煤气的发热量很低，用途不广。随着气化技术的不断提高，目前已不采用生产空气煤气的气化工艺。

2. 混合煤气

为了提高煤气发热量，可以采用空气和水蒸气的混合物作为气化剂，所生成的煤气称为混合煤气。通常人们所说的发生炉煤气就是指这种煤气。混合煤气适用于做燃料气使用，广泛用于冶金、机械、玻璃、建筑等工业部门的熔炉和热炉。

3. 水煤气

水煤气是以水蒸气作为气化剂生产的煤气。由于水煤气组成中含有大量的氢和一氧化碳，所以发热量较高，可以作为燃料，更适于作为基本有机合成的原料。但水煤气的生产过程复杂，生产成本较高，一般很少用作燃料，主要用于化工原料。

4. 半水煤气

半水煤气是水煤气与空气煤气的混合气，是合成氨的原料气。

三、煤气化的主要化学反应

煤炭气化包含一系列物理和化学变化。一般包干燥、热解、气化和燃烧四个阶段。干燥阶段属于物理变化，随着温度的升高，煤中的水分受热蒸发。其他三个阶段属于化学变化，燃烧也可以认为是气化的一部分。煤在气化炉中干燥以后，随着温度的进一步升高，煤分子发生热分解反应，生成大量挥发性物质（包括干馏煤气、焦油和热解水等），同时煤黏结成半焦。煤热解后形成的半焦在更高的温度下与通入气化炉的气化剂发生化学反应，生成以一氧化碳、氢气、甲烷、二氧化碳、氮气、硫化氢、水等为主要成分的气态产物，即粗煤气。气化反应包括很多的化学反应，主要是碳、水、氧、氢、一氧化碳、二氧化碳相互间的反应，其中碳与氧的反应又称燃烧反应，提供气化过程的所需热量。

1. 燃烧反应

$$C + O_2 \longrightarrow CO_2 \qquad \Delta H = 395.4 kJ/mol$$

2. 发生炉煤气反应

$$C + CO_2 \longrightarrow 2CO \qquad \Delta H = -167.9 kJ/mol$$

3. 碳-水蒸气反应

$$C + H_2O \longrightarrow CO + H_2 \qquad \Delta H = -135.7 kJ/mol$$

4. 变换反应

$$CO + H_2O \longrightarrow CO_2 + H_2 \qquad \Delta H = 32.2 kJ/mol$$

5. 碳加氢反应（直接加氢气化-在加压和低于 1150℃ 温度下发生）

$$C + 2H_2 \longrightarrow CH_4 \qquad \Delta H = -39.4 kJ/mol$$

6. 热解或脱挥发分反应

煤进行气化时，通过热解将产生更多的甲烷，该热解过程因过程条件的不同可用下列两个反应式表示

$$C_m H_n \longrightarrow \frac{n}{4}CH_4 + \frac{4m-n}{4}C$$

或

$$C_m H_n + \frac{4m-n}{2}H_2 \longrightarrow mCH_4$$

根据以上反应产物，煤气化过程可用下式表示：

$$煤 \xrightarrow{\text{高温、加压、气化剂}} C + CH_4 + CO + CO_2 + H_2 + H_2O$$

在气化过程中，如果温度、压力不同，则煤气产物中碳的氧化物即一氧化碳与二氧化碳的比率也不相同。在气化时，氧与燃料中的碳在煤的表面形成中间碳氧配合物 $C_X O_Y$，然后在不同条件下发生热解，生成 CO 和 CO_2。即：

$$C_X O_Y \longrightarrow mCO_2 + nCO$$

因为煤中有杂质硫存在，气化过程中还可能同时发生以下反应：

$$S + O_2 \Longleftrightarrow SO_2$$

$$SO_2 + 3H_2 \Longleftrightarrow H_2S + 2H_2O$$

$$SO_2 + 2CO \Longleftrightarrow S + 2CO_2$$

$$2H_2S + SO_2 \Longleftrightarrow 3S + 2H_2O$$

$$C + 2S \Longleftrightarrow CS_2$$

$$CO + S \Longleftrightarrow COS$$

$$N_2 + 3H_2 \Longleftrightarrow 2NH_3$$

$$N_2 + H_2O + 2CO \Longleftrightarrow 2HCN + \frac{3}{2}O_2$$

$$N_2 + xO_2 \Longleftrightarrow 2NO_x$$

以上反应生成物中有许多硫及硫的化合物，它们的存在能造成对设备的腐蚀和对环境的污染。

四、煤气化工艺

气化工艺的发展是随着反应器的发展而发展的，为了提高煤气化的气化率和气化炉的气化强度，改善环境，新一代煤气化技术开发的总方向是：气化压力由常压向中高压（8.5MPa）发展；气化温度向高温（1500～1600℃）发展；气化原料向多样化发展；固态排

渣向液态排渣发展。

1. 移动床（固定床）气化

移动床气化也称固定床气化。移动床气化一般以块煤或焦炭为原料。煤或焦炭由气化炉顶部加入，气化剂由炉底通入。流动气体的上升力不致使固体颗粒的相对位置发生变化，即固体颗粒处于相对固定状态，床层高度基本保持不变，因而称为固定床气化。从宏观角度看，由于煤从炉顶加入，含有残炭的炉渣自炉底排出，气化过程中，煤粒在气化炉内逐渐并缓慢往下移动，因而又称为移动床气化。

固定床气化的特性是操作简单、可靠。同时由于气化剂与煤逆流接触，气化过程进行得比较完全，且使热量得到合理利用，因而具有较高的热效率。

固定床气化炉常见有间歇式气化和连续式气化两种。

（1）固定床间歇式气化炉　以块状无烟煤或焦炭为原料，以空气和水蒸气为气化剂，在常压下生产合成原料气或燃料气。该技术是 20 世纪 30 年代开发成功的，投资少，容易操作，目前已属落后的技术，其气化率低、原料单一、能耗高，间歇制气过程中，大量吹风气排空，每吨合成氨吹风气放空多达 5000m³，放空气体中含 CO、CO_2、H_2、H_2S、SO_2、NO_x 及粉灰；煤气冷却洗涤塔排出的污水含有焦油、酚类及氰化物，造成环境污染。我国中小化肥厂多数厂仍采用该技术生产合成原料气。随着能源政策和对环境的要求越来越高，不久的将来，会逐步为新的煤气化技术所取代。

（2）鲁奇气化炉　20 世纪 30 年代德国鲁奇（Lurgi）公司成功开发了固定床连续块煤气化技术，由于其原料适应性较好，单炉生产能力较大，在国内外得到广泛应用。气化炉压力 2.5~4.0MPa，气化反应温度 800~900℃，固态排渣，气化炉已定型 MK-1~MK-5，其中 MK-5 型炉，内径 4.8m，投煤量 75~84t/h，煤气产量（10~14）×10⁴m³/h。煤气中除含 CO 和 H_2 外，含 CH_4 高达 10%~12%，可作为城市煤气、人工天然气、合成气使用。缺点是气化炉结构复杂、炉内设有破黏装置、煤分布器和炉箅转动设备，制造和维修费用大；入炉煤必须是块煤；原料来源受一定限制；出炉煤气中含焦油、酚等，污水处理和煤气净化工艺复杂、流程长、设备多、炉渣含碳 5% 左右。针对上述问题，1984 年鲁奇公司和英国煤气公司联合开发了液体排渣气化炉（BGL），特点是气化温度高，灰渣成熔融态排出，碳转化率高，合成气质量较好，煤气化产生的废水量小并且处理难度小，是一种有发展前途的气化炉。

2. 流化床（沸腾床）气化

流化床气化又称为沸腾床气化。其以小颗粒煤为气化原料，这些细颗粒在自下而上的气化剂的作用下，保持着连续不断和无秩序的沸腾和悬浮状态运动，迅速地进行着混合和热交换，其结果导致整个床层温度和组成的均一。流化床气化能得以迅速发展的主要原因在于：生产强度较固定床大；直接使用小颗粒碎煤为原料，适应采煤技术发展，避开了块煤供求矛盾；对煤种煤质的适应性强，可利用如褐煤等高灰劣质煤作原料。

流化床气化炉常见有循环流化床（CFB）、灰熔聚流化床（U-Gas）、温克勒流化床（Winkler）、加压流化床等。

（1）循环流化床气化炉（CFB）　鲁奇公司开发的循环流化床气化炉（CFB）可气化各种煤，也可以用碎木、树皮、城市可燃垃圾作为气化原料，水蒸气和氧气作气化剂，气化比较完全，气化强度大，是移动床的 2 倍，碳转化率高（97%），炉底排灰中含炭 2%~3%，气化原料循环过程中返回气化炉内的循环物料是新加入原料的 40 倍，炉内气流速度为 5~7m/s，有很高的传热传质速度。气化压力 0.15MPa。气化温度视原料情况进行控制，一般控制循环旋风除尘器的温度为 800～1050℃。鲁奇公司的 CFB 气化技术，在全世界已有 60 多个工厂采用，正在设计和建设的还有 30 多个工厂，在世界市场处于领先地位。

CFB 气化炉基本是常压操作，若以煤为原料生产合成气，每千克煤消耗气化剂为水蒸气 1.2kg，氧气 0.4kg，可生产煤气 1.9～2.0m³。煤气成分 $CO+H_2$ 含量＞75％，CH_4 含量 2.5％左右，CO_2 15％，低于德士古炉和鲁奇 MK 型炉煤气中 CO_2 含量，有利于合成氨的生产。

(2) 灰熔聚流化床粉煤气化技术（U-Gas）　灰熔聚流化床粉煤气化技术以小于 6mm 粒径的干粉煤为原料，用空气或富氧、水蒸气作气化剂，粉煤和气化剂从气化炉底部连续加入，在炉内 1050～1100℃的高温下进行快速气化反应，被粗煤气夹带的未完全反应的残炭和飞灰，经两级旋风分离器回收，再返回炉内进行气化，从而提高了碳转化率，使灰中含炭量降低到 10％以下，排灰系统简单。粗煤气中几乎不含焦油、酚等有害物质，煤气容易净化。中国已自行成功地开发了这种先进的煤气化技术。该技术可用于生产燃料气、合成气和联合循环发电，特别适用于中小型氮肥厂替代间歇式固定床气化炉，以烟煤替代无烟煤生产合成氨原料气，可以使合成氨成本降低 15％～20％，具有广阔的发展前景。

3. 气流床气化

气流床气化是一种并流式气化。从原料形态分为水煤浆、干煤粉两类；从专利上分，德士古（Texaco）、Shell 最具代表性。前者是先将煤粉制成煤浆，用泵送入气化炉，气化温度 1350～1500℃；后者是气化剂将煤粉夹带入气化炉，在 1500～1900℃高温下气化，残渣以熔渣形式排出。在气化炉内，煤炭细粉粒经特殊喷嘴进入反应室，会在瞬间着火，直接发生火焰反应，同时处于不充分的氧化条件下，因此，其热解、燃烧以吸热的气化反应，几乎是同时发生的。随气流的运动，未反应的气化剂、热解挥发物及燃烧产物裹挟着煤焦粒子高速运动，运动过程中进行着煤焦颗粒的气化反应。这种运动状态，相当于流化技术领域里对固体颗粒的"气流输送"，习惯上称为气流床气化。

气流床对煤种（烟煤、褐煤）、粒度、含硫、含灰都具有较大的兼容性，国际上已有多家单系列、大容量、加压厂在运行，其清洁、高效代表着当今技术发展潮流。

干粉进料的主要有 K-T(Koppres-Totzek) 炉、Shell-Koppres 炉、Prenflo 炉、Shell 炉、GSP 炉、ABB-CE 炉，湿法煤浆进料的主要有德士古（Texaco）气化炉、Destec 炉。

(1) 德士古（Texaco）气化炉　美国 Texaco（2002 年初成为 Chevron 公司一部分，2004 年 5 月被 GE 公司收购）开发的水煤浆气化工艺是将煤加水磨成浓度为 60％～65％的水煤浆，用纯氧作气化剂，在高温高压下进行气化反应，气化压力为 3.0～8.5MPa，气化温度 1400℃，液态排渣，煤气成分 $CO+H_2$ 为 80％左右，不含焦油、酚等有机物质，对环境无污染，碳转化率 96％～99％，气化强度大，炉子结构简单，能耗低，运转率高，而且煤适应范围较宽。目前 Texaco 最大商业装置是 Tampa 电站，属于 DOE 的 CCT-3。该装置为单炉，日处理煤 2000～2400t，气化压力为 2.8MPa，氧纯度为 95％，煤浆浓度为 68％，冷煤气效率为 76％，输电净功率 250MW。

Texaco 气化炉由喷嘴、气化室、激冷室（或废热锅炉）组成。其中喷嘴为三通道，氧气走一、三通道，水煤浆走二通道，介于两股氧射流之间。水煤浆气化喷嘴经常面临喷口磨损问题，主要是由于水煤浆在较高线速下（约 30m/s）对金属材质的冲刷腐蚀。喷嘴、气化炉、激冷环等为 Texaco 水煤浆气化的技术关键。

20 世纪 80 年代末至今，中国共引进多套 Texaco 水煤浆气化装置，用于生产合成气，我国在水煤浆气化领域中积累了丰富的设计、安装、开车以及新技术研究开发的经验与知识。

从已投产的水煤浆加压气化装置的运行情况看，主要优点：水煤浆制备输送、计量控制简单、安全、可靠；设备国产化率高，投资省。由于工程设计和操作经验的不完善，还没有达到长周期、高负荷、稳定运行的最佳状态，存在的问题还较多。主要缺点：喷嘴寿命短、激冷环寿命仅一年。

（2）Destec 气化炉　Destec 气化炉已建设 2 套商业装置，都在美国：LGT1（气化炉容量 2200t/d，2.8MPa，1987 年投运）与 Wabsh Rive（二台炉，一开一备，单炉容量 2500 t/d，2.8MPa，1995 年投运）炉型类似于 K-T，分第一段（水平段）与第二段（垂直段），在第一段中，2 个喷嘴成 180°对置，借助撞击流以强化混合，最高反应温度约 1400℃。为提高冷煤气效率，在第二阶段中，采用总煤浆量的 10％～20％进行冷激（该点与 Shell、Prenflo 的循环煤气冷激不同），此处的反应温度约 1040℃，出口煤气进锅炉回收热量。熔渣自气化炉第一段中部流下，经水冷激固化，形成渣水浆排出。E-Gas 气化炉采用压力螺旋式连续排渣系统。

Destec 气化技术缺点为：二次水煤浆停留时间短，碳转化率较低；设有一个庞大的分离器，以分离一次煤气中携带灰渣与二次煤浆的灰渣与残炭。这种炉型适合于生产燃料气而不适合于生产合成气。

（3）Shell 气化炉　最早实现工业化的干粉加料气化炉是 K-T 炉，其他都是在其基础之上发展起来的。20 世纪 50 年代初 Shell 开发渣油气化成功，在此基础上，经历了 3 个阶段：1976 年试验煤炭 30 余种；1978 年与德国 Krupp-Koppers（krupp-Uhde 公司的前身）合作，在 Harburg 建设日处理 150t 煤装置；两家分手后，1978 年在美国 Houston 的 Deer Park 建设日处理 250t 高硫烟煤或日处理 400t 高灰分、高水分褐煤。共费时 16 年，至 1988 年 Shell 煤技术运用于荷兰 Buggenum 电站。该装置已处于商业运行阶段。单炉日处理煤 2000t。

Shell 气化炉壳体直径约 4.5m，4 个喷嘴位于炉子下部同一水平面上，沿圆周均匀布置，借助撞击流以强化热质传递过程，使炉内横截面气速相对趋于均匀。炉衬为水冷壁。炉壳于水冷管排之间有约 0.5m 间隙，做安装、检修用。

煤气携带煤灰总量的 20％～30％沿气化炉轴线向上运动，在接近炉顶处通入循环煤气激冷，激冷煤气量占生成煤气量的 60％～70％，降温至 900℃，熔渣凝固，出气化炉，沿斜管道向上进入管式余热锅炉。煤灰总量的 70％～80％以熔态流入气化炉底部，激冷凝固，自炉底排出。

Shell 煤气化技术有如下优点：采用干煤粉进料，氧耗比水煤浆低 15％；碳转化率高，可达 99％，煤耗比水煤浆低 8％；调节负荷方便，关闭一对喷嘴，负荷则降低 50％；炉衬为水冷壁，据称其寿命为 20 年，喷嘴寿命为 1 年。主要缺点：设备投资大于水煤浆气化技术；气化炉及废热锅炉结构过于复杂，加工难度加大。

（4）GSP 气化炉　GSP(GAS Schwarze Pumpe) 称为"黑水泵气化技术"，由前东德的德意志燃料研究所（简称 DBI）于 1956 年开发成功。目前该技术属于成立于 2002 年未来能源公司（FUTURE ENERGY GmbH）（Sustec Holding AG 子公司）。GSP 气化炉是一种下喷式加压气流床液态排渣气化炉，其煤炭加入方式类似于 shell，炉子结构类似于德士古气化炉。1983 年 12 月在黑水泵联合企业建成第一套工业装置，单台气化炉投煤量为 720t/d，1985 年投入运行。GSP 气化炉目前应用很少，仅有 5 个厂应用，我国还未有一台正式使用，宁煤集团将要引进此技术用于煤气化项目。

总之，从加压、大容量、煤种兼容性大等方面看，气流床煤气化技术代表着气化技术的发展方向，水煤浆和干煤粉进料状态各有利弊，界限并不十分明确。

五、我国煤气化技术进展

煤气化技术在中国已有近百年的历史，但仍然较落后和发展缓慢，就总体而言，中国煤气化以传统技术为主，工艺落后，环保设施不健全，煤炭利用效率低，污染严重。目前在国内较为成熟的仍然只是常压固定床气化技术。它广泛用于冶金、化工、建材、机械等工业行业和民用燃气，以 UGI、水煤气两段炉、发生炉两段炉等固定床气化技术为主。常压固定床气化技术的优点是操作简单，投资小；但技术落后，能力和效率低，污染重，急需技术改造。如不改变现状，将影响经济、能源和环境的协调发展。

近 40 年来，我国在研究与开发、消化引进技术方面进行了大量工作。先后从国外引进的煤气化技术多种多样。通过对煤气化引进技术的消化吸收，尤其是通过国家重点科技攻关，对引进装置进行技术改造并使之国产化，使我国煤气化技术的研究开发取得了重要进展。20 世纪 50 年代末到 80 年代进行了仿 K-T 气化技术研究与开发；80 年代中科院山西煤化所开发了灰熔聚流化床煤气化工艺并取得了专利；"九五"期间华东理工大学、兖矿鲁南化肥厂、中国天辰化学工程公司承担了国家重点科技攻关项目"新型（多喷嘴对置）水煤浆气化炉开发"（22t 煤/天装置），中试装置的结果表明：有效气成分约 83％，比相同条件下的 Texaco 生产装置高 1.5％～2％；碳转化率＞98％，比 Texaco 高 2％～3％；煤耗、氧耗均比 Texaco 降低 7％。"十五"期间多喷嘴对置式水煤浆气化技术已进入商业示范阶段。"新型水煤浆气化技术"获"十五"国家高技术研究发展计划（863 计划）立项，由兖矿集团有限公司、华东理工大学承担，在兖矿鲁南化肥厂建设多喷嘴对置式水煤浆气化炉及配套工程，利用两台日处理 1150t 煤多喷嘴对置式水煤浆气化炉（4.0MPa）配套生产 24 万吨甲醇、联产 71.8MW 发电，总投资为 16 亿元。该装置于 2005 年 7 月 21 日一次投料成功，并完成 80h 连续、稳定运行。该装置初步运行结果表明：有效气 $CO+H_2$ 超过 82％，碳转化率高于 98％。它标志着我国拥有了具备自主知识产权的、与国家能源结构相适应的煤气化技术具有重大的突破。

第二节　煤的液化

一、煤炭液化的意义

煤的液化是指经过一定的加工工艺，将固体煤炭转变成液体燃料或原料的过程。煤的液化有以下几点意义。

① 煤的液化用于生产石油的代用品，可以缓解石油资源紧张的局面。从全世界能源消耗组成看，可燃矿物（煤、石油、天然气）占 92％左右，其中石油 44％，煤 30％，天然气 18％。每个国家由于工业发达程度的不同，各种能源所占的比重也有所不同。目前全世界已探明的石油可采储量远不如煤炭，不能满足能源、石油化工生产的需求量。因此，应将储量丰富的煤炭液化成石油代用品。

② 通过液化，将难处理的固体燃料转变成便于运输、储存的液体燃料，减少了煤中含硫、氮化物和粉尘、煤灰渣对环境的污染。因此，目前许多国家为寻找石油代用品和保护环境而提供洁净燃料，都在积极开发研究煤炭液化技术。

③ 煤的液化还可用于制取碳素材料、电极材料、碳素纤维、针状焦，还可制取有机化工产品等，以煤化工代替部分石油化工，扩大煤的综合利用范围。

二、煤炭液化的方法及对煤质的要求

1. 煤炭液化的方法

① 煤的直接加氢液化法，如高压加氢法、溶剂精炼煤法、水煤浆生产法等；

② 煤的间接液化法，即水煤气合成法；

③ 煤的部分液化法，即低温干馏法。

2. 煤直接加氢液化法及对煤质的要求

煤直接加氢液化是在高温、高压、氢气（或 $CO+H_2$，$CO+H_2O$ 等）、催化剂和溶剂的作用下进行裂解、加氢等反应，将煤直接转化成相对分子质量较小的燃料油和化工原料的加工过程。

煤加氢液化一般在 $180\sim450℃$ 加压下分段进行。先是少数最活泼的键发生较快的热断裂，产生较大的有机碎片。然后是比较牢固的键断裂，产生较小的碎片。随着煤大分子的分解，包藏在煤间隙结构中或与煤大分子不是以共价键结合的烃类被释放出来，形成最初的油状产物（占转化产物的 $10\%\sim25\%$）。共价键的热断裂产生数量不等的自由基，它们可通过加氢而稳定化。氢的来源可以是氢气或能提供氢原子的溶剂（称为供氢溶剂）。这是一个十分缓慢的反应过程，反应的结果是使产物由沥青类转化为油类，为提高油类的产率，需要更苛刻的条件（较高的温度和压强，较长的停留时间），其间可能发生的反应包括加氢、脱水、杂环开环失杂原子和桥键的断裂。因此，是一个难以进行且费用较高的过程。

表 7-1 是一些燃料的 H/C 的比值。煤化程度低的煤，H/C 原子比高，加氢容易，但生成的气体和水也多；煤化程度高的煤，H/C 原子比低，加氢困难。从制取液体燃料的角度出发，适宜加氢液化原料煤是高挥发分烟煤和褐煤。根据研究认为，煤的加氢液化宜采用 $w_{daf}(C)=68\%\sim85\%$、$w_{daf}(H)\geqslant4.5\%$、$A_d<6\%$ 的煤。C/H 的质量比不大于 16。

表 7-1　一些燃料的 H/C 比值

燃　料	H/C 原子比	燃　料	H/C 原子比
甲烷	4.0	石油原油	1.8
天然气	3.5	褐煤	0.7
丁烷	2.5	中挥发分烟煤	0.7
汽油	1.9	无烟煤	0.3

3. 煤的间接液化及对煤质的要求

煤的间接液化法是将煤气化得到原料气（即水煤气 $CO+H_2$），并在一定条件下（温度、压力）经催化合成得到合成石油及其他化学产品的加工过程，又称一氧化碳加氢法。该法是由德国人创造的，又称 F-T 法（即弗-托法）。

煤的间接液化法的中间产物是水煤气，水煤气中 CO 和 H_2 含量的高低直接影响合成反应的进行。一般（$CO+H_2$）的含量越高，合成反应速率越快，合成油产率越高。所以，为了得到合格的原料气，一般采用弱黏结或不黏结性煤进行气化。对煤质的具体要求同移动床加压气化法。

4. 煤的部分液化及对煤质的要求

煤的部分液化法即煤的低温干馏法。

低温干馏是指煤在较低温度下（$500\sim600℃$）隔绝空气加热，使煤的部分大分子裂解为石油产品（轻油、焦油等）、半焦、化工产品、干馏煤气等的过程。

由于煤在热解中产生的自由基碎片只能靠自身的氢再分配，使少量的自由基碎片发生缩聚反应生成固体焦，所以低温干馏的大量产物是半焦，少量的产物才是油和气。半焦中仍含

有适量的挥发分，硫含量也比原煤低，而且活性高，煤燃烧性能好，可做炼焦煤用，以扩大炼焦煤资源。干馏煤气可做燃料气或制氢的原料气。低温煤焦油经过加氢处理可制取液体燃料和化工原料。

煤的干馏若以制取液体油为目的，多采用低温干馏。为获取较大的油收率，低温干馏的原料煤应是不黏结煤或弱黏结煤、含油率高的褐煤和高挥发分烟煤。具体指标如下：$T_{ar,ad} > 7\%$，$A_d < 10\%$，$w_d(S_t) < 3\%$，抗碎强度高，热稳定性好，弱黏或不黏结。

三、煤液化的基本原理

在直接液化工艺中，煤炭大分子结构的分解是通过加热来实现的，煤结构单元之间的桥键在加热到 $250℃$ 以上时就有一些弱键开始断裂，随着温度的进一步升高，键能较高的桥键也会断裂。桥键的断裂产生了以结构单元为基础的自由基，自由基的特点是本身不带电荷却在某个碳原子上（桥键断裂处）拥有未配对电子。自由基非常不稳定，在高压氢气环境和有溶剂分子分隔的条件下，它被加氢而生成稳定的低分子产物（液体的油和水及少量的气体），加氢所需活性氢的来源有溶剂分子中键能较弱的碳-氢键、氢-氧键断裂分解产生的氢原子，或者被催化剂活化后的氢分子。在没有高压氢气环境和没有溶剂分子分隔的条件下，自由基又会相互结合而生成较大的分子。在实际煤炭直接液化的工艺中，煤炭分子结构单元之间的桥键断裂和自由基稳定的步骤是在高温（$450℃$左右）、高压（$17\sim30MPa$）氢气环境下的反应器内实现的。

煤炭经过加氢液化后剩余的无机矿物质和少量未反应煤还是固体状态，可应用各种不同的固液分离方法把固体从液化油中分离出去，常用的有减压蒸馏、加压过滤、离心沉降、溶剂萃取等固液分离方法。

煤炭经过加氢液化产生的液化油含较多的芳香烃，并含有较多的氧、氮、硫等的杂原子，必须再经过一次提质加工才能得到合格的汽油、柴油产品。液化油提质加工的过程还需进一步加氢，通过加氢脱除杂原子，进一步提高 H/C 原子比，把芳香烃转化成环烷烃甚至链烷烃。

总之，煤直接液化过程是将煤预先粉碎到 $0.15mm$ 以下的粒度，再与溶剂（煤液化自身产生的重质油）配成煤浆，并在一定温度（约 $450℃$）和高压下加氢，使大分子变成小分子的过程。

四、加氢催化剂

催化剂是煤直接液化过程的核心技术，在煤液化过程中起着非常重要的作用。优良的催化剂可以降低煤液化温度；减少副反应并降低能耗，提高氢转移效率，增加液体产物的收率。

下面介绍三类目前常用的催化剂。

1. 铁系催化剂

有含氧化铁的矿物、铁盐和煤中的硫铁矿等。德国采用的是炼铝废渣，其中拜耳赤泥的组成是：Fe_2O_3 含量 34%、Al_2O_3 含量 32.2%、SiO_2 含量 12.8%、TiO_2 含量 8.7% 和 CaO 含量 3.2% 等；卢特赤泥的组成是：Fe_2O_3 含量 60%、Al_2O_3 含量 6%、Na_2O 含量 2% 和 TiO_2 含量 32% 等。上述催化剂一般要在有硫存在的条件下才有较高的活性。所以，煤中含有的硫铁矿是一种理想的催化剂。铁盐有 $FeSO_4$。铁系催化剂一般用于煤的糊相加氢，反应后不回收，称为一次性催化剂。

2. 石油工业中常用的工业加氢催化剂

用于氢煤法、供氢溶剂法（循环油预加氢）和初级加氢产物的加氢裂解和提质。这类催化剂都是担载型的，载体大多是 Al_2O_3，主要成分有 NiO、MoO_3、CoO 和 WO_3 等。这类催化剂在使用前要预先硫化，将上述氧化物转化为对应的硫化物，在反应中还要保证气相中有足够的 H_2S 存在。它们的活性明显高于铁系催化剂，但价格较贵，需要反复使用，故一般不适合于糊相加氢。

3. 金属卤化物

试验中用的最多的是 $ZnCl_2$，其他还有 $SnCl_2$、$CoCl_2$ 和 $FeCl_2$ 等。它们都是低熔点化合物，可以不用溶剂油制煤浆，而以熔融的催化剂为介质。它们活性很高，能明显降低加氢反应温度和缩短反应时间。但最大缺点是对不锈钢腐蚀严重，暂时还没有相应的合适材料。

五、煤液化工艺

煤直接液化技术研究始于 20 世纪初的德国，1927 年在 Leuna 建成世界上第一个 10 万吨/年直接液化厂。1936～1943 年间，德国先后建成 11 套直接液化装置，1944 年总生产能力达到 400 万吨/年，为德国在第二次世界大战中提供了近 2/3 的航空燃料和 50％的汽车及装甲车用油。第二次世界大战结束，美国、日本、法国、意大利及苏联等国相继开展了煤直接液化技术研究。20 世纪 50 年代后期，中东地区廉价石油的大量开发，使煤直接液化技术的发展处于停滞状态。1973 年，爆发石油危机，煤炭液化技术重新活跃起来。德国、美国及日本在原有技术基础上开发出一些煤直接液化新工艺，其中研究工作重点是降低反应条件的苛刻度，从而达到降低液化油生产成本的目的。目前不少国家已经完成了中间放大试验，为建立商业化示范厂奠定了基础。

液体燃料的广泛用途吸引了各国对煤制油（CTO）的研究。美国、日本、英国和德国等主要国家历史上都曾进行过大型煤炭液化的研发项目，出现了多种煤炭液化的工艺技术，但目前南非仍是唯一商业化运转煤炭液化的国家。2004 年以来国际油价的迅速上涨又吸引了包括中国在内的很多国家对煤化油工业化的兴趣。

世界上有代表性的煤直接液化工艺是德国的新液化（IGOR）工艺，美国的 HTI 工艺和日本的 NEDOL 工艺。这些新液化工艺的共同特点是煤炭液化的反应条件比老液化工艺大为缓和，生产成本有所降低，中间放大试验已经完成。目前还未出现工业化生产厂，主要原因是生产成本仍竞争不过廉价石油。今后的发展趋势是通过开发活性更高的催化剂和对煤进行预处理以降低煤的灰分和惰性组分，进一步降低生产成本。

1. 德国 IGOR 工艺

1981 年，德国鲁尔煤矿公司和费巴石油公司对最早开发的煤加氢裂解为液体燃料的柏吉斯法进行了改进，建成日处理煤 200t 的半工业试验装置，操作压力由原来的 70MPa 降至 30MPa，反应温度 450～480℃；固液分离改过滤、离心为真空闪蒸方法，将难以加氢的沥青烯留在残渣中气化制氢，轻油和中油产率可达 50％。

工艺特点：把循环溶剂加氢和液化油提质加工与煤的直接液化串联在一套高压系统中，避免了分立流程物料降温降压又升温升压带来的能量损失，并在固定床催化剂上使二氧化碳和一氧化碳甲烷化，使碳的损失量降到最小。投资可节约 20％左右，并提高了能量效率。

2. 美国 HTI 工艺

该工艺是在两段催化液化法和 H-COAL 工艺基础上发展起来的，采用近十年来开发的悬浮床反应器和 HTI 拥有专利的铁系催化剂。

工艺特点：反应条件比较缓和，反应温度 420～450℃，反应压力 17MPa；采用特殊的液体循环沸腾床反应器，达到全返混反应器模式；催化剂是采用 HTI 专利技术制备的铁系胶状高活性催化剂，用量少；在高温分离器后面串联有在线加氢固定床反应器，对液化油进行加氢精制；固液分离采用临界溶剂萃取的方法，从液化残渣中最大限度回收重质油，从而大幅度提高了液化油回收率。

3. 日本的 NEDOL 工艺

1978～1983 年，在日本政府的倡导下，日本钢管公司、住友金属工业公司和三菱重工业公司分别开发了三种直接液化工艺。所有的项目是由新能源产业技术机构（NEDO）负责实施的。1983 年，所有的液化工艺以日产 0.1～2.4t 不同的规模进行了试验。1988 年，中试规模液化厂的生产能力被重新设计为 150t/d。新厂于 1991 年 10 月在鹿岛开工，于 1996 年初完工。

该工艺特点是：反应温度 455～465℃，反应压力 17～19MPa，空速 0.36t/(m^3 · h)；催化剂使用合成硫化铁或天然黄铁矿；固液分离采用减压蒸馏法；配制煤浆用的循环溶剂单独加氢，提高了溶剂的供氢能力；液化油未进行提质加工；液化油收率在 50%～55%。

4. 俄罗斯 FFI 工艺

俄罗斯煤加氢液化工艺的特点为：一是采用了自行开发的瞬间涡流仓煤粉干燥技术，使煤发生热粉碎和气孔破裂，水分在很短的时间内降到 1.5%～2%，并使煤的比表面积增加了数倍，有利于改善反应活性。该技术主要适用于对含内在水分较高的褐煤进行干燥。二是采用了先进高效的钼催化剂，即钼酸铵和三氧化二钼。催化剂添加量为 0.02%～0.05%，而且这种催化剂中的钼可以回收 85%～95%。三是针对高活性褐煤，液化压力低，可降低建厂投资和运行费用，设备制造难度小。由于采用了钼催化剂，俄罗斯高活性褐煤的液化反应压力可降低到 6～10MPa，减少投资和动力消耗，降低成本，提高可靠性和安全性。但是对烟煤液化，必须提高压力。

5. 中国神华煤直接液化工艺

中国神华集团在吸收国内外煤液化技术研究开发成果的基础上，根据煤液化单项技术的成熟程度，进行优化组合，提出了新的工艺流程。在上海建立了 6t/d 的小型中试装置，并在内蒙古兴建了第一套工业生产装置，油产量为 $100×10^4$t/a。该工艺的特点为：采用两个串联的全返混反应器，煤浆空速提高；采用国内研制的人工合成超细铁催化剂，催化剂活性提高，用量少；取消溶剂脱灰工序，固液分离采用成熟的减压蒸馏法；循环溶剂全部催化加氢；液化粗油精制采用离线加氢方案；油收率高，用神华煤做原料时，油收率在 55% 以上。

第三节　煤的燃烧

煤的燃烧是指煤中的可燃有机质，在一定温度下与空气中的氧发生剧烈的化学反应，放出光和热，并转化为不可燃的烟气和灰渣的过程。

一、煤燃烧的基本原理

（一）煤的燃烧过程

任意大小的煤粒，不论以何种方式燃烧，都要经历如下一些主要阶段。

① 加热和干燥，依靠热源将煤粒加热到 100℃ 以上，煤中的水分逐渐蒸发；

② 析出挥发分和形成残焦（焦渣）；

③ 挥发物和残焦的着火燃烧；

④ 灰渣的生成。

以上这些阶段是串联发生的，但在锅炉燃烧室中，实际上各阶段是相互交叉，或者某些阶段是同步进行的。各阶段历时的长短与相互交叉的情况，取决于煤的性质及燃烧方式。例如，挥发分析出过程可能在水分没有完全蒸发尽就开始；残焦也可能在挥发物没有完全析出前就开始着火燃烧；残焦（焦渣）的燃烧伴随着灰渣的形成等。

（二）煤燃烧的基本化学反应

煤中主要的可燃元素是碳和氢，还有少量的硫和磷。煤燃烧的基本化学反应有如下几种。

1. 碳的燃烧反应

完全燃烧时： $C + O_2 \longrightarrow CO_2 \qquad \Delta H = -409kJ/mol$

不完全燃烧时： $C + \frac{1}{2}O_2 \longrightarrow CO \qquad \Delta H = -123kJ/mol$

2. CO 的燃烧反应

$$CO + \frac{1}{2}O_2 \longrightarrow CO_2 \qquad \Delta H = -283kJ/mol$$

3. 氢的燃烧反应

$$H_2 + \frac{1}{2}O_2 \longrightarrow H_2O \qquad \Delta H = -242kJ/mol（汽）$$

$$H_2 + \frac{1}{2}O_2 \longrightarrow H_2O \qquad \Delta H = -286kJ/mol（液）$$

4. 硫的燃烧反应

$$S + O_2 \longrightarrow SO_2 \qquad \Delta H = -296kJ/mol$$

对煤和焦渣来说，还非常容易发生气化反应，使固态煤、焦转化成气态，从而加速燃烧过程。这些反应有

与二氧化碳反应	$C + CO_2 \longrightarrow 2CO$	$\Delta H = 162kJ/mol$
与水蒸气气化反应	$C + H_2O \longrightarrow CO + H_2$	$\Delta H = 119kJ/mol$
与水蒸气气化反应	$C + 2H_2O \longrightarrow CO_2 + 2H_2$	$\Delta H = 75kJ/mol$
水煤气变换反应	$CO + H_2O \longrightarrow CO_2 + H_2$	$\Delta H = -42kJ/mol$
甲烷化反应	$CO + 3H_2 \longrightarrow CH_4 + H_2O$	$\Delta H = -206kJ/mol$

通过上述煤燃烧基本反应式可以求出燃烧时理论耗氧量、理论烟气组成和理论烟气量。

（三）煤炭完全燃烧的条件

① 必须维持煤料的温度在着火温度以上；

② 煤料和适量的空气充分接触；

③ 及时而且妥善地排出燃烧产物；

④ 必须提供燃烧必需的足够空间和时间。

根据燃烧方式的不同，煤的燃烧可在锅炉、窑炉和其他燃烧设备中进行。受燃烧条件、燃烧设备所限，煤很难达到完全燃烧。

二、燃料用煤对煤质的要求

（一）一般工业锅炉用煤对煤质的要求

一般情况下，燃料用煤在锅炉内有三种燃烧方式，即层状燃烧、沸腾式燃烧、悬浮式燃烧。层状燃烧就是将燃料置于固定或移动的炉排上，形成均匀的、有一定厚度的料层，空气从炉排下部通入，通过燃料层进行燃烧反应。采用层状燃烧的锅炉叫层燃炉。层燃炉根据炉排形式不同又分为：手烧炉、链条炉、振动排炉、往复推动排炉、抛煤机炉等。把固体燃料放到炉排上，从炉排下面鼓入压力较高的空气，达到某一临界速度时（吹浮力等于煤粒质

量），自由放置的料层全部颗粒失去了稳定性，产生剧烈的运动，好像液体沸腾那样上下翻腾进行燃烧，这种燃烧方式叫沸腾式燃烧。沸腾炉的燃烧方式属于这一种。当鼓风速度很高时，燃料颗粒与空气流一起运动，在悬浮状态下进入燃烧室，进行燃烧，这种燃烧方式就是悬浮式燃烧。火力发电厂的悬燃炉就属于这种燃烧方式。

1. 层燃炉用煤对煤质的要求

层燃炉是目前用得最多的锅炉，为保证其正常运行，减少热损失，提高热效率和减轻污染，要求煤的粒度均匀适中，有条件的可以考虑使用型煤，此外，煤的硫分、水分、灰分对层燃炉也有影响。硫分含量高，则烟气中 SO_2、SO_3 等有害气体多，污染大，水分一般控制在 $6\%\sim8\%$。水分过高，排烟热损失增大；水分过低，"飞灰"损失增大。灰分增高，发热量降低，故灰分越低越好。根据炉型不同，层燃炉所用煤种也不同。

2. 沸腾炉用煤对煤质的要求

沸腾炉是一种燃用各种劣质煤、煤矸石和石煤的新型锅炉，它可以燃用各种劣质燃料，其中包括灰分达 70%，发热量仅为 4.2MJ/kg 的燃料，挥发分仅为 $2\%\sim3\%$ 的无烟煤以及含碳量仅为 15% 以上的炉渣。但它要求粒度最大不超过 $8\sim10mm$，平均粒度为 2mm 左右为最佳。

（二）火力发电用煤对煤质的要求

火力发电厂用煤没有固定的煤质指标。但发电厂投产后，要求尽可能使用原设计选用的煤炭品种，否则就会影响锅炉的正常运行。影响电力锅炉的因素如下。

（1）发热量　对于整个发电行业来说，所用煤的发热量没有确定的数值，有的高达 25.1MJ/kg，有的低至 4.2MJ/kg。但对于已选定的锅炉，发热量必须符合设计要求，一般不低于设计值 0.8MJ/kg，不高于设计值 1.0MJ/kg。

（2）挥发分　挥发分是评定煤炭燃烧性能的重要指标。挥发分高的煤，燃点低，燃烧速度快；挥发分低的煤，燃点高，燃烧速率慢。

（3）水分　水分含量高，发热量降低，排烟热损失大，还容易引起煤仓、管道及给煤机内黏结堵塞。但水分的存在还有一定的好处。火焰中含有水蒸气对煤粉的悬浮燃烧是一种十分有效的催化剂；水分还可防止煤尘飞扬等。

（4）灰分　煤的灰分产率越高，发热量越低，燃烧温度下降，排灰量增大，热效低，受热面沾污和磨损越严重，所以灰分越低越好。

（5）煤灰熔融性　对于固态排渣煤粉炉，要求 $ST\geqslant1350℃$，低于这个温度有可能造成炉膛结渣，阻碍锅炉正常运行。液态排渣煤粉炉要求灰熔融性越低越好，而且煤灰黏度也越低越好。

（6）硫分　硫在煤的燃烧过程中产生有毒物质，不仅腐蚀锅炉设备，而且还造成环境污染。高硫煤在煤仓内储存时易自燃，所以硫分应越低越好，$w_d(S_t)<1.25\%$ 为最好。

（7）粒度　悬燃炉均燃用煤粉。煤粉越细，越容易着火和燃烧完全，热损失小，但耗电量增加，飞扬损失大。一般要求粒度为 $0\sim300\mu m$，而且大多数为 $20\sim50\mu m$，粒度均匀。

中国规定，对供应火力发电厂煤粉炉用煤的粒度要求：（洗）末煤<13mm，（洗）混末煤<25mm，中煤、洗混煤<50mm，如上述煤种供应数量不足时，可暂时供原煤。

（三）蒸汽机车用煤对煤质的要求

机车锅炉要随机车一起做高速运行，所以机车锅炉具有燃烧强度大、风速大、体积小、烟囱短等特点，要求使用优质烟煤块煤。具体指标如下。

（1）粒度　当坡度＞10‰时，粒度为 $13\sim50mm$；当坡度＜10‰时，粒度为 $13\sim$

25mm；平道时，粒度为 6～50mm。

（2）发热量　$Q_{net,ar}>20.9MJ/kg$，越高越好。由于机车锅炉体积、质量受限制，要达到一定的牵引力，要求锅炉蒸发率高，所以要求煤的发热量高。

（3）灰分　$A_d<24\%$，越低越好。

（4）煤灰熔融性　$ST>1200℃$，越高越好。

（5）挥发分　$V_{daf}\geqslant20\%$。挥发分高，易点火，燃烧速率快，火焰长。

（6）硫分　隧道区，$w_d(S_t)<1\%$；其他，$w_d(S_t)<1.5\%$。硫分高，腐蚀设备，污染环境。

根据以上煤质指标，蒸汽机车可燃用长焰煤、弱黏煤、气煤、肥煤。具备运入多种煤配烧的铁路区段，也可将不黏煤、焦煤、瘦煤与其他类别煤配烧，在不能运入其他类别煤的区段，经实验合格可单烧。

由于优质烟煤块煤来源有限，为了满足锅炉各项用煤指标，最理想的办法是采用机车型煤。

（四）工业窑炉用煤对煤质的要求

1. 水泥生产对煤质的要求

水泥熟料的煅烧有两种形式，即立窑和回转窑，中国一半以上的水泥由立窑煅烧而成。

（1）立窑煅烧对煤质的要求　发热量大于 20.9MJ/kg，这样才能使物料达到 1450℃ 的高温。$V_{daf}<10\%$，由于预热阶段温度低，空气少，挥发分高会白白损失掉。粒度小于5mm，其中小于 3mm 的要占 85%。粒度过大底火过长，冷却不利；粒度小，动力消耗大。$A_d<30\%$，越低越好，灰分全部掺入熟料中，灰分过高影响通风，发热量低。所以立窑煅烧要求用低挥发分无烟煤。

（2）回转窑煅烧对煤质的要求　发热量大于 20.9MJ/kg（干法窑大于 23.0MJ/kg）。挥发分 $V_{daf}>18\%～30\%$，过低，着火缓慢，高温部火焰短；过高，火焰软弱无力，没有后劲，影响熟料质量。水分 $M_{ar}<3\%$。$A_d<27\%$（干法$<25\%$），尽量小。粒度为 10%～15%（4900 孔/cm² 筛子的筛余量）。粒度大，影响反应速率，对燃烧不利，过小，动力消耗大。所以，回转窑要求使用中等煤化程度的烟煤，即焦煤、肥煤、1/3 焦煤、气肥煤、气煤、1/2 中黏煤、弱黏煤、不黏煤。对具备运入多种煤搭配使用的地区，也可搭配使用无烟煤、瘦煤、贫瘦煤、贫煤、长焰煤和褐煤等煤类。

2. 陶瓷生产用煤对煤质的要求

目前陶瓷生产普遍采用隧道窑，对煤质要求如下：发热量大于 20.9MJ/kg，$V_{daf}>25\%～30\%$，A_d 为 20% 左右，$ST>1300℃$，$w_d(S_t)<2\%$。

（五）民用型煤对煤质的要求

民用型煤包括民用煤球和蜂窝煤两类。

（1）民用煤球对煤质要求　民用煤球根据用途分为普通煤球和手炉煤球两种。普通煤球要求使用 $A_d<25\%～35\%$，$Q_{net,ar}=20.9MJ/kg$ 的无烟煤。手炉煤球要求使用 $V_{daf}>7\%～10\%$，燃点 450℃，$w_d(S_t)<0.4\%$ 的无烟煤。

（2）蜂窝煤对煤质的要求　蜂窝煤按引火方向分为上点火蜂窝煤和下点火蜂窝煤两种。下点火蜂窝煤要求使用发热量保持在 23.0MJ/kg，$ST>1100℃$ 的无烟煤。上点火蜂窝煤对于烟煤、无烟煤均可使用。若使用无烟煤，则具体质量要求如下：发热量稳定，为 23.0～25.0MJ/kg；$V_{daf}=15\%～20\%$（挥发分低可掺入少量褐煤、烟煤）；燃点低；$w_d(S_t)<0.4\%$。

复习思考题

1. 什么是煤的综合利用？煤的综合利用途径主要有哪些？

2. 什么是煤的气化？煤气化有何意义？

3. 根据气化剂的不同，煤气的种类有哪几种？

4. 什么叫煤的液化？煤的液化有何意义？液化的方法有哪几种？

5. 煤的气化过程发生哪些主要化学反应？

6. 煤的气化工艺主要有哪些？

7. 简述煤的液化原理。

8. 煤的燃烧过程发生哪些主要化学反应？

9. 煤完全燃烧的条件有哪些？

煤质分析与实训部分

为培养学生的动手操作能力，以及综合运用所学知识分析、解决实际问题的能力，本书列举了十三个典型实验。所选实验注重实用性和实践性，一律采用现行国家标准，而且采用生产中最常用的实验方法。实验中增加了注意事项，实验后增加了思考题，帮助学生巩固所学内容。附录中提供了实验报告范例。各院校可根据不同地区、不同专业的教学需要选做。

实验一　一般分析试验煤样水分的测定

GB/T 212—2008 规定了煤中水分的测定方法有 A 法（通氮干燥法）和 B 法（空气干燥法），并在附录中介绍了微波干燥法。其中 A 法适用于所有煤种，B 法仅适用于烟煤和无烟煤。微波干燥法仅适用于褐煤和烟煤水分的快速测定。在仲裁分析中遇到有用一般分析试验煤样水分进行校正以及基准换算时，应采用方法 A 测定一般分析试验煤样的水分。本实验采用方法 B（空气干燥法）。

一、实验目的

① 学习和掌握一般分析试验煤样水分的测定方法及原理。

② 了解一般分析试验煤样的主要作用。

二、实验原理

称取一定量的一般分析试验煤样，置于 105～110℃鼓风干燥箱中，于空气流中干燥到质量恒定。然后根据煤样的质量损失计算出水分的质量分数。

三、实验试剂、仪器、设备

① 无水氯化钙：化学纯，粒状。

② 变色硅胶：工业用品。

③ 鼓风干燥箱：带有自动控温装置，能保持温度在105～110℃范围内。

④ 玻璃称量瓶：直径 40mm，高 25mm，并带有严密的磨口盖（见附图 1）。

⑤ 干燥器：内装变色硅胶或粒状无水氯化钙。

⑥ 分析天平：感量 0.0001mg。

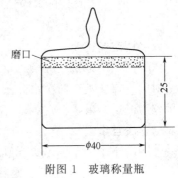

附图 1　玻璃称量瓶

四、实验步骤

① 在预先干燥并已称量过的称量瓶内称取粒度小于 0.2mm 的一般分析试验煤样（1±0.1）g（称准至 0.0002g），平摊在称量瓶中。

② 打开称量瓶盖，放入预先鼓风并已加热到 105～110℃的干燥箱中。在一直鼓风的条件下，烟煤干燥 1h，无烟煤干燥 1.5h。

③ 从干燥箱中取出称量瓶，立即盖上盖，放入干燥器中冷却至室温（约 20min）后称量。

④ 进行检查性干燥，每次 30min，直到连续两次干燥煤样质量的减少不超过 0.0010g 或质量增加时为止。水分小于 2.00％时，不必进行检查性干燥。

五、实验记录和结果计算

（1）实验记录表（供参考）　见附表 1。

附表 1　空气干燥煤样水分的测定　　　　　　　　　年　　月　　日

煤样名称				
重复测定			第一次	第二次
称量瓶编号				
称量瓶质量/g				
煤样＋称量瓶质量/g				
煤样质量/g				
干燥后煤样＋称量瓶质量/g				
检查性 干燥	干燥后煤样＋称量瓶质量/g	第一次		
		第二次		
		第三次		
M_{ad}/％				
M_{ad}（平均值）/％				

　　　　　　　　　　　　　　　　　　　　　　　　测定人＿＿＿＿＿＿　审定人＿＿＿＿＿＿

（2）结果计算　一般分析试验煤样水分的质量分数按下式计算

$$M_{ad} = \frac{m_1}{m} \times 100\%$$

式中　M_{ad}——一般分析试验煤样的水分的质量分数，％；

　　　m——一般分析试验煤样的质量，g；

　　　m_1——煤样干燥后减少的质量，g。

六、测定精密度

水分测定的精密度见第三章第四节表 3-20 的规定。

对同一煤样进行两次水分重复测定，两次测值的差如不超过表 3-20 规定，则取算术平均值作为测定结果，否则需进行第三次测定。

七、注意事项

① 称取试样前，应将煤样充分混合。

② 样品务必处于空气干燥状态后方可进行水分的测定。国家标准《煤样的制备方法》（GB/T 474—2008）规定，煤样在空气中连续干燥 1h 后煤样质量变化≤0.1％，煤样即达到了空气干燥状态。

③ 试样粒度应小于 0.2mm，干燥温度必须按要求控制在 105～110℃；干燥时间应为煤样达到干燥完全的最短时间。不同煤源即使同一煤种，其干燥时间也不一定相同。

④ 预先鼓风的目的在于促使干燥箱内空气流动，一方面使箱内温度均匀，另一方面使煤中水分尽快蒸发，缩短实验周期。应将装有煤样的称量瓶放入干燥箱前 3～5min，就开始鼓风。

⑤ 进行检查性干燥中，遇到质量增加时，采用质量增加前一次的质量为计算依据。

思考题

1. 干燥箱为什么要预先鼓风?

2. 为什么要进行检查性干燥?

实验二　煤中全水分的测定

煤的外在水分和内在水分之和称为煤的全水分,它代表刚开采出来,或使用单位刚刚接收到,或即将投入使用状态时的煤的水分。国家标准 GB/T 211—2007 规定了煤中全水分的测定方法。

在氮气流中干燥的方式(方法 A1 和方法 B1)适用于所有煤种;在空气流中干燥的方式(方法 A2 和方法 B2)适用于烟煤和无烟煤;微波干燥法(方法 C)仅适用于烟煤和褐煤。方法 D 适用于外在水分高的烟煤和无烟煤。其中方法 A1 为仲裁法。

本实验采用方法 B2(在空气流中干燥法)测定全水分。

一、实验目的

① 学习和掌握煤中全水分的测定方法及原理。

② 了解全水分测定的用途。

二、实验原理

称取一定量粒度小于 13mm(或小于 6mm)的煤样,于 105~110℃下,在空气流中干燥到质量恒定,然后根据煤样干燥后的质量损失计算出全水分的含量。

三、实验试剂、仪器、设备

① 空气干燥箱:带有自动控温和鼓风装置,能控制温度在 30~40℃和 105~110℃范围内,有气体进、出口,有足够的换气量,如每小时可换气 5 次以上。

② 玻璃称量瓶:直径 70mm,高 35~40mm,并带有严密的磨口盖。

③ 浅盘:由镀锌铁极或铝板等耐热、耐腐蚀材料制成,其规格能容纳 500g 煤样,且单位面积负荷不超过 $1g/cm^2$。

④ 分析天平:感量 0.001g。

⑤ 工业天平:感量 0.1g。

⑥ 干燥器:内装变色硅胶或粒状无水氯化钙。

⑦ 流量计:量程 100~1000mL/min。

⑧ 干燥塔:容量 250mL,内装变色硅胶或粒状无小氯化钙。

⑨ 无水氯化钙:化学纯,粒状。

⑩ 变色硅胶:工业用品。

四、测定步骤

1. 粒度＜13mm 煤样的全水分测定

① 在预先干燥和已称量过的浅盘内迅速称取粒度＜13mm 的煤样(500±10)g(称准至 0.1g),平摊在浅盘中。

② 将浅盘放入预先加热到 105~110℃的空气干燥箱中,在鼓风条件下,烟煤干燥 2h,无烟煤干燥 3h。

③ 将浅盘取出,趁热称量,称准至 0.1g。

④ 进行检查性干燥,每次 30min,直到连续两次干燥煤样的质量减少不超过 0.5g 或质量增加时为止。在后一种情况下,采用质量增加前一次的质量作为计算依据。

2. 粒度＜6mm 煤样的全水分测定

① 在预先干燥和已称量过的称量瓶内迅速称取粒度＜6mm 的煤样 10～12g，称准至 0.001g，平摊在称量瓶中。

② 打开称量瓶盖，放入预先通入空气并已加热到 105～110℃ 的空气干燥箱中，在鼓风条件下，烟煤干燥 2h，褐煤和无烟煤干燥 3h。

③ 从干燥箱中取出称量瓶，立即盖上盖，在空气中放置约 5min，然后放入干燥器中，冷却到室温（约 20min），称量，称准至 0.001g。

④ 进行检查性干燥，每次 30min，直到连续两次干燥煤样的质量减少不超过 0.01g 或质量增加时为止。在后一种情况下，采用质量增加前一次的质量作为计算依据。

五、实验记录和结果计算

（1）实验记录　参考空气干燥煤样水分测定。

（2）测定结果　全水分测定结果按下式计算

$$M_t = \frac{m_1}{m} \times 100\%$$

式中　　M_t——煤样的全水分的质量分数，%；

m——称取的煤样质量，g；

m_1——干燥后煤样减少的质量，g。

报告值修约至小数点后一位。

如果在运送过程中煤样的水分有损失，则按下式求出补正后的全水分值。

$$M_t = M_1 + \frac{m_1}{m}(100 - M_1)$$

式中，M_1 是煤样运送过程中的水分损失量（%）。当 M_1 大于 1% 时，表明煤样在运送过程中可能受到意外损失，则不可补正。但测得的水分可作为实验室收到煤样的全水分。在报告结果时，应注明"未经补正水分损失"，并将煤样容器标签和密封情况一并报告。

六、测定精密度

两次重复测定中，当 M_t＜10% 时其差值不超过 0.4%；当 M_t≥10% 时其差值应不超过 0.5%。

七、注意事项

① 采集的全水分试样应保存在密封良好的容器内，并放在阴凉的地方。

② 制样操作要快，最好用密封式破碎机，以保证破碎过程中水分无明显损失。

③ 全水分样品送到实验室后应立即测定，保证从制样到测试前的全过程煤样水分无变化。

思考题

1. 全水分煤样可由哪些渠道制取？

2. 全水分测定前需做哪些准备工作？

实验三　煤灰分产率的测定

煤的灰分产率是煤在规定条件下完全燃烧后的残留物，是煤中矿物质的衍生物。可以用灰分估算煤中矿物质含量。

国家标准 GB/T 212—2008 规定，煤的灰分测定包括缓慢灰化法和快速灰化法。其中缓慢灰化法为仲裁法，快速灰化法为例行分析方法。

本实验采用快速灰化法中的 A 法测定煤的灰分。

一、实验目的

① 学习和掌握煤灰分产率的测定原理和测定方法。

② 了解煤的灰分与煤中矿物质的关系。

二、实验原理

将装有煤样的灰皿放在预先加热至（815±10）℃的灰分快速测定仪的传送带上，煤样自动送入仪器内完全灰化，然后送出。以残留物占煤样的质量分数作为煤样的灰分。

三、实验仪器、设备

（1）快速灰分测定仪　附图 2 是一种比较适宜的快速灰分测定仪。它是由马蹄形管式电炉、传送带和控制仪三部分组成。

① 马蹄形管式电炉。炉膛长约 700mm，底宽约 75mm，高约 45mm，两端敞口，轴向倾斜度为 5°左右。其恒温带要求：（815±10）℃ 部分长约 140mm，750～825℃ 部分长约 270mm，出口端温度不高于 100℃。

② 链式自动传送装置（简称传送带）。用耐高温金属制成，传送速度可调。在 1000℃ 下不变形，不掉皮。

③ 控制仪。主要包括温度控制装置和传送带传送速度控制装置。温度控制装置能将炉温自动控制在（815±10）℃；传送带传送速度控制装置能将传送速度控制在 15～50mm/min 之间。

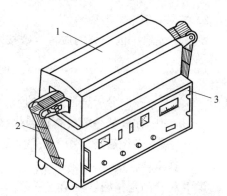

附图 2　快速灰分测定仪
1—管式电炉；2—传送带；3—控制仪

（2）灰皿　瓷质，长方形，底长 45mm，底宽 22mm，高 14mm（见附图 3）。

（3）干燥器　内装变色硅胶或粒状无水氯化钙。

（4）分析天平　感量 0.0001g。

（5）耐热瓷板或石棉板

四、实验步骤

① 将快速灰分测定仪预先加热至（815±10）℃，开动传送带并将其传送速度调节至 17mm/min 左右或其他合适的速度。

② 在预先灼烧至质量恒定的灰皿中，称取粒度小于 0.2mm 的一般分析试验煤样（0.5±0.01）g（称准至 0.0002g），均匀摊平在灰皿中，使其每平方厘米的质量不超过 0.08g。

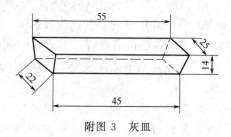

附图 3　灰皿

③ 将盛有煤样的灰皿放在快速灰分测定仪的传送带上，灰皿即自动送入炉中。

④ 当灰皿从炉内送出时，取下，放在耐热瓷板或石棉板上，在空气中冷却 5min 左右，移入干燥器中冷却至室温（约 20min）后称量。

五、实验记录和结果计算

1. 实验记录表（供参考）　见附表 2。

附表 2　煤中灰分测定　　　　　　　　年　　月　　日

煤样名称		
重复测定	第一次	第二次
灰皿编号		
灰皿质量/g		
煤样＋灰皿质量/g		
煤样质量/g		
灼烧后残渣＋灰皿质量/g		
残渣质量/g		
A_{ad}/%		
平均值/%		

测定人_____　审定人_____

2. 结果计算

空气干燥煤样的灰分的质量分数按下式计算

$$A_{ad} = \frac{m_1}{m} \times 100\%$$

式中　A_{ad}——一般分析试验煤样的灰分的质量分数，%；

　　　m——称取的一般分析试验煤样的质量，g；

　　　m_1——灼烧后残留物的质量，g。

六、测定精密度

煤中灰分测定精密度见第三章第四节表 3-22 的规定。

七、注意事项

① 凡能达到以下要求的其他形式的快速灰分测定仪均可使用。

a. 高温炉能加热至（815±10）℃并具有足够长的恒温带；

b. 炉内有足够的空气供煤样燃烧；

c. 煤样在炉内有足够长的停留时间，以保证灰化完全；

d. 能避免或最大限度地减少煤中硫氧化生成的硫氧化物与碳酸盐分解生成的氧化钙接触。

② 煤样在灰皿中要铺平，以避免局部过厚，使燃烧不完全。

③ 灰化过程中始终保持良好的通风状态，使硫氧化物一经生成就及时排出。因此马蹄形管式电炉两端敞口，保证炉内空气自然流通。

④ 管式炉快速灰化法可有效避免煤中硫固定在煤灰中。因使用轴向倾斜度为 5°的马蹄形管式炉，炉中央段温度为（815±10）℃，两端有 500℃温度区，煤样从高的一端进入至 500℃温度区时，煤中硫氧化的生成物由高端（入口端）逸出，不会与到达（815±10）℃区的煤样中的碳酸钙分解生成的氧化钙接触，从而可有效避免煤中硫被固定在灰中。

⑤ 对于新的快速灰分测定仪，应对不同煤种进行与缓慢灰化法的对比实验，根据对比实验的结果及煤的灰化情况，调节传送带的传送速度。

思考题

1. 采用马蹄形管式炉快速灰化法为什么能有效避免煤中硫固定在煤灰中？

2. 快速灰化法中的高温炉有哪些要求？

实验四　煤挥发分产率的测定

　　工业分析中测定的挥发分不是煤中固有的挥发性物质，而是煤在严格规定条件下加热时的热分解产物。利用煤的挥发分产率和焦渣特性能初步判断煤的加工利用途径，根据挥发分产率还可大致判断煤的煤化程度。挥发分的测定是一个规范性很强的实验项目，本实验采用 GB/T 212—2008 测定煤的挥发分产率。

一、实验目的

① 掌握煤的挥发分产率的测定原理及方法。

② 了解运用挥发分产率判断煤的煤化程度，初步确定煤的加工利用途径。

二、实验原理

　　称取一定量的一般分析试验煤样放入带盖的坩埚中，在（900±10）℃下，隔绝空气加热 7min。以减少的质量占煤样质量的质量分数，减去该煤样的水分含量作为煤样的挥发分。

三、实验仪器、设备

① 挥发分坩埚：带有配合严密盖的瓷坩埚，形状和尺寸如附图 4 所示。坩埚总质量为 15～20g。

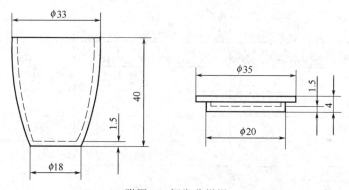

附图 4　挥发分坩埚

　　② 马弗炉：带有高温计和调温装置，能保持温度在（900±10）℃，并有足够的（900±5）℃的恒温区。炉子的热容量为当起始温度为 920℃ 左右时，放入室温下的坩埚架和若干坩埚，关闭炉门，在 3min 内恢复到（900±10）℃。炉后壁有一个排气孔和一个插热电偶的小孔。小孔位置应使热电偶插入炉内后其热接点在坩埚底和炉底之间，距炉底 20～30mm 处。

　　马弗炉的恒温区应在关闭炉门下测定，并至少每年测定一次，高温计（包括毫伏计和热电偶）至少每年校准一次。

　　③ 坩埚架：用镍铬丝或其他耐热金属丝制成。其规格尺寸以能使所有的坩埚都在马弗炉恒温区内，并且坩埚底部紧邻热电偶接点上方。

　　④ 坩埚架夹。

　　⑤ 干燥器：内装变色硅胶或粒状无水氯化钙。

　　⑥ 分析天平：感量 0.0001g。

　　⑦ 压饼机：螺旋式或杠杆式压饼机，能压制直径约 10mm 的煤饼。

　　⑧ 秒表。

四、实验步骤

① 在预先于 900℃ 温度下灼烧至质量恒定的带盖瓷坩埚中，称取粒度小于 0.2mm 的一般分析试验煤样 (1±0.01)g（称准至 0.0002g），然后轻轻振动坩埚，使煤样摊平，盖上盖，放在坩埚架上。褐煤和长焰煤应预先压饼，并切成约 3mm 的小块。

② 将马弗炉预先加热至 920℃ 左右。打开炉门，迅速将放有坩埚的坩埚架送入恒温区，立即关上炉门并计时，准确加热 7min。坩埚及坩埚架放入后，要求炉温在 3min 内恢复至 (900±10)℃，此后保持在 (900±10)℃，否则此次实验作废。加热时间包括温度恢复时间在内。

③ 从炉中取出坩埚，放在空气中冷却 5min 左右，移入干燥器中冷却至室温（约 20min）后称量。

五、实验记录和结果计算

1. 实验记录表（供参考） 见附表 3。

附表 3   煤的挥发分产率测定   年   月   日

煤样名称		
重复测定	第一次	第二次
坩埚编号		
坩埚质量/g		
煤样+坩埚质量/g		
煤样质量/g		
焦渣+坩埚质量/g		
煤样加热后减轻的质量/g		
M_{ad}/%		
V_{ad}/%		
平均值/%		

测定人_____ 审定人_____

2. 结果计算

空气干燥煤样的挥发分的质量分数按下式计算

$$V_{ad} = \frac{m_1}{m} \times 100 - M_{ad}$$

式中 V_{ad}——空气干燥基挥发分的质量分数，%；

m——一般分析试验煤样的质量，g；

m_1——煤样加热后减少的质量，g；

M_{ad}——一般分析试验煤样水分的质量分数，%。

六、测定精密度

挥发分测定精密度见第三章第四节表 3-28 的规定。

七、固定碳的计算

煤的固定碳含量不直接测定，一般是根据测定的灰分、水分、挥发分，用差减法求得。

$$w_{ad}(FC) = 100 - (M_{ad} + A_{ad} + V_{ad})$$

式中 $w_{ad}(FC)$——空气干燥基固定碳的质量分数，%；

M_{ad}——一般分析试验煤样的水分的质量分数，%；

A_{ad}——空气干燥基灰分的质量分数，%；

V_{ad}——空气干燥基挥发分的质量分数，%。

八、注意事项

① 测定低煤化程度煤如褐煤、长焰煤时必须压饼。这是由于它们的水分和挥发分很高，如以松散状态测定，挥发分大量释出，易把坩埚盖顶开带走碳粒，使结果偏高，且重复性较差。压饼后试样紧密，可减缓挥发分的释放速度，有效防止煤样爆燃、喷溅，使测定结果稳定可靠。

② 挥发分产率的测定是一项规范性很强的实验，其测定结果受测定条件的影响很大，须严格掌握以下操作。

a. 定期对热电偶及毫伏计进行校正。校正和使用热电偶时，其冷端应放入冰水或将零点调到室温，或采用冷端补偿器。

b. 定期测量马弗炉的恒温区，装有煤样的坩埚必须放在马弗炉的恒温区内。

c. 马弗炉应经常验证其温度恢复速度能否符合要求，或应手动控制以保证符合要求。

d. 每次实验最好放同样数目的坩埚，以保证坩埚及支架的热容量基本一致。

e. 要使用符合规定的坩埚，坩埚盖子必须配合严密。

f. 要用耐热金属做的坩埚架，它受热时不能掉皮，若沾在坩埚上影响测定结果。

g. 坩埚从马弗炉中取出后，在空气中冷却时间不宜过长，以防焦渣吸水。

思考题

1. 煤的挥发分指标为什么不能称为挥发分含量？

2. 固定碳与煤中碳元素含量有何区别？

3. 测定低煤化程度煤的挥发分产率时，为什么要压饼？

实验五 煤中碳和氢的含量测定

煤中碳和氢在氧气中燃烧时，生成二氧化碳和水。国家标准 GB/T 476—2008 规定了煤和水煤浆中碳氢分析的三节炉法、二节炉法及用电量法测定煤及水煤浆中的氢、用重量法测定碳的方法。

本实验采用国家标准的三节炉法。用吸收法测定二氧化碳和水，从而间接求得碳和氢的含量。

一、实验目的

① 掌握三节炉法测定煤中碳、氢元素含量的基本原理。

② 了解三节炉的结构和燃烧管的充填方法，并学会实验操作。

二、实验原理

一定量的煤样或水煤浆干燥煤样在氧气流中燃烧，生成的水和二氧化碳分别用吸水剂和二氧化碳吸收剂吸收，即用碱石棉或碱石灰吸收水，用无水氯化钙或无水高氯酸镁吸收二氧化碳，由吸收剂的增量计算煤中碳和氢的质量分数。煤样中硫和氯对碳测定的干扰在三节炉中用铬酸铅和银丝卷消除，氮对碳测定的干扰用粒状二氧化锰消除。

三、实验试剂和材料

① 碱石棉：分析纯，粒度 1～2mm；或碱石灰：分析纯，粒度 0.5～2mm。

② 无水高氯酸镁：分析纯，粒度 1～3mm；或无水氯化钙：分析纯，粒度2～5mm。

③ 氧化铜：化学纯，线状（长约 5mm）。

④ 铬酸铅：分析纯，制备成粒度 1～4mm。

制法：将市售的铬酸铅用蒸馏水调成糊状，挤压成型。放入马弗炉中，在 850℃下灼烧 2h，取出冷却后备用。

⑤ 银丝卷：丝直径约 0.25mm。

⑥ 铜丝卷：丝直径约 0.5mm，铜丝网：0.15mm（100 目）。

⑦ 氧气：99.9％，不含氢。氧气钢瓶需配有可调节流量的带减压阀的压力表（可使用医用氧气吸入器）。

⑧ 三氧化钨：分析纯。

⑨ 粒状二氧化锰：化学纯，市售或用硫酸锰和高锰酸钾制备。

制法：称取 25g 硫酸锰，溶于 500mL 蒸馏水中，另称取 16.4g 高锰酸钾，溶于 300mL 蒸馏水中。两溶液分别加热到 50～60℃。在不断搅拌下将高锰酸钾溶液慢慢注入硫酸锰溶液中，并加以剧烈搅拌。然后加入 10mL（1＋1）硫酸。将溶液加热到 70～80℃并继续搅拌 5min，停止加热，静置 2～3h。用热蒸馏水以倾泻法洗至中性。将沉淀移至漏斗过滤，除去水分，然后放入干燥箱中，在 150℃左右干燥 2～3h，得到褐色、疏松状的二氧化锰，小心破碎和过筛，取粒度 0.5～2mm 的备用。

⑩ 真空硅脂。

⑪ 硫酸：化学纯。

⑫ 带磨口塞的玻璃管或小型干燥器（不放干燥剂）。

四、实验装置

1. 分析天平

感量 0.0001mg。

2. 碳氢测定仪

装置图（见附图 5），包括净化系统、燃烧装置和吸收系统三个主要部分。

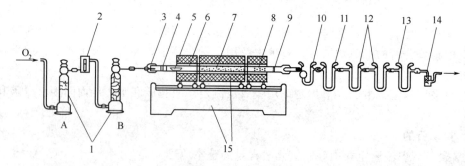

附图 5　碳氢测定仪

1—气体干燥塔；2—流量计；3—橡胶塞；4—铜丝卷；5—燃烧舟；
6—燃烧管；7—氧化铜；8—铬酸铅；9—银丝卷；10—吸水 U 形管；
11—除氮氧化物 U 形管；12—吸收二氧化碳 U 形管；13—保护 U 形管；
14—气泡计；15—三节电炉及控温装置

（1）净化系统　用来脱除氧气中的二氧化碳和水。包括以下部件。

气体干燥塔：容量 500mL，2 个，一个（A）上部（约 2/3）装无水氯化钙（或无水高氯酸镁），下部（约 1/3）装碱石棉（或碱石灰）；另一个（B）装无水氯化钙（或无水高氯酸镁）。

流量计：测量范围 0～150mL/min。

（2）燃烧装置　包括三节管式炉及其控温系统，用以将煤样完全燃烧使其中的碳和氢分别生成二氧化碳和水，同时脱除测定干扰的硫氧化物和氯。主要有以下部件。

三节炉（双管炉或单管炉）：炉膛直径约35mm，每节炉装有热电偶，测温和控温装置。第一节长约230mm，可加热到（850±10）℃，并可沿水平方向移动；第二节长330～350mm，可加热到（800±10）℃；第三节长130～150mm，可加热到（600±10）℃。

燃烧管：素瓷、石英、刚玉或不锈钢制成，长1100～1200mm，内径20～22mm，壁厚约2mm。

燃烧舟：素瓷或石英制成，长约80mm。

橡胶塞或橡胶帽（最好用耐热硅橡胶）或铜接头。

镍铬丝钩：直径约2mm，长约700mm，一端弯成钩。

（3）吸收系统　用来吸收燃烧生成的二氧化碳和水，并在二氧化碳吸收管前将氮氧化物脱除。包括以下部件。

吸水U形管：装药部分高100～200mm，直径约15mm，入口端有一球形扩大部分，内装无水氯化钙或无水高氯酸镁。

吸收二氧化碳U形管2个：装药部分高100～120mm，直径约15mm，前2/3装碱石棉或碱石灰，后1/3装无水氯化钙或无水高氯酸镁。

除氮U形管：装药部分高100～120mm，直径约15mm，前2/3装粒状二氧化锰，后1/3装无水氯化钙或无水高氯酸镁。

气泡计：容量约10mL，内装浓硫酸。

五、实验准备

（1）燃烧管的填充　使用三节炉时，按附图6所示填充。

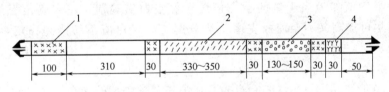

附图6　三节炉燃烧管填充示意图
1—铜丝卷；2—氧化铜；3—铬酸铅；4—银丝卷

用直径约0.5mm的铜丝制作三个长约30mm和一个长约100mm，直径稍小于燃烧管，使之能自由插入管内又与管壁密接的铜丝卷。

从燃烧管出口端起，留50mm空间，依次充填30mm直径约0.25mm银丝卷，30mm铜丝卷，130～150mm（与第三节电炉长度相等）铬酸铅（使用石英管时，应用铜片把铬酸铅与石英管隔开），30mm铜丝卷，330～350mm（与第二节电炉长度相等）线状氧化铜，30mm铜丝卷，310mm空间和100mm铜丝卷。燃烧管两端通过橡皮塞或铜接头分别同净化系统和吸收系统连接。橡皮塞使用前应在105～110℃下干燥8h左右。

燃烧管中的填充物（氧化铜、铬酸铅和银丝卷）经70～100次测定后应检查或更换。

（2）炉温的校正　将工作热电偶插入三节炉的热电偶孔内，使热端插入炉膛，冷端与高温计连接。将炉温升至规定温度，保温1h。然后沿燃烧管轴向将标准热电偶依次插到空燃烧管中对应于第一、第二、第三节炉的中心处（注意勿使热电偶和燃烧管管壁接触）。根据标准热电偶指示，将管式电炉调节到规定温度并恒温 5min。记下相应工作热电偶的读数，以后即以此为准控制炉温。

（3）测定仪整个系统的气密性检查　将仪器按附图 5 所示连接好，将所有 U 形管磨口塞旋开，与仪器相连，接通氧气；调节氧气流量为 120mL/min。然后关闭靠近气泡计处 U 形管磨口塞，此时若氧气流量降至 20mL/min 以下，表明这个系统气密（检查气密性时间不宜过长，以免 U 形管磨口塞因系统内压力过大而弹开）；否则应逐个检查 U 形管的各个磨口塞，查处漏气处，予以解决。

（4）测定仪可靠性检验　为了检查测定仪是否可靠，可称取 0.2g 标准煤样，称准至 0.0002g，进行碳氢测定。如果实测的碳氢值与标准值的差值不超过标准煤样规定的不确定度，表明测定仪可用。否则需查明原因并纠正后才能进行正式测定。

（5）空白实验　将仪器各部分按附图 5 所示连接，通电升温。将吸收系统各 U 形管磨口塞旋至开启状态，接通氧气，调节氧气流量为 120mL/min，并检查系统气密性。在升温过程中，将第一节电炉往返移动几次，通气约 20min 后，取下吸收系统，将各 U 形管磨口塞关闭，用绒布擦净，在天平旁放置 10min 左右，称量。当第一节炉达到并保持在（850±10）℃，第二节炉达到并保持在（800±10）℃，第三节炉达到并保持在（600±10）℃后开始做空白实验。此时将第一节炉移至紧靠第二节炉，接上已经通气并称量过的吸收系统。在一个燃烧舟内加入三氧化钨（质量和煤样分析时相当）。打开橡皮塞，取出铜丝卷，将装有三氧化钨的燃烧舟用镍铬丝推棒推至第一节炉入口处，将铜丝卷放在燃烧舟后面，塞紧橡皮塞，接通氧气并调节氧气流量为 120mL/min。移动第一节炉，使燃烧舟位于炉子中心，通气 23min，将第一节炉移回原位。

2min 后取下吸收系统 U 形管，将磨口塞关闭，用绒布擦净，在天平旁放置 10min 后称量。吸水 U 形管增加的质量即为空白值。重复上述实验，直到连续两次空白测定值相差不超过 0.0010g，除氮管、二氧化碳吸收管最后一次质量变化不超过 0.0005g 为止。取两次空白值的平均值作为当天氢的空白值。在做空白实验前，应先确定燃烧管的位置，使出口端温度尽可能高又不会使橡皮塞受热分解。如空白值不易达到稳定，可适当调节燃烧管的位置。

六、实验步骤

① 将第一节炉炉温控制在（850±10）℃，第二节炉炉温控制在（800±10）℃，第三节炉炉温控制在（600±10）℃，并使第一节炉紧靠第二节炉。

② 在预先灼烧过的燃烧舟中称取粒度小于 0.2mm 的空气干燥煤样 0.2g（称准至 0.0002g），并均匀铺平。在煤样上铺一层三氧化钨。可将装有试样的燃烧舟暂存入专用的磨口玻璃管或不加干燥剂的干燥器中。

③ 接上已恒定并称量的吸收系统，并以 120mL/min 的流量通入氧气，打开橡胶塞，取出铜丝卷，迅速将燃烧舟放入燃烧管中，使其前端刚好在第一节炉炉口，再放入铜丝卷，塞上橡皮塞。保持氧气流量为 120mL/min。1min 后向净化系统方向移动第一节炉，使燃烧舟的一半进入炉子；2min 后移动炉体，使燃烧舟全部进入炉子；再 2min 后，使燃烧舟位于炉子中央。保温 18min 后，把第一节炉移回原位。2min 后，取下吸收系统，将磨口塞关闭，用绒布擦净，在天平旁放置 10min 后称量（除氮管不必称量）。如果第二个吸收二氧化碳 U 形管变化小于 0.0005g，计算时忽略。

七、实验记录和结果计算

1. 实验记录表（供参考）见附表 4。

附表 4 煤中碳和氢含量的测定　　　　　　　　年　月　日

煤样名称			煤样来源		
瓷舟编号	瓷舟质量/g	瓷舟+煤样质量/g	煤样质量/g	空白值(m_3)/g	
				空气干燥煤样水分/%	
U形管质量	U形管	吸收前质量/g	吸收后质量/g	增量值/g	重复测值/%	平均值/%
	水分吸收管				$w_{ad}(H) =$	$\overline{w}(H) =$
					$w_{ad}(H) =$	
	二氧化碳吸收管				$w_{ad}(C) =$	$\overline{w}(C) =$
					$w_{ad}(C) =$	

测定人_____　审定人_____

2. 结果计算

一般分析试验煤样的碳和氢的质量分数分别按下式计算

$$w_{ad}(C) = \frac{0.2729m_1}{m} \times 100\%$$

$$w_{ad}(H) = \frac{0.1119(m_2 - m_3)}{m} \times 100 - 0.1119M_{ad}$$

式中　$w_{ad}(C)$——一般分析试验煤样或水煤浆干燥试样的碳的质量分数，%；

　　　$w_{ad}(H)$——一般分析试验煤样或水煤浆干燥试样的氢的质量分数，%；

　　　　　m——一般分析试验煤样质量，g；

　　　　m_1——吸收二氧化碳 U 形管的增量，g；

　　　　m_2——吸水 U 形管的增量，g；

　　　　m_3——空白值，g；

　　　M_{ad}——一般分析试验煤样的水分（按 GB/T 212 测定）的质量分数，%；

　　　0.2729——将二氧化碳折算为碳的系数；

　　　0.1119——将水折算成氢的系数。

若煤样碳酸盐二氧化碳的质量分数大于 2%，则

$$w_{ad}(C) = \frac{0.2729m_1}{m} \times 100 - 0.2729w_{ad}(CO_2)$$

式中　$w_{ad}(CO_2)$——一般分析试验煤样中碳酸盐二氧化碳的质量分数，%。

其余符号意义同前。

八、测定精密度

碳、氢测定的精密度见第三章第五节表 3-31 的规定。

九、注意事项

① 整个测定过程中，各节炉温不能超过规定温度，特别是第三节炉温不能超过(600±10)℃，否则铬酸铅颗粒可能熔化粘连，降低脱硫效果，干扰碳的测定。遇此情况，应立即停止实验，切断电源，待炉温降低后，更换燃烧管内的试剂。

② 燃烧管出口端的橡胶帽或橡胶塞使用前应于 105～110℃ 下烘烤 8h 以上至恒重。因为新的橡皮帽或橡皮塞受热要分解，既干扰碳、氢的测定，又使空白值不恒定。

③ 瓷制燃烧管导热性能差，燃烧管出口端露出部分的温度较低，煤样燃烧生成的水蒸气会在燃烧管出口端凝结，冬天或测定水分含量较高的褐煤和长焰煤时此现象更为明显，造

成氢测定值偏低。因此要在燃烧管出口端露出部分加金属制保温套管，使此处温度维持在既不使水蒸气凝结，又不烧坏橡皮帽。若不用保温套管，也可通过调节燃烧管出口端露出部分的长度来调节该段的温度。

④ 燃烧管内填充物经 70～100 次测定后应更换。填充剂的氧化铜、铬酸铅、银丝卷经处理后可重复使用。

氧化铜：用 1mm 孔径筛筛去粉末；

铬酸铅：用热的稀碱液（约 50g/L 氢氧化钠溶液）浸渍，用水洗净、干燥，并在500～600℃下灼烧 0.5h；

银丝卷：用浓氨水浸泡 5min，在蒸馏水中煮沸 5min，用蒸馏水冲洗干净并干燥。

⑤ 吸收系统取下后，需在天平旁放置 10min 后再称量，这是因为氯化钙吸水、碱石棉吸收二氧化碳都是放热反应，放置一定时间，使其温度降到室温后再称量，可保证称量的准确性。

⑥ 吸水管和二氧化碳吸收管在测定过程中发生下述现象应及时更换。

吸水管中靠近燃烧管端的氯化钙开始溶化粘连并阻碍气流畅通时，应及时更换，否则，部分吸出的水被气流带走，会使氢的测定结果偏低。

两个串联的二氧化碳吸收管中，第二个 U 形管增量超过 50mg，应更换第一个 U 形管中的二氧化碳吸收剂。如不及时更换，会使碳的测定值偏低。

⑦ 除氮管应在 50 次测定后检查或更换。否则，一旦二氧化锰试剂失效，氮的氧化物将被碱石棉吸收，使碳的测定结果偏高。

检查方法：将氧化氮指示胶装在一玻璃管内，两端塞上棉花，接在除氮管后面。燃烧煤样，若指示胶由绿色变为红色，表明试剂失效，应予更换。用上述方法检查时，不接二氧化碳吸收管，否则会使碳的测值偏高。

思考题

1. 测定碳、氢元素的原理是什么？
2. 怎样进行气密性检查？

实验六　煤中全硫含量的测定

硫是煤中的有害元素之一，它给煤炭加工利用和环境带来极大危害。燃烧后产生的二氧化硫，严重腐蚀锅炉，污染环境；炼焦时，煤中的硫大部分转入焦炭，使钢铁产生热脆性。因此，为了更好地利用煤炭资源，必须了解煤中全硫含量。

国家标准 GB/T 214—2007 规定煤中全硫的测定方法有艾氏法、库仑滴定法和高温燃烧中和法。在仲裁分析时，应采用艾氏法。本实验采用库仑滴定法测定。

一、实验目的

① 掌握库仑滴定法测定煤中全硫的基本原理、方法和步骤。

② 进一步训练和加强化学分析，仪器分析等基础理论和操作技能。

二、实验原理

煤样在催化剂作用下，于空气流中燃烧分解，煤中硫生成硫化物，其中二氧化硫被碘化钾溶液吸收，以电解碘化钾溶液所产生的碘进行滴定，根据电解所消耗的电量计算煤中全硫的含量。

三、实验仪器设备和试剂

① 三氧化钨。

② 变色硅胶：工业品。

③ 氢氧化钠：化学纯。

④ 电解液：称取碘化钾、溴化钾各 5.0g，冰乙酸 10mL，溶于 250～300mL 水中。

⑤ 燃烧舟：素瓷或刚玉制品，装样部分长约 60mm，耐温 1200℃ 以上。

⑥ 库仑测硫仪：主要由以下各部分组成。

a. 管式高温炉。能加热到 1200℃ 以上，并有至少 70mm 长的 (1150±10)℃ 高温恒温带，附有铂铑-铂热电偶测温及控温装置，炉内装有耐温 1300℃ 以上的异径燃烧管。

b. 电解池和电磁搅拌器。电解池高 120～180mm，容量不少于 400mL，内有面积约 150mm² 的铂电解电极对和面积约 15mm² 的铂指示电极对。指示电极响应时间应小于 1s，电磁搅拌器转速约 500r/min 且连续可调。

c. 库仑积分器。电解电流 0～350mA 范围内积分线性误差应小于 ±0.1%，配有 4～6 位数字显示器或打印机。

d. 送样程序控制器。可按指定的程序灵活前进、后退。

e. 空气供应及净化装置。由电磁泵和净化管组成。供气量约 1500mL/min，抽气量约 1000mL/min，净化管内装氢氧化钠及变色硅胶。

⑦ 分析天平：感量 0.0001g。

四、实验步骤

1. 实验准备

① 将管式高温炉升温至 1150℃，用另一组铂铑-铂热电偶高温计测定燃烧管中高温带的位置、长度及 500℃ 的位置。

② 调节送样程序控制器，使煤样预分解及高温分解的位置分别处于 500℃ 和 1150℃ 处。

③ 在燃烧管出口处充填洗净、干燥的玻璃纤维棉，在距出口端 80～100mm 处，充填厚度约 3mm 的硅酸铝棉。

④ 将程序控制器、管式高温炉、库仑积分器、电解池、电磁搅拌器和空气供应及净化装置组装在一起。燃烧管、活塞及电解池之间连接时应口对口紧接，并用硅橡胶管密封。

⑤ 开动抽气泵和供气泵，将抽气流量调节到 1000mL/min，然后关闭电解池与燃烧管之间的活塞，如抽气量降到 300mL/min 以下，证明仪器各部件及各接口气密性良好，可以进行测定，否则需检查各部件及其接口。

2. 仪器标定

(1) 标定方法　使用有证煤标准物质、按以下方法之一进行测硫仪标定。

① 多点标定法：用硫含量能覆盖被测样品硫含量范围的至少 3 个有证煤标准物质进行标定；

② 单点标定法：用与被测样品硫含量相近的标准物质进行标定。

(2) 标定程序

① 按 GB/T 212—2008 测定煤标准物质的空气干燥基水分，计算其空气干燥基全硫 w_{ad} (S_t) 标准值。

② 按后述库仑滴定法测定步骤，用被标定仪器测定煤标准物质的硫含量。每一标准物质至少重复测定 3 次，以 3 次测定值的平均值为煤标准物质的硫测定值。

③ 将煤标准物质的硫测定值和空气干燥基标准值输入测硫仪（或仪器自动读取），生成校正系数。有些仪器可能需要人工计算校正系数，然后再输入仪器。

（3）标定有效性核验　另外选取 1～2 个煤标准物质或者其他控制样品，用被标定的测硫仪按照测定步骤测定其全硫含量。若测定值与标准值（控制值）之差在标准值（控制值）的不确定度范围（控制限）内，说明标定有效，否则应查明原因，重新标定。

3. 实验步骤

① 将管式高温炉升温并控制在（1150±10）℃。

② 开动供气泵和抽气泵并将抽气流量调节到 1000mL/min。在抽气条件下，将电解液加入电解池内，开动电磁搅拌器。

③ 在瓷舟中放入少量非测定用的煤样，按④所述的方法进行终点电位调整实验，如实验结束后库仑积分器的显示值为 0，应再次测定直至显示值不为 0。

④ 于瓷舟中称取粒度小于 0.2mm 的空气干燥煤样（0.05 ± 0.005）g（称准至 0.0002g），在煤样上盖一薄层三氧化钨。将瓷舟置于送样的石英托盘上，开启送样程序控制器，煤样即自动送进炉内，库仑滴定随即开始。实验结束后，库仑积分器显示出硫的毫克数或质量分数，或由打印机打出。

4. 标定检查

仪器测定期间应使用煤标准物质或者其他控制样品定期（建议每 10～15 次测定后）对测硫仪的稳定性和标定的有效性进行核查，如果煤标准物质或者其他控制样品的测定值超出标准值的不确定度范围（控制限），应按上述步骤重新标定仪器，并重新测定自上次检查以来的样品。

五、结果计算

当库仑积分器最终显示数为硫的毫克数时，全硫的质量分数按下式计算

$$w_{ad}(S_t) = \frac{m_1}{m} \times 100\%$$

式中　$w_{ad}(S_t)$——一般分析试验煤样中全硫的质量分数，%；

$\quad\quad m_1$——库仑积分器显示值，mg；

$\quad\quad m$——煤样质量，mg。

六、测定精密度

库仑滴定法测定全硫的精密度见第三章第五节表 3-35 的规定。

七、注意事项

① 实验结束前，首先应关闭电解池与燃烧管间的旋塞，以防电解液流入燃烧管而使燃烧管炸裂。

② 加电解液必须在抽气泵开启，并且燃烧管和电解池的旋塞关闭时，方可将电解液加入电解池。

③ 试样称量前，应尽可能将试样混合均匀。

④ 电解液可以重复使用，但当电解液 pH<1 时需更换，否则测定结果偏低。

⑤ 三氧化钨是一种非常好的促进硫酸盐硫分解的催化剂。考虑二氧化硫和三氧化硫的可逆平衡可知要提高二氧化硫的生成率，需保持较高的燃烧温度，但温度过高又会缩短燃烧管的寿命。在煤样上覆盖一层三氧化钨，可使煤中硫酸盐硫在较低温度（1150～1200℃）下完全分解。

⑥ 燃烧管中充填 3mm 的硅酸铝棉是为避免某些气肥煤、褐煤等高挥发分煤引起爆燃，

造成熔板和管道发黑，影响测值。在燃烧管高温区紧靠瓷舟头部位置充填3mm厚、直径与燃烧管内径相当的硅酸铝棉可取得良好的抗爆燃效果。

⑦ 硅橡胶是一种无硫的有机硅聚合材料，试验证明，当把硅橡胶管连在温度为120℃的燃烧管出口处，对测定值无影响。而普通橡胶管含有硫分，使用一段时间后橡胶分解，影响测定结果。但硫氧化物、亚硫酸和硫酸对硅橡胶仍有较强的腐蚀作用，故需将各玻璃器件的玻璃口对紧后再用硅胶管封接，以尽量减少酸及酸性氧化物与其接触而腐蚀。

⑧ 从二氧化硫和三氧化硫的可逆平衡来考虑，必须保持较低的氧气分压，才能提高二氧化硫的生成率。因此，库仑滴定法选用空气而不是氧气做载气。用未经干燥的空气做载气会使二氧化硫（或三氧化硫）在进入电解池前就形成亚硫酸（或硫酸），吸附在管路中，使测定结果偏低，因此空气流应预先干燥。

⑨ 煤灰中的硫均以硫酸盐硫的形式存在，在高温下，硫酸盐硫分解为金属氧化物和三氧化硫，由于存在二氧化硫和三氧化硫的可逆平衡，分解生成的三氧化硫将有97%转化为可被库仑滴定法测定的二氧化硫。所以库仑滴定法也可测定煤灰中的硫酸盐硫。

思考题

1. 库仑滴定法为什么必须使用干燥的空气做载气？
2. 在煤样上覆盖一层三氧化钨的作用是什么？
3. 煤灰中的硫可以用库仑滴定法测定吗？

实验七　煤的发热量测定

一、实验目的

① 掌握煤的发热量测定原理及恒温式热量计测定煤发热量的步骤和方法。

② 学会热量计的安装与使用方法。

③ 了解热容量及仪器常数的标定方法。

二、实验原理

见第三章第六节煤的发热量。

三、实验仪器设备

1. 恒温式热量计

（1）氧弹　由耐热、耐腐蚀的镍铬或镍铬钼合金钢制成，需要具备三个主要性能：

① 不受燃烧过程中出现的高温和腐蚀性产物的影响而产生热效应；

② 能承受充氧压力和燃烧过程中产生的瞬时高压；

③ 实验过程中能保持完全气密。

（2）内筒　用紫铜、黄铜或不锈钢制成。筒内装水2000～3000mL，以能浸没氧弹（进、出气阀和电极除外）为准。内筒外面应电镀抛光，以减少与外筒间的辐射作用。

（3）外筒　为金属制成的双壁容器，并有上盖。外筒底部设有绝缘支架，以便放置内筒。恒温式热量计配置恒温式外筒，盛满水的外筒的热容量应不小于热量计热容量的5倍，以保持实验过程中外筒温度基本恒定。外筒外面可加绝缘保护层，以减少室温波动对实验的影响。用于外筒的温度计应有0.1K的最小分度值。绝热式热量计配置绝热式外筒，通过自动控温装置，外筒水温能紧密跟踪内筒的温度，外筒的水还应在特制的双层盖中循环。

（4）搅拌器　为螺旋桨式，转速400～600r/min为宜。搅拌效率应能使热容量标定中由点火到终点的时间不超过10min，同时又要避免产生过多的搅拌热（当内、外筒温度和室温一致时，连续搅拌 10min 所产生的热量不应超过 120J）。

（5）量热温度计

① 玻璃水银温度计。常用的玻璃水银温度计有两种：一种是固定测温范围的精密温度计，一种是可变测温范围的贝克曼温度计。两者的最小分度值应为 0.01K。使用时应根据检定证书中的修正值做必要的校正。两种温度计都应进行刻度修正（贝克曼温度计称为孔径修正）。另外，贝克曼温度计还要进行"平均分度值"的修正。

② 数字显示温度计。数字显示温度计可代替传统的玻璃水银温度计，数字显示温度计是由诸如铂电阻、热敏电阻以及石英晶体共振器等配备合适的电桥，零点控制器、频率计数器或其他电子设备构成，它们应能提供符合要求的分辨率，数字显示温度计的短期重复性不应超过 0.001K，6 个月内的长期漂移不应超过 0.05K。

2. 附属设备

（1）温度计读数放大镜和照明灯　为了使温度计读数能估计到 0.001K，需要一个大约 5 倍的放大镜，通常放大镜装在一个镜筒中，筒的后部装有照明灯，用以照明温度计的刻度。镜筒借适当装置可沿垂直方向上、下移动，以便跟踪观察温度计中水银柱的位置。

（2）振荡器　电动振荡器用以在读取温度前振动温度计，以克服水银柱和毛细管之间的附着力。如无此装置，可用套有橡皮管的细玻璃棒等敲击温度计。

（3）燃烧皿　以铂制品最理想，一般可用镍铬钢制品。规格可采用高 17～18mm，底部直径 19～20mm，上部直径 25～26mm，厚 0.5mm。其他合金钢或石英制的燃烧皿也可使用。但以能保证试样燃烧完全而本身又不受腐蚀和产生热效应为原则。

（4）压力表和氧气导管　压力表应由两个表头组成，一个指示氧气瓶中的压力，另一个指示充氧时氧弹内的压力。表头上应装有减压阀和保险阀。压力表每年应经计量机关至少检定一次，以保证指示正确和操作安全。

压力表通过内径 1～2mm 的无缝钢管与氧弹连接，以便导入氧气。

压力表和各连接部分禁止与油脂接触或使用润滑油。如不慎沾污，必须依次用苯和酒精清洗，并待风干后再用。

（5）点火装置　点火采用 12～24V 的电源，可由 220V 交流电源经变压器供给。线路中应串接一个调节电压的变阻器和一个指示点火情况的指示灯或电流计。

点火电压应预先试验确定。方法如下。

接好点火丝，在空气中通电试验。在熔断式点火的情况下，调节电压使点火丝在 1～2s 内达到亮红；在非熔断式点火的情况下，调节电压使点火线在 4～5s 内达到暗红。在非熔断式点火的情况下如采用棉线点火，则在遮火罩以上的两电极柱间连接一段直径约 0.3mm 的镍铬丝，丝的中部预先绕成螺旋数圈，以便发热集中。通电，准确测出电压、电流和通电时间，以便计算电能产生的热量。

（6）压饼机　螺旋式或杠杆式压饼机。能压制直径 10mm 的煤饼或苯甲酸饼。模具及压杆应用硬质钢制成，表面光洁，易于擦拭。

（7）秒表　秒表或其他指示 10s 的计时器。

3. 天平

① 分析天平：感量 0.1mg。

② 工业天平：载量 4～5kg，感量 0.5g。

四、实验试剂和材料

① 氧气：99.5% 纯度，不含可燃成分，不允许使用电解氧，压力足以使氧弹充氧

至 3.0MPa。

② 氢氧化钠标准溶液：浓度为 0.1mol/L。

③ 甲基红指示液：2g/L。

④ 苯甲酸：基准量热物质，二等或二等以上，经权威计量机构鉴定并标明热值的苯甲酸。

⑤ 点火丝：直径 0.1mm 左右的铂、铜、镍丝或其他已知热值的金属丝，如使用棉线，则应选用粗细均匀，不涂蜡的白棉绒。各种点火丝放出的热量如下。

铁丝：6700J/g；镍铬丝：6000J/g；钢丝：2500J/g；棉线：17500J/g。

⑥ 酸洗石棉绒：使用前在 800℃下灼烧 30min。

⑦ 擦镜纸：使用前先测出其燃烧热。方法为抽取 3～4 张纸，团紧，称准质量，放入燃烧皿中，然后按常规方法测定发热量。取三次结果的平均值作为擦镜纸热值。

⑧ 点火导线：直径 0.3mm 左右的镍铬丝。

五、实验步骤

1. 恒温式热量计法

① 按使用说明书安装调节热量计。

② 在燃烧皿中精确称取粒度小于 0.2mm 的空气干燥煤样或水煤浆干燥试样 0.9～1.1g（称准至 0.0002g）。

对于燃烧时易飞溅的试样，可先用已知质量和热值的擦镜纸包紧再进行测试，或先在压饼机上压饼并切成 2～4mm 的小块使用。对于不易完全燃烧的试样，可先在燃烧皿底部铺一个石棉垫，或用石棉绒做衬垫（先在燃烧皿底部铺一层石棉绒，并用手压实以防煤样掺入）。如加衬垫后仍燃烧不完全，可提高充氧压力至 3.2MPa，或用已知质量和热值的擦镜纸包裹称好的试样并用手压紧，然后放入燃烧皿中。

③ 在熔断式点火的情况下，取一段已知质量的点火丝，把两端分别接在氧弹的两个电极柱上，点火丝和电极柱必须接触良好。再把盛有试样的燃烧皿放在支架上，调节点火丝使之下垂至刚好与试样接触，对于易飞溅或易燃的煤，点火丝应与试样保持微小的距离。特别要注意，不能使点火丝接触燃烧皿，以免发生短路导致点火失败，甚至烧毁燃烧皿。同时还应防止两电极之间以及燃烧皿与另一电极之间的短路。在非熔断式点火的情况下，当用棉线点火时，把已知质量的棉线的一端固定在已连接到两电极柱上的点火导线上（最好夹紧在点火丝的螺旋中），另一端搭接在试样上，根据试样点火的难易，调节搭接的程度。对于易飞溅的煤样，应保持微小的距离。

往氧弹中加入 10mL 蒸馏水，小心拧紧氧弹盖，注意避免因震动而改变燃烧皿和点火丝的位置。接通氧气导管，往氧弹中缓缓充入氧气（速度太快，容易使煤样溅出燃烧皿），直到压力达到 2.8～3.0MPa，且充氧时间不得小于 15s；如果充氧压力超过 3.2MPa，应停止实验，放掉氧气后，重新充氧至 3.2MPa 以下。当钢瓶中氧气的压力降到 5.0MPa 以下时，充氧时间应酌量延长，当钢瓶中氧气压力低于 4.0MPa 时，应更换新的钢瓶氧气。

④ 往内筒中加入足够的蒸馏水，使氧弹盖的顶面（不包括突出的氧气阀和电极）淹没在水面以下 10～20mm。每次实验时水量应与标定热容量时一致（相差不超过 0.5g）。

水量最好用称量法测定。如用容量法测定，需对温度变化进行补正。还要恰当调节内筒水温，使到达终点时内筒比外筒高 1K 左右，使到达终点时内筒温度明显下降。外筒温度应尽量接近室温，相差不得超过 1.5K。

⑤ 把氧弹放入装好水的内筒中，如果氧弹内无气泡冒出，表明气密性良好，即可把内

筒放在外筒的绝缘架上；如果氧弹内有气泡冒出，则表明有漏气处，此时应找出原因，加以纠正并重新充氧。然后接上点火电极插头，装上搅拌器和量热温度计，并盖上外筒筒盖。温度计的水银球（或温度传感器）对准氧弹主体（进、出气阀和电极除外）的中部，温度计和搅拌器不能接触氧弹和内筒。靠近量热温度计的露出水银柱的部位，应另悬一支普通温度计，用来测定露出柱的温度。

⑥ 开动搅拌器，5min 后开始计时，同时读取内筒温度（t_0）后并立即通电点火，随后记录外筒温度（t_j）和露出柱温度（t_e）。外筒温度至少读到 0.05K（精度），借助放大镜将内筒温度读到 0.001K。读取温度时，视线、放大镜中线和水银柱顶端应位于同一水平，以避免视觉对读数的影响。每次读数前，应开动振荡器振动 3～5s。

⑦ 观察内筒温度（注意：点火后 20s 内不要把身体的任何部位伸到热量计上方）。

点火后，如果在 30s 内温度急剧上升，则表明点火成功。点火后 $1'40''$ 时读取一次内筒温度（$t_{1'40''}$），点火后最初几分钟内，温度急剧上升，读温精确到 0.01K 即可，但只要有可能，读温应精确到 0.001K 即可。

⑧ 一般点火后 7～8min 测热过程就将接近终点，接近终点时，开始按 1min 间隔读取内筒温度。读温度前开动振荡器，读准到 0.001K。以第一个下降温度作为终点温度（t_n）。若终点时不能观察到温度下降（内筒温度低于或略高于外筒温度时），可以随后连续 5min 内温度增量（以 1min 间隔）的平均变化不超过 0.001K/min 时的温度为终点温度（t_n）。实验主要阶段至此结束。

⑨ 停止搅拌，取出内筒和氧弹，开启放气阀，放出燃烧废气，打开氧弹仔细观察弹筒和燃烧皿内部，如果有试样燃烧不完全的迹象（如：试样有飞溅）或有炭黑存在，实验作废。

量出未烧完的点火丝长度，以便计算点火丝的实际消耗量。

用蒸馏水充分冲洗氧弹内各部分、放气阀、燃烧皿内外和燃烧残渣。把全部洗液（共约 100mL）收集在一个烧杯中供测硫使用。

2. 绝热式热量计法

① 按使用说明书安装和调节热量计。

② 按照与恒温式热量计法相同的步骤准备试样。

③ 按照与恒温式热量计法相同的步骤准备氧弹。

④ 按照与恒温式热量计法相同的步骤称取内筒所需的水量。调节内筒水温时使其尽量接近室温，相差不要超过 5K，稍低于室温最理想。内筒温度太低，易使水蒸气凝结在内筒的外壁；温度过高，易造成内筒水蒸发过多。这都将给测值带来误差。

⑤ 按照与恒温式热量计相同的步骤安放内筒和氧弹及装置搅拌器和温度计。

⑥ 开动搅拌器和外筒循环水泵，打开外筒冷却水和加热器开关。当内筒温度趋于稳定后，调节冷却水流速，使外筒加热器每分钟自动接通 3～5 次（由电流计或指示灯观察）。如果自动控温电路采用可控硅代替继电器，则冷却水的调节应以加热器中有微弱电流为准。

调好冷却水后，开始读取内筒温度，借助放大镜读到 0.001K，每次读数前，开动振荡器 3～5s。当以 1min 为间隔连续 3 次温度读数极差不超过 0.001K 时，即可通电点火，此时的温度即为点火温度 t_0。如果点不着火，可调节电桥平衡钮，直到内筒温度达到平衡后再行点火。

点火后 6～7min，再以 1min 间隔读取内筒温度，直到连续三次读数极差不超过 0.001K 为止。取最高的一次读数作为终点温度 t_n。

⑦ 关闭搅拌器和加热器（循环水泵继续开动），然后按照恒温式热量计法的步骤结束实验。

3. 自动氧弹热量计法

① 按照仪器说明书安装、调节热量计。

② 按照与恒温式热量计法相同的步骤准备试样。

③ 按照与恒温式热量计法相同的步骤准备氧弹。

④ 按仪器操作说明书进行其余步骤的试样，然后按恒温式热量计法相同的步骤结束实验。

⑤ 实验结果被打印或显示后，校对输入的参数，确定无误后报出结果。

六、实验记录和结果计算

1. 实验记录

见附表 5。

附表 5　煤炭发热量测定　　　　　　　　年　月　日

煤样编号		热容量 E		$t_0/℃$		$M_{ad}/\%$	
煤样质量/g		常数 K		$t_{1'40''}/℃$		$A_{ad}/\%$	
露出柱温度/℃		常数 A		$t_n/℃$		$Q_{b,ad}/(J/g)$	
基点温度/℃		n		$w_{ad}(S_b)/\%$		$Q_{gr,ad}/(J/g)$	
点火时外筒温度/℃		NaOH 标液浓度/(mol/L)		NaOH 溶液耗量/mL			
时间/min	内筒温度/℃	时间/min	内筒温度/℃	时间/min	内筒温度/℃	时间/min	内筒温度/℃
0		3		6		9	
1'40''		4		7		10	
2		5		8		11	

测定人＿＿＿＿＿＿审定人＿＿＿＿＿

2. 结果计算

测定结果的校正和计算如下。

（1）恒温式热量计法　利用恒温式热量计法计算弹筒发热量之前，需进行温度计刻度校正、贝克曼温度计平均分度值校正、冷却校正和点火丝热量校正。

① 校正。

a. 温度计刻度校正。根据检定书中所给的孔径修正值校正点火温度 t_0 和终点温度 t_n，再由校正后的温度 (t_0+h_0) 和 (t_n+h_n) 求出温升，其中 h_0 和 h_n 分别表示 t_0 和 t_n 时的孔径修正值。

b. 贝克曼温度计平均分度值的校正。调定基点温度后，应根据检定证书中所给的平均分度值计算该基点温度下的对应于标准露出柱温度（根据检定证书所给的露出柱温度计算而得）的平均分度值 H^0。

在实验中，当实验时的露出柱温度 t_e 与标准露出柱温度相差 3℃ 以上时，按下式计算平均分度值 H

$$H = H^0 + 0.00016(t_s - t_e)$$

式中　H^0——该基点温度下对应于标准露出柱温度时的平均分度值；

t_s——该基点温度所对应的标准露出柱温度，℃；

t_e——实验中的实际露出柱温度，℃；

　　0.00016——水银对玻璃的相对膨胀系数。

　　c. 冷却校正。因为恒温式热量计的内筒在实验过程中与外筒之间始终进行着热交换，所以需要对散失的热量进行校正，其办法是在温升中加上一个校正值 C，这个校正值称为冷却校正值，计算方法如下。

　　首先根据点火时和终点时的内外筒温差 (t_0-t_j) 和 (t_n-t_j) 从 v-$(t-t_j)$ 关系曲线中查出相应的 v_0 和 v_n 或根据预先标定出的公式计算 v_0 和 v_n：

$$v_0=K(t_0-t_j)+A$$

$$v_n=K(t_n-t_j)+A$$

式中　v_0——对应于点火时内外筒温差的内筒降温速度，K/min；

　　　　v_n——对应于终点时内外筒温差的内筒降温速度，K/min；

　　　　K——热量计的冷却常数，$\min^{-1}$；

　　　　A——热量计的综合常数，K/min；

　　t_0-t_j——点火时的内外筒温度差，K；

　　t_n-t_j——终点时的内外筒温度差，K。

　　然后按下式计算冷却校正值

$$c=(n-a)v_n+av_0$$

式中　c——冷却校正值，K；

　　　n——由点火到终点的时间，min；

　　　a——当 $\Delta/\Delta_{1'40''}\leqslant1.20$ 时，$a=\Delta/\Delta_{1'40''}-0.10$；

　　　　　当 $\Delta/\Delta_{1'40''}>1.20$ 时，$a=\Delta/\Delta_{1'40''}$。

　　其中 Δ 为主期内总温升（$\Delta=t_n-t_0$），$\Delta_{1'40''}$ 为点火后 $1'40''$ 时的温升（$\Delta_{1'40''}=t_{1'40''}-t_0$）。

　　d. 点火热校正。在熔断式点火法中，应由点火丝的实际消耗量（原用量减掉残余量）和点火丝的燃烧热计算实验中点火丝放出的热量。

　　在非熔断或点火法中，用棉线点火法中，首先算出所用一根棉线的燃烧热（剪下一定数量适当长度的棉线，称出它们的质量，然后算出一根棉线的质量，再乘以棉线的单位热值），然后确定每次消耗的电能热如下：

$$电能热=电压\times电流\times时间$$

　　棉线的燃烧热和电能热的总和即为点火热。

　　② 弹筒发热量的计算。弹筒发热量的计算公式（适用于恒温式热量计法计算空气干燥煤样或水煤浆试样）如下

$$Q_{b,ad}=\frac{EH[(t_n+h_n)-(t_0+h_0)+c]-(q_1+q_2)}{m}$$

式中　$Q_{b,ad}$——空气干燥煤样（或水煤浆干燥试样）的弹筒发热量，J/g；

　　　　E——热量计的热容量，J/K；

　　　　q_1——点火热，J；

　　　　q_2——添加物（如包纸等）产生的总热量，J；

　　　　m——试样质量，g；

　　　　H——贝克曼温度计的平均分度值，使用数字显示温度计时，$H=1$；

　　　　h_0——t_0 时的温度计刻度修正值，使用数字显示温度计时，$h_0=0$；

　　　　h_n——t_n 时的温度计刻度修正值，使用数字显示温度计时，$h_n=0$。

　　如果称取的是水煤浆试样，计算的弹筒发热量为水煤浆试样的弹筒发热量 $Q_{b,CWM}$。

（2）绝热式热量计法。利用绝热式热量计法计算弹筒发热量之前也需进行温度计刻度校正、贝克曼温度计平均分度值校正和点火丝热量校正，校正方法与恒温热量计法相同。因为绝热式热量计散失的热量可以忽略不计，所以不需进行冷却校正。

弹筒发热量的计算公式如下。

如果称取的是水煤浆试样，计算的弹筒发热量为水煤浆试样的弹筒发热量 $Q_{b,CWM}$。

$$Q_{b,ad} = \frac{EH[(t_n + h_n) - (t_0 + h_0)] - (q_1 + q_2)}{m}$$

七、精密度

发热量测定的精密度要求如附表 6 所示。

附表 6　发热量测定的精密度要求

项　目	重复性限 $Q_{gr,ad}$	再现性临界差 $Q_{gr,d}$
高位发热量（折算到同一水分基）/(J/g)	120	300

八、注意事项

① 实验室应设在一单独房间，不得在同一房间内同时进行其他实验项目。室温尽量保持恒定，每次测定室温变化不应超过 $1℃$，室温以 $15\sim35℃$ 范围为宜。实验过程中应避免开启门窗。

② 发热量测定中所用的氧弹必须经过耐压（$\geqslant20MPa$）实验，并且充氧后保持完全气密。

③ 氧气瓶口不得沾有油污及其他易燃物，氧气瓶附近不得有明火。

［发热量测定举例］

1. 实验记录

试样质量 m：1.0051g；

热容量 E：10053J/K；

贝克曼温度计的基点温度：22.22℃；

露出柱温度 t_e：24.20℃；

试样的全硫含量 $w_{ad}(S_t)$：1.20%；

点火热：79J。

2. 读温记录

时间/min	内筒温度读数 t/℃	外筒温度 t_j/℃
0（点火）	0.254（t_0）	
1'40″	2.82（$t_{1'40''}$）	
⋮	⋮	
⋮	⋮	24.05
7	3.281	
8	3.279（t_n）	
$n=8$		

3. 冷却校正

校正后的外筒温度：$t_j = 24.05 - 22.22 = 1.83$

$v_0 = -0.0042$（根据 $t_0 - t_j = 0.254 - 1.83 = -1.58$ 查得）

$$v_n = 0.0030 \text{（根据 } t_n - t_j = 3.279 - 1.83 = 1.45 \text{ 查得）}$$

$$\Delta = 3.279 - 0.254 = 3.025$$

$$\Delta_{1'40''} = 2.82 - 0.254 = 2.566$$

因为 $\Delta / \Delta_{1'40''} = 1.18 < 1.20$

所以 $\alpha = 1.18 - 0.10 = 1.08$

$$c = (n - a)v_n + \alpha v_0$$
$$= (8 - 1.08) \times 0.0030 - 1.08 \times 0.0042$$
$$= 0.0162$$

4. 温度计读数校正

温度计检定证书给出的孔径修正值（见附表7）和平均分度值表（见附表8）。

附表7 孔径修正值

分度线	0	1	2	3	4	5
孔径修正值 h	0.000	−0.003	−0.001	−0.004	−0.001	0.000

附表8 平均分度值表

测温范围/℃	露出柱温度/℃	平均分度值	测温范围/℃	露出柱温度/℃	平均分度值
0~5	16	0.990	30~35	22	1.003
10~15	18	0.995	⋮	⋮	⋮
20~25	20	0.999			

因为 $t_0 = 0.254$

所以 $h_0 = 0.000 + (-0.003 - 0.000) \times 0.254 = -0.0008$

因为 $t_n = 3.279$

所以 $h_n = -0.004 + (-0.001 + 0.004) \times (3.279 - 3) = -0.0032$

然后根据平均分度值表计算

$$H^0 = 0.009 + (22.22 - 20) \times \frac{(1.003 - 0.999)}{10} = 0.9999$$

$$t_s = 20 + \frac{22 - 20}{10} \times (22.22 - 20) = 20.44$$

因为 $H = H^0 + 0.00016(t_s - t_e)$

所以 $H = 0.9999 + 0.00016 \times (20.44 - 24.20) = 0.9993$

因为 $Q_{b,ad} = \dfrac{EH[(t_n + h_n) - (t_0 + h_0) + c] - (q_1 + q_2)}{m}$

所以

$$Q_{b,ad} = \frac{10053 \times 0.9993 \times \{[3.279 + (-0.0032)] - [0.254 + (-0.0008)] + 0.0162\} - 79}{1.0051}$$

$$= 30294(\text{J/g})$$

因为 $w_{ad}(S_t) < 4\%$，可用 $w_{ad}(S_t)$ 代替 $w_{ad}(S_b)$；$Q_{b,ad} > 25.10\text{MJ/kg}$，$\alpha$ 取 0.0016。

$$Q_{gr,v,ad} = Q_{b,ad} - [94.1 w_{ad}(S_b) + \alpha Q_{b,ad}]$$
$$Q_{gr,v,ad} = 30294 - (94.1 \times 1.20 + 30294 \times 0.0016)$$
$$= 30133(\text{J/g})$$
$$= 30.13(\text{MJ/kg})$$

思考题

1．为什么要在氧弹内加 10mL 蒸馏水？

2．为什么要检验氧弹的气密性？

3．为什么要标定仪器的热容量？

4．为什么要限定搅拌器的转速？

实验八　烟煤胶质层指数的测定

此法是在模拟工业炼焦的条件下进行的（GB/T 479—2016）。

一、实验目的

① 掌握胶质层指数测定的原理、方法及具体操作步骤。

② 了解胶质层指数测定仪的构造以及在加热过程中煤杯内煤样的变化特征。

③ 能够准确、完整地报出实验结果。

二、实验仪器设备

（1）双杯胶质层指数测定仪　有带平衡砣（见附图 7）和不带平衡砣的（除无平衡砣外，其余构造同附图 7）两种类型。

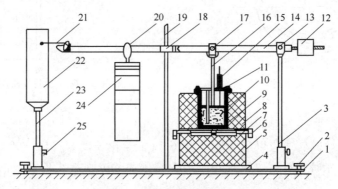

附图 7　胶质层指数测定仪示意

1—底座；2—水平螺丝；3—立柱；4—石棉板；5—下部砖垛；6—接线夹；7—硅碳棒；8—上部砖垛；
9—煤杯；10—热电偶铁管；11—压板；12—平衡砣；13、17—活轴；14—杠杆；15—探针；16—压力盘；
18—方向控制板；19—方向柱；20—砝码挂钩；21—记录笔；22—记录转筒；23—记录转筒支柱；
24—砝码；25—固定螺钉

（2）程序温控仪　温度低于 250℃时，升温速度约为 8℃/min；250℃以上，升温速度为 3℃/min；在 300～600℃期间，显示温度与应达到的温度差值不超过 5℃，其余时间内不应超过 10℃。也可用电位差计（0.5 级）和调压器来控温。

（3）煤杯　由 45 号钢制成。其规格如下：外径 70mm；杯底内径 59mm；从距杯底 50mm 处至杯口的内径 60mm；从杯底到杯口的高度 110mm。

煤杯使用部分的杯壁应当光滑，不应有条痕和缺凹，每使用 50 次后应检查一次使用部分的直径。检查时，沿其高度每隔 10mm 测量一点，共测 6 点，测得结果的平均数与平均直径（59.5mm）相差不得超过 0.5mm，杯底与杯体之间的间隙也不应超过 0.5mm。

杯底和压力盘的规格及其上的析气孔的布置方式如附图 8 所示。

（4）探针　由钢针和铝制刻度尺组成（如附图 9）。钢针直径为 1mm，下端是钝头。刻度尺上刻度的最小单位为 1mm。刻度线应平直清晰，线粗 0.1～0.2mm。对于已装好煤样而尚未进行实验的煤杯，用探针测量其纸管底部位置时，指针应指在刻度尺的零点上。

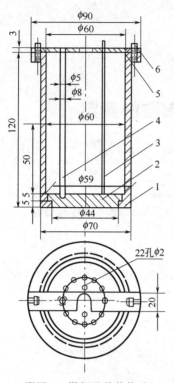

附图8　煤杯及其他构造

1—杯体；2—杯底；3—细钢棍；4—热电偶铁管；

5—压板；6—螺丝

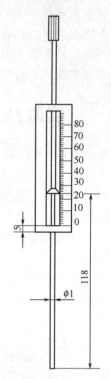

附图9　探针（测胶质层层面专用）

（5）记录转筒　其转速应以记录笔每160min能绘出长度为（160±2）mm的线段为准。每月应检查一次记录转筒转速，检查时应至少测量80min所绘出的线段的长度，并调整到合乎标准。

三、实验准备

① 煤杯、热电偶管及压力盘上遗留的焦屑等用金刚砂布（3/2号为宜）人工清除干净，也可用下列机械方法清除。

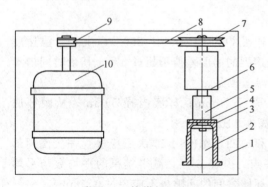

附图10　擦煤杯机

1—底座；2—煤杯；3—固定煤杯螺钉；4—固定煤杯的杯底；5—连接盘；6—轴承；7，9—胶带轮；8—胶带；10—电动机

清洁煤杯用的机械装置如附图10所示。用固定煤杯的特制"杯底"和固定煤杯的螺钉把煤杯固定在连接盘上。启动电动机带动煤杯转动，手持裹着干磨砂布的圆木棍（直径约56mm、长240mm）伸入煤杯中，并使之紧贴杯壁，将煤杯上的焦屑除去。

杯底及压力盘上各析气孔应通畅，热电偶管内不应有异物。

② 纸管制作。在一根细钢棍上用香烟纸黏制成直径为2.5～3mm、高度约为60mm的纸管。装煤杯时将钢棍插入纸管，纸管下端折约2mm，纸管上端与钢棍贴紧，防止煤样进入

纸管。

③ 滤纸条。宽约 60mm，长 190～220mm。

④ 石棉圆垫。用厚度为的 0.5～1.0mm 的石棉纸做 2 个直径为 59mm 的石棉圆垫。在上部圆垫上有供热电偶铁管穿过的圆孔和上述纸管穿过的小孔；在下部圆垫上，对应压力盘上的探测孔处作一标记。

用下列方法切制石棉垫或手工制成。

切垫机如附图 11 所示。将石棉纸裁成宽度为 63～65mm 的窄条，从长缝中放入机内，用力压手柄，使切刀压下，切割石棉纸，然后松开手柄，推出切好的石棉圆垫。

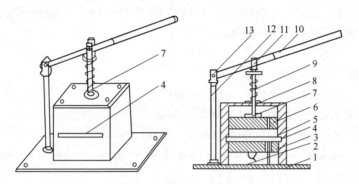

附图 11　切垫机示意图

1—底座；2，9—弹簧；3—下部切刀；4—石棉纸放入缝；5—切刀外壳；6—上部切刀；

7—压杆；8—垫板；10—手柄；11，13—轴心；12—立柱

⑤ 体积曲线记录纸。用毫米方格纸做体积曲线记录纸，其高度与记录转筒的高度相同，长度略大于转筒圆周。

⑥ 装煤杯。

a. 将杯底放入煤杯使其下部凸出部分进入煤杯底部圆孔中，杯底上放置热电偶铁管的凹槽中心点与压力盘上放热电偶的孔洞中心点对准。

b. 将石棉垫铺在杯底上，石棉垫上圆孔应对准杯底上的凹槽，在杯内下部沿壁围一条滤纸条。

将热电偶铁管插入煤杯底凹槽，把带有香烟纸管的钢棍放在下部石棉圆垫的探测孔标志处，用压板把热电偶铁管和钢棍固定，并使它们都保持垂直状态。

c. 将全部试样倒在缩分板上，掺和均匀，摊成厚约 10mm 的方块。用直尺将方块划分为许多 30mm×30mm 左右的小块，用长方形小铲按棋盘式取样法隔块分别取出 2 份试样，每份试样质量为 (100±0.5)g，粒度小于 0.2mm 部分不超过 3%，缩分出不小于 500g。

d. 将每份试样用堆锥四分法分为 4 部分，分 4 次装入杯中。每装 25g 之后，用金属针将煤样摊平，但不得捣固。

e. 试样装完后，将压板暂时取下，把上部石棉圆垫小心地平铺在煤样上，并将露出的滤纸边缘折复于石棉垫之上，放入压力盘，再用压板固定热电偶铁管。将煤杯放入上部砖垛的炉孔中。把压力盘与杠杆连接起来，挂上砝码，调节杠杆到水平。

f. 如试样在实验中生成流动性很大的胶质体溢出压力盘，则应按步骤 a 重新装样实验。重新装样的过程中，需在折复滤纸后用压力盘压平，并用直径 2～3mm 的石棉绳在滤纸和石棉垫上方沿杯壁和热电偶铁管外壁围一圈，再放上压力盘，使石棉绳把压力盘与煤杯、压力盘与热电偶铁管之间的缝隙严密地堵起来。

g. 在整个装样过程中香烟纸管应保持垂直状态。当压力盘与杠杆连接好后，在杠杆上挂上砝码，把细钢棍小心地由纸管中抽出来（可轻轻旋转），务使纸管留在原有位置。如纸管被拔出，或煤粒进入了纸管（可用探针试出），需重新装样。

⑦ 用探针测量纸管底部时，将刻度尺放在压板上，检查指针是否指在刻度尺的零点。如不在零点，则有煤粒进入纸管内，应重新装样。

⑧ 将热电偶置于热电偶铁管中，检查前杯和后杯热电偶连接是否正确。

⑨ 把毫米方格纸装在记录转筒上，并使纸上的水平线始、末端彼此衔接起来。调节记录转筒的高低，使其能同时记录前、后杯2个体积曲线。

⑩ 检查活轴轴心到记录笔尖的距离，并将其调整为600mm，将记录笔充好墨水。

⑪ 加热以前按下式求出煤样的装填高度

$$h = H - (a + b)$$

式中　h——煤样的装填高度，mm；

　　　H——由杯底上表面到杯口的高度，mm；

　　　a——由压力盘上表面到杯口的距离，mm；

　　　b——压力盘和两个石棉圆垫的总厚度，mm。

a 值测量时，顺煤杯周围在 4 个不同地方共量 4 次，取平均值。H 值应每次装煤前实测，b 值可用卡尺实测。

⑫ 同一煤样重复测定时装煤高度的允许差为 1mm，超过允许差时应重新装样。报告结果时，应将煤样的装填高度的平均值附注于 X 值之后。

四、实验步骤

① 当上述准备工作就绪后，打开程序控温仪开关，通电加热，并控制两煤杯杯底升温速度如下：250℃以前为8℃/min，并要求 30min 内升到 250℃；250℃以后为 3℃/min。每10min 记录一次温度。在 350～600℃期间，实际温度与应达到的温度的差不应超过 5℃，在其余时间表内不应超过 10℃，否则，实验作废。

在实验中应按时记录时间和温度。时间从 250℃起开始计算，以分为单位。

② 温度到达250℃时，调节记录笔尖使之接触到记录转筒上，固定其位置，并旋转记录转筒一周，划出一条"零点线"，再将笔尖对准起点，开始记录体积曲线。

③ 对一般煤样，测量胶质层层面在体积曲线开始下降后几分钟开始❶，到温度升至约650℃时停止。当试样的体积曲线呈"山型"或生成流动性很大的胶质体时，其胶质层层面的测定可适当地提前停止，一般可在胶质层最大厚度出现后再对上下部层面各测 2～3 次即可停止，并立即用石棉绳或石棉绒把压力盘上探测孔严密地堵起来，以免胶质体溢出。

④ 测量胶质层上部层面时，将探针刻度尺放在压板上，使探针通过压板和压力盘上的专用小孔小心地插入纸管中，轻轻往下探测，直到探针下端接触到胶质层层面（手感有了阻力为上部层面）。读取探针刻度毫米数（为层面到杯底的距离），将读数填入记录表中"胶质层上部层面"栏内，并同时记录测量层面的时间。

⑤ 测量胶质层下部层面时，用探针首先测出上部层面，然后轻轻穿透胶质体到半焦面（手感阻力明显加大为下部层面），将读数填入记录表中"胶质层下部层面"栏内，同时记录测量层面的时间。探针穿透胶质层和从胶质层中抽出时，均应小心缓慢从事。在抽出时还应轻轻转动，防止带出胶质体或使胶质层内积存的煤气突然逸出，以免破坏体积曲线形状和影

---

❶　一般可在体积曲线下降约 5mm 时开始测量胶质层上部层面；上部层面测值达 10mm 左右时开始测量下部层面。

响层面位置。

⑥ 根据转筒所记录的体积曲线的形状及胶质体的特性，来确定测量胶质层上、下部层面的频率。

a. 当体积曲线呈"之"字形或波型时，在体积曲线上升到最高点时测量上部层面，在体积曲线下降到最低点时测量上部层面和下部层面（但下部层面的测量不应太频繁，每8～10min测量一次）。如果曲线起伏非常频繁，可间隔一次或两次起伏，在体积曲线的最高点和最低点测量上部层面，并每隔 8～10min 在体积曲线的最低点测量一次下部层面。

b. 当体积曲线呈山型、平滑下降型或微波型时，上部层面每5min测量一次，下部层面每 10min 测量一次。

c. 当体积曲线分阶段符合上述典型情况时，上、下部层面测量应分阶段按其特点依上述规定进行。

d. 当体积曲线呈平滑斜降型时（属结焦性不好的煤，Y 值一般在 7mm 以下），胶质层上、下部层面往往不明显，总是一穿即达杯底。遇此种情况时，可暂停 20～25min，使层面恢复，然后以每 15min 不多于一次的频数测量上部和下部层面，并力求准确地探测出下部层面的位置。

e. 如果煤在实验时形成流动性很大的胶质体，下部层面的测定可稍晚开始，然后每隔 7～8min 测量一次，到 620℃ 也应堵孔。在测量这种煤的上、下部胶质层层面时应特别注意，以免探针带出胶质体或胶质体溢出。

⑦ 当温度到达 730℃ 时，实验结束。此时调节记录笔离开转筒，关闭电源，卸下砝码，使仪器冷却。

⑧ 当胶质层测定结束后，必须等上部砖垛完全冷却或更换上部砖垛，方可进行下一次实验。

⑨ 在实验过程中，当煤气大量从杯底析出时，应不时地向电热元件吹风，使从杯底析出的煤气和炭黑烧掉，以免发生短路、烧坏硅碳棒、镍铬线或影响热电偶正常工作。

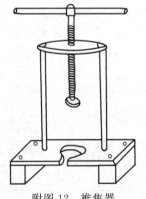

附图 12　推焦器

⑩ 如实验时煤的胶质体溢出到压力盘上，或在香烟纸管中的胶质层层面骤然高起，则实验应作废。

⑪ 推焦：推焦器如附图 12 所示。仪器全部冷却至室温后，将煤杯倒置在底座上的圆孔上，并把煤杯底对准丝杆中心，然后旋转丝杆，直至焦块被推出煤杯为止，尽可能保持焦块的完整。

五、注意事项

① 装煤样前，煤杯、热电偶管内等相关部件要清除干净，杯底及压力盘上各析气孔应通畅。

② 装煤样时，热电偶、纸管都必须保持垂直并与杯底标志对准，而且要防止煤样进入纸管。

③ 装好煤样后，用探针测量纸管底部时，指针必须指在刻度尺的零点。

④ 升温速度必须严格按照实验步骤①规定进行，否则实验作废。

⑤ 使用探针测量时，一定要小心缓慢从事，严防带出胶质体或使胶质层内积存的煤气突然逸出而影响体积曲线形状和层面位置。

六、实验记录及结果的报出

1. 实验记录表（供参考）见附表9。

2. 曲线的加工及胶质层测定结果的确定

① 取下记录转筒上的毫米方格纸，在体积曲线上方水平方向标出温度，在下方水平方向标出"时间"作为横坐标。在体积曲线下方、温度和时间坐标之间留一适当位置，在其左侧标出层面距杯底的距离作为纵坐标。根据记录表上所记录的各个上、下部层面位置和相应的"时间"数据，按坐标在图纸上标出"上部层面"和"下部层面"的各点，分别以平滑的线加以连接，得出上下部层面曲线。如按上法连成的层面曲线呈"之"字形，则应通过"之"字形部分各线段的中部连成平滑曲线作为最终的层面曲线，如附图13所示。

附表9 胶质层指数实验记录表

煤样编号								装煤高度 h/mm		前						
煤样来源		收样日期		年　月　日						后					
仪器号码		煤杯号码		前　　后											

时间/min		0	10	20	30	40	50	60	70	80	90	100	110	120	130	140	150	160
温度/℃ 前	应到																	
	实到																	
温度/℃ 后	应到																	
	实到																	

时间 /min 前	胶质层层面距杯底的距离/mm		时间 /min 后	胶质层层面距杯底的距离/mm	
	上部	下部		上部	下部

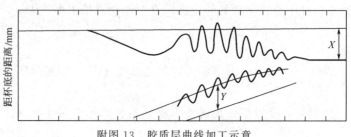

附图13　胶质层曲线加工示意

② 取胶质层上、下部层面曲线之间沿纵坐标方向的最大距离（读准到0.5mm）作为胶质层最大厚度Y（如附图13所示）（结果的报出取前杯和后杯重复测定的算术平均值，计算到小数点后一位）。

③ 取 730℃时体积曲线与零点线间的距离（读准到 0.5mm）作为最终收缩度 X（如附图 13 所示）。（结果的报出取前杯和后杯重复测定的算术平均值，计算到小数点后一位，并注明试样装填高度）

④ 在整理完毕的曲线图上，标明试样的编号，贴在记录表上一并保存。

⑤ 体积曲线的类型及名称表示见图 5-4。

3. 焦块技术特征的鉴定

焦块技术特征的鉴别方法如下。

（1）缝隙　缝隙的鉴定以焦块底面（加热侧）为准，一般以无缝隙、少缝隙和多缝隙三种特征表示，并附以底部缝隙示意（如附图 14 所示）。

无缝隙、少缝隙和多缝隙按单体焦块数的多少区分如下（单体焦块数是指裂缝把焦块底面划分成的区域数。当一条裂缝的一小部分不完全时，允许沿其走向延长，以清楚地划出区域。如附图 14 所示焦块的单体数为 8 块，虚线为裂缝沿走向的延长线）。

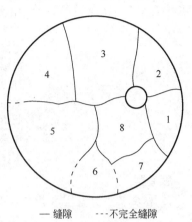

—缝隙　---不完全缝隙

附图 14　单体焦块和缝隙示意

单体焦块数为 1 块——无缝隙；

单体焦块数为 2~6 块——少缝隙；

单体焦块数为 6 块以上——多缝隙。

（2）孔隙　指焦块剖面的孔隙情况，以小孔隙、小孔隙带大孔隙和大孔隙很多来表示。

（3）海绵体　指焦块上部的蜂焦部分，分为无海绵体、小泡状海绵体和敞开的海绵体。

（4）绽边　指有些煤的焦块由于收缩应力而裂成的裙状周边（如附图 15 所示），依其高度分为无绽边、低绽边（约占焦块全高 1/3 以下）、高绽边（约占焦块全高 2/3 以上）和中等绽边（介于高绽边和低绽边之间）。

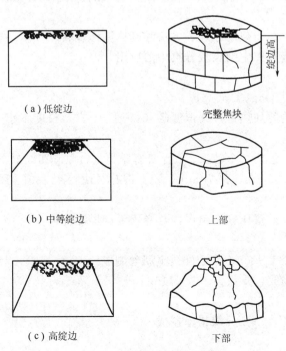

（a）低绽边　　　　　完整焦块

（b）中等绽边　　　　　上部

（c）高绽边　　　　　下部

附图 15　焦块绽边示意图

海绵体和焦块绽边的情况应记录在表上，以剖面图表示。

（5）**色泽** 以焦块断面接近杯底部分的颜色和光泽为准。焦色分黑色（不结焦或凝结的焦块）、深灰色、银灰色等。

（6）**熔合情况** 分为粉状（不结焦）、凝结、部分熔合、完全熔合等。

将焦块技术特征填入下表。

1. 焦块缝隙(平面图)
2. 海绵体绽边(剖面图)

缝隙_____色泽_____

孔隙_____海绵体_____

绽边_____熔合状况_____

成焦率　前　　　%　后　　　%

胶质层厚度 Y _____ mm

体积曲线形状_____形

附注_____

思考题

1. 杯底及压力盘上各析气孔若有堵塞时，对本实验有何影响？

2. 为什么不同的煤样可以得到不同类型的体积曲线？

3. 胶质层最大厚度 Y 值与煤质有何关系？用它反映煤的黏结性有何优点和局限性？

4. 实验时如果探针带出胶质体或使胶质层内积存的煤气突然逸出，对测定结果将有何影响？

实验九　烟煤黏结指数的测定

此法是通过测定焦块的耐磨强度来评定烟煤的黏结性（GB/T 5447—2014）。

一、实验目的

① 掌握测定烟煤黏结指数的原理、方法和具体操作步骤。

② 了解烟煤黏结指数在中国煤炭分类中的应用。

二、实验仪器设备

① 分析天平：感量 1mg。

② 马弗炉：具有均匀加热带，其恒温区（850±10）℃，长度不小于 120mm，并附有调压器或定温控制器。

③ 转鼓实验装置：包括 2 个转鼓、1 台变速器和 1 台电动机，转鼓转速必须保证(50±0.5)r/min。转鼓内径 200mm、深 70mm，壁上铆有 2 块相距 180°、厚 3mm 的挡板（见附图 16）。

④ 压力器：以 6kg 质量压紧实验煤样与专用无烟煤混合物。

⑤ 坩埚：瓷质。

⑥ 搅拌丝：由直径 1～1.5mm 的硬质金属丝制成。

⑦ 压块：镍铬钢制成，质量为 110～115g。

⑧ 圆孔筛：筛孔直径 1mm。

⑨ 坩埚架：由直径 3～4mm 镍铬丝制成。

⑩ 秒表。

⑪ 干燥器。

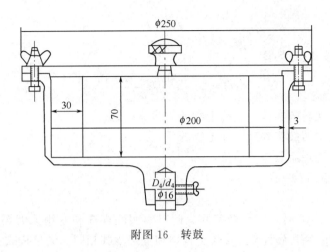

附图 16　转鼓

⑫ 镊子。

⑬ 刷子。

⑭ 带手柄平铲或夹子：送取盛样坩埚架出入马弗炉用。手柄长 600～700mm、平铲外形尺寸（长×宽×厚）为 200mm×20mm×1.5mm。

三、实验步骤

① 先称取 5g 专用无烟煤，再称取 1g 实验煤样放入坩埚，质量应称准至 0.001g。

② 用搅拌丝将坩埚内的混合物搅拌 2min。搅拌方法是：坩埚做 45°左右倾斜，逆时针方向转动，每分钟约 15 转，搅拌丝按同样倾角做顺时针方向转动，每分钟约 15 转，搅拌时，搅拌丝的圆环接触坩埚壁与底相连接的圆弧部分。约经 1min 45s 后，一边继续搅拌，一边将坩埚与搅拌丝逐渐转到垂直位置，约 2min 时，搅拌结束，亦可用达到同样搅拌效果的机械装置进行搅拌。在搅拌时，应防止煤样外溅。

③ 搅拌后，将坩埚壁上煤粉用刷子轻轻扫下，用搅拌丝将混合物小心地拨平，并使沿坩埚壁的层面略低 1～2mm，以便压块将混合物压紧后，使煤样表面处于同一平面。

④ 用镊子夹压块于坩埚中央，然后将其置于压力器下，将压杆轻轻放下，静压 30s。

⑤ 加压结束后，压块仍留在混合物上，加上坩埚盖。注意从搅拌时开始，带有混合物的坩埚，应轻拿轻放，避免受到撞击与振动。

⑥ 将带盖的坩埚放置在坩埚架中，用带手柄的平铲或夹子托起坩埚架，放入预先升温到 850℃的马弗炉内的恒温区。要求 6min 内，炉温应恢复到 850℃，以后炉温应保持在（850±10）℃。从放入坩埚开始计时，焦化 15min 之后，将坩埚从马弗炉中取出，放置冷却到室温。若不立即进行转鼓实验，则将坩埚放入干燥器中。马弗炉温度测量点，应在两行坩埚中央。炉温应定期校正。

⑦ 从冷却后的坩埚中取出压块。当压块上附有焦屑时，应刷入坩埚内。称量焦渣总质量，然后将其放入转鼓内，进行第一次转鼓实验，转鼓实验后的焦块用 1mm 圆孔筛进行筛分，再称量筛上物质量，然后，将其放入转鼓进行第二次转鼓实验，重复筛分、称量操作。每次转鼓实验 5min 即 250 转。质量均称准至 0.01g。

四、注意事项

① 焦化前，一定要按要求将坩埚内的煤样搅拌均匀，并防止搅拌过程中煤样外溅。

② 从搅拌开始，带有混合物的坩埚一定要轻拿轻放，避免受到撞击与振动。

③ 严格按照实验步骤⑥规定控制焦化温度。

五、结果计算

1. 黏结指数

黏结指数（G）按式（1）计算

$$G = 10 + \frac{30m_1 + 70m_2}{m} \tag{1}$$

式中　m_1——第一次转鼓实验后，筛上物的质量，g；

　　　m_2——第二次转鼓实验后，筛上物的质量，g；

　　　m——焦化处理后焦渣总质量，g。

计算结果取到小数点后第一位。

2. 补充实验

当测得的 G 小于 18 时，需重做实验。此时，实验煤样和专用无烟煤的比例改为 3∶3。即 3g 实验煤样和 3g 专用无烟煤。其余步骤均和上述步骤相同。结果按式（2）计算

$$G = \frac{30m_1 + 70m_2}{5m} \tag{2}$$

式中符号意义均与式（1）相同。

思考题

1. 当测得 G 小于 18 时，为什么要做补充实验？

2. 补充实验时，为什么要将烟煤与专用无烟煤的比例由 1∶5 改为 3∶3？

3. 带有混合物的坩埚为什么要避免撞击与振动？

实验十　烟煤的奥阿膨胀度测定

此法是以慢速加热来测定烟煤的黏结性（GB/T 5450—2014）。

一、实验目的

① 掌握奥阿膨胀计实验的原理、方法和具体操作步骤。

② 了解不同煤质的膨胀曲线类型。学会计算软化温度 T_1、始膨温度 T_2、固化温度 T_3、最大收缩度 a 和最大膨胀度 b。

③ 能够正确、完整地报出实验结果。

二、实验仪器设备

1. 测试记录设备

① 膨胀管及膨胀杆：见附图 17，膨胀管由冷拔无缝不锈钢管加工而成，其底部带有不漏气的丝堵。膨胀杆是由不锈钢圆钢加工而成。膨胀杆和记录笔的总质量应调整到 (150 ± 5)g。

② 电炉：由带有底座、顶盖的外壳与一金属炉芯构成。炉芯由能耐氧化的铝青铜金属块制成，在金属块上包以云母，再绕上电炉丝，丝外面再包以云母。金属块上有两个直径 15mm、深 350mm 的圆孔，用以插入膨胀管。另有直径 8mm、深 320mm 的圆孔，用以放置热电偶。炉芯与外壳之间充填保温材料。电炉的使用功率不应小于 1.5kW，以满足在 300～550℃ 范围内的升温速度不低于 5℃/min 的要求。电炉的使用温度为 0～600℃。

③ 程序温控仪和自动记录装置：升温速度 3℃/min 时，控温精度应满足 5min 内温升 (15 ± 1)℃ 要求。也可用电位差计（0.5 级）和调压器。

电位差计精度 0.5 级，量程 0～24.902mV，调压的容量 3kV·A。

④ 记录转筒：周边速度应为 1mm/min。

2. 制备煤笔的设备

① 成型模及其附件，内部光滑，带有漏斗和模座。

② 量规，用以检查模子的尺寸。

③ 成型打击器。

④ 脱模压力器及其附件。

⑤ 切样器。

3. 辅助用具

① 膨胀管清洁工具：由直径约 6mm 头部呈斧形金属杆、铜丝网刷和布拉刷组成。以便从膨胀管中挖出半焦。铜丝网刷由 80 目的铜丝网绕在直径 6mm 的金属杆上，用以擦去黏附在管壁上的焦末。布拉刷由适量的纱布系一根金属丝构成。各清洁工具总长度不应小于 400mm。

② 成型模清洁工具：由试管和布拉刷组成。试管刷直径 20～25mm，布拉刷由适量的纱布系上一根长约 150mm 的金属丝构成。

③ 涂蜡棒：尺寸与成型模相配的金属棒。

④ 托盘天平：最大称量 500g，感量 0.5g。

⑤ 酒精灯。

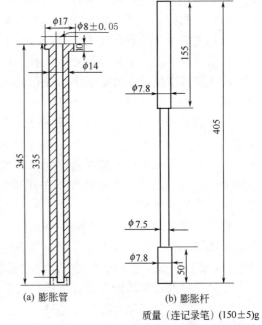

(a) 膨胀管　　(b) 膨胀杆
质量（连记录笔）(150±5)g
附图 17　膨胀管及膨胀杆

4. 仪器的校准和检查

（1）炉孔温度的校正　采用对比每一孔中膨胀计管内的温度与测温孔内的温度的办法来进行校正。

在实验所规定的升温速度下，使热电偶在膨胀管孔内的热接点与管底上部 30mm 处的管壁接触，然后测量测温孔与膨胀管内的温度差。根据差值对实验时读取的温度进行校正。

（2）电炉温度场的检查　在电炉的测温孔及膨胀管内各置一热电偶，以 5℃/min 的升温速度加热，在 400～550℃ 范围内，每 5min 记录一次两热电偶的差值。改变膨胀管内热电偶的位置。在膨胀管底部往上 180mm 工具总长内，至少测定 0mm、60mm、120mm、180mm 4 点。计算各点两热电偶差值的平均值，各点之间平均值之差应符合第 1 条中②规定。

（3）成型模的检查　可用量规检查实验中所用模子的磨损情况，同样也可用于检查新的模子。如果将量规从被检查模子的大口径一端插入，可以观察到：

① 有两条线时，则模子过小，应重新加工；

② 有一条线时，模子适合使用；

③ 没有线时，则模子已磨损，应予以替换。

（4）膨胀管检查　将已做了 100 次测定后的膨胀管及膨胀杆，与一套新的膨胀管和膨胀杆所测得的 4 个煤样结果相比较。如果平均值大于 3.5（不管正负号），则弃去旧管、旧杆。如果膨胀管、膨胀杆仍然适用，则以后每测定 50 次再重新检查。

三、实验步骤

1. 煤笔的制备

用布拉刷擦净成型模，并用涂蜡棒在成型模内壁上涂上一薄层蜡。称取制备好的试样

4g，放在小蒸发皿中，用 0.4mL 水润湿试样，迅速混匀，并防止有气泡存在。然后将模子的小口径一端向下，放置在模座上，并将漏斗套在大头上。用牛角勺将试样顺着漏斗的边拔下，直到装满模子，将剩余的试样刮回皿中。将打击导板水平压在漏斗上，用打击杆沿垂直方向压实试样（防止试样外溅或卡住打击杆）。

将整套成型模放在打击器下，先用长打击杆打击 4 下，然后再加入试样再打击 4 下；依次使用长、中、短 3 种打击杆各打击 2 次（每次 4 下共 24 下）。

移开打击导板和漏斗，取下成型模，将出模导器套在相对应的模子小口径的一端，将接样管套在模子的另一端，再将出模活塞插入出模导器。然后将这整套装置置于脱模压力器中，用压力器将煤笔推入接样管中。当推出有困难时，需将出模活塞取出擦净。当无法将煤笔推出时，需用铝丝或铜丝将模子中煤样挖出，重新称取试样制备煤笔（遇到脱模困难的煤，应适当增加水量）。

将装有煤笔的接样管放在切样器槽中，用打击杆将其中的煤笔轻轻地推入切样器的煤笔槽中，在切样器中部插入固定片使煤笔细的一端与其靠紧，用刀片将伸出煤笔槽部分的煤笔（即长度大于 60mm 的部分）切去。煤笔长度要调整到（60±0.25）mm。

将制备好的煤笔从膨胀管的下端轻轻推入膨胀管中（小头向上），再将膨胀杆慢慢插入膨胀管中。当试样的最大膨胀度超过 300% 时，改为半笔实验，即将长 60mm 的煤笔从两头各切掉 15mm，留下中间的 30mm 进行实验。

2. 膨胀度的测定

将电炉预先升温至一定温度，其预升温度根据试样挥发分大小可有所不同，如附表 10 所示。

附表 10　不同煤样所需预升的温度

V_{daf}/%	预升温度/℃
<20	380
20~26	350
>26	300

将装有煤笔的膨胀管放入电炉孔内，再将记录笔固定在膨胀杆的顶端，并使记录笔尖与转筒上的记录纸接触。调节电流使炉温在 7min 内恢复到入炉时温度。然后以 3℃/min 的速度升温。必须严格控制升温速度，满足每 5min 温升（15±1）℃的要求，每 5min 记录一次温度。

待试样开始固化（膨胀杆停止移动）后，继续加热 5min，然后停止加热。并立即将膨胀管和膨胀杆从炉中取出，分别垂直放在架子上（不能平放，以免膨胀管、膨胀杆变形）。

3. 膨胀管和膨胀杆的清洁

（1）膨胀管　卸去管底的丝堵，用头部呈斧形的金属杆除去管内的半焦，然后用铜丝网刷清除管内残留的半焦粉，再用布拉刷擦净，直到内壁光滑明亮为止。当管子不易擦净时，可用其他适当的溶剂装满管子，浸泡数小时后再清擦。

（2）膨胀杆　用细砂纸擦去黏附在膨胀杆上的焦油渣，并注意不要将其边缘的棱角磨圆。最后检查膨胀杆能否在膨胀管中自由滑动。

四、注意事项

① 实验前，一定要用细砂纸将膨胀管内壁及膨胀杆擦至光滑明亮并使膨胀杆能在膨胀管中自由滑动。

② 制备煤笔时，一定要防止气泡进入。

③ 实验过程中，必须严格按步骤控制升温速度并能准确记录各实验数据。

五、实验记录与结果计算

根据实验记录曲线并参考典型膨胀曲线附图 18，算出下面 5 个基本参数：

① 软化温度（T_1）；

② 开始膨胀温度（T_2）；

③ 固化温度（T_3）；

④ 最大收缩度（a）；

⑤ 最大膨胀度（b）。

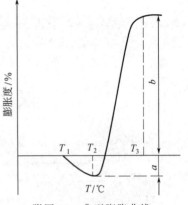

附图 18　典型膨胀曲线

煤的性质不同，膨胀的高低、快慢也不相同，而膨胀杆运动的状态和位置与煤的性质有密切的关系，具体内容见第五章第三节的相关内容。

实验结果均取两次重复测定的算术平均值，计算结果修约到小数点后一位，报出结果取整数。

思考题

1. 奥阿膨胀曲线与煤质之间有何联系？

2. 在中国的煤炭分类标准中，奥阿膨胀实验有什么用途？

附　　录

煤化学实验报告（参考格式）

实验名称：_____

实验报告人：_____　　　　同组人姓名：_____

班　级：_____　　　　　　日　期：_____年___月___日

室温：_____　大气压：_____　晴　阴　雨

　　　　　　　　　　　　　　　　指导教师：_____

　　　　　　　　　　　　　　　　评分：_____

一、实验目的

二、实验原理

三、主要仪器与设备（个别仪器编号、精度及型号等）

四、操作步骤

五、数据记录

六、数据处理

七、实验结果与讨论

参 考 文 献

［1］ 虞继舜. 煤化学. 北京：冶金工业出版社，2000.
［2］ 张双全. 煤化学. 徐州：中国矿业大学出版社，2015.
［3］ 陶著. 煤化学. 北京：冶金工业出版社，1984.
［4］ 程庆辉. 煤炭产运销质量检测验收与选煤技术标准实用手册. 北京：科海电子出版社，2003.
［5］ 李英华. 煤质分析应用技术指南. 2 版. 北京：中国标准出版社，2009.
［6］ 汤国龙. 工业分析. 北京：中国轻工业出版社，2004.
［7］ 白浚仁，等. 煤质分析（修订本）. 北京：煤炭工业出版社，1990.
［8］ 张振勇等. 煤的配合加工与利用. 徐州：中国矿业大学出版社，2000.
［9］ 关梦嫔，张双全. 煤化学实验. 徐州：中国矿业大学出版社，1993.
［10］ 朱之培，高晋生. 煤化学. 上海：上海科学技术出版社，1984.
［11］ 杨焕祥，廖玉枝. 煤化学及煤质评价. 北京：中国地质大学出版社，1990.
［12］ 陈鹏. 中国煤炭性质、分类和利用. 北京：化学工业出版社，2001.
［13］ 曹征彦. 中国洁净煤技术. 北京：中国物资出版社，1998.
［14］ 刘江. 中国资源利用战略研究. 北京：中国农业出版社，2003.
［15］ 郭崇涛. 煤化学. 北京：化学工业出版社，1999.
［16］ 余达用，徐锁平. 煤化学. 北京：煤炭工业出版社，2000.
［17］《煤炭常用标准汇编》编委会. 煤炭常用标准汇编. 北京：煤炭工业出版社，2000.
［18］ 俞珠峰. 洁净煤技术发展及应用. 北京：化学工业出版社，2004.
［19］ 吴式瑜，岳胜云. 选煤基本知识. 北京：煤炭工业出版社，2003.
［20］ 贺永德. 现代煤化工技术手册. 北京：化学工业出版社，2004.
［21］ 谢克昌. 煤的结构与反应性. 北京：科学出版社，2002.
［22］ GB/T 5751—2009. 中国煤炭分类标准.
［23］ ISO 11760—2005. 国际煤炭分类标准.
［24］ 陈鹏. 中国煤炭性质、分类和应用. 2 版. 北京：化学工业出版社，2007.
［25］ 付长亮. 现代煤化工生产技术. 北京：化学工业出版社，2009.
［26］ 王五一. 以煤的热解为基础的经济、洁净利用煤的多联产技术. 洁净煤技术，2010，1：9.
［27］ 张双全. 煤及煤化学. 北京：化学工业出版社，2013.
［28］ 钱伯章. 煤化工技术与应用. 北京：化学工业出版社，2015.
［29］ 李艳红，白宗庆. 煤化工专业实验. 北京：化学工业出版社，2019.